UI/UE系列丛书

用户至上

用户研究方法与实践

（原书第2版）

UNDERSTANDING YOUR USERS

A PRACTICAL GUIDE TO USER RESEARCH METHODS

SECOND EDITION

凯茜·巴克斯特（Kathy Baxter）

[美]　凯瑟琳·卡里奇（Catherine Courage）　著

凯莉·凯恩（Kelly Caine）

王兰　杨雪　苏寅　张婷婷　译

机械工业出版社
CHINA MACHINE PRESS

图书在版编目（CIP）数据

用户至上：用户研究方法与实践（原书第 2 版）/（美）凯茜·巴克斯特（Kathy Baxter）等著；王兰等译 . —北京：机械工业出版社，2017.5（2023.11 重印）
(UI/UE 系列丛书)
书名原文：Understanding Your Users: A Practical Guide to User Research Methods, Second Edition
ISBN 978-7-111-56438-6

I. 用…　II. ①凯…　②王…　III. 人机界面—研究　IV. TP11

中国版本图书馆 CIP 数据核字（2017）第 065395 号

北京市版权局著作权合同登记　图字：01-2016-0675 号。

Understanding Your Users: A Practical Guide to User Research Methods, Second Edition
Kathy Baxter, Catherine Courage, Kelly Caine
ISBN: 978-0-12-800232-2
Copyright © 2015 by Elsevier Inc. All rights reserved.
Authorized Chinese translation published by China Machine Press.
《用户至上：用户研究方法与实践（原书第 2 版）》（王兰 杨雪 苏寅 张婷婷 译）
ISBN: 978-7-111-56438-6
Copyright © Elsevier Inc. and China Machine Press. All rights reserved.

注意

本书涉及领域的知识和实践标准在不断变化。新的研究和经验拓展我们的理解，因此须对研究方法、专业实践或医疗方法作出调整。从业者和研究人员必须始终依靠自身经验和知识来评估和使用本书中提到的所有信息、方法、化合物或本书中描述的实验。在使用这些信息或方法时，他们应注意自身和他人的安全，包括注意他们负有专业责任的当事人的安全。在法律允许的最大范围内，爱思唯尔、译文的原文作者、原文编辑及原文内容提供者均不对因产品责任、疏忽或其他人身或财产伤害及 / 或损失承担责任，亦不对由于使用或操作文中提到的方法、产品、说明或思想而导致的人身或财产伤害及 / 或损失承担责任。

用户至上：用户研究方法与实践（原书第 2 版）

出版发行：机械工业出版社（北京市西城区百万庄大街 22 号　邮政编码：100037）
责任编辑：王春华　　　　　　　　　　　　　　责任校对：李秋荣
印　　刷：固安县铭成印刷有限公司　　　　　　版　　次：2023 年 11 月第 1 版第 6 次印刷
开　　本：186mm×240mm　1/16　　　　　　　印　　张：27.25
书　　号：ISBN 978-7-111-56438-6　　　　　　定　　价：99.00 元

客服电话：(010) 88361066　68326294

本 书 赞 誉

该书第 1 版是学习用户需求收集方法的首选书，十年后的第 2 版更加出色。请不要空手离开你的办公室，记得带上本书！

——Joe Dumas，《Journal of Usability Studies》主编

你相信蒙住眼睛开车吗？如果没有研究目标用户和任务就设计和开拓技术产品，那么就相当于蒙住眼睛开车。该书是关于"为什么"和"如何"做用户研究的完全手册，并呈现了生动的实例。不要盲目地开始你的设计方案。阅读这本书，并遵循其中的方法，你将获得丰厚的回报。

——Jeff Johnson，《GUI Blooper 2.0》和《Design with the Mind in Mind》作者

该书非常具有权威性，融合了来自行业和学术界的专业知识，展示了很多具体的指导方针、技巧和例子，并列出了进一步阅读的资料，以提供更深入的见解。该书对学生和从业人员都有用处，每个人的书架上都应该有该书。作者深入解释了利益相关者（高管、市场、销售和开发）的重要性，以及如何与他们沟通。

——James D. Foley，佐治亚理工学院计算学院教授，Stephen Fleming 电信总裁

该书是专业和非专业设计师在用户体验方面的全面指南。无论是老师、学生还是从业人员都会发现本书非常有用，它能让你成为一名成功的用户体验专家。

——Juan E. Gilbert，博士，佛罗里达大学计算机与信息科学与工程系教授

该书是以人为中心的设计从业人员的实用手册。第 2 版的新内容围绕新兴主题的最佳实践讲解。任何设计团队资料库都应该有本书。

——Janaki Kumar，美国帕罗奥图 SAP 实验室设计与
合作创新中心战略设计服务负责人

随着数字产品的大规模生产、新技术开发周期的缩短、市场竞争的更加激烈，产品设计已成为主要差异，并成为成功的关键。了解最终用户是如何工作的，你的设想如何符合他们的真实

需求，比以往更加重要。该书收集了各种尝试方案和真实方法，并展示了如何将它们应用到产品上。

——Jeremy Ashley，Oracle Cloud UX 副总裁

对希望了解和从事传统用户研究的人来说，这是一本超级棒的入门书。语言清晰明了，读者可以尝试其中的方法并把它们运用到自己的项目上。每个方法附有广泛的参考书目，可以让读者进一步深入了解本书介绍的方法。表单、文字和示例增强了本书的实用性，从而使它更适合初级从业人员使用。

——Joseph Kramer，Accenture Interactive 公司设计与创新部门 Fjord 的服务设计领导者

产品的成功与失败往往取决于用户体验。该书作者 Baxter、Courage 和 Caine 给我们分享了如何更好地了解用户，以便打造令人愉悦的用户体验。

——Craig Villamor，Salesforce.com 公司首席设计师

译 者 序

  第一次接触用户研究工作在大概 6 年前，那时候互联网产品还处在一个相对同质的阶段，恰逢用户体验随着 iPhone 的出现掀起一波热潮，用户研究实质上更多是指体验优化，即在一定功能框架下，给用户符合认知模型的交互流程和界面设计，以及最符合人体功效的工业设计。然而，6 年后的今天，随着移动互联网的飞速发展，产品日新月异、层出不穷，用户体验在一定程度上已经不再是产品唯一的核心竞争力，更好地解决问题如同锦上添花，而解决问题才是雪中送炭。因此，今天，当我们再谈论用户研究时，谈及的范围实则远超出用户体验，向前延展至概念期的需求挖掘，向后延伸到上线后的数据监控。对于用户研究的从业人员而言，这是机会也是挑战：产品设计参与深度及研究结果主导性增强的同时，需要研究人员掌握更丰富的研究方法，以满足研究范畴的延展和产品迭代的节奏。同时，基于产品的使用场景，研究项目的约束，灵活合理地选择研究方法，也成为中高阶研究者需要具备的基本技能。

  本书非常全面地介绍了目前实际工作中经常用到的用户研究方法。与市场上同类书籍不同的是，书中对每一种方法的介绍不止流于表面，作者将丰富的从业经验和对每一种方法的深刻理解渗透到字里行间。除常规的操作步骤外，作者针对每一种方法描述了使用场景，并与同场景下其他备选方法进行优劣势比较。同时，基于多年的实操经验，作者把运用每种方法时可能遇到的"坑"以及绕行路径在书中进行了详尽的描述。如果你仅仅对用户研究感兴趣，或者今后打算从事相关工作，本书会是一本非常好的方法扫盲书；如果你已经在从事用户研究工作，本书将帮助你加深对现有方法的认知，解决或避免执行中可能遇到的问题，同时开阔眼界，了解顺应业界发展节奏的更多更新的研究方法。研究方法的选择和应用，甚至研究本身并不是用户研究工作的全部。始于研究，岂止研究。方法固然重要，研究固然核心，但仅仅掌握方法做好研究，最多只是一名出色的工匠，却难称资深从业者。用户研究工作其实可以看作一个生态，研究本身，如同基础研究设施的搭建，研究结果的沟通落地等，都是生态中的一个个组成部分。本书超越了同类书籍的研究方法视角，从一个更高的高度，对用户研究工作的各个组成部分做了全方位的介绍，让读者对这一生态有更宏观、完整的认识。

  最后说说为什么翻译本书。这些年接触到一些入行不久的用户研究从业人员，客观地讲，其水平良莠不齐。方法过于苛求学术的严谨性而忽视了客观条件和研究背景，方法认知的局限性，以及实际操作经验缺失而空于纸上谈兵，可能是新入行的研究者最经常暴露出的三个问题。这里姑且不讨论如何使基础教育与业界实操紧密联系。但类似本书这样，由拥有多年从业经验、经历过无数项目历练的研究者撰写的系统的教科书，可以有效、快速地填补基础教育的空白，帮助初级从业者完成从理论到实践的过渡。因此，翻译这样一本书，可以在一定程度上提升行业的研究水平。另外，跳出用户研究行业本身，了解细分市场，了解受众需求，在产品研发过程中扮演着越来越重要的角色。小的研发团队可能并没有专门的用户研究者，我们相信这一角色的替代者可能是产品经理或设计师，他们会不带着任何个人意志地去了解潜在的用户需求，但实际上，往往由于方法选择、运用或数据解读的不得当，导致研究结果出现偏差。因此，翻译这样一本书，旨在帮助更多可能涉及相关工作或与相关工作人员对接的产品研发人员比较系统地学习用户研究的基本方法和理论。

　　非常感谢机械工业出版社给了我这样一个可以为用户研究行业尽微薄之力的机会，本书由我与张婷婷、杨雪、王兰几位译者合作翻译，以保证本书能够快速、准确地翻译完并早日与读者见面。最后还要特别感谢各位读者。其实在我看来，"译者序"就像 NBA 赛场上替补席末端的"饮水机管理员"，只有真爱粉才会关注。希望各位能够在品味本书的同时，提出宝贵的意见和建议，以便再版时修正。

苏　寅

作 者 简 介

Kathy Baxter 是谷歌的用户体验研究员和 UX 基础架构经理。自 2005 年以来，她进行的研究涵盖了从广告到企业 App，再到搜索的各个领域，并管理全球用户体验基础架构团队。在 2005 年之前，Kathy 曾担任 eBay 和 Oracle 的高级用户体验研究员。

她在乔治亚理工学院获得工程心理学硕士和应用心理学学士学位。她在全球人因要素和 HCI 社区发表论文、教授课程，曾就职于 CHI、EPIC 和早期 UPA 会议委员会。她还积极参与志愿者活动，让更多的女孩和年轻女性加入科学、技术、工程、艺术 / 设计和数学（STEAM）的职业生涯中。在所有的成就中，让 Kathy 最引以为豪的是她了不起的女儿 Hana！

Catherine Courage 是 Citrix 客户体验集团高级副总裁。她的团队负责创造世界级产品和服务，提高产品的采用率和忠诚度。Catherine 在设计和用户体验领域是一位活跃的作家和演说家。她的作品被《Harvard Business Review》《The Wall Street Journal》《Fast Company》和《TEDxKyoto》收录。Catherine 被《硅谷商业杂志》选为硅谷"40 岁以下 40 大影响力人物"，也是硅谷最有影响力的 100 位女性之一。她还上了福布斯最具创新公司的 10 大新星名单。

拥有多伦多大学应用科学硕士学位，专业是人因要素。当不工作时，她会去游泳、骑车和赛跑，为她的三项全能运动做准备。

Kelly Caine 是克莱姆森大学人类与技术实验室主任，她主导的研究集中在人因要素、以人为中心的计算、隐私、使用安全、健康信息学和人机交互等方面。她是一名思想领袖，应邀在世界各地演讲，发表了几十篇专家评议论文，经常被媒体（如美联社（AP）、《Washington Post》、美国国家公共广播电台（NPR）及《New York Times》引用。凯莉喜欢在大学和业内教授学生成为科学家，并设计和教授用户研究方法，以了解人们及其与科技的关系。

任职于克莱姆森大学之前，她是印第安纳大学计算学院的首席研究科学家和谷歌用户体验研究员（她和 Kathy 认识的地方）。她毕业于南卡罗来纳州大学（学士）和乔治亚理工学院（硕士和博士）。工作之余，她是一名冒险家、世界旅行者和狂热的女骑手。

前　　言

此版本中的新内容：10 年的发展历程

自从本书第 1 版出版以来，在 10 年间发生了许许多多的变化。其中一个最大的变化是从对"可用性"的聚焦转变为对"用户体验"的聚焦。"可用性"是系统或用户界面（UI）的一种属性。它通常是指有效，高效，以及用户使用产品完成任务时的满意度。另一方面，"用户体验"则是以用户为中心的，并且是人和产品之间的一种互动。用户体验包括"可用性"，以及一个用户可能遇到的关于产品的方方面面，从品牌、动效和音效设计到客户支持。它是关于产品或服务让用户感受如何的。这一变化可以反映在工作职位（例如，从 20 世纪 90 年代到 21 世纪前十年的可用性工程师到今天的用户体验研究员），以及专业组织上（例如，"可用性专业协会"在 2012 年把名字改为"用户体验专业协会"）。这一聚焦点的变化使得一个用户体验研究员（UER 或 UXR）必须进行超越 UI 层面的研究，而思考影响用户体验的全部元素。这个变化显著地体现在本书的新书名中，同时，你会看到这种变化体现在本书的很多细节上。

在专业上的另一个变化是敏捷开发流程，以及类似的轻量级的、迭代式的、围绕项目的研究方法的流行。创立于 2001 年，敏捷开发是一种跨功能团队合作开发的流程，理论上，团队需要每天在一起工作，紧密合作。持续性的客户或利益相关者参与已经确定成为敏捷开发的一部分，而敏捷开发还包括快速迭代式的开发要求，这意味着在这个过程中很难结合用户研究。这使得使用早期的用户研究方法去调研用户需求变得寸步难行，因为现实情况中只允许相对较短的时间。为了应对这种变化，本书加入了关于提高与利益相关者和产品团队互动的重要性和方法技巧的内容。

第三个变化是需要用户研究参与的日新月异的技术和环境。例如，10 年前科幻小说中虚拟的产品，如穿戴设备（例如，智能手表、Google 眼镜）、自动驾驶汽车以及日渐增多的复杂的消费级医疗设备（例如，可以通过眼泪测量血糖的隐形眼镜），已经或即将变为现实。这意味着，我们要在可用性实验室中进行的研究可能会变少，取而代之的是真实的使用环境。这意味着，我们必须不仅要了解用户是否可以找到他们想要的功能，它是否真的满足用户的需求，还需要知道用户在环境中使用这些设备的感受和反应。今天，技术正以惊人的速度发展，人们需要进行有效的、可信的和合乎伦理规则的研究来应对，这就变得非常有挑战性。考虑到这一点，我们丰富了第 3 章的内容，更新了书中的场景例子，包含了更多关于在用户实际使用环境中进行用户研究的细节。

第四个变化是支持远程用户研究的工具种类在飞速增长。这种工具包括专门为方便用户研究人员工作创造的工具，以及使跨国访谈变得如同在用户研究人员本地进行一样简单的通用社交工具，如 Skype 或 Google Hangouts。我们将在本书的相关章节中介绍这些工具，提供示例工具的链接，并对在研究中使用这些工具的利弊进行讨论。

本书除了针对用户体验研究在实际操作和专业方面的改变进行了调整外，还移除了两种使用频率相对较低的方法（即，期望和需求分析、小组任务分析）。取而代之的是其他在第 1 版中没有涉及的方法，这些方法越来越多地用于了解用户（例如，社会情绪分析、经验取样法、日记法、众包等）。基于学生读者的反馈，另一个显著的变化是，我们增加了第 14 章，用于介绍评估方法（即，启发式评估、认知走查、可用性测试、眼动追踪、快速迭代测试和评估、合意性测试、移动测试和直播实验等）。学生和教授告诉我们，他们喜欢本书第 1 版，但作为一般更实用的用户研究入门教材，书中应该增加关于评估产品可用性的章节。我们认同这个观点，认为有必要将本书的内容从用户需求研究方法进行扩展，从而涵盖用户研究的方方面面。我们同样增加了2.5 节来讨论研究中可能遇到的特殊用户类型（例如，老年用户、孩子、残疾人等）。最后，本着现代化的原则，我们更新了所有的方法来反映对正确地、可靠地收集数据的方法的最新认识，同时更新了相应的参考文献。

为了让本书更容易使用，我们不再把数据分析方法归到附录中，而是将每一种详细的数据分析方法归入到每个相应的章节中。对于一些可以使用不止一种数据分析方法的用户研究方法，我们简要地列出了这些方法，并告诉读者可以到其他相关章节中查阅细节。我们希望这样可以提供一种更加愉悦、直接、独立的阅读体验。我们提升本书有用性的另一种方法是，在本书的各个章节提供了数据收集仪器、工具、表单、笔记样本的示例。我们希望这些例子和工具可以对用户体验研究领域的新人，或是在工作环境中不接触这类的例子的用户，给予更多的帮助。

最后，我们希望本书是有趣并具有很强实践性的。Abi Jones 的卡通图片在文字显得苍白无力的时候提供了令人愉悦的解读。在一些具有极高天赋的案例研究人员的帮助下，我们更新了全部案例，并为这些方法提供了从软件开发到银行和医疗设备的各种情景中的实际操作示例。

如何使用本书

我们将本书定位为全面的、易懂的、具备实操性的用户研究方法指南。书中介绍了很多不同的用户研究方法，并还包含在研究前期和后期综合考虑的因素，例如，如何招募用户，如何主持和准备研究活动，如何与产品开发团队 / 客户沟通，如何将研究发现落实在产品上。为了更好地说明本书的内容和方法，本书通篇使用一个虚拟的旅行移动应用 "TravelMyWay.com" 例子。

本书包含以下五部分。

第一部分：入门

通常情况下，人们不会在用户研究活动开始之前考虑所有可能的因素。第 1～5 章将介绍用户研究方法和需要考虑的因素。这部分将涵盖如下重要内容：

- 用户需求和其他需求的差别
- 使产品团队支持用户研究
- 产品 / 领域研究
- 找到目标用户，包括创建人物画像和使用场景
- 特殊用户类型
- 道德和法律问题
- 为研究用户需求活动创造环境
- 基于研究问题和资源选择最优方法

第二部分：起步

一旦你决定要开展用户研究活动，准备工作即刻开始。很多准备工作并不因项目的不同而不同。本书第 6 章和第 7 章详细介绍这些实际工作，以便于让你做好充足的准备来开展研究活动。这些工作包括：

- 起草研究方案
- 招募用户
- 试测试
- 迎接参与者
- 开始研究活动

第三部分：方法

本书第 8～14 章重点介绍用户研究方法。每章侧重于不同的方法，并说明方法可能的变化。对于每种用户研究方法，你将学习如何一步一步地准备研究活动，执行研究活动，以及分析数据。同时，我们还提供了各种材料、模板和任务清单，便于你随时使用。经验分享和方法修正的部分有助于你根据项目的需求有针对性地选择方法，也避免代价重大错误。这部分将重点介绍如下方法：

- 日记研究
- 访谈
- 问卷调查
- 卡片分类

- 焦点小组
- 实地调研
- 评估方法

此外，用户研究专家在各章的结尾部分补充了实际的案例研究，来展示不同的研究方法如何解决现实世界的问题。

第四部分：收尾

一旦你开始用户研究活动并分析数据，你要做的工作会很多。你必须清晰准确地向产品团队／客户报告研究结果，否则这些数据是毫无价值的。第 15 章将讨论如何有效地报告和表述你的研究结果来确保它们应用到产品中。

第五部分：附录

本书的附录对于刚开始接触用户研究方法的读者非常有价值，其包含：
- 参与者招募数据库（附录 A）
- 报告模板（附录 B）
- 术语表（附录 C）
- 参考文献（附录 D）

适用人群

本书的读者不局限于用户体验领域的新手，对于经验丰富的专业人士，本书同样适用。

用户体验新手

本书面向新手，包括设计师、产品开发人员、计算机科学教授等，新手是指偶然听说过"用户体验"，或供职于销售或市场部门，要求他们开始考虑"用户体验"。不管你的职位或用户体验的知识水平如何，本书将帮助你有效地开展各种用户研究活动，以确保你的产品代表了用户需求。因为本书旨在介绍如何引导你一步一步完成用户研究的各个环节（从准备阶段到最终展示）。

学生

很多专业（如人机计算、人机交互、人因工程、心理学或计算机）的学生都需要了解用户研究方法。本书可用作教科书，或作为课程和论文的教辅用书。本书不仅注重用户研究的概念，还包括业界的实用技巧和案例。因此，本书无论对于学生还是专业人士都非常有用。

用户体验专业人员

本书提供了大量新的研究方法可供工业界或者学术界经验丰富的用户研究专业人员参考，

可使专业人员快速了解自己不熟悉的方法。用户体验研究（UER）专家致力于向工具箱中添加新方法。此外，本书也可以作为指南，某些方法你可能一段时间内不用或者未想过可能的改进，本书可以为你提供指导。最后，本书将详细介绍不同研究方法的优势、劣势，并提供案例研究，使你有机会学习业内同行如何使用这些方法。

用户体验推广者

产品开发团队中的很多人都肩负着宣扬用户体验和用户研究重要性的使命。也许，你是客户体验或销售营销部门的副总裁，你希望强调客户的重要性，并推动用户研究活动。本书为你准备好充足的论据。各个章节的案例研究都表明在实际环境下如何在公司内实践用户研究方法以提高产品体验。

致谢

本书第 2 版在许多方面会更加容易和有趣，这是因为有 Kelly Caine 的加入，她是我的一位同事和朋友！此外，距第 1 版出版已有 10 年的时间，这 10 年我们已积累了很多经验，第 2 版可以借鉴这些经验。但第 2 版的撰写会更加困难，因为我们三人跨国家、时区和公司，各自有不同的工作安排，所以需要更多的协调。任重道远，在这么短的时间内成功合作证明了我们对该领域的热爱，并得到了团队的鼎力支持。

首先，我们要感谢 Morgan Kaufmann 出版社的 Meg Dunkerley、Heather Scherer、Lindsay Lawrence 和 Todd Green，在写作和编辑的过程中一直鼓励和帮助我们。感谢审校者 Michael Beasley、Dan Russell 和 Suzanna Rogers 给予了非常有益的专家评审。我们知道他们的工作量很大！非常感谢这些极富才华的作者：Apala Lahiri Chavan、John Boyd、Hendrik Mueller & Aaron Sedley、Jenny Shirey、Arathi Sethumadhavan、Lana Yarosh 和 Pamela Walshe & Nick Opderbeck，他们通过案例研究分享了用户研究方法的专业知识。读者一定会喜欢他们的经验。还要感谢 Abi Jones 为本书提供了精彩插图，感谢 Kelly Huang 为本书英文版设计了优美的封面！最后，感谢 Ariel Liu 和 Jim Foley 进行了最后的评审和反馈，尤其是 Sara Snow 对全书进行了 SME 评审。就个人而言，要感谢我们各自的朋友和家人。

我能在电脑前一坐几个小时，要感谢我的丈夫 Joe，尤其是我的女儿 Hana。我希望我是他们的骄傲！感谢我的母亲一直相信和支持我所做的一切。感谢她作出的榜样，那也正是我想为女儿做的！当然，深深地感谢 Kelly 和 Catherine 与我一起冒险写一本书（再次）！最后，感谢我的同事 Mario Callegaro、Hilary Hutchinson、Patri Forwalter Friedman、Adam Banks 和 Ilmo van der Löwe，他们为本书某些特定部分提供了重要的见解。

——Kathy Baxter

感谢我的丈夫 Ian，他在言语和行动上的支持使本书第 2 版成为可能。感谢我的家人、朋友和同事，他们不断地启发和鼓励我，让我出色工作。感谢非常棒的合作作者 Kathy 和 Kelly，与她们一起工作很愉快，并使不可能成为可能！

——Catherine Courage

我要感谢所有家人和朋友的支持，当我在"空闲时间"写作时，他们表现出了足够的耐心和关怀。特别感谢 Micah 给生活带来了平衡，让我的感激之情无以言表。也要感谢老爸老妈对我无条件的爱，他们的爱和支持给了我接受挑战的信心（比如合著一本书），而无所畏惧。

感谢诸多的学者、老师和同事，尤其是 Dan Fisk、Wendy Rogers、Robin Jeffries、James Evans 和 Mac McClure，从他们身上我学会了如何进行研究。非常感谢数百名学生和研究参与者，他们教会我如何进行研究的实践环节，并激励我以对别人有用的形式展现这些知识。

最后，感谢 Kathy 和 Catherine 给予我合著本书的机会。她们是乐于合作、热心、耐心、体贴、聪明和知识渊博的人！在著书方面，她们是我最好的合作伙伴。

——Kelly Caine

目　　录

本书赞誉

译者序

作者简介

前言

第一部分　入门

第 1 章　用户体验入门 …………………… 2

1.1　什么是用户体验 ………………… 2

1.2　以用户为中心的设计 …………… 5

　　1.2.1　以用户为中心的设计原则 …… 5

　　1.2.2　将 UCD 原则融入产品开发

　　　　　生命周期中 ……………… 7

　　1.2.3　设计思维 ………………… 8

1.3　一系列要求 ……………………… 9

　　1.3.1　产品团队的观点 ………… 10

　　1.3.2　用户需求 ………………… 12

1.4　如何让利益相关方支持用户体验

　　研究实践 ……………………… 13

　　1.4.1　反对声音 ………………… 13

　　1.4.2　避免遭到反对 …………… 16

1.5　下一步是什么 ………………… 17

第 2 章　研究之前：先理解目标用户 … 18

2.1　概述 …………………………… 18

2.2　现有研究 ……………………… 19

2.3　理解产品 ……………………… 19

　　2.3.1　产品使用体验 …………… 20

　　2.3.2　人际关系网络 …………… 21

　　2.3.3　客户支持意见 …………… 21

　　2.3.4　社会情感分析 …………… 21

　　2.3.5　日志文件和网络分析 …… 22

　　2.3.6　市场数据研究 …………… 25

　　2.3.7　竞品分析 ………………… 25

　　2.3.8　早期用户或合作伙伴的

　　　　　反馈 ………………………… 28

2.4　理解用户 ……………………… 28

　　2.4.1　第一步：用户特征 ……… 30

　　2.4.2　第二步：人物画像 ……… 33

　　2.4.3　第三步：指导原则 / 反原则 … 35

　　2.4.4　第四步：使用场景 ……… 38

2.5　特殊人群 ……………………… 40

　　2.5.1　国际用户 ………………… 40

　　2.5.2　通用性 …………………… 41

　　2.5.3　未成年人 ………………… 42

　　2.5.4　老年人 …………………… 43

2.6　本章小结 ……………………… 44

案例研究：理解用户的理论和方法

　　改进 ……………………………… 45

第 3 章 道德与法律问题·············· 52
3.1 概述·························· 52
3.2 公司政策、法律与道德·········· 52
3.3 道德准则·················· 54
3.3.1 不伤害原则·············· 55
3.3.2 知情权·················· 56
3.3.3 获得允许方可记录·········· 56
3.3.4 营造舒适的体验·········· 57
3.3.5 使用恰当的语言·········· 58
3.3.6 匿名与保密原则·········· 58
3.3.7 中途退出的权利·········· 58
3.3.8 适当的激励机制·········· 59
3.3.9 有效而可靠的数据·········· 59
3.3.10 明确你的专业能力范畴····· 60
3.3.11 数据保留、归档和安全···· 60
3.3.12 汇总·················· 61
3.4 法律层面的考虑·············· 61
3.5 本章小结·················· 62

第 4 章 搭建研究设施·············· 64
4.1 概述·························· 64
4.2 使用现有的设施和场所········ 65
4.3 租用设施和场所·············· 67
4.4 建立一个专用的永久性场所···· 67
4.4.1 一间用户研究实验室的组成
元素·················· 68
4.4.2 实验室布局·············· 69
4.5 本章小结·················· 75

第 5 章 选择一种用户体验研究方法 76
5.1 概述·························· 76
5.2 如何选择方法·············· 76
5.2.1 引入正确的人（参与方法
决策）················ 76
5.2.2 提出适当的问题········ 77

5.2.3 了解限制················ 77
5.3 方法······················ 78
5.3.1 日记研究（第 8 章）······ 78
5.3.2 访谈（第 9 章）·········· 79
5.3.3 问卷调查（第 10 章）······ 79
5.3.4 卡片分类（第 11 章）······ 79
5.3.5 焦点小组（第 12 章）······ 79
5.3.6 实地调研（第 13 章）······ 80
5.3.7 评估方法（第 14 章）······ 80
5.4 方法之间的差异·············· 81
5.4.1 行为与态度·············· 81
5.4.2 研究和参与者角色········ 82
5.4.3 实验室与实地············ 82
5.4.4 定性与定量·············· 82
5.4.5 程式化与总结性·········· 82
5.4.6 用户数量················ 83
5.5 选择合适的方法·············· 87

第二部分　起步

第 6 章 选择一种用户体验研究方法····· 92
6.1 概述·························· 92
6.2 做研究计划················ 92
6.2.1 为什么要做研究计划······ 93
6.2.2 研究计划的组成·········· 93
6.2.3 研究计划样例············ 96
6.2.4 获得允诺················ 98
6.3 确定测试的时长和时间········ 100
6.4 招募参与者················ 100
6.4.1 确定参与者激励·········· 101
6.4.2 开发招募筛选器·········· 103
6.4.3 筛选器样例·············· 105
6.4.4 制作招募广告············ 108
6.4.5 广告样例················ 110
6.4.6 招募方法················ 111

6.4.7 防止参与者失约 ················ 117
6.4.8 招募国际参与者 ················ 118
6.4.9 招募特殊群体 ················ 119
6.4.10 线上服务 ················ 119
6.4.11 共创 ················ 120
6.5 追踪参与者 ················ 120
6.5.1 纳税问题 ················ 121
6.5.2 职业参与者 ················ 121
6.5.3 建立一个观察名单 ············ 122
6.6 创建协议 ················ 123
6.7 预演你的研究活动 ············ 124
6.7.1 视听设备可以正常工作吗 ··· 125
6.7.2 让指导语和问题更加明白 ··· 125
6.7.3 检查错误或瑕疵 ·············· 125
6.7.4 练习 ················ 125
6.7.5 谁应该参加 ················ 125
6.8 本章小结 ················ 126

第 7 章 用户调研活动 ················ 127
7.1 概述 ················ 127
7.2 邀请观察员 ················ 128
7.3 欢迎参与者 ················ 130
7.3.1 欢迎参与者参加实验室
调研 ················ 130
7.3.2 在实地欢迎参与者 ············ 130
7.3.3 介绍调研 ················ 130
7.3.4 同意的参与者 ················ 131
7.3.5 提供奖励 ················ 131
7.3.6 发展友好关系 ················ 131
7.3.7 热身活动 ················ 131
7.4 主持活动 ················ 132
7.4.1 主持策略 ················ 133
7.4.2 使用出声思维法 ·············· 136
7.4.3 事后检视 ················ 137
7.5 录制和记笔记 ················ 137

7.5.1 记笔记 ················ 137
7.5.2 使用视频或音频录制 ········· 140
7.5.3 使用录屏软件 ················ 141
7.5.4 视频/音频/屏幕录像和笔记
相结合 ················ 141
7.6 处理迟到和缺席的参与者 ········· 141
7.6.1 迟到的参与者 ················ 141
7.6.2 你不能再等了 ················ 142
7.6.3 包括迟到者 ················ 143
7.6.4 失约 ················ 143
7.7 处理棘手的情况 ················ 143
7.7.1 参与者的问题 ················ 145
7.7.2 产品团队/观察员的问题 ··· 150
7.8 结束活动 ················ 152
7.9 本章小结 ················ 152

第三部分 方法

第 8 章 日记研究 ················ 154
8.1 概述 ················ 154
8.2 注意事项 ················ 155
8.3 形式选择 ················ 155
8.3.1 纸质手册 ················ 156
8.3.2 电子邮件 ················ 156
8.3.3 语音信息 ················ 157
8.3.4 视频日记 ················ 157
8.3.5 短信（文本信息） ············ 158
8.3.6 社交媒体 ················ 158
8.3.7 在线日记研究服务或手机
应用 ················ 159
8.4 取样频率 ················ 159
8.4.1 每日一记 ················ 160
8.4.2 事件日记 ················ 160
8.4.3 预设间隔 ················ 161
8.4.4 随机或经验取样 ·············· 161

8.5　研究准备…………………… 161
　　8.5.1　研究工具确定……… 162
　　8.5.2　参与者招募………… 162
　　8.5.3　日记材料…………… 162
　　8.5.4　时长和频率………… 162
　　8.5.5　激励措施…………… 163
8.6　研究执行…………………… 163
　　8.6.1　参与者培训………… 163
　　8.6.2　数据收集监控……… 164
8.7　数据分析和说明…………… 164
　　8.7.1　数据清洗…………… 164
　　8.7.2　亲和图……………… 164
　　8.7.3　定性分析工具……… 164
　　8.7.4　众包………………… 165
　　8.7.5　定量分析…………… 166
8.8　结果沟通…………………… 166
8.9　本章小结…………………… 168
案例研究：探寻用户的日常信息需求… 168

第 9 章　访谈…………………… 175
9.1　概述………………………… 175
9.2　访谈准备…………………… 176
　　9.2.1　研究目标确定……… 176
　　9.2.2　访谈类型选择……… 177
　　9.2.3　数据分析方法选择… 179
　　9.2.4　问题确定…………… 179
　　9.2.5　问题测试…………… 185
　　9.2.6　活动参与者………… 186
　　9.2.7　观察员邀请………… 187
　　9.2.8　活动材料…………… 188
9.3　访谈执行…………………… 188
　　9.3.1　注意事项…………… 188
　　9.3.2　访谈五步骤………… 190
　　9.3.3　访谈者角色定位…… 192
　　9.3.4　维护访谈关系……… 199

　　9.3.5　行为准则…………… 201
9.4　数据分析和说明…………… 202
　　9.4.1　转录………………… 202
　　9.4.2　结构化数据………… 202
　　9.4.3　非结构化数据……… 203
　　9.4.4　分类计算…………… 203
　　9.4.5　亲和图……………… 203
　　9.4.6　定性内容 / 主题分析… 203
9.5　结果沟通…………………… 205
　　9.5.1　按时间顺序………… 206
　　9.5.2　按主题……………… 206
　　9.5.3　按参与者…………… 206
9.6　本章小结…………………… 206
9.7　访谈提示…………………… 206
案例研究：连接家庭——将孩子纳入
　家庭访谈的重要性…………… 207

第 10 章　问卷调查……………… 211
10.1　概述……………………… 211
10.2　何时使用问卷…………… 212
10.3　注意事项………………… 212
　　10.3.1　选择偏倚………… 212
　　10.3.2　无应答偏倚……… 213
　　10.3.3　正向陈述效应…… 213
　　10.3.4　默许偏差………… 214
10.4　问卷设计和分发………… 214
　　10.4.1　研究目标确定…… 215
　　10.4.2　活动参与者……… 215
　　10.4.3　回复者数量……… 215
　　10.4.4　概率抽样与非概率抽样… 216
　　10.4.5　问题编写………… 217
　　10.4.6　数据分析方法确定… 223
　　10.4.7　问卷创建………… 223
　　10.4.8　问卷分发方式…… 226
　　10.4.9　问卷预测试与修订… 230

10.5 数据分析和说明·················· 232
　　10.5.1 初步评估·················· 232
　　10.5.2 计算方法·················· 233
10.6 结果沟通·························· 236
10.7 本章小结·························· 236
案例研究：Google Drive 幸福度追踪
　　问卷（HaTS）················· 236

第 11 章　卡片分类·················· 242
11.1 概述······························ 242
11.2 注意事项························· 243
　　11.2.1 开放式与封闭式········· 243
　　11.2.2 纸质卡片或卡片分类
　　　　　 软件·················· 243
　　11.2.3 远程在线或面对面······· 243
　　11.2.4 个体卡片分类或小组卡片
　　　　　 分类·················· 244
11.3 研究准备························· 244
　　11.3.1 选定内容和定义········· 245
　　11.3.2 活动材料··············· 246
　　11.3.3 收集的主要数据········· 247
　　11.3.4 收集的其他数据········· 247
　　11.3.5 活动参与者············· 249
　　11.3.6 观察员邀请············· 250
11.4 研究执行························· 250
　　11.4.1 活动时间表············· 250
　　11.4.2 面对面卡片分类········· 251
　　11.4.3 卡片分类程序··········· 253
11.5 数据分析和说明················ 254
　　11.5.1 人工汇总··············· 254
　　11.5.2 相似性矩阵············· 255
　　11.5.3 聚类分析··············· 256
　　11.5.4 统计软件··············· 259
　　11.5.5 电子表格··············· 259
　　11.5.6 程序无法处理的数据···· 259

　　11.5.7 结果说明··············· 260
11.6 结果沟通························· 261
11.7 本章小结························· 261
案例研究：在公司内部进行卡片
　　分类——创造最符合需求的实践
　　方法····························· 262

第 12 章　焦点小组·················· 271
12.1 概述······························ 271
12.2 焦点小组准备···················· 272
　　12.2.1 编写话题 / 讨论提纲···· 272
　　12.2.2 参与活动的人员········· 277
　　12.2.3 邀请观察员············· 279
　　12.2.4 活动材料··············· 280
12.3 焦点小组执行···················· 280
　　12.3.1 活动时间表············· 281
　　12.3.2 欢迎参与者············· 281
　　12.3.3 介绍规则··············· 281
　　12.3.4 焦点小组讨论··········· 282
12.4 焦点小组修订版本··············· 283
　　12.4.1 包含个体活动··········· 283
　　12.4.2 任务型焦点小组········· 283
　　12.4.3 生活中的一天··········· 284
　　12.4.4 迭代焦点小组··········· 284
　　12.4.5 焦点团················· 285
　　12.4.6 在线或电话焦点小组···· 285
　　12.4.7 头脑风暴和需求分析···· 285
　　12.4.8 介绍活动和头脑风暴
　　　　　 规则·················· 286
　　12.4.9 优先级排序············· 288
12.5 数据分析与处理·················· 290
　　12.5.1 汇总··················· 291
　　12.5.2 焦点小组的数据种类···· 291
　　12.5.3 亲和图················· 291
12.6 结果沟通························· 295

12.7 经验教训 ·············· 296
　12.7.1 混合多种类型的用户 ····· 296
　12.7.2 让刁蛮的参与者离开 ····· 297
12.8 本章小结 ·············· 298
案例研究：设计理念焦点小组 ····· 298

第13章 实地调研 ············· 303
13.1 概述 ················· 303
13.2 注意事项 ·············· 304
　13.2.1 获得相关方支持 ········ 304
　13.2.2 其他注意事项 ········· 304
13.3 方法选择 ·············· 306
　13.3.1 只观察 ············ 309
　13.3.2 和用户互动 ·········· 313
　13.3.3 方法补充 ··········· 317
13.4 调研准备 ·············· 319
　13.4.1 确定调研类型 ········ 320
　13.4.2 活动的参与人员 ······· 321
　13.4.3 培训参与人员 ········ 323
　13.4.4 编写调研方案 ········ 324
　13.4.5 安排访问 ··········· 324
　13.4.6 活动材料 ··········· 326
　13.4.7 总结 ············· 329
13.5 执行调研 ·············· 330
　13.5.1 井井有条 ··········· 330
　13.5.2 迎接参与者 ·········· 330
　13.5.3 数据收集 ··········· 331
　13.5.4 结束调研 ··········· 331
　13.5.5 整理数据 ··········· 332
　13.5.6 总结 ············· 332
13.6 数据分析及处理 ·········· 333
　13.6.1 选择数据分析方法 ······ 334
　13.6.2 亲和图 ············ 334
　13.6.3 分析沉浸式观察数据 ····· 335

13.6.4 分析情景调查/设计
　　　 数据 ············· 335
　13.6.5 扎根理论 ··········· 335
　13.6.6 定性分析工具 ········· 335
13.7 结果沟通 ·············· 336
13.8 经验教训 ·············· 337
　13.8.1 意外的客人 ·········· 337
　13.8.2 失踪的用户 ·········· 338
13.9 本章小结 ·············· 338
案例研究：实地调研——移动银行的
整体调研 ··············· 339

第14章 评估方法 ············· 345
14.1 概述 ················· 346
14.2 执行评估时的注意事项 ······ 346
14.3 评估方法的选择 ·········· 347
　14.3.1 可用性检查方法 ······· 347
　14.3.2 可用性测试 ·········· 349
　14.3.3 现场试验 ··········· 353
14.4 数据分析与处理 ·········· 354
14.5 结果沟通 ·············· 355
14.6 本章小结 ·············· 355
案例研究：认知走查法在医疗设备
用户界面设计上的应用 ········· 355

第四部分 收尾

第15章 结果处理 ············· 360
15.1 概述 ················· 360
15.2 调研结果的优先级排序 ······ 360
　15.2.1 第一阶段：从可用性角度
　　　　 进行优先级排序 ······· 361
　15.2.2 第二阶段：综合考虑可用
　　　　 性和产品开发进行优先级
　　　　 排序 ············· 362

15.3　演示调研结果 …………………… 364
　　15.3.1　为什么口头陈述很重要 … 365
　　15.3.2　参会人员 …………………… 366
　　15.3.3　创建成功的演示文稿…… 366
　　15.3.4　如何进行成功的演示…… 369
15.4　汇报调研结果 …………………… 371
　　15.4.1　报告格式 …………………… 372
　　15.4.2　完整的报告 ………………… 372
　　15.4.3　建议报告 …………………… 375
　　15.4.4　行动纲要报告 …………… 375
　　15.4.5　报告补充 …………………… 376
15.5　确保调研结果被采用………… 376
　　15.5.1　利益相关方的参与…… 376
　　15.5.2　成为团队的虚拟成员…… 376
　　15.5.3　获得每个建议的状态…… 377
　　15.5.4　确保产品团队存档调研
　　　　　　结果 …………………… 377
　　15.5.5　跟踪结果 …………………… 377
15.6　本章小结…………………………… 378

第五部分　附录

附录 A　参与者招募数据库 …………… 380
附录 B　报告模板 ……………………… 386
附录 C　术语表 ………………………… 393
附录 D　参考文献 ……………………… 405

第一部分

入　门

Part 1

第 1 章

用户体验入门

1.1 什么是用户体验

如果你开始阅读本书，说明你对用户体验（UX）这个领域有所了解或者有些许兴趣。用户体验从业者和学生往往来自不同的学科背景，例如计算机科学、心理学、市场营销专业、商科、人类学和理工科（Farrell & Nielsen, 2014）。学科背景的多样性的益处在于，用户体验从不同的领域汲取知识和经验并最终回馈于用户体验。同时，这也说明无法用单一严苛的方法和理论来定义用户体验。

业内对于用户体验有很多定义（详见 http://www.allaboutux.org/ux-definitions）。用户体验专业协会（UXPA）将用户体验定义为"用户与产品、服务和系统交互过程中感知到的全部要素。用户体验设计包含构成界面的全部要素，例如页面布局、视觉设计、文字、品牌、声音和交互等。可用性工程协调各个要素之间的关系，并为用户提供最佳交互体验"。

> **提示**
>
> 如何简单有效地让不熟悉用户体验的人了解你的工作？可以用一句话来解释——"让技术变得简单易用"。这可能不是最佳答案，但却可以让对方快速理解用户体验的实质。Kelly 在经历了一遍又一遍解释自己的工作，对方仍然一头雾水的窘境后，她在亲朋好友以及飞机邻座旅客里做了个小范围的用户研究，发现"让技术变得简单易用"这个简明的解释非常奏效。通常对方会说："哇！好棒！我们需要更多像你这样的人。"

可用性的着眼点是在交互过程中不出错，而用户体验的范畴则更加广泛和全面。可用性是客观的并且以产品为中心（可用性关注一个产品是否可用），而用户体验却是主观的，并且以用户为中心（用户体验是产品与用户的合集）。通常情况下，用户体验研究肩负着针对新技术（如，移动设备、网站、穿戴式技术、软件等）探索用户需求，同时评估现有技术可用性的职责。

用户需求是指一个产品应该具备哪些功能点或特征才能符合用户的预期。以用户为中心的设计是收集和分析用户需求的全流程。本章会介绍以用户为中心的设计领域里的基本概念，不同利益相关方的需求，以及如何令他们支持用户研究实践。

哪些人在从事用户体验工作

很多不同背景的人都在从事用户体验工作（见图 1.1）。业内对于用户体验从业者有很多不同的名称，例如：

- 用户体验设计师
- 用户体验研究员
- 信息架构师
- 交互设计师
- 人因工程师
- 商业分析师
- 咨询师
- 创意总监
- 交互架构师
- 可用性研究员

用户体验管理层的岗位包括（Manning & Bodine，2012）：

- 首席客户总监
- 首席客户官
- 首席体验官
- 用户体验副总裁

从根本上讲，用户体验研究关注于如何理解人、环境和技术。尽管我们写这本书的出发点是用户体验研究，但是书中提及的方法也可以用来理解不同场景和技术环境下的用户行为、感知、想法、需求和顾虑等。

要点速览：

➢ 以用户为中心的设计

➢ 多样化体验

➢ 如何让利益相关方支持用户体验研究实践

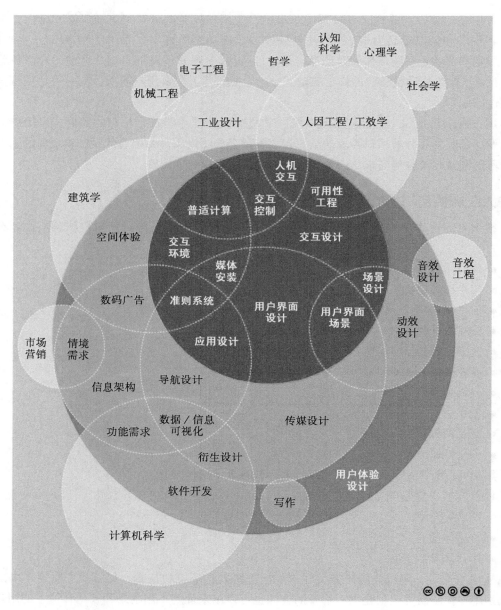

图 1.1　用户体验学科一览（www.envis-precisely.com）。此图由 Creative Commons Attribution 授权，更多信息可访问网站 http://Creativecommons.org/licenses/ by-sa/30 或发信至 Creative Commons, 171 Second Street, Suite 300, San Francisco, California, 94105, USA。出自 http://upload. wikimedia.org/wikipedia/commons/d/d5/Interaction-Design-Disciplines.png.

进一步阅读资源

目前，很多院校都设有 human-centered computing、人机交互、工程心理学和信息科学等硕士和博士项目，提供用户体验相关的课程。如果你并没有接受过相关课程的系统培训，下面的这几本书可以作为本书中提到的各个知识点的入门参考。

- Norman, D. A. (2013). *The design of everyday things*: Revised and expanded edition. Basic Books.
- Lidwell, W., Holden, K., & Butler, J. (2010). *Universal principles of design, revised and updated*: *125 ways to enhance usability, influence perception, increase appeal, make better design decisions, and teach through design*. Rockport Pub.
- Rogers, Y. (2012). HCI theory: Classical, modern, and contemporary. *Synthesis Lectures on Human-Centered Informatics*, 5(2), 1–129.
- Johnson, J. (2014). *Designing with the mind in mind*: Simple guide to understanding user interface design guidelines (2nd ed.). Morgan Kaufmann.
- Weinschenk, S. (2011). *100 things every designer needs to know about people*. Pearson Education.

1.2　以用户为中心的设计

以用户为中心的设计（User-Centered Design，UCD）是关注最终用户的产品开发实践，其理念在于让产品适应用户需求而非用户适应产品，也就是说在产品的整个生命周期中涉及的技术、流程和方法都需要以用户为中心。

专业词汇说明

我们的一些同事（甚至我们自己！）似乎不太喜欢"用户"（user）这个词，因为它带来负面的联想（例如，瘾君子 drug"user"），造成主观的距离感，无法表达人本身和体验的复杂与深度。Don Norman（2006）曾提到"词汇的选择很重要，我们谈的是人本身，不是客户，不是消费者，也不是用户"。我们深以为然。但 UX 是业界广为认可的术语，这也是我们在本书中使用它的原因。

1.2.1　以用户为中心的设计原则

UCD 三大设计原则（Gould & Lewis，1985）：尽早地关注用户及他们的任务，产品使用的实证研究，以及可迭代的设计。

尽早地关注用户及他们的任务

这一原则强调系统性和结构化地获取用户体验，这也是本书的重点，在后续的章节会讲解收集用户体验的一系列方法。

为了实现最大化产品用户体验的目标，在产品开发的第一时间就应该关注用户。越早地关注用户，在产品开发后期返工的工作量就越小（如，可用性测试之后）。UCD 始于收集和获取用户体验，这一过程有助于理解用户的需求、行为习惯、心理预期以及内心的诉求。这些信息对于设计一款优秀的产品至关重要。

产品使用的实证研究

这一原则的重点在于经典的可用性原则：易学性、有效性和无错误，这可以通过产品原型的可用性测试在产品开发的早期实现。可用性测试是邀请用户来使用设计原型或最终产品完成一系列任务。这个过程可以发现产品的使用性问题，便于在产品上市前做出改进。我们将在本书的第 14 章介绍可用性评估的相关概念。

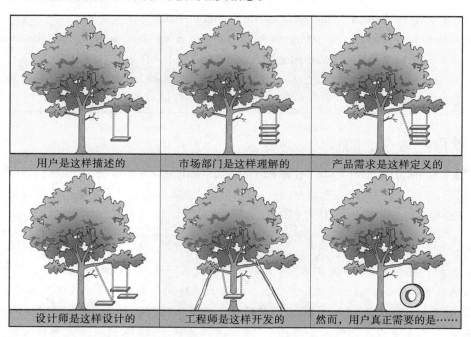

图片基于漫画 # 5，更多信息可访问 http://www.usability.uk.com/

可迭代的设计

这一原则建议在获取用户体验后，通过迭代的方式来设计、修改或测试产品。可迭代的设计强调的是在产品早期不断地试错。早期设计原型要比已经调试好的系统更容易修改。这就意味着你所在的产品团队可以先从纸上原型（paper prototyping）开始并不断迭代，再进入可交互原型阶段。这个开发流程并不是线性的，而是不断迭代和调整直至最优。即便你可以非常熟练地开展用户研究实践，你也无法在一开始就获取全部信息。

1.2.2　将 UCD 原则融入产品开发生命周期中

本书会介绍产品开发生命周期中每个阶段用到的研究方法，但在实践中可能没有足够的时间和资源，甚至也并不需要应用本书提到的每一种方法。你需要明确所在的团队、公司或者实验室面临的关键研究问题，并采取对应的研究方法解决问题。Stone（2013）提到，"在我看来，一个优秀的用户体验研究包括四个因素，依次是及时性、可信性、可行性和新奇性。及时性需要我们与产品团队的节奏一致，否则用户体验研究的效果会大打折扣。可信性来自于对问题背景的缜密思考和基于此的任务设计。可行性是指与产品团队在面临的决定上达成共识。新奇性是指比团队中其他成员更善于观察和理解用户行为。以上是我知道的唯一诀窍。高质量且高效率地完成工作，人们一定会注意到并感激你的付出"。

图 1.2 展示了 UCD 融入产品开发生命周期的理想情况。"概念"阶段（第一阶段）主要在产品开发的前期理解你的用户。"设计"阶段（第二阶段）包括早期的用户理解和实证研究。"开发"和"发布"阶段（第三和第四阶段）更多地侧重实证研究。每一阶段的具体活动如下：

第一阶段：概念

这一阶段主要围绕产品的概念进行如下活动：

- 建立用户体验、目标
- 构建用户特征和人物画像
- 开展用户体验研究实践，如访谈、实地研究等

第二阶段：设计

这一阶段会根据第一阶段获取的用户信息开展可迭代的设计，涉及的用户研究活动包括：

- 低保真原型的用户走查（如，纸上原型）
- 启发性评估
- 用户体验活动研究（如，焦点小组、卡片分类法等）

第三阶段：开发

在这一阶段，开发人员和工程师开始介入产品开发，涉及的可用性测试如下：

- 准备、计划和执行产品上市前的启发性评估
- 准备、计划和执行产品上市前的可用性测试

第四阶段：发布

这一阶段是产品面向公众、客户或你所在的组织发布，包括用户体验研究和其他实证研究。软件的正式可用性测试将在真实的环境下进行。除此之外，在发布阶段开展的用户体验研究也将获取用户在实际使用产品过程中的真实反馈。这一阶段所包含的用户体验研究实践包括：

- 可用性测试
- 调查或访谈（真实环境下的用户反馈）
- 实地调研（了解用户实际使用产品的过程）

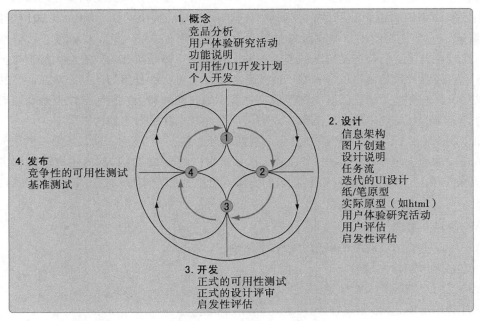

图 1.2　引入 UCD 流程的产品周期

　　UCD 第三大原则——"可迭代的设计"，被广泛应用于产品开发流程的各个阶段。例如，你可以在概念阶段开展一次实地走访，这个用户体验研究有助于收集用户数据，并同时发现新的问题。你可能接下来会进行一对一访谈来获得更多的用户数据。这些新的用户数据有助于改进或迭代用户体验研究文档。

1.2.3　设计思维

　　如果在你的工作环境中 UCD 流程并未得到认可，则你的职责更加任重而道远，仅靠几次用户研究实践可能无法达到效果。一个有效的解决方案是"设计思维"。

　　如果你的公司、客户或学术导师并不理解用户研究的价值，设计思维也许是一个有效的让人们认识到它的重要性的手段。设计思维可以应用于各种类型公司的创新实践中。它不是一个按部就班的流程，而是一种思维和观念模式。它以行为习惯为导向，以人为中心，并展开一系列持续的测试。设计思维的核心思想在于通过深入地理解用户需求来探索创新机会。这些机会点也将通过快速迭代的原型设计和用户测试不断得到优化，最终成为具有划时代意义的产出。收集用户需求是整个流程不可或缺的一部分。设计思维让人们很好地理解为什么理解用户对于创造伟大的产品和服务如此重要。Hasso Plattner Institute of Design（斯坦福设计学院）在宣传设计学院的课程和高管训练营方面取得了很好的效果。现在你也可以在其他的院校或咨询机构找到类似的工作坊。通过一到两天的培训，你的团队可以更好地理解与用户共情的重要性。

进一步阅读资源

如果你对建立设计思维文化感兴趣，可以参考以下资源：

- Hasso Plattner Institute of Design: http://dschool.stanford.edu/.
- "Building a Culture of Design Thinking at Citrix": http://www.mixprize.org/story/reweaving-corporate-dna-building-culture-design-thinking-citrix.

你或许打算进行管理策略改革以影响组织架构、流程和文化，这并不简单，下面的书籍包括全面细致的指导：

- Bias, R. G., & Mayhew, D. J. (Eds.). (2005). *Cost-justifying usability*. San Francisco: Morgan Kaufmann.
- Schaffer, E. (2004). *Institutionalization of usability*: A step-by-step guide. New York: Addison-Wesley.
- Sharon, T. (2012). *It's our research*: Getting stakeholder buy-in for user experience research projects. Morgan Kaufmann.

1.3 一系列要求

随着用户体验的兴起，许多产品团队开始意识到理解用户的重要性，并开始重视用户是否能够简单愉悦地使用产品。许多公司和实验室纷纷将 UCD 流程融入到产品和科研的生命周期。然而在很多实践中，用户体验被简单地等同于可用性测试。

可用性测试与用户体验研究有着非常明确的差别。可用性测试是判断一个给定的方案是否可用（简单易用并且没有差错）。而用户体验研究则是帮助团队从用户理解的角度出发，在众多可能性中挑选最佳方案。优秀的设计师和卓越的设计师的差别在于后者对于方案的视野。不做用户研究，你的视野会狭窄很多。

尽管可用性测试是 UCD 流程中至关重要的环节，但它毕竟只是 UCD 流程中的一个环节。本书更多地侧重于用户体验研究阶段，通常情况下人们对其关注较少，但它实际上却与可用性测试同等重要。用户体验研究可以为设计提供用户要求。我们将用户要求定义为产品应该具备的功能或特征。用户要求的来源非常多样化，可以是市场、产品开发团队、最终用户、购买决策者、方案策划，等等。产品团队需要慎重考虑不同来源的有效要求。例如，在设计一款关于旅游预订的移动端应用时，用户需求可能包含如下条目：

- 该移动端应用在 iOS、Android 和 Windows 手机上都可下载和使用。

- 用户在下单前需要注册。
- 这款应用同时支持英语、西班牙语和法语。
- 各个人群均能使用该款应用。
- 用户无需培训即会使用该款应用。

接下来介绍在业界工作中可能遇到的不同要求，但这里提及的建议同样适用于非营利组织或学术界（如虽然没有来自销售团队的需求，但仍然有其他的利益相关方）。在任何情况下，理解产品有竞争力的要求有助于更好地对用户要求进行定位。

1.3.1　产品团队的观点

在业界，产品团队通常是对产品有直接责任的一群人，如产品定义、开发和销售等。在需求收集阶段，产品团队必须进行早期研究来决定产品方向，必须从不同的渠道收集需求（如，销售、市场、经理、客户和用户），并以此来确定哪些功能应该定义在产品上。这一阶段为设计奠定基础，并会影响整个产品生命周期（见图 1.2）。如果需求收集阶段出现纰漏，则很有可能造成最终产品无人问津，并无法给购买的用户和公司带来有效价值。

在产品开发过程中会存在来自各方的不同需求，不同需求之间可能会存在混淆。图 1.3 展示了产品团队需要应对的需求方和不同的需求类型。

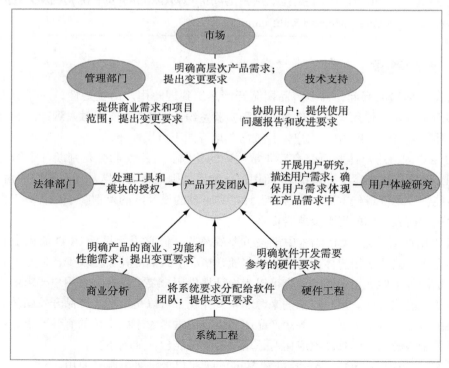

图 1.3　产品需求一览（图片来源：Weigers，1999）

我们经常在工作中听到有同事讲，"我们已经收集好用户需求了。"但实际上，他可能只是收集了功能和市场需求，而非用户需求。接下来我们探讨一下商业需求、市场需求和销售需求，因为人们经常会将它们与用户需求弄混。这三个需求都很重要，但是它们都不是用户需求。虽然其中可能会有重叠，我们仍建议独立地从各个需求方了解需求，并按照优先级归纳整理。你不能假定销售人员想看到的产品和最终用户希望的一样。为了有效地了解关于产品的不同需求，你必须有效地区分它们。

商业需求

购买者对于产品会有自己的要求。这些购买者通常是公司的专业人员或者高层管理者，他们也被称作决策者。他们的需求一般反映了公司现阶段的商业实践或是为节省成本而开展的新举措。他们希望产品能够符合他们的预期。明确理解商业需求对于吸引决策者客户非常重要。商业需求有时可能会和用户需求重合，但通常商业需求是更宏观或更技术方面的。在学术界，"决策者"可能是你的导师或者学术委员会。

市场和销售需求

市场和销售部门的需求点在于产品的销量，他们会提出他们认为消费者想要的、竞争对手有或没有的产品功能等。市场需求的表达会更宏观和缺少细节。市场部门并不关注产品的细节，他们更倾向于从宏观的角度理解消费者喜欢产品的原因。举个例子，市场部门对于一款旅行应用的需求可能会是这款应用应该比同类产品提供更多的航线选择或是最低价保证。

销售人员每天都在一线和消费者打交道，因此他们的需求会围绕消费者看到产品展示时的反馈。但我们需要提醒自己销售人员的受众通常是"决策者"而非最终用户。他们可能会要求这款应用"要快"，"要看起来像市场上排名第一的旅游应用"。再次重申，这些需求可能是严重客户导向的，但并不适用于其他现有或潜在的客户。

销售和市场部门通常并不收集具体信息，如，用户需要什么产品，用户如何使用产品，用户使用产品的场景等。然而，一些市场和销售需求确实会反映一部分用户需求。你可能会发现用户需求和销售市场需求存在一些重合。如果一款产品不是用户想要的，它即便再可用也是没有意义的。市场和销售人员通常会与用户聊天，有时甚至会聊到可用性，但即便如此，也是比较宏观层面的，例如产品的功能点和性能。这些是非常有价值的输入，但是问题在于他们收集到的信息通常是不完整的，并仅限于产品展示过程中（更多地在销售产品而非倾听用户）收到的反馈。他们也努力地理解用户，但因为这并不是他们优先级最高的目标，因而他们也没有足够的时间和动力去收集真实的用户需求。此外，他们希望在产品上加一些新功能的原因是最新的技术是销售中一个很好的卖点，并不是从用户需求的角度考虑。

1.3.2 用户需求

无论你供职于学术界、公司还是非营利组织，你都需要实现利益相关方的需求。这些利益相关方包括资助科研项目的政府机构（例如，NIH）、投资人或股东。平衡用户需求与商业、舆论或销售需求是每个人的职责。在一款产品或服务完成之前，你希望其包含用户真正所需的功能。如果你忽视了这个重要的目标，用户可能在实际使用产品时需要接受大量的培训指导，从而造成效率缓慢，满意度低。这将大大损害开发的积极性、科研的成功率及未来的销售额，也会降低用户更换或升级产品的可能性。长远来看，这甚至会为产品声誉造成负面影响，从而降低投资者的投资意向，使得没有新用户愿意尝试使用。

通过上面的讨论，你可能会觉得你了解用户的需求，因为利益相关方已经告诉你用户的需求是什么。这是产品团队犯的第一个错误。采购、销售和市场负责人都认为自己理解用户如何与产品交互，然后他们（采购、销售和市场负责人）并不是真正的用户，他们的理解经常是错误的。另外，他们从单一的渠道获得的用户信息，其中大量有价值的信息却在传递给你的过程中丢失了。图 1.4 显示了产品团队从大量存在问题的交流途径获取所谓的"用户信息"。

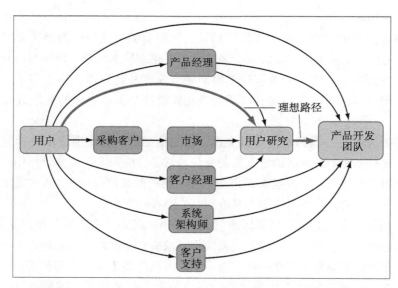

图 1.4   从用户到产品团队的信息交流渠道

　　因此，你必须接触真正的用户——那些真正使用产品的人，来了解他们的想法和需求。对用户的理解包含理解他们使用产品的任务、目标、使用的场景、用户技能等。

　　在深入理解这些需求后，可以依此开发符合用户需求的产品，这将实现：

- 用户满意度和易用性的提升带来的产品销量和市场份额的增长。
- 符合用户需求的交互界面降低了产品培训和客户支持的工作。
- 准确把握产品的核心功能点减少了开发时间和成本。

1.4　如何让利益相关方支持用户体验研究实践

　　如果与你合作的利益相关方认可用户研究的价值，这就是一件非常幸运的事。然而，我们发现很多情况下，利益相关方对于用户体验研究如何驱动产品创新、提高接受度、提升效率和增大利润并没有显性化的认识。因此，作为用户体验从业人员一个重要的能力就是有效地传达用户研究的重要价值。

　　虽然用户体验 UX 对于项目的重要价值并不仅限于经济收益，但是当你需要说服利益相关方接受并支持用户研究时，从经济收益的角度入手会使得沟通变得更有效。好的用户体验（UX）会提高生产力，提升用户满意度，减少出错率，降低培训和支持成本，提升销量，节省设计迭代成本，提高流量，并获得更积极的线上评价（Bias & Mayhew, 2005）。下面列出一些帮助你有效展示用户体验（UX）价值的具体说辞：

- 理解用户体验（UX）对于创新至关重要。"创新不是发明。创新可能涉及发明，但是包含更广泛的内容——对于用户需求和愿景的深刻理解"（Keeley, Walters, Pikkel, & Quinn, 2013）。
- 一个公司客户体验质量很大程度上依赖于客户忠诚度，例如产品回购的意愿、更换其他产品的可能性及向朋友和家人推荐的意愿等。这些因素一并影响公司的年收入（Burns, Manning, & Petersen, 2012）。
- 改善客户体验，即使在很小的方面，"也可以为公司每年带来数以亿计的收入增长……所有行业都希望通过改善客户体验来增加收入"（Manning & Bodine, 2012）。
- 从长远来看，尽早整合用户体验可节省未来重新设计的大量工作。Sun 的例子表明，早期在用户体验研究上的两万多美元的投入为公司挽救了一亿五千两百万美元的损失（Rhodes, 2000）。

1.4.1　反对声音

　　你可能会听到不支持用户研究的声音。在表 1.1 中，我们列出最常见的反驳理由和应对建议。表格左边的语句你可以直接引用，右边的内容是每个语句的解释和支持理由。

表 1.1   用户体验研究的反对理由以及如何反击

"我们没有时间来做这个研究"或"我们项目进度已经拖后了"	
"我们可以按照项目时间设计用户研究。我们可以在一天之内尽可能收集一些初步信息。" "即使研究可能无法帮助即将发布的产品,我们仍可以将这些数据用于未来的版本上。" "现在用少量时间可能会在未来节省大量时间。仅在软件开发过程中,60% 的错误源于不正确的用户体验(Weinberg, 1997)。" "糟糕的用户体验会导致延误。63% 的大型软件项目的进展超出规划,很多是与其不佳的用户体验相关(Lederer & Prasad, 1992)"	获得一些信息总比没有好。 你想让信息尽快发挥作用,但不要停止收集信息。 通过开展用户研究来确定产品需要保留和改进的功能是快速并简单的。可参见 Hackos and Redish (1998) 大量的案例。 也可参见 Johnson (2008),*GUI Bloopers 2.0* 一书的第 8 章 Management Bloopers。在规划中关于不准确的原因有 24 个,其中 4 个最主要原因都与糟糕的用户体验相关(Marcus, 2002)
"我们没有预算来做这个研究"	
"创造优质的用户体验的投资回报率非常高。2011 年的研究表明,客户体验可以带来三千一百万到十二亿的收入。" "我们的竞争对手知道用户研究的价值。""提高产品的易用性可以节省成本。你可能在设计环节花费 1 美元解决的问题,在产品开发阶段可能需要 10 美元,如果产品发布后,你可能需要 100 美元甚至更多来解决。" "我们不能不进行这样的研究。如果产品未满足用户需求,后期的维护成本可能要占到全部费用的 80%"	折扣技术很便宜。从小处着眼,累积价值。 用户体验是对产品未来收益的投资(Forrester's North American Technographics Customer Experience Online Survey, Q4, 2011 (US))。 理解用户是一个竞争优势。 在设计早期阶段考虑用户需求比之后解决更经济。Robert Pressman 在 *Software Engineering: A Practitioner's Approach* 一书中计算了设计、开发和发布的成本。 软件生命周期中 80% 的成本花在维护阶段。很多维护成本集中在"未满足或不可预见的"用户需求和其他可用性问题上(Pressman, 1992 via Marcus, 2002)
"如果用户很蠢的话,这并不是产品的问题"	
"你不是用户。只是因为用户和你不一样(例如,不能记住每个快捷键或想不起 25~30 个字符的密码),并不代表他们是愚蠢的。并不是每个人都和你有同样的经历和培训"	用户研究的成果可能让利益相关方(通常是工程师)看到,即使是非常聪明的用户也可能与他们使用产品的方式不同。关键是让利益相关方意识到他们并不能很好地代表最终用户
"用户并不知道他们想要什么,"或者"如果你问用户他们想要什么,他们会说一匹更快的马"	
"用户并没有职责来清晰准确地表达他们的需求。这是我的职责,研究人们的行为和需求。我们从用户身上获得相关信息,并将这些转化为有用的和可操作的信息"	正如产品开发要求的其他技能,理解用户也是一种技能,是需要培训和实践的。用户不应该被误认为是设计师。用户体验(UX)和产品团队负责提供可能的解决方案
"我们不想丢掉任何潜在的订单或者令客户因为指出产品未做到的地方而不开心"	
"当系统符合用户需求,满意度会大大提升。" "根据多年开展用户研究和可用性测试的经验,我们从未令公司丢掉订单或让客户不满意我们的产品。用户体验研究可以改善我们与客户的关系,因为他们看到公司正在竭力理解需求"	1992 年 Gartner Group 研究指出,可用性方法提升了 40% 的用户满意度(Bias & Mayhew, 2005)。 如果客户认为产品开发或销售团队没有满足他们的需求,这将导致客户的不满,开发和销售的沮丧

（续）

"销售人员对客户负责。"	
"我们都对创建愉快和满意的用户体验负有责任。" "如果销售人员没有时间帮助我们找到研究参与者，我们可以自己来。" "这是我们的研究"	其他利益相关方可能会担心你削弱了他们的地位和权利。郑重说明用户体验的目标和销售不同，你的工作会帮助他们实现目标。 最后，如果你无法接触到客户，但总有方式接触到最终用户（参见 6.4 节）。 我们的研究将使利益相关方支持用户体验项目，向产品团队全面介绍并号召关注用户体验（参见 Sharon 2012）
"你做出的承诺，我们无法兑现"	
"我们不会对客户做出任何承诺。我们只会倾听和收集数据。产品团队将决定如何在产品开发中使用这些信息"	参与者会理解你是在收集他们的反馈，并不期望你会立刻提出一款满足他们所有愿望的神奇产品，你也并不需要做出任何许诺
"你会泄漏机密信息"	
"我们会让每一个研究参与者签署保密协议。""我们会设计一个标准化的研究脚本，并得到团队所有成员的许可，再将其用于研究中"	参与者很清楚我们的项目基于研究中的问题，保密协议（NDA，参见 3.3 节）的作用就是确保他们不要将研究公之于众
"我们已经有用户信息了。为什么还要收集更多？" 或者 **"我在这个行业已经有十余年的经验了。我知道我们的客户要什么"**	
"现有的信息很好，我们并不打算取代它。然而，我们需要更多的信息来补充已有知识。" "我们的方法和目标与现有的不同。我们要确保没有偏见的客观数据"	说明你将收集的信息会有所不同。比如，你要采访最终用户，而非购买决策者；或者你要了解用户当前完成的任务，而非在原型上获得反馈。 产品团队可能已经进行内部的"焦点小组讨论"，市场部门可能已经访谈过潜在用户，销售团队也有可能做过他们自己的"实地考察"，但这些团队都是出于自己的目标
"我们在进行一个不同的流程，所以不要浪费时间学习当前的流程"	
"我们需要了解用户当前的环境，和如果我们改变流程用户可能会面临的挑战。" "我们需要理解用户当前如何工作，因此我们最大化优势并减少劣势"	还希望了解培训的变化。需要中止一些与当前做法不符的设计。你还需要了解变化的连锁反应。不合适的改变可能会影响其他的组／系统／客户
"这个产品／流程／服务是全新的。没什么可观察的"	
"如果潜在用户不存在，谁会购买我们的产品？""总是存在某些用户和事例，我们可以借鉴用到设计上"	在一开始如何确定产品的需求？总会有手动或自动的流程。我们可以看看哪些并非显而易见的
"每个人的行为都不同，所以没有必要研究少数几个用户"	
"会有个体差异。这就是为什么我们要研究一系列用户和环境。" "只研究 5 个用户就能发现 80% 最关键的产品问题"	通常来讲，个体差异可能比我们理解的要小。如果研究中发现差异很大，这是很重要的发现。 研究"少数"用户很有用（Nielsen, 2000）

（续）

"我们只是在改变系统／产品／环境的一部分。我们并不需要研究那么多"	
最成功的系统是各部分都完美地整合在一起的——如果我们只孤立地考虑其中一部分，这永远无法发生	系统要比大多数人认识到的关联性更强。你需要明白适合的情境。要知道，用户并非孤立地使用某一功能
"我们并不需要这个方法。这个产品仅是内部使用。此外，员工的时间并不计费"	
"一个不可用的产品在内部使用时对公司带来两倍的生产效率负面影响。员工生产力低下，他们需要公司维护支持人员来解决问题"	将时间作为投资。现在花费的时间将节省未来的时间和成本。 我们会在员工不是效率最高时安排研究。例如，选择在两个合同期之间的员工

1.4.2　避免遭到反对

避免遭到反对最有效的办法是尽量避免反对声音混在一起，可以通过以下两种方式来实现：

- 获得利益相关方的支持。
- 成为团队的虚拟成员。

获得利益相关方的支持

本书强调的关键之一是"获得产品团队（或利益相关方）的支持"。你要让他们觉得他们对于你进行的用户研究拥有所有权。

成为团队的虚拟成员

如果你在组织架构上并不是属于产品团队，那么你需要成为该团队的虚拟成员。从你被指定到某个项目的那一刻起，你需要努力成为产品开发团队中积极的和被认可的一员。你需要成为团队的一部分；否则，你可能会在关键信息的共享或重要决定的讨论会中被遗忘，即便你可以提供有价值的信息。

如果你是以咨询的角色自居，产品开发团队可能只把你当作局外人。即便你在该产品上投入百分百的资源，开发人员或者管理层也有可能因为你的特殊技能而并不将你视为团队的一员。如果你不被当作团队一员，你的研究计划或发现可能不会被重视。产品团队甚至认为你对产品的知识或重视程度不够。很显然，这并不利于你的工作。

理想的情况是成为产品团队的虚拟成员。你需要对产品和各个环节中的因素有充分的理解。你不仅仅是找出现有解决方案的问题，而是为产品开发新的解决方案作出贡献。这可能需要你发展技术专长，并参加与用户研究和设计不直接相关的员工周会。你需要获得团队的尊重和信任，这需要时间。要让产品团队明白，你并不是破坏他们的辛勤工作，而是帮助他们开发最好的产品。如何做到这一点？你需要将用户研究融入产品大局。当然，用户研究对于产品成功至关重要，但是你也必须承认，用户研究并非唯一因素。

越早融入产品团队，效果越佳。你和产品团队共处的时间越长，你将越熟悉产品，同时你也会收获更多的尊重和信任。

1.5　下一步是什么

　　现在你知道了什么是用户体验，谁来进行用户体验研究，UCD 原则，你可能与其合作的利益相关方，以及如何让利益相关方支持你的研究，那么现在你可以开始规划用户研究活动了。在接下来的章节中，我们将介绍在用户研究活动开展前你应该知晓的信息，你需要考虑的法律和伦理问题，如何开始进行用户研究，以及如何选择方法和准备用户研究活动。你需要获得他们的同意和支持，用户体验活动将有利于他们的产品。如果他们不相信或者对你的研究抱有怀疑态度，那么他们很有可能在你的研究活动结束后并不执行改进建议。为了获得他们对用户研究的支持，你需要让他们在各个阶段（从前期准备直到最后建议）都参与其中。

第 2 章

研究之前：先理解目标用户

2.1 概述

当着手开展一个新项目时，你的第一要务通常是了解产品（如果已经存在）及其涉及的领域和目标用户。在项目初期尽可能多地理顺现有产品和其领域知识、竞争对手和客户至关重要，这会使你不必花费时间来创建已有的知识。你可以从一系列渠道获得这些重要的信息：试用自己的产品，聆听客户反馈，社会情感分析，日志文件和网络分析，与市场部门交流，竞品分析，或是从极客用户或合作伙伴获得反馈。此外，你需要评估现阶段对于用户的理解，并开始创建用户画像。这些信息将帮助你选择合适的用户研究方法来提高产品的使用体验。在本章中，我们将详细介绍如何从不同来源收集信息，并且如何有效地利用这些信息。我们还将讨论如何创建用户特征、人物画像、使用场景、设计原则，以及如何最大限度地提升用户研究的影响。在本章的最后，我们还将讨论在产品设计中应牢记的特殊用户特性：全球化用户、有争议的用户、儿童和老年人。

要点速览：

➢ 现有研究

➢ 理解产品

➢ 理解用户

> ➤ 特殊人群
>
> ➤ 本章小结

2.2　现有研究

在通常情况下，人们都可以通过文献综述来获取产品领域的相关知识。你可以使用学术刊物搜索数据库（如谷歌学术搜索）来理解某个产品领域，并加速产品开发。你可以免费访问一些文件和专利数据库，但是对于其他受版权保护的资源，你需要支付一定的费用方可使用。如果你或你的机构是某些组织的会员，也可以获得访问资源的权利，例如 ACM 会员拥有访问 ACM 门户的权限。如果你在大学工作，你可以通过图书馆来访问大多数出版物资源。

即使你不是会员，无法直接访问资源，搜索过程也可以告诉你不同的术语、相关转移或领域，和思考产品的新思路。例如，当 Kathy 开始研究一个新领域（e-discovery）时，她在谷歌学术搜索上检索"e-discovery"并找到一些研究文章。相对宽泛的网络搜索帮助她找出其他替代术语（如 ESI、digital forensics 和 spoliation），她以此进行了更深入的搜索，从而拓展了对于该领域的理解。相关的期刊文章也有可能为你的研究提供标准化上的帮助。

2.3　理解产品

在真正接触用户之前，你需要尽可能多地了解领域知识。在开展用户研究活动之前做好功课是强调再多也不为过的必要准备。你可能项目时间非常紧，认为可以在收集用户数据的同时学习领域知识。这是大错特错的想法。在接触用户之前，你需要回答很多问题：你的产品未来预期和目前可用的功能点是什么？产品的竞争对手是谁？产品存在哪些已知的问题？产品的目标用户是谁？这些知识除了可以帮助你收集有效的需求外，也将令你获得产品团队必要的尊重和信任（请参考 1.4.2 节）

我们希望你所在的产品团队由相关领域的专家组成，同时他们也为项目做好充足的准备，但并非总是如此。特别是一个新产品项目，产品团队成员很有可能和你在同一时间开始了解用户和学习领域知识。与产品团队成员交谈是获得相关信息的一个重要渠道，但是你也必须从其他渠道学习更多的信息来补充。你对于产品和相关领域的理解越深入，你越能获得来自产品团队的信任。作为一个新人，你的领域知识可能远不及某位资深的产品经理，但是他更希望你可以尽快学习以跟进项目。项目一开始，你可能知之甚少，但随着时间的推移，利益相关方希望你能够有足够的产品领域知识。

请牢记，本章并不是向你介绍如何开展用户研究，而是告诉你在开展用户研究活动之前应该做什么。

如果你没有可用性或用户体验研究的专业背景，你需要了解一些基本原则，了解哪些问题可以由用户体验研究回答，哪些问题更适合由设计专业回答。

进一步阅读资源

很多高校都设有诸如人机交互（HCI）、工程信息学和信息科学等硕士和博士项目。如果你之前并没有修过相关课程，则可以参考如下书目来理解本书讨论的相关概念。

- Norman, D. A. (2013). *The design of everyday things*: Revised and expanded edition. Basic Books.
- Lidwell, W., Holden, K., & Butler, J. (2010). *Universal principles of design, revised and updated*: 125 ways to enhance usability, influence perception, increase appeal, make better design decisions, and teach through design. Rockport Pub.
- Rogers, Y. (2012). *HCI theory: classical, modern, and contemporary. Synthesis Lectures on Human-Centered Informatics*, 5(2), 1–129.
- Johnson, J. (2014). *Designing with the mind in mind: Simple guide to understanding user interface design guidelines* (2nd ed.). Morgan Kaufmann.
- Weinschenk, S. (2011). *100 things every designer needs to know about people*. Pearson Education.

如果你的产品有相关的数据，则这些信息能够帮助你更多地理解产品。如果没有，你可能会受限于文献综述和竞品分析（参见 2.3 节）。本节我们将介绍如何使用日志文件、市场和客户等研究来帮助你成为产品领域的专家。

要点速览：

➢ 产品使用体验
➢ 人际关系网
➢ 客户支持意见
➢ 社会情感分析
➢ 日志文件和网络分析
➢ 市场数据研究
➢ 竞品分析研究
➢ 早期用户或合作伙伴的反馈

2.3.1 产品使用体验

了解产品最好的方法就是使用它（如果你的产品已经存在）。以旅行应用程序为例，你应该使用它的各种功能，如查询酒店和航班、预订、取消、客服支持等，尽可能多地试用该产品的各个功能。请务必记录使用过程中的痛点，以便在用户研究过程中观察参与者是否遇到类似的问题。如果你的脑海中已经有一些想法，有助于在实际的用户研究中挖掘规律。

2.3.2　人际关系网络

如果你周围有熟悉产品或领域知识的人，你只需要认识他们。如果你在一家公司工作，首先了解这家公司在过去是否进行过相关的用户研究（自己执行或聘请供应商），阅读已有的研究报告来了解是否有关于已知问题或用户需求的输入，尝试联系这些报告的作者、用户手册作者和网站或应用的在线支持负责人，并询问有哪些是比较困难的记录，究其原因是该问题难以表达清楚？还是产品本身过于复杂导致难以解释？

2.3.3　客户支持意见

如果你负责的是一款已经上市的产品并且你所在的公司有客户支持团队，则可以通过访问该部门来更好地了解产品。如果你是独立工作，通常也可以在网上找到客户评论。

人们很少会打电话或发邮件表达对某产品的溢美之词，因此你应该清楚客服电话的内容。通过分析客户问题和抱怨的历史数据，你可以总结出用户在使用产品中可能会在哪方面遇到问题。导致这些问题的原因可能是用户手册或帮助不够详尽，或者是产品存在质量测试中未发现的 bug，也可能是用户并不喜欢某个功能，即便整个产品团队坚信用户一定需要。这些发现有助于你集中精力来提升产品体验。

用户可能无法准确描述他们遇到的问题或认为其背后的原因有误。同样，客户支持可能无法为仍在讨论中的产品提供建议。尽管这不应该发生，但在实际中却经常出现。如果客服人员不熟悉产品问题，他们可能会错误地诊断问题原因。这意味着，一旦你获得客户反馈日志，你可能仍需要进行访谈或实地研究来全面理解用户需求。

2.3.4　社会情感分析

人们现在可以随时谈论你的产品和品牌！根据皮尤研究中心互联网和美国生活形态项目，73% 的美国网民使用社交媒体（截至 2013 年 9 月）。95% 的美国网民会在线上分享产品的不良体验和 45% 的用户在 Facebook、Twitter 和其他平台上分享糟糕的用户体验（Costa et al., 2013）。然而，87% 的用户也表示他们同样会在线上分享不错的客户支持互动。所以不管你是否知道，你都在社交媒体上有一席之地。

你所在的公司使用 Facebook、Google Plus 或 Twitter 吗？如果使用的话，可以去联系在论坛回应用户反馈的同事，通常被称为"论坛版主"。无论你在社交网站上是否有一个正式的账号，你都可以在各个网站进行搜索，来看看用户如何评论产品。一些工具如 Radian 6、Crimson Hexagon、Sysomos 或 Clarabridge，都可以帮助你分析用户评论。使用这些工具你可以：

- 了解用户正在如何评论你的产品。

- 知晓用户对你的产品／服务喜欢或不喜欢的地方。
- 获悉新趋势和主题。
- 查看用户如何评论你的公司和品牌。
- 追踪你的用户群如何随时间和推广活动变化。

图 2.1 显示 Clemson 大学社会媒体舆论中心的工作流程。首先，社会情感分析工具会检测内容的正向和负向情绪，但是很多内容被标记为"未知"。接下来，你需要人工审核这些内容，并将其标记为正向或负向。好的分析工具会根据你的标记学习其中的规则，但是仍要小心处理讽刺和俚语，因为很多工具无法准确分类。

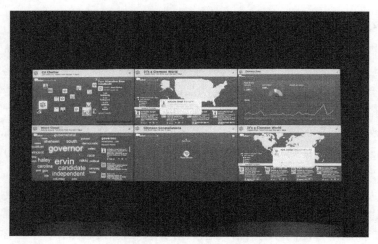

图 2.1　Clemson 大学的社会情感分析监测屏。照片拍摄于 Clemson 大学社会媒体舆论中心

2.3.5　日志文件和网络分析

如果你负责网站的可用性，网站服务器日志文件可能会为你提供有趣的发现。当一个文件被网站检索，服务器软件都会保留数据记录。服务器会将这些信息以文本的形式存储起来。

虽然日志文件的信息各不相同，但通常都会包含请求的来源、所请求的文件、请求的日期和时间、传送文件的内容类型和长度、参考页面、用户浏览器和平台以及错误信息。图 2.2 显示了服务器日志文件的样例。

类似于 Google Analytics 的服务，其可以通过在你的网站上嵌入代码来记录用户行为。另外，也有很多分析工具可以从更详尽的角度来记录用户在某个页面的具体操作行为（例如，Crazy Egg、ClickTale）。你可能需要和公司的 IT 部门合作来收集和存储日志数据，并从中提取有用的信息来进行用户研究和可用性分析。可以通过分析工具记录如下信息：

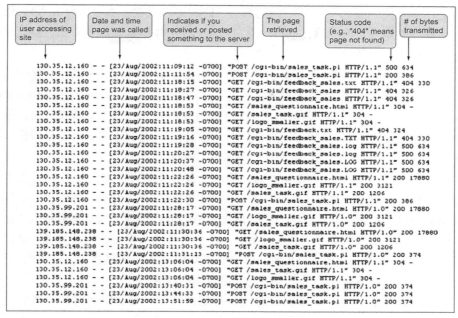

图 2.2　服务器日志文件样例

- 给每个用户设置不同的 ID 便于监测再次返回的用户
- 用户点击路径（例如，用户访问的页面和浏览顺序）
- 用户离开网站的页面
- 用户行为（例如，完成购买、下载完成、信息查看等）

日志文件中存在大量数据，在分析数据时应该注意以下的问题和限制：

- 日志文件通常包含一个网络协议（IP）地址，由互联网服务提供商（ISP）或企业代理服务器临时分配。这可以阻止每个用户的唯一标识。请注意，在某些情况下（例如，儿童或某些国家），IP 地址被视为个人身份信息（PII）。这种做法的好处在于，在分析日志文件之前去除任何潜在的身份信息。

- 浏览器缓存保留有点击记录的间隙数据。如果一个页面被缓存，其日志文件不会记录用户停留在网站上的第二次、第三次或第一百次访问。是否能够捕获用户点击浏览器后退按钮后调用的页面取决于你所用的工具。因此，在日志文件中被记录的最后一页可能不是实际的最后一页，如果用户在之前缓存的页面上退出的话。所以，你无法确定用户实际的"退出页面"。

- 日志文件只记录对页面的请求，但并不记录其跳转何时完成。同时，如果一个用户在某个页面停留 30 分钟，你并不知道其中的原因——究竟该用户离开这个页面而去浏览其他网站或程序，还是在整个时间内都在查看该页面？

- 你无法确定用户是否完成他或她的目标（即购买、下载、查寻信息），如果你没有其他方法获知用户目标的话。也许用户想购买三张 CD 但是只找到一张，抑或是用户正在查寻信息，但并没有找到。

你可以和 IT 部门合作解决上述提及的问题，但是你需要时间和知识来明确你需要的信息与可以捕捉的信息。如果你不太熟悉，可以聘请 WebTrends（www.netiq.com/webtrends/default.asp）等类似的外部公司来操作。这些公司是基本数据的重要来源（例如，每小时或每天的网页浏览次数、用户的起始页面、用户如何到达该页面、在主页停留的时间、跳转到其他页面的次数、在每个页面停留的时间以及广告点击等）。

关注用户在每页所花费的时间要比每页的浏览数更有意义。当分析日志文件中的时间数据时，最好使用中间值或修正平均值，而不是平均时间，因为它对于异常值不敏感。你必须看看数据分布再决定是否删除过高或过低的异常值使得数据的平均值更有意义，还是你更需要一个中间值。使用网络分析工具不好的一点在于，你无法看到数据的方差。然而，通常情况下，系统存在页面停留时间的上限阈值。如果某用户在页面超过 30 分钟没有操作，则认定其离开该页面，并不将其数据纳入页面停留时间的计算。

也许最有趣的数据出现在点击路径分析，根据网站用户行为将其细分，然后对比不同的用户类型，分析他们如何到达你的网站，并研究他们的搜索内容。然而，最好在相对长的时间内研究日志文件和网络分析，这将提供更有价值的数据，并有助于达到一定的研究深度。例如，你可以在网站上标记要测试的区域，寻找季节性趋势，并查看新设计如何影响用户行为。

> **提示**
>
> 从日志分析中获得的"大数据"可以为研究用户行为提供有价值的发现，但是数据本身无法说明用户行为的情境或动机。换句话说，它能告诉你"是什么"，但无法解释"为什么"。为了理解用户目标、情境和是否尝试成功，你同时需要其他来源的数据。例如，对使用该产品的客户进行调研（参见第 10 章），将用户行为日志数据与调查研究结合，你就会得到更全面的发现。

进一步阅读资源

很多高校都设有诸如人机交互（HCI）、工程信息学和信息科学等硕士和博士项目。如果你之前并没有修过相关课程，则可以参考如下书目来理解本书中讨论的相关概念。

- Beasley, M. (2013). *Practical web analytics for user experience: How analytics can help you understand your users*. Morgan Kaufmann.
- Jansen, B. J. (2009). Understanding user-web interactions via web analytics. *Synthesis Lectures on Information Concepts, Retrieval, and Services*, 1(1), 1–102.

● Rodden, K., Hutchinson, H., & Fu, X. (2010, April). Measuring the user experience on a large scale: user-centered metrics for web applications. In *Proceedings of the SIGCHI conference on human factors in computing systems* (pp. 2395–2398). New York: ACM.

2.3.6　市场数据研究

通常情况下，你所在公司的市场部门会进行焦点小组讨论或竞品分析（见下节）来确定产品需求，并进行产品定位和制定促销策略。尽管这主要是为了促进销售，但这些信息对于理解产品、潜在客户和竞争对手也很有价值。

市场信息不应该与用户需求相混淆。来自市场部门的数据可以反映最终用户的需求，但并非总是如此。市场关注产品实际价值和挖掘价值相关的信息，而用户研究专业人员则关注产品如何被使用以及产品价值如何被实现。

此外，从市场部门收集的信息仅仅是创建用户画像所需信息的一部分。因为它往往缺少与环境相关的情景信息，而这些信息可能会影响用户对于产品的使用决策。这通常是企业产品而非个人产品（如，人力资源应用与网上书店）的使用情况。在企业产品情况下，相比于用户需求，市场部门对于业务需求更感兴趣（即公司可能是潜在的买家）。但是无论如何，来自市场部门的信息对于你开始用户研究还是非常有价值的。

联系了市场部门后，你可能会问他们如下这些问题：

● 你在哪里收集数据？
● 谁是我们的竞争对手？
● 你与之交流过的用户特征有哪些，以及你是如何找到他们的？
● 你开展了哪些研究活动（例如，焦点小组、调查）？
● 你下一次研究活动的时间安排是？
● 你是否进行过竞品分析？
● 你收集数据的要求是什么？

2.3.7　竞品分析

可以从竞争对手身上学到很多东西。在竞品分析时可以列出竞品的功能点、优势、劣势、用户群和价格等。它不仅包含产品的直接体验，同时还关注用户评论和外部专家或贸易刊物的分析。

竞品分析可能是你从竞争对手处抢占先机的有效途径。当你开始筹划一款新产品或者进入全新的产品领域时，开展竞品分析会非常有价值。当你发现自己的产品差强人意，而竞争对手的产品是一枝独秀时，竞品分析可能会为你带来有效的策略。定期查看竞争对手在市场的表现是非常明智的做法，密切关注你的产品与同期竞品的差距。有些公司设有产品分析师岗位，主要的工作就是密切关注竞争对手和市场状况。如果可能的话，尝试与你公司的产品分析师建立联系，并获得有价值的信息。如果贵公司没有产品分析师岗位，则你也可以自己进行竞品分析和市场监测。

> **提示**
>
> 借鉴竞争对手的成功经验时，要有版权和知识产权意识。如果你不清楚公开领域和知识产权的界限，请咨询公司的法务部门或律师。

不要局限于直接竞争对手，你需要同时关注替代产品。这些产品可能尚未与你的产品有直接竞争关系，但却具备类似的功能点，因此你仍要仔细研究其优劣势。例如，你打算在你的旅行应用中添加购物车功能，你可以研究其他类似应用是如何实现该功能的，即便有些并不与你有直接竞争关系（如网上书店）。有些人错误地认为其产品或服务非常创新，业内没有其他人在做。然而事实却是不存在如此革新性的产品，都是互相借鉴的产物，而非凭空而出。

传统的竞品分析更侧重成本、购买趋势和广告。可用性的竞品分析则更关注用户体验（如用户界面、产品功能、用户满意度、总体可用性）。这两种类型的竞品分析的目标都是学习借鉴竞争对手，并挖掘自家产品的战略优势。下面，我们将着重讲解如何开展可用性竞品分析。

如何确定你的竞争对手？你可以与产品团队或市场销售部门沟通，进行网络搜索，阅读贸易杂志，进行用户调查、访谈或焦点小组讨论。市场分析师和研究人员（例如，CNET、ZDNet、Gartner、Anderson、Forrester Research、IDC）是获取产品市场空间和竞争对手信息的有效渠道。这些公司同时也分析未来趋势以及其对产品业务的影响。

在关注主要竞争对手的同时不要忘记次要竞争对手。次要竞争对手可以是一家拥有较少威胁性产品的小公司，或者只有你的产品的部分功能点，或者并未与你的产品有直接竞争。例如，线下旅行社并不与线上旅行网站直接竞争，但它却是不应该被忽略的选择。

一旦确定了竞争对手，你应该弄清楚如下方面：

- 优势
- 劣势
- 用户群（用户特征、用户群大小、忠诚度等）
- 可用性
- 一般功能和独特功能
- 信誉
- 产品要求（硬件、软件等）

对于可以直接买到的产品或者访问的网站，竞品分析很容易开展。然而，对有些企业产品或服务开展竞品分析可能会相对困难。许多大型软件公司在许可协议中注明不允许对其产品进行竞品分析。他们还指出，向竞争对手展示该产品的安装（或者使用中的产品）也是不可以的。因此，在进行竞品分析前，最好向法务部门咨询一下。

如果你打算自行评估竞争对手的产品，你应该建立核心任务框架来对比自家产品（如果已有）和竞品。考虑其他竞品的功能点非常重要，因为你可以了解某个功能能否正常工作。在进行评估时，要多截屏和拍照来记录产品的交互流程。

无论你是否有机会亲自接触产品，访谈（第 9 章）、调查（第 10 章）、焦点小组（第 12 章）和评估（第 14 章）都是了解用户对产品感觉的有效途径。通过与竞品用户进行一系列研究活动，可以了解这些产品的优势、劣势和主要功能点。在开展竞品分析时，大部分精力应该花在挖掘竞争对手的产品思路上（如，产品公司、页面风格、窗口小部件、任务结构和术语等）。

目前有很多工具（如 Bizrate Insights、OpinionLab、User Focus）可以衡量网站的可用性或用户满意度。它们可以帮助测试你的网站或竞争对手的网站。这些工具将实际用户或目标用户引向某一网站（即你的网站或竞争对手的网站），然后收集用户在自然环境下完成任务（如家里或办公室）而产生的定性、定量和行为数据。大多数工具都比较简单，它可以让你对评估过程中收集的数据进行定量和定性分析。这种方法很有价值，但是它往往很贵并且要求用户能够容易地访问某网站。如果你评估的是付费产品或在防火墙后面，则必须为用户提供访问权限。如果你需要评估的是竞争对手出售许可的软件，则评估将更加复杂和昂贵。例如，你可能需要发送给参与者一个虚拟页面，并为他们分配一个虚拟的产品密钥，然后再开始评估。

在开展竞品分析的过程中，创建一个表格来比较分析你的产品和竞争对手的产品，这样做对我们的分析非常有帮助（参见表 2.1）。可以在表格中列出产品的主要功能点、设计的优势和劣势、可用性分数或问题，或者任何你学到的内容。不断跟进这些信息有助于掌握你的产品表现和市场未来走向。

表 2.1　TravelMyWay.com 与其他竞品各维度比较表

	TravelMyWay.com	TravelTravel.com	WillTravel.com	Corner travel store
独特功能	客户推荐 聊天版	客户忠诚度计划	与旅游中介电话沟通	个性化服务
设计优势	简化步骤（三步） 比价	旅行攻略 客户专家评分	比价 旅游信息提醒和推荐	常旅客计划 电话或面对面沟通
设计不足	必须输入机场代码			
	客户支持／帮助隐藏较深	界面信息太多，显得杂乱无章		
		搜索交互流程不清晰	搜索结果不一致，不可信	无网络服务

（续）

	TravelMyWay.com	TravelTravel.com	WillTravel.com	Corner travel store
客户群	2500 用户	500 000 用户	150 000 用户	未知
满意度评分	68	72	无	无
要求	适用于 508 条款 适用于所有类型浏览器	仅适用于 IE 需支持 Flash	适用于所有类型浏览器	无
核心功能				
目的地攻略	×	×	×	√
航班预订	√	√	√	√
租车	√	√	√	√
酒店预订	√	×	√	√
火车票预订	√	√	×	√
巴士票预订	×	√	×	√
跟团游	√	√	√	√

2.3.8　早期用户或合作伙伴的反馈

通常情况下，公司在其发展的早期阶段会和少数客户关联紧密，有时也将他们称为"受信任的测试人员"。这些客户在产品设计阶段发挥了积极的作用，并参与到各个环节之中。他们很有可能帮助公司开发出小规模的产品早期版本。这种关系对双方都有利。一方面，该客户帮助设计产品以满足自己公司的需求；另一方面，产品团队在项目早期即获得反馈建议，以"快速失败"的方式迭代发展，同时在未来销售时，可以得到早期用户的推荐。

来自早期用户的反馈对产品团队非常有启发性，因为这些反馈源自在真实世界中真实用户对真实产品的使用（相比于实验室测试）。你可以利用这些现有的关系来理解产品的空间和部分已知的问题。然而，当你准备进入下一阶段收集用户需求时，请慎重对待早期用户的需求，原因是他们可能无法代表产品的全部用户群。此时，应该从更广泛的用户群里获得其对产品的需求（参见 2.4 节）。

2.4　理解用户

> **要点速览：**
> ➢ 用户特征
> ➢ 人物画像
> ➢ 使用场景

在开发一款高品质的产品的过程中最重要的一个环节是了解谁是你的用户，他们的需求是什么，并记录你所有学到的内容。一般会从创建用户特征开始，即一个描述用户属性的详细说明文档（如，职位、经验、受教育程度、关键任务、年龄范围等）。这些属性通常会反映一个群体，而不是一个单一的数值（例如，年龄在 18～35 岁之间）。用户特征将帮助你理解谁是你产品的目标用户，其在未来的用户招募中可给你提供参考。

一旦你完成全面的用户特征文档，就可以着手创建人物画像（描述产品的最终用户）和使用场景（用户的典型一天）了。

- 人物画像有助于在设计讨论时聚焦在特定用户上
- 使用场景可帮助测试系统并帮助你将用户需要的功能点集成到产品上

表 2.2 比较了三种不同类别的用户文档。你有可能并没有太多的相关信息来创建这些文档，这也是你要进行用户需求研究的原因。通过开展用户研究活动，你将收集到很多有价值的反馈，这些反馈能帮助你建立用户特征、人物画像和使用场景。图 2.3 表明了产品设计开发周期不同阶段的相对时间分配，请注意它的迭代特征，即你应该将用户需求研究的主要发现更新到用户的初步认识中。下面的章节将依次讨论用户特征、人物画像和使用场景。

表 2.2　用户特征、人物画像和使用场景对比表

文　档	定　义	目　的	内　容
用户特征	详细描述用户特征	明确产品的目标用户，以及用户研究活动的招募对象	<ul><li>人口学数据</li><li>技能</li><li>教育程度</li><li>职业</li></ul>
人物画像	基于用户特征创建的描述典型用户的虚拟人物	使得设计讨论目标明确并聚焦在目标用户上	<ul><li>身份和照片</li><li>状态</li><li>目标和任务</li><li>能力集合</li><li>需求和期望</li><li>关系</li></ul>
使用场景	描述某一人物角色如何完成任务或在给定的情境下表现	将用户生活化，检测产品是否符合用户需求，便于为研究活动准备素材（如，可用性测试任务、焦点小组中典型的一天的视频）	<ul><li>环境</li><li>任务</li><li>目标</li><li>事件顺序</li><li>结果</li></ul>

请记住，当你尝试理解用户时，不要只关注"最佳"用户或最有经验的用户。即便是专家，也有可能对系统中的某些部分并不了解。更有可能的是，他 / 她可能只是频繁地使用产品的某些功能，而忽略其他功能。你应该扩大用户范围来确保产品适用于广泛的用户群。用户研究活动是唯一检测产品是否适用于广大用户群的唯一方式。取决于用户类型或产品，这可能会涉及用户满意度调查（参见 10.2 节）或实地观察（参见 13.1 节）或可用性评估（参见 14.1 节）。

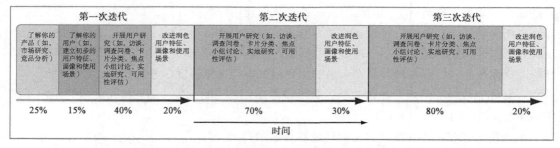

图 2.3   产品设计开发周期中不同阶段的相对时间分配，多次迭代的理想情况

2.4.1   第一步：用户特征

> **要点速览：**
> ➤ 找到用户特征文档所需的信息
> ➤ 理解不同的用户类别
> ➤ 开始创建用户特征文档

理解你的用户的第一步是创建用户特征文档。

找到用户特征文档所需的信息

筛选出正确的用户参与你的研究至关重要。否则，你收集的数据不仅毫不价值，它们甚至还会损害你的产品、你的信誉和研究的可信性。那么，谁是你的用户？他们的目标又是什么？

你应该从用户特征文档开始着手。例如，典型用户可能在 18～35 岁之间，从事"旅游专家""旅行中介""旅行助手"等工作，并在少于 50 人的旅行社工作。

创建用户特征文档是一个迭代反复的过程。你可能一开始对目标用户有些想法，但可能不具体或者只是一个猜测。然而，这是一个很好的起点。刚刚提到的旅行的例子即是我们基于早期有限信息的最好猜测。你可以从如下来源获得创建用户特征文档的初始信息：

- 产品经理
- 功能规格
- 行业分析师
- 市场研究
- 市场分析
- 客服支持
- 竞品分析
- 人口普查
- 调查

理解不同的用户类别

你需要定义"用户"。大多数人认为用户即是直接与产品交互的那些人，但你可能需要同时考虑其他的"用户"：

- 你的直接用户经理。
- 为直接用户配置产品的系统管理员。
- 从系统接收文件或信息的人们。
- 决定是否给买软件的人们。
- 使用竞争对手产品的人们（你希望他们转而使用你的产品）。

尝试将你的用户归为以下三类：主要用户、次级用户和三级用户。主要用户是指那些频繁使用产品并与产品直接交互的人们。次级用户是指那些不太频繁使用产品或不直接与产品交互的人们。三级用户通常是系统管理员或购买决策者。所有这三类用户都对产品感兴趣。这并不是说你要去理解次级用户和三级用户的需求，但是你至少应该知道他们是谁。如果三级用户购买决策者不打算购买你的产品，你的主要用户也没有机会使用你的产品。如果次级用户（如系统管理员）不清楚如何定制和实施你的产品，主要用户的使用体验会变差。

认识到单个用户可能具有多个角色非常重要，而有时这些角色可能会有矛盾的需求。例如，很多网上拍卖用户既是买家又是卖家。买家希望花尽可能少的钱买到东西，卖家则希望尽可能卖到高价，一个在线的拍卖网站必须同时满足相互矛盾的不同角色的需求。此外，该产品应该为不同角色的用户保持类似的交互模型、导航方法和专业术语等。根据不同的角色，只有介绍信息和一些功能可能会不同。

创建用户特征文档

要创建一个完整的用户特征文档，需要考虑很多要素。我们提出如下一份完全的要素列表，当然你在实际应用中可能无法获取全部信息。当你进行了更多的用户需求研究后，你将获取更多的信息来填补空白，但你也有可能永远找不到一些问题的答案。理想情况下，你应该不仅确定每个要素最典型或最频繁的水平，也要关注每个要素的范围和用户百分比。最后要注意的一点是，在考虑你的产品和情境时，本书 2.4 节提及的某些要素可能更加重要。因此，排好要素的优先顺序，并且把时间和资源用在获取与产品关键要素相关的信息上。例如，一个人力资源管理员如果在财务软件中输错了员工的社会安全号码，那么这个员工可能无法获得工资，这是可怕的。然而，如果一个医学专业人员在电子图片上输入错误的社会安全号码，病人可能服用错误的药品，后果更为严重。因此，了解用户可能执行的任务十分重要，明确错误可能造成的后果同样很重要。图 2.4 是用户特征文档的一个范例。美国人口普查局（census.gov）和皮尤研究中心（www.pewinternet.org）在人口统计数据和问卷方面具有丰富的经验，故我们建议调查设计时可参考如下维度：

旅游中介（主要）用户特征	
年龄：	25~40岁之间（平均值：32岁）
性别：	80%为女性
岗位头衔：	旅游中介、旅游专家、旅游助理
工作经验：	0~10年（通常：3年左右经验）
工作时间：	每周工作40小时；具体工作日和时间依公司而定
教育程度：	高中学历到本科学历（职业学校居多）
工作地点：	地点不限（多分布于美国中西部）
收入：	25 000~50 000美元／年；具体收入取决于工作经验和工作低点（平均值：35 000美元／年）
技术能力：	具备一定的计算机使用经验；工作需使用互联网
是否残疾：	没有特殊要求
婚姻状况：	单身或已婚（多数已婚并有一子／女）

图 2.4　旅游中介用户特征文档范例

- 人口学特征——年龄、性别、地理位置、社会经济地位
- 职业信息——当前职位、在公司工作年限、在某个岗位工作经验、职责、过往的工作和岗位
- 公司信息——公司规模、所在行业
- 教育程度——学历、专业、修过的课程
- 计算机经验——计算机技能、使用年限
- 特定产品经验——使用竞品或特定领域的产品经验、产品使用趋势
- 任务——主要任务、次要任务
- 领域知识——用户对产品领域的理解
- 可使用的技术——计算机硬件（显示器大小、运算速度等）、软件、其他常用工具
- 态度和价值观——产品偏好、技术恐惧等
- 学习风格——视觉学习者、音频学习者等
- 错误临界性——通常指用户的错误可能导致的后果

一旦你确定了在每个维度的范围和用户占比，便可以基于相似性将用户分组。一些可能的分组维度包括：

- 年龄（如，小孩、年轻人、成年人、老年人）
- 经验（如，新手用户、专家用户）
- 态度（如，技术尝鲜者、技术恐惧者）
- 主要任务（如，买方、卖方）

你可以使用亲和图来组织和分组用户信息（参见 12.5 节）。你期望不同的用户群必须具备明显的差别。然而，与很多事情类似，用户分组更是一门艺术而非科学，很难有明确的边界定义可区分某用户属于这一组而非另一组。那么如何更好地进行用户分组？你可以在亲和图环节邀请利益相关方一起参加，这样也可确保在项目初期他们即对用户研究提供支持（参

见 1.4 节）。

在确定用户群之后，可以开始建立人物画像、使用场景和招募筛选问卷（参见 6.4 节）。

2.4.2　第二步：人物画像

> **要点速览：**
> ➢ 人物画像的价值
> ➢ 创建人物画像需要考虑的因素
> ➢ 开始创建人物画像

根据我的邮编，我倾向于不辣的食物，对网球的喜欢胜过高尔夫，
订阅不止一份新闻报纸，拥有30~35条领带，从不卖柠檬香型产品，
地下室有电源，但以上没有一条信息是真实的。

Alan Cooper 开发了一套"目标导向设计"方法，人物画像是其中重要的部分。人物画像第一次被世人知道是在 Cooper 1999 年出版的 *The Inmates are Running the Asylum* 一书中。

人物画像的价值

人物画像是在用户特征文档的基础上添加细节以创建一个"典型"的用户。人物画像简单来说就是用以描述特定用户的虚拟人物。因为你无法与每一个用户对话，因此必须创建人物画像来代表这些用户。

使用人物画像的好处很多。首先，相比于抽象的文字描述，人物画像更加鲜活，使得产品团队对于最终用户有直观的感受。同时，它还帮助团队成员一起思考共同的人物画像，而不是考虑基于自己理解的用户特征。为所有用户设计产品就像尝试击中一个移动的目标。如果没有明确的目标，你的用户可能在讨论中从专家变成新手，甚至你的祖母也可以是用户之一。相比之下，为特定的用户群体设计产品能确保成功击中目标。人物画像可以作为有效的工具用于开会讨论（例如，志伟永远不会使用这个功能）、认知走查、故事板、角色扮演和其他用户研究活动中。最后，人物画像可以帮助新的团队成员快速理解目标用户。你应该为每一个用户类型至少建立一个人物画像（如旅游中介和旅客）。

创建人物画像需要考虑的因素

你可能需要为每个用户类型创建多个人物画像，这将有助于覆盖不同用户类型的特征。例如，如果某个用户类型是"新手旅游中介"，你可能需要同时创建多个"新手"人物画像：小公司新手、大公司新手、接受过正规培训的新手、自学成才的新手，等等。如果仅局限于一个人物画像，你可能会因不匹配某个用户特征而错过有价值的数据。例如，如果我们没有创建一个自学成才的旅游中介的人物画像，则团队成员可能假定所有的旅游中介都接受过正规培训，并依此做出设计决策。为每个用户类型创建多个人物角色可以避免只为单一用户设计产品，从而使得该产品适用于各种目标用户。然后，应该确保人物画像是可管理的。需要拿捏好度，使用过多的人物画像来代表某个用户类型会使得用户形象模糊从而降低其价值。你当然希望人物画像是令人印象深刻的，因此人物画像并非越多越好，而是基于显著的行为差异。

还必须确定人物画像是针对你正在开发的产品或功能。正如我们上面提到的，并非所有用户都使用某个产品或系统的全部功能。因此，假定一个人物画像适用于产品的全部功能并不现实。

最后，我们需要强调的是，人物画像无法取代你与目标用户的研究活动。人物画像的数据源自实际的用户研究，而非简单描述团队成员希望的理想用户。

开始创建人物画像

人物画像包括若干部分，你可以在每个部分添加尽可能多的细节，但你可能无法在一开始就确定所有信息。这些细节信息来自用户特征文档。与创建用户特征文档类似，人物画像也是一个迭代的过程。在进行了用户需求研究活动后，你可以不断验证和丰富人物画像。人物画像是虚拟的，但是描述了真实用户的属性。你需要提供详实的资料以确保真实性。一个理想的人物画像会包含如下信息（尽可能多地填入你从研究活动中获得的信息）：

- 身份。确定姓名、年龄和其他代表用户特征的人口学信息。
- 状态。指出是主要用户、次级用户、三级用户还是非目标用户。
- 目标。确定用户的目标，特别是与你的产品或竞品相关的目标。
- 技能。分析用户的背景和专业技能，包括教育、培训和专业技能，不要局限在特定产品领域。
- 任务。列出用户的基本任务和重要任务，任务的频率、重要性和持续时间，更多任务相关的信息可参考场景（见下文）。

- 关系。理解其中的关系很重要，这有助于考虑三级用户和利益相关者。
- 需求。理解用户对产品的需求（如，快速的互联网连接、特定的手机操作系统、具体的培训或教育），可记录用户的原话帮助理解。
- 期望。用户认为产品如何使用，如何在他 / 她的范围内整理信息。
- 图片。插入一张代表最终用户的照片。

> **提示**
>
> 在人物画像中考虑残障用户是一个非常好的想法。即使你的产品只有很少的时间会被残障用户使用，但无障碍设计也将惠及更多用户。

用户特征通常有不同类型，人物画像也一样：主要用户、次级用户、三级用户和非目标用户。我们已经在前面介绍过主要用户、次级用户和三级用户。非目标用户是那些并不购买或使用你产品的人。这类用户可在产品设计过程中提醒你不要偏离正轨。例如，你正在为专家用户设计一款产品，但发现包含越来越多的说明、教程和帮助对话。这时，你应该检查非目标用户（如新手用户，希望边学边用产品）来确定该产品是否在他 / 她身上适用。如果答案是肯定的，那么你已经在错误的轨道上了。你要确定你在为主要用户设计，并同时考虑次级用户和三级用户。图 2.5 展示了一个旅游中介的人物画像。

使用人物画像要考虑的因素

在创建和使用人物画像时需要注意一些问题。首先，在从大量的数据归纳人物画像的描述时，都会不可避免地损失部分信息。你可能会错失某些异常或边缘情况，它们也许非常重要。你可能会排除某些不完全适合人物画像的有效用户，然而这些数据需要去关注并定期对其评估。

正如你的产品可能随时间而改变，你的用户和他们的需求也不是一成不变的。因此，人物画像必须定期更新以反映这些变化，否则你可能会基于错误数据来设计产品。

如果你所在的公司有多个团队在开发人物画像，请分享你的数据。使用你产品的用户可能也在使用公司其他产品。通过合作，你们可以开发出更加丰富的人物画像，关注跨产品的使用体验而非潜在的冲突。

人物画像永远不能取代用户研究。它们是有效的工具，但是不能在产品开发过程中取代真实的用户声音。

2.4.3　第三步：指导原则 / 反原则

大多数产品始于设计文档或产品规范，这些文档说明产品的目标和功能规划。尽管如此，产品团队还是会对产品的定位和功能有不同的见解。为了解决这个问题，列出一系列产品指导原则是非常有帮助的，它定性地描述某产品存在的原因。同理，反原则也被详细地记录在案，明确说明哪些问题在产品的范畴之外。如果你的产品用相反原则描述，这说明你已经偏离正轨了。尽管反原则通常是指导原则的对立面，但它们常常有特殊的考虑。例如，反原则可能是"广告产生收入"。你不太可能在指导原则中写入"广告负收入"或类似的原则。请参见表 2.3 中的例子。

Name:	Alexandra Davis
Age:	32
Job:	Travel agent at TravelMyWay.com for the past three years
Work hours:	8 am to 7 pm (Mon–Sat)
Education:	B.A. Literature
Location:	Denver, Colorado
Income:	$45,000/yr
Technology:	PC, 1024 × 768 monitor, T1 line
Disabilities:	Wears contacts
Family:	Married with 8-year-old twin daughters
Hobbies:	Plan trips with her family
Goals:	Double her productivity every year, travel to every continent at least once by age 35.

Alexandra is a self-described "workaholic" which makes it difficult for her to find time to spend with her family. However, she "wouldn't give any of it up for the world!" She has been married to Ryan for the past seven years, and he is a stay-at-home dad.

She loves the perks she gets working for TravelMyWay.com. She is able to travel all over the world with her family at a substantially reduced rate. This is very important to her, and she would not work those kinds of hours without such perks.

Alexandra began working as a travel agent right after college. She has used every system out there and is amazed at how difficult they are to use. Speed is the name of the game. "Clients don't want to sit on the phone and listen to typing for five minutes while I look up all the available five-star hotels in Barbados. I need that information with few keystrokes and all on one screen. Don't make me page through screen after screen to see the rates for all the hotels."

Alexandra loves helping clients design their dream vacations! She helps to take care of all of their travel needs, including choosing destinations, booking airfares, arranging car rentals, booking hotels, and arranging tickets for attractions. Clients often send Alexandra postcards and pictures from their destinations because they are so grateful for all her help. She appreciates the fact that TravelMyWay.com offers clients the opportunity to do it all themselves or to seek out the help of a professional. She feels that travel agents are sorely under-appreciated. "Of course people can make travel reservations on any website today. There are tons of them out there, and they all offer pretty much the same deals. But if you do not know anything about your destination, you could easily pick a bad hotel because their advertising literature is out of date, or you could pay too much because you do not know what to ask for. Travel agents do so much more than book flights!"

图 2.5　旅游中介人物画像示例（图片来源于 Getty Images）

表 2.3　TravelMyWay.com 网站的指导原则和反原则示例

原　　则	定　　义	如 何 测 量
指导原则		
易用	用户可以 100% 的成功率预订机票，无需培训或在线帮助	可用性测试
快速	30 秒内提供全部航班搜索结果	日志分析
完整	显示所有航班的机票信息	数据集
低价	与竞争对手相比，提供最低价机票	市场分析
优质	在旅行应用中满意度得分最高	调查
反原则		
广告	广告与页面占比多于 10%	交互界面评估
不信任感	用户不确定我们的网站是最优价格	调查
过于智能	网站在用户不知情下帮助其作出决定	可用性测试，调查
不专业	在错误信息提示或交流中出现俚语、搞笑或其他不专业的表述	交互界面评估，调查

头脑风暴

初步完成人物画像后，整个团队应该集中梳理所有他们希望听到用户、市场、评审描述产品时提及的词语。这些都将是指导原则。微软产品反应卡片（Benedek & Miner, 2002）是一个流程开始的好方法，但也不要只是局限在这些词语中。我们发现，在便签上写下词语，在团队内传阅，再贴在白板上的方法也很有效率，这种方法便于组合类似的概念。最后，指导原则的总条数最好不要超过十条。唯有简单好记才能确保每个人都在产品开发的过程中遵守它。大量复杂的原则通常难以管理。

定义并衡量

你的产品原则需要可衡量。你的原则之一可能是"简单易用"，但是它的具体含义是什么？任何功能无需培训或使用帮助文档？主要任务在特定时间或步骤内即可完成？可用性测试中 100% 的成功率？你对此需要有明确的定义，以便衡量产品是否符合指导原则。

重复反原则

在产品团队里再来一次头脑风暴，但这次让大家在便签贴上写下不希望用户、市场和评审描述产品时用到的词语。这些都是产品的反原则。同样，合并相似的概念，让反原则的总数控制在十条以内。反原则的定义也非常重要，也要确保他们都是可管理的。反原则一个重要的价值是阻止漫无边际地添加功能。你可能会发现利益相关方建议添加某个功能仅仅是出于技术酷炫，听起来不错，或是为了取悦管理层。依照指导原则和反原则确定是否添加某个功能是比较中立的做法。你更容易说"不"，因为有章可循，如"这个不符合我们产品的指导原则，它实际上是我们的反原则之一"。

评估

产品团队通常会在头脑风暴和整理指导原则 / 反原则上花费大量的时间和精力，然而却在评估阶段跟进不够。随着产品版本的更新，你应该重新审视指导原则 / 反原则，以确保它们仍然适用。产品、用户需求、市场、竞争对手和商业目标都随时间而改变，同理，这些原则也应该与时俱进。你可能会在产品发布前依据指导原则 / 反原则评估（如，可用性测试和焦点小组），但有些事情你可能要等到产品发布后进行（如，日志分析和调查）。因此，要把这些产品评估的关键节点都写入开发的时间表中。

2.4.4　第四步：使用场景

> **要点速览：**
> ➢ 使用场景的价值
> ➢ 创建使用场景需要考虑的因素
> ➢ 开始创建使用场景

使用场景经常被认为是"用例"，它是关于人物的故事，其应符合你的指导原则。一个好的使用场景开始于人物画像，然后根据用户需求活动添加更多的细节。使用场景描述一个特定的人物角色在特定的情况下如何完成任务，包含设置、人物、目标、一系列时间和结果。

使用场景的价值

使用场景是产品开发过程中将用户形象化的另一种方式。它可用于早期的系统评估：这个系统是否满足用户需求？它是否满足目标并且符合用户使用流程？还可以通过使用场景设计"典型的一天"的视频片段。这些都是焦点小组讨论的有效刺激物（参见第 12 章）。

创建使用场景需要考虑的因素

创建使用场景可能会很费时，同时也没有必要建立一个场景库覆盖用户可能遇到的所有任务和情况。更有效的方法是先为主要人物创建使用场景，如果还有时间，再考虑次要人物。永远不要让用户特征、人物画像或使用场景取代实际的用户研究活动。你需要获得真实用户数据来设计开发产品，并持续更新用户特征、人物画像和使用场景。因为人会随着时间而改变，他们的需求、期望、愿景和技能也不是一成不变的。

创建使用场景

使用场景通常包含如下内容：

- 各个用户（即人物画像）
- 任务或情境
- 用户预期的结果或任务目标
- 步骤和任务流信息

- 时间间隔

- 假定用户可能会使用的功能

可能还应该包含一些异常事件。哪些是异常事件呢（请记住，频率不等同于重要性）？了解用户可能遇到的极端或罕见情况有助于确定产品过时或出错的情景。也可以确定对用户有益的关键功能。

从用户特征文档和人物画像的任务列表中选取重要任务，并与利益相关者开始创建使用场景。在一个场景下，描述人物角色可能完成既定任务的理想方式。在另一个场景下，描述人物角色完成任务过程中可能遇到的问题，以及如何应对。不断重复这个过程，直到你认为场景已经包含产品所有的功能点和用户可能遇到的任务 / 情况。对于用户特征文档和人物画像，你应该使用在用户需求研究中获得的信息来验证你的使用场景和添加的信息。

使用场景不应该描述单个小部件。例如，要避免"然后 Nikhil 从下拉列表中选择他喜欢的旅店"或者"Nikhil 拉到页面底部然后点击'提交'按钮"。相反，应该只描述基本动作，如"Nikhil 选了他喜欢的航班"或"Nikhil 提交了信息"。下面是一个使用场景的例子：

Shikoh 在考虑全家出游计划。她决定用 TravelMyWay 应用做攻略并完成预订。她浏览推荐的家庭旅行目的地后，想比较旅行时间总费用、酒店价格、预订时间和每个目的地的娱乐活动。Shikoh 为每个维度设定了不同权重以便于做出决定。她最后决定选择最少旅行时间、最便宜的总价、适中的酒店费用、合适的预定时间并可以开展很多家庭活动的旅行地。然后，Shikoh 开始查看符合条件的机票和酒店。她打算先保存搜索结果以确保全家人都同意后，再用信用卡完成预定。

使用场景因你收集到的信息而定，可能会更复杂。通常情况下，使用场景在项目初期信息量很少，随着用户研究活动的深入而添加更多的细节。

建议使用模板使不同场景更加统一和完整。以模板（McInerney, 2003）为例，可参考以下相关内容：

- 标题。情境的一般描述，避免过于具体的表述。例如，"Sally 需要研究家庭度假的地点"，应该简化为"研究度假地点"。

- 情境 / 任务。用一或两个段落描述初始情况、用户面临的挑战和用户目标。不需要讨论用户如何实现目标。

- 解决方法。在任务列表或流程图中描述用户如何解决问题。用户可能有多种方式来完成特定任务。任务流应该在 5～15 步内显示不同的可能性。这部分应该是通用的，并且不涉及技术（不包括具体的设计元素）。

- 执行路径。以叙事形式描述用户如何完成任务并实现目标。现在，你可以讨论具体的功能或技术。你可能有多个"执行路径"——显示所有可能完成任务的方式。或者，你可能想说明不同的设计如何完成每项任务。这部分应根据设计决策进行更新。使用场景的其他部分则在一段时间内相对不变。

进一步阅读资源

请看第 9 章关于人物画像的经典讨论。Adlin 和 Pruitt 专门写过一本书来探讨人物画像的创建和使用。

- Cooper, A. (1999). *The inmates are running the asylum. Indianapolis*, IN: Sams.
- Adlin, T., & Pruitt, J. (2010). *The essential persona lifecycle: Your guide to building and using personas*. Morgan Kaufmann.

想了解使用场景和其在设计中的作用，请查看以下书籍：

- Carroll, J. M. (2000). *Making use: Scenario-based design of human-computer interactions*. Cambridge, MA: MIT Press.
- Rosson, M. B., & Carroll, J. M. (2002). *Usability engineering: Scenario-based development of human-computer interaction*. San Francisco, CA: Morgan Kaufmann.

2.5　特殊人群

2.5.1　国际用户

许多总部设在美国的全球性公司通常会首先开发针对美国用户的产品，然后再考虑修改产品以适应国外用户。至少，这需要国际化和本土化或全球化（国际化与本土化的结合）。国际化是开发产品的基础架构，其可适应不同语言和地区，不需要工程师一次次修改。本地化是在国际化的架构中添加本地组件和翻译文本，使其适应特定的语言或地区。这意味着你的产品要支持不同的语言、地区差异和技术要求。但是简单的翻译和本地化货币、时间、测量、节假日、头衔和标准（如电池尺寸、电源等）往往还是不够的。如果你依赖第三方的内容或功能，你需要使其适应需要或者找到替代资源，因为它们还可能不适用于其他国家。你也必须注意与产品或领域相关的行业规范（例如，税收、法律、隐私、通用性、审查机制等）。

即使你考虑了上述提及的所有内容，你仍有可能没有专注于用户。理解用户需求和文化差异也很重要，这涉及语言、技术平台和法律法规等。你的产品不可能适用于美国的所有用户，因为美国人口如此多元。背景、技术、收入和需求等的差异意味着一款产品无法满足每个用户的需要。其他国家也是如此。你不能将所有印度用户的需求作为一个整体，或者更广泛的亚洲区域。一旦产品本地化，开发适用于该地区的主要平台，并遵守所有法律法规，很多公司也是这样做的。要真正地支持某个国家或地区的用户，你必须使用在本书中提及的相同技术来确定用户特征文档、使用场景和需求。应该花同样多的时间和精力来开发适用于美国以外的国家或地区的产品。

你很有可能要和用户研究人员或当地公司合作来招募当地用户，发放礼金和准备项目设施。当地的合作公司不仅可以帮助解决研究项目执行问题，同时也可以提醒你可能忽略的文化问题。提前了解文化知识，不仅能让项目进展顺利，有助于提升数据采集的可靠性和有效性，而且还可以避免冒犯研究参与者。

国际研究的伦理问题

如果你打算在其他国家进行 IRB 批准的研究，一定要留出额外的审查时间。研究人员在非母国进行的研究需要接受额外的审查，包括知情同意书和其他文档的翻译、当地官员的协议书以及当地研究人员的伦理审查。

进一步阅读资源

IBM 和微软提供详细的信息以帮助解决全球化软件和应用程序的技术问题。

- IBM Globalization website: http://www-01.ibm.com/software/globalization/
- Microsoft Globalization Step-by-Step guide for applications: http://msdn.microsoft.com/en-us/goglobal/bb688110.aspx
- Apala Lahiri Chavan 和 Girish Prabhu 撰写过一本关于如何在新兴市场开展访谈的书籍，对于打算进行国际研究的研究人员很有帮助。Apala 也是本章案例研究的贡献者。
- Chavan, A. L., & Prabhu, G. V. (Eds.). (2010). *Innovative solutions*: *What designers need to know for today's emerging markets. CRC Press.*

2.5.2　通用性

最好的产品和服务都坚持以通用性设计或包容性设计为准则。"通用性设计"是 Ronald L. Mace 首次提出（1985 年）。这意味着每个人都可以使用你的产品或服务，不论年龄、能力和社会地位。通用性设计很重要，因为每个人这样或那样的局限导致使用产品或服务时会存在困难。通用性设计具有更大的包容性，便于用户使用（Story, Mace 和 Mueller, 1998）：

- 听觉障碍。在嘈杂的环境（如建筑工地）下工作的人们或音乐放大声的用户很难听到任何你的产品发出的音频信号。
- 视觉障碍。在强光下，很难看清移动设备屏幕上的内容，尤其是在低对比度的情况下。
- 色盲。如果解读你的内容需要颜色编码能力，在有限颜色的显示器或黑白打印物上会损失很多信息。
- 有限的灵活性。在寒冷的冬季，带着手套在手机或平板上操作会比较麻烦，除非购买专用的手套。
- 行动不便。很少人在一生中不受伤。抱着孩子或提着重物时，人们的手臂被占用。推婴儿车、自行车、学步车或行李车很难使用楼梯或路肩。
- 精神衰退。睡眠障碍的患者在药物影响下会出现短时记忆问题，无法理解你的产品或信息。

- 文盲。你可以流利地使用母语，但当你踏入一家商店、餐厅或其他国家，所有信息以不同的语言显示的那一刻，你即是文盲。

当进行用户研究时，需要考虑用户的多样性，如不同年龄、能力或社会地位等。产品的设计师可能用的是最新的计算机 / 显示器和最快的互联网连接。但你的用户可能并没有这些资源，那么他们如何看待你的产品？他们是否可以顺利访问？

通用设计中心提出七项设计原则（北卡罗莱州立大学通用设计中心，1997 年）

1. 公平使用。该设计对于不同能力的人们都有用和价值。

2. 灵活使用。该设计适用于不同个人喜好和能力。

3. 简单易懂。无论用户的经验、知识、语言能力或当前注意力水平，如何使用该设计很容易理解。

4. 可感知信息。该设计有效地向用户传达信息，无论周围情况或用户感官能力如何。

5. 容错能力。该设计最大限度减少意外或无意行为的不良后果。

6. 省力。使用该设计高效舒适，最大程度降低疲劳感。

7. 大小和空间。无论用户的身高、姿势或行动如何，该设计均为接触和使用提供合适的大小和空间。

进一步阅读资源

通用设计中心有很多资源来帮助人们设计产品和环境。

- The Center for Universal Design (1997). *The Principles of Universal Design*, Version 2.0. Raleigh, NC: North Carolina State University. Retrieved from http://www.ncsu.edu/ncsu/design/cud/about_ud/udprinciples.htm

通用性网页倡议（http://www.w3.org/WAI/）为开发通用的在线网站和服务提供设计规范、教程和评估指导。

通用性设计手册（第二版）介绍通用设计建议和全球化设计，这有助于在进行研究设计时考虑所有用户。

- Preiser, W. F., & Smith, K. (Eds.). (2010). *Universal design handbook*, 2nd ed. McGraw Hill Professional.

2.5.3　未成年人

越来越多的小孩在识字读书前就开始接触平板电脑，一些小学生已经在用父母不用的智能手机。如果你在设计消费产品，很有可能未成年人也在使用，不论你是否考虑过这类用户。他们是你未来的超级用户和巨大的机会点，因此你至少要在产品开发过程中考虑到儿童这一特殊群体。但是，在对未成年人进行用户研究时，你需要注意以下问题：

- 保密协议。在美国，18 岁以下的未成年人不能签署法律文件。法律监护人必须代表子女签署保密协议。你还需要向未成年人解释清楚具体的保密条款。
- 知情同意。不仅要知会家长用户研究的细节，同时你有道德责任在研究之前向未成年人解释清楚（参见第 3 章）。虽然家长必须同意参加研究，但最终的决定权在未成年人手里，他 / 她有权决定是否参加。家长和未成年人必须在研究活动开始前被告知。
- 激励办法。根据参与者的年龄确定适当的研究奖励。对于小孩而言，Visa 礼品卡可能没有玩具店礼品卡更诱人。事前与家长讨论激励方法，以保证家长不会反对。最糟糕的情况是，在研究结束时提供的礼品卡未成年参与者并不感兴趣，只能家长拿走。
- 认知能力。孩子不会像成年人一样有相同的认知能力和专注程度。请牢记这一点，并合理设计研究长度。
- 法规政策。对于未成年人的个人身份信息规定比成年人更严格，这一点在美国没错，建议开展研究之前学习当地的法规政策。
- 注意事项。应该告知未成年人该研究不是测试，不存在对与错之分，被评估的是产品本身，而不是他们。和对成年人进行研究类似，你在过程中需要不断提醒参与者这一点。
- 眼动追踪。如果你利用眼动仪进行评估研究，则必须确保安全性，不需要长时间盯着屏幕。在筛选过程中就告知家长和未成年人实验中会用到眼动仪，并征求他们的同意。请注意，某些移动眼动仪可以引起恶心，你必须在招募用户期间就告知家长和未成年人可能的风险。

2.5.4　老年人

随着年龄的增长，人的认知和身体能力及限制都在变化。虽然一些能力在增长（如表达、智慧），但另一些能力也趋于下降（例如，视力）。你在考虑目标用户时应顾及参与用户的年龄。具体来说，如果你计划为老年人设计一款产品，你应该在参与用户中包括老年人样本。根据 Department of Health and Services 2010 年的数据，65 岁及以上的老年人预计到 2030 年将占全球总人口的 13% 和美国人口的 19%。因此，你的产品很有可能会被老年人使用。

和其他人群类似（如未成年人），老年人的定义差别很大。"60 岁和 90 岁的差别与 13 岁和 45 岁的差别一样大"（Fisk, Rogers, Charness, Czaja, & Sharit, 2009）。在老龄化的研究中，通常将老年人分成三类：

- "年轻的"老年人，65～74 岁
- 老年人，74～84 岁

- "年老的"老年人，85 岁及以上

当选择老年人参与研究时，应该谨慎考虑适当的筛选标准。筛选标准应该包括如下几条：

- 认知状态（减损）。老年人和"更老的"老年人相比于"年轻的"老年人更可能有认知减损。你可以通过简易精神状态检查量表（MMSE; Folstein, Folstein, & McHugh, 1975）来筛选认知减损状态。
- 健康状态。大多数老年人至少患有一种慢性疾病（AARP, 2009）。你可能会感兴趣去研究老年人感知到的健康状态（如何看到自己的健康情况）或实际健康状态（疾病数量和种类）。
- 居住状态。多数老年人居住在社区，这意味着他们有自己的房子或公寓，很多社区提供不同程度的护理服务。退休人员居住的社区通常会提供各式各样的便利服务，如维修草坪、辅助生活设施，以及更多的服务，如做饭和运输援助。养老院也会每天提供医疗护理。

大脑处理和工作记忆随年龄增长而下降，这意味着老年人需要更长的时间来完成一项研究（Fisk et al., 2009）。对老年人进行研究的时长通常是年轻人的 1.5 倍。也就是说，如果你的研究需要花费年轻人 1 个小时完成的话，老年人很有可能需要 1.5 个小时。

进一步阅读资源

- Fisk, A. D., Rogers, W. A., Charness, N., Czaja, S. J., & Sharit, J. (2009). *Designing for older adults: Principles and creative human factors approaches* (2nd ed.). Boca Raton, FL: CRC Press.
- Pak, R., & McLaughlin, A. C. (2010). *Designing displays for older adults*. Boca Raton, FL: CRC Press.

2.6　本章小结

在本章中，我们介绍了很多帮助你了解产品领域和用户的资源。多学习使用并融会贯通是确保你的产品成功的关键！这为你未来的研究活动奠定了坚实的基础，也可以节省大量的时间和成本。

案例研究：理解用户的理论和方法改进

——Apala Lahiri Chavan, Institute of Customer Experience,

Human Factors International, Puducherry, India

在西方世界有许多长期以来建立并被良好验证的方法，用于理解用户动机和未表达到的需求（例如，深度访谈、焦点小组、出声思维等）。全世界的用户体验从业者在实际工作中经常使用这些方法。然而，某些方法在一些文化氛围下可能并不适用，因此我们需要根据实际情况进行调整。

这听起来可能很奇怪，观察、出声思维和深入访谈在一些文化环境中并不适用。例如，亚洲用户更希望交流的过程中获取更多的上下文（Hall，1989）。他们更不愿意做出负面评论，并对等级和交流中的潜台词更加敏感。此外，群里动力学对亚洲网络用户的影响大于西方国家。

调整研究方法并不简单，这需要研究人员对于某文化传播中微妙的诱因有足够的敏感度。我们必须理解人们交流顾虑的原因，不同的国家甚至于相隔一条河的两国村落（如印度），可能会截然不同！

我们必须做好充足的准备来理解其中的诱因。这要对某一文化进行二手资料研究，与当地研究人员交流，并形成针对该文化诱因的假设。然后，我们需要和当地的研究人员开展预测试来检测假设是否正确。这些预测试非常重要，能帮助我们确定最终的研究方法。

2001 年，我设计了宝莱坞可用性测试方法来解决"外来"的用户研究方法在印度面对的挑战（Plocher & Chavan, 2002）。从那时起，我们在不同等文化背景下使用一系列生态系统的研究方法。在这个案例研究中，我着重介绍我们近期在印度和非洲开展的工作。

拉沙：印度

拉沙是情绪的本质，并存在于身体和心灵之中。印度古典艺术和戏剧的中心目标是建立对应的"拉沙"与观众交流和暗示一种无法用语言表述清楚的知识。

我们在印度的一个研究项目中使用九个为人所知的拉沙（图 2.6 所示）来探索当地人第一次和 ATM 交互的情感。这些拉沙分别是爱、喜悦、愤怒、和平、勇气、悲伤、厌恶、惊奇和恐惧。

这种文化探针被设计成一组"情感电影票"，同时承载着无处不在的宝莱坞主题（见图 2.7）。每个拉沙取材于当地人所熟知的宝莱坞电影画面和对白（Chavan & Munshi, 2004）。这些"情感电影票"方便用户确定他们第一次与 ATM 交互的情感，还可以关注交互情境中的细节。我们提供给每个用户一份包含不同"情感电影票"的小册子，并要求他们在未来的两周内随身携带（如图 2.8 所示）。

图 2.6　九个为人所知的拉沙

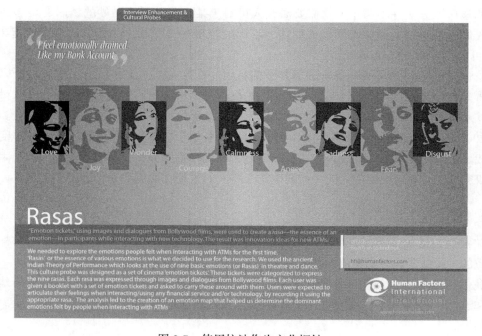

图 2.7　使用拉沙作为文化探针

用户在与任何金融服务或技术交互时，需要表达他们感受到的情绪，并用适当的拉沙作为记录，并回答"什么时候？""怎么样？"两个问题。例如，"你记录了你对钱和技术的嘲讽。请问是什么时间和怎样的一种情感？"用户在每次用九个拉沙来记录情绪时，都需要回答这两个问题。

　　历时两个星期，我们收集到"情绪电影票"并开始分析。这些分析帮助我们建立情感地图（如图 2.9 所示），来确定人们与 ATM 交互时的主要情绪。同时，这也帮助我们明确哪些创新设计能够更好地服务于当地 ATM 设计。

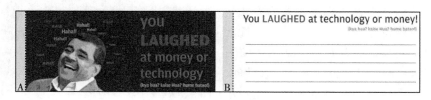

图 2.8　情绪电影票

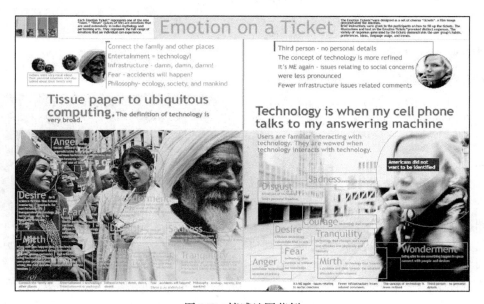

图 2.9　情感地图范例

自动人力车电台：语意差异量表的全新解读

　　语意差异量表用语测量事物的含义和概念（Snider & Osgood, 1969），研究人员通常要求用户将他们对于某个产品或体验的感受用 7 分量表描述（例如，强—弱，好—不好）。在印度做了几个项目后，我们发现语意差异量表似乎是用户表达感受的一大障碍，尤其是对半文盲用户。他们倾向于只选择量表中两个极端的选项之一，而忽略中间的选项。这和用户在表述他们使用产品的感受完全不同。因此，尽管这并不是非黑即白的产品体验，但每个用户似乎一定要从极端的选项中挑选其一。

经过大量的探索和反思，我们意识到对于这类用户，用一条水平直线来呈现不同程度的方式（从负向到正向）并不适用。他们认为，如果用不同点表达某个属性的不同程度，那么这些点不应该出现在同一水平上。这些用户都很熟悉收音机音量调节旋钮的设计理念。收音机从低音量过渡到高音量的方式与他们需要通过语意差异量表表达某个属性的程度（正向或负向）非常相似（见图2.10）。因此，我们将线性的呈现方式转为非线性的，这种转变提升了用户对问题的理解。用户不再是费力地从对立的两端选择其一，而是从更细微的程度调节到合适的程度。

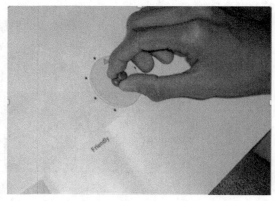

图 2.10　音量调节旋钮演示语意差异

动物图片板：肯尼亚

我们曾经在肯尼亚郊区做过关于金融机构接受度和使用的用户研究，旨在为我们的客户提供银行渠道创新和本地化策略，例如分支机构、ATM、手机银行和客服中心等。见图2.11。

我们需要用户表达他们与不同金融机构／机制的关系，正式的或非正式的。和很多亚洲国家类似，肯尼亚强调等级和集体主义文化（Geert & Jan, 1991）。我们发现其他亚洲国家也会有类似的顾虑，即与陌生人公开讨论可能会是一个问题。即便我们有一个当地的研究人员主持研究环节，实际上我们（印度和南非研究小组）的出现也令他们难以清楚地表达他们真正想说的内容。所以我们特别想知道"怎么样才能与参与者达成共鸣，得到他们的即时反应，而不是经由大脑分析后的反应？"通过观察我们发现，肯尼亚人民与野生动物存在长期而深刻的联系。野生动物也是肯尼亚文化可以共通的部分。

我们将肯尼亚常见动物的图像设计在图

图 2.11　在肯尼亚郊区开展用户研究

图 2.12　使用动物图片板和咖啡评价量表

片板上，并针对该图片板提问（见图 2.12）。我们与两个当地的研究人员测试了这个方法，这些尝试帮助我们捋清野生动物与背后含义的关系，也帮助我们调整一些动物的图片。

在这项研究中，我们询问用户平常使用的不同金融机制（如，借款人、邻里借款群、正式银行），并继续询问与每个金融机制相关联的野生动物和背后的原因。

用户的回答快速直接。"猎豹很像这个业务，大象让我想起那个机构。"每个用户都会迅速地做出关联。他们表述的原因反映出深层次的模式而非为了应付我们而编造出的理由。

从这个方法中我们找到很多有趣的模式。例如，大象反复与某个本地银行关联。究其原因，用户认为这家银行如大象一样坚实可靠，因此，这家银行给用户带来安全和舒适的使用体验。

另一方面，许多用户将一款新的移动交易服务与猎豹相关联。他们认为这项服务的速度（完成整个交易的时间）快如猎豹，但也有"狡猾"的感觉。猎豹虽然看起来没有狮子或豹子那么吓人，但是它攻击猎物的速度极快。他们还指出，猎豹总是从背后悄悄袭击。因此，对于新的这款移动交易服务，人们非常喜欢它的交易速度，因为它大大减少支付步骤。然而，人们也逐渐认识到正是由于它的"快"，他们可能在并不需要的东西上花钱。用户认为这是这项服务"狡猾"的地方，他们并不清楚何时何地签署这项协议。这种双重性给人们带来顾虑，无法完全体验服务的舒适性。

奇思妙想集市：南非

这是一种信息表现方法的变化方式（即演员或研究人员探索现有消费者，并与潜在消费者开展角色扮演的一组技术）。该方式在亚洲用户中得以验证，并应用于 15 年的生态系统研究和可用性测试。

我们近期在南非的银行项目中使用了这个方法，用于了解低收入用户使用手机银行的驱动和阻碍因素。该银行推出手机银行，但是接受度很低，我们需要分析其中的原因。

我们当时在据说很危险的 Umlazi 乡村，因此直接询问用户为什么没有使用手机银行或者特定功能会是很大的挑战。同时，这个村子属于集体主义风格，并且不喜欢被"外人"提问。因此，研究人员很难令当地用户以一种舒适的方式分享他们不愿意使用手机银行的真实原因。

因此，我们决定使用奇思妙想集市的方法。参与者需要比较一系列选项并指定其选择。如果直接提问，参与者通常会选择全部选项，即使研究者进一步追问。很明显，这些反馈远非他们实际选择。因此，奇思妙想集市方法将参与者设定在日常生活的场景下：购买产品或服务时与卖家讨价还价（讨价还价是当地买卖活动中常见的做法）。这个方法将看似困难的比较不同选项并确定偏好的任务模拟为日常生活的场景，这有助于让参与者置身于熟悉的情况下而轻松地作出选择。这种方法还将内在模块与现金分开，使得参与者在集体主义和层级的背景下表达其真实反馈。

在这项研究中，我们将手机银行各种功能写在小纸片上。然后，我们把这些小纸片放在当地小商贩用来展示商品的篮子或碗里。我们将这个篮子或碗摆在参与者面前，并告诉他们想象此时此刻他们正在面对附近的集市上卖手机银行各种功能的商贩（见图 2.13）。他们打算购买哪些功能？为了使得这次模拟活动更全面，我们给每个参与者300 元现金（仅用于研究练习）。他们需要购买某一喜欢的功能，并告知愿意支付的数额。当参与者付钱后，研究主持人表现如小商贩来索要更高的价格。在这个"讨价还价"的过程中，我们可以深入挖掘哪些功能是有价值并有用的，并了解背后的原因。

图 2.13　研究人员在开展奇思妙想集市方法

现金在整个研究过程中有效地避免参与者谈及手机银行。更具体地讲，它有助于参与者表达在日常生活中如何使用某些功能。从这项研究活动中得到的用户理解为产品概念或改进提供了新想法，也帮助我们决定舍弃哪些功能。

经验总结

我总结了如下两条使用这些有趣和创新的研究方法的经验：

1. 全神贯注于创建"聪明"的方法的快感，有可能忽略人本中心的视角。

当我们在肯尼亚开展生态系统研究时，奇思妙想集市是研究活动的一部分。然而，当对第一个低收入的用户开展研究时，我们才意识到交出研究中唯一的物品（价值等同于其家庭一周生活费）的行为过于残酷和无情。因此，我们决定改变方法，即使这意味着我们无法创建一个"聪明"的方法来替换第一天的研究。

2. 当使用自定义方法时，包含探索研究问题的多种方法。

只有用不同方法全面分析参与者的反馈，才能获得可靠的结论。多种方法的使用也有助于验证每个方法的结论。

结论

在当今全球化的大环境下，我们都希望产品和服务（如手机银行）适用于世界范围，由此可见，本土研究比过去任何时候都更重要（Chavan & Prabhu, 2010）。对本地的生态系统的动机和阻碍没有深刻认识，将本地的产品"灵魂"拓展为全球性概念是无法成功的。

一个重要的问题是，相比于传统研究方法，这些互动的和文化定制的方法是否会带来任何优势。研究见解显然取决于研究团队的技能和经验。没有任何的定制方法可以取代技能和经验！然而，这些方法相比于传统方法仍然具有如下优点：

1. 缩短获得研究发现的时间

与传统的问答方式相比，定制化的方法使参与者畅所欲言所花的时间要缩短 30%～40%。

2. 更深入的定性研究见解

使用定制化的方法获得的用户理解更加深刻。例如，移动支付的"猎豹"属性所代表的二重性是之前任何定性研究没有挖掘到的。如果不使用动物图片板我们是否仍旧可以发现这一点？也许并不可能。

3. 可操作的用户理解

正如任何用户理解，无论用何种方法，如果不能将其转化为任何实际行动，那么这并没有多大的价值。在"猎豹"的例子中，我们能够提出更详细的问题来理解速度解决的问题，为什么它很重要，以及用户如何感知速度。同样，用户对于猎豹的狡猾的不舒适感也帮助我们理解潘多拉盒子效应——被国外银行剥夺权利和歧视性待遇而产生的不信任感。从使用动物图片板获得的用户理解可直接转化成为这部分用户提供的概念性功能（从量变到质变的创新）。

最后，使用这些方法最大的优势是参与者与研究人员有更多的互动，使得两个小时的研究时间变得更有趣！

第 3 章

道德与法律问题

3.1　概述

　　在进行任何用户研究活动之前，需要慎重考虑一些道德和法律层面的问题。作为用户研究人员，你有责任保护研究参与者、公司与收集到的数据。对这些问题不能掉以轻心。本章适用于所有读者，即便你只是做很小的研究。只要参与者涉及人类，本章就适用于你。本章会介绍用户研究活动前的基本须知，来确保你在收集用户数据的过程中遵守法律和道德规范。这些是一般准则，同时你还需要了解当地的法律和惯例。

3.2　公司政策、法律与道德

　　人们往往会将公司政策、法律和道德准则混为一谈。因此，了解这三者之间的差异非常重要。政策由公司制定，通常是用来确保公司员工不违反法律并强调良性商业行为的。例如，很多公司都设有隐私政策，以说明他们如何处理客户数据。这些政策的细节可能会因公司不同而有差异。加州是唯一要求公司在收集任何加州居民个人信息时需要公布其隐私政策的州。然而，对于隐私政策的最佳做法应该是无论客户的所在地在哪里都必须公开隐私政策。

　　法律是由政府颁布的每个人都必须遵守的规定，无论他们在哪里工作。例如，美国税法规定每家公司必须在向美国国税局（IRS）交付文件之前确定每年支付给个人的报酬。因此如果你打算给用户研究参与者提供礼金（现金或其他形式），则做好记录非常重要。保密协议（NDA 或 CDA）具备法律约束力来保护公司的知识产权，并规定研究参与者不得泄露任何在用户中的所见所闻，以及他们提出的任何想法、建议和反馈。我们会在后面的章节讨论更多的细节（见图 3.1）。

公司信笺

保　密　协　议

　　感谢您同意参加＜简单描述项目＞，并提供您的反馈建议。您将看到的产品概念和相关信息都是保密的，并且没有对外发布。您将参与我们的设计过程并看到这些未发布的产品概念，您同意保持您看到的或听到的信息保密直至＜公司名称＞对外发布相关信息。您同意不向第三方泄露信息或者将这些信息用于除产品开发以外的其他目的。

　　此协议涵盖我们与您在＜日期，地点＞的讨论。

　　如接受这些条款并同意保密，请在下面签名（如此协议是在会议前签署，请将副本寄回）。

　　我们非常感谢您对于产品设计的参与。＜公司名称＞只有认真理解您的需求，才能设计出有用的系统。非常感谢您的参与。

签字：＿＿＿＿＿＿＿＿＿＿＿＿＿＿＿＿＿　　　　　日期：＿＿＿＿＿＿

姓名：＿＿＿＿＿＿＿＿＿＿＿＿＿＿＿＿＿

公司签字：＿＿＿＿＿＿＿＿＿＿＿＿＿＿　　　　　日期：＿＿＿＿＿＿

图 3.1　保密协议示例

　　　知情同意书反映你对研究参与者的道德义务（见图 3.2），它可能不具备法律约束力，但绝对具备道德约束力。请牢记，你无法制定一个万能的知情同意书，因为每个项目都是有差异的。你需要评估每一个研究项目可能带来的风险，并告知参与者。你的道德义务还包括透明化处理每一个研究参与者的数据：在公司内部谁有权限看到这些数据（如，研究员、整个开发团队还是公司里任何有兴趣的人）？研究参与者的姓名和其他身份信息是否与其数据相关联（如，视频记录、采访笔录）？虽然并没有法律或公司政策要求你必须告知研究参与者，但是研究道德规定你必须这样做。

知情同意书

目的：

　　您被邀请参加＜插入产品或项目名字＞的＜插入研究名称＞。您的参与将提升我们产品的易学性和易用性。这项研究的目的在于帮助我们更好地设计开发产品，而非测试您个人的能力表现。

评估流程：

　　您将被要求操作＜插入研究参与者需要完成的任务＞。我会视频记录您的交互过程，并记录您的反馈。

图 3.2　知情同意书示例

保密性：
　　我们会将您和其他研究参与者提供的数据和信息应用于产品开发。为了确保保密性，我们不会将您的数据和您的姓名关联。这部分将被视频记录。

休息：
我们中途＜有／没有＞休息。然而，您可以在任何时间提出休息的要求。

自由退出：
您可以在任何时间退出研究，不受到任何惩罚。
- -
如果您同意这些条款，请在以下地方签字：

签字：＿＿＿＿＿＿＿＿＿＿＿＿

姓名：＿＿＿＿＿＿＿＿＿＿＿＿

日期：＿＿＿＿＿＿＿＿＿＿＿＿

图 3.2　（续）

3.3　道德准则

　　具备较强的道德标准能更好地保护研究参与者、公司和收集的数据。任何一家收集用户数据的公司都必须建立一整套政策和流程来规范履行其道德责任。如果你所在的公司目前没有相关政策或流程，你应该着手开始建立。始终牢记，在公司里你是用户的倡导者。在用户研究中，参与者非常友好地分享自己的时间、经验和专业知识帮助你开展项目，作为研究人员，你应该尽你所能地保护参与者的身心健康。在研究参与者是客户的情况下，作为研究人员，你同时应该保护和增进客户关系。可用性研究中糟糕的体验也许会导致公司的收益锐减。可想而知，一旦类似的情况发生，你所在的公司未来不会支持可用性研究。

　　最后一点，必须保护收集的用户数据，这非常重要。一旦数据出现问题，你在研究中所花的时间、金钱和精力都将付诸东流。你用来做设计决策的数据必须是有效可靠的，有问题的数据会导致设计决策出错。也就是说，如果数据出现问题，研究人员可以继续招募更多的参与者并收集信息。但如果研究参与者觉得自己受到不良待遇，那就很难恢复他们的自豪感或者维系客户关系。所以请记住，确保研究参与者的良好状态是你的首要任务。图 3.3 说明在研究中要将参与者置于最高优先级。

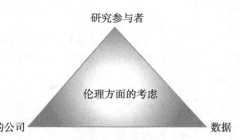

图 3.3　道德准则关系图

进一步阅读资源

请参考 APA 道德规范和行为准则，了解详细信息，你也可以在 http://www.apa.org/ethics/code/index.aspx 下载免费副本。

- American Psychological Association: www.apa.org/ethics/code/index.aspx
- American Anthropological Association: www.aaanet.org/committees/ethics/ethcode.htm
- American Sociology Association: www.asanet.org/about/ethics.cfm
- Association for Computing Machinery: www.acm.org/about/code-of-ethics

---

要点速览：

➢ 不伤害原则
➢ 知情权
➢ 获得允许方可记录
➢ 营造舒适的体验
➢ 匿名与保密原则
➢ 使用恰当的语言
➢ 中途退出的权利
➢ 适当的激励机制
➢ 有效而可靠的数据
➢ 明确你的专业能力范畴
➢ 数据保留、归档和安全
➢ 汇总

3.3.1　不伤害原则

所有道德准则的核心是行善与不伤害原则。这就是说你的研究必须对参与者有利无害。为了保护你的参与者不受伤害，需要先了解参与者在研究中可能遇到的所有风险。你可能会想："这只是一个网站的卡片分类研究，怎么可能存在风险呢？"这可能是参与者感知的风险，如，"如果我的研究视频被泄露在网上，所有人都会嘲笑我的。"；或是实际的风险，如，这个产品太难用了，整个使用过程非常不愉快。这些风险可能是良性的，如，无聊；或身体上的，如，使用全新设计的游戏控制器令拇指感到不适；或是情绪上的，如，在进行网络钓鱼研究时担心账号安全；或是焦虑，如，参与者在研究中了解一项在开发阶段的新功能，导致他在研究结束后仍然很担心。你必须找到一种方式来减轻参与者所有实际或感知的风险，并在知情同意书中知会你的参与者。以游戏控制器为例，如果无法重新设计控制器来避免参与者的拇指不适，那么首先，你应该通过限制参与者的使用时间来减轻这种不适感受（例如，缩短测试时间，增加休息时间）。其次，你必须在研究开始时就说明可能的风险，并明确告知参与者在研究中可以自由地休息或退出。请注意，你在研究中引入的工具也可能在研究后对参与者造成伤害（例如，参与者在研究中使用一款更简单的工具，那么在研究结束后，参与者无法继续使用它）。

3.3.2　知情权

参与者在项目开始前有权充分了解研究内容与风险，并自愿决定是否参与。例如，你的参与者很可能担心别人看到研究视频记录会嘲笑他的错误。作为研究人员，你应该向所有的参与者（不只是表达顾虑的参与者）说明你将如何处理视频记录和数据。

参与者有权知道研究的目的、持续时间、流程、收集信息的用处（如，设计新产品）、礼金和他们作为参与者的权利（如，随时退出研究不受处罚）。同时，你也应该告知参与者研究的目的是评估产品而不是他们，在研究中遇到的任何困难反映了产品可用性问题，而不是他们的问题。这些信息需要在招募用户的过程中传达（参见 6.4 节），并在研究开始前参与者签署知情同意书时着重强调。参与者签署知情同意书表明知晓这些信息，并同意参加研究。如果研究参与者是 18 岁以下的未成年人，则其父母或监护人必须签署知情同意书。同时，在未成年人可以理解的情况下，研究人员必须口头上传达这些信息，令其知晓。如果未成年人不同意参加，则无论其父母是否签署知情同意书，都不得要求其参与。

应尽量避免欺骗，除非其带来的好处远远胜过任何潜在的危险。为避免影响参与者的反馈，作为研究人员，你可能不希望给参与者透露每一个环节的信息。不要欺骗参与者参加研究项目，如果你认为他在了解研究细节的情况下不会选择参与的话。例如，你计划进行一项品牌盲测研究（即不告知产品品牌）或是品牌商盲测研究（即不透露正在开展竞争对手的产品分析），为该项目做用户招募的第三方公司为参与者提供一份可能公司清单（包括你的公司和竞争对手公司）。通过沟通来确保参与者对于参加上述清单中的任一家公司的研究项目没有顾虑，并在研究结束时，研究人员告知参与者真正的品牌商。

如果参与者在研究过程中对项目目的有所误解（如，认为是一场工作面试），研究人员必须立即纠正，并允许参与者随时退出。参与者有机会提出问题，并知道如果有关于研究或他们权利的后续问题应与谁联系。

3.3.3　获得允许方可记录

在研究项目中，通常会有记录，且允许未参与的利益相关方查看记录了解项目进展，这也使得研究人员省去大量的笔记并与参与者进行更多的互动。在记录任何声音或图像之前，必须获得参与者的许可。这可以通过签署图 3.2 所示的知情同意书完成。任何记录都不能作公开识别或伤害用。在招募过程中告知参与者他们将会被视频或声音记录。有些参与者并不希望通过这些方式被记录，因此你也不希望他们最后才知道这件事情。虽然不多见，但我们确实见到一些参与者在项目开始之前离开，因为他们拒绝被记录。如果你打算使用参与者的记录超出你所在的研究团队，你必须寻求额外的许可。例如，你想在一个研究会议上使用参与者的视频记录，则你需要在知情同意书中加入这条，并获得参与者的同意：

请用名字的首字母缩写来表明你愿意我们使用你在研究中的视频或音频：

- 如果你允许我们使用访谈中的任一内容，请在此处签字。如果你在这里签字，我们会在汇报中使用你的访谈的任一部分，但是不会泄露你的姓名。
- 如果你允许我们使用你在访谈中的笔录（而非视频或音频片段），请在此处签字。

另一方面，研究人员必须告知参与者在远程评估研究中不得记录或截屏，并将这一条写入保密协议（NDA）中（请参考 3.4 节）。

你不介意我们记录下来，对吧？

漫画作者 Abi Jones

3.3.4　营造舒适的体验

尽量避免参与者在你的研究中感到不适，无论是身体上还是心理上。这包括一些简单事情，例如提供如厕时间、饮料和舒适的环境设置。当然，这也包括在任何时刻对参与者保持尊重。如果你的研究涉及未成年人，请将研究任务设计得与参与者的年龄和技能相符，并使得每个环节的时间短一些，以便符合他们更短的注意力时间。如果你的用户研究包含任何形式的完成任务或产品使用（例如，让参与者在竞争对手的产品上完成任务），你必须向参与者强调你是在评估产品而不是他们。使用一款很难或设计很差的产品可能使参与者变得很紧张。即便参与者表现不佳，研究人员也不要告诉参与者他或她操作不正确。在研究中，你需要与参与者共情，并不断提醒参与者他们遇到的困难反映了产品的问题而非他们的能力。如果你的参与者因为使用产品出现困难而埋怨自己（如，"我非常确定这个任务是显而易见的，但是我并不擅长"），你可以这样回答，"并不是！你使用中出现的困难是网站设计的问题，并不是你。请想象如果你在家里使用这个网站，如果出现这个问题时你是不是会直接退出，那么请不要犹豫，告诉我们你真实的想法。"

3.3.5　使用恰当的语言

此外，对参与者的尊重也表现在理解他们不是"被试"。从用户研究发展的角度来看，这是早期指代参与者的术语。虽然这没有贬义，但是 APA 出版手册建议尽可能使用更具有描述性的术语来代替"被试"。出于匿名保护（见下）的原因，你不希望使用参与者的名字。然而，被访者和参与者都是"被试"更好的替代术语。当然，你永远都不会这样问参与者，"你觉得如何？ 1 号"。在他们不在当场或是在文档中提及他们时，你也应该表现出同样的尊重。永远对参与者表现出极大的尊重（如，利益相关方可能会在观察室或事后嘲笑参与者，这种做法非常不可取）。参与者对你的研究贡献的时间和专业知识是确保该项目成功的基础。没有这些，几乎所有研究活动都将变得不可能。我们强烈建议大家查阅 APA 出版手册以便更好地理解如何正确使用书面语言和口语表达。

3.3.6　匿名与保密原则

匿名与保密原则有时会被人们混淆。参与者的匿名参与是指不泄露任何有关他们个人身份的信息（PII）。通常我们会通过甄别问卷来筛选研究参与者，作为研究人员，我们知道参与者的姓名、电子邮件等。我们通常对参与者的信息保密，除非参与者有书面授权，通常不会将参与者的姓名或其他个人身份信息与他 / 她的数据（例如，笔记、调查和视频等）相关联。我们通常会使用编号（如 P1 表示 1 号参与者）来指代某个参与者。保护参与者的隐私很重要，如果无法提供匿名性，那至少要对他 / 她的参与信息保密。

如果参与者是你所在公司的员工，你需要将他们的数据对其经理匿名。不要向员工的经理展示其参与研究的视频（参见 7.2 节）。这一原则同样适用于他们的同事。不同国家处理未成年人身份信息的方式不尽相同，作为研究人员，你需要谨慎对待。

3.3.7　中途退出的权利

参与者具备在研究活动中途退出而不受惩罚的权利。如果一个参与者中途退出，研究人员不支付礼金（或只支付既定礼金的一部分）是一种惩罚行为。如果是一个经济学方面的行为研究，则参与者研究中的选择直接影响其礼金的多少。但是在多数 HCI 研究中，你有义务支付所有参与者全部的礼金，不管他们是否完成整个研究。一个简单直接的方法是，在参与者到达实验室时即付给他们礼金。当你告知参与者知情同意书中的权益时，你可以直接说，"不管你在接下来的研究中参与多久，我们都已经付给你研究的全部礼金，你在过程中可以中途退出。"多年从事用户研究的经验表明，从未有参与者拿到研究礼金后就立即离开的情况发生。

3.3.8　适当的激励机制

你应该避免因过度或不恰当的激励机制导致参与者因礼金诱惑而被迫参加研究（参见6.4 节）。我们理解礼金是多数人参与研究项目的原因，但是这种激励不能过于诱人，导致对于该研究不感兴趣的人也来参加。作为研究参与者的主要原因应该是对改进产品设计抱有兴趣。换句话说，不要提供参与者无法拒绝的礼金激励。适当的礼金数量因人 / 因地而定。例如，你在美国开展用户研究支付的礼金数量和在印度不同，支付给高技能人员（如医生、律师）的礼金也和一般的上网用户不同。特别需要注意的是，如果你开展国际用户研究，在美国参与研究项目一小时的礼金可能相当于另一国家当地一个月的工资。你可能会觉得你在研究项目中提供了过高的礼金激励。这不仅仅具有强制性，你甚至因为过高的礼金激励扰乱了当地的定价策略。

用户研究的激励机制尽量不提供现金，换言之，你需要证明研究礼金确实被参与者收到。这虽然不是一个道德准则，但对公司而言是较好的实践。你可以提供 AMEX 礼品卡、Visa 礼品卡或其他礼品卡作为研究礼金。如果是跨国项目，你需要调查不同国家或地区最有效的激励方式（如手机充值卡或 M-Pesa），同时记录支付给每个参与者的礼品卡数额（具体内容查看前面章节）。

在招募参与者和研究礼金之前，你应该和公司的法务部门说明情况。很多公司，尤其是企业领域，通常更愿意提供周边产品（如 T 恤、马克杯等），而非与现金挂钩的激励以避免商业贿赂的可能。所以，确保自己知晓公司政策。无论如何，不应该给政府工作人员提供研究奖励。很多人可能没想到，在美国公立学校教师和行政人员都被认为是政府官员。如果你在开发一款针对教师使用的产品，你显然希望他们能参与到你的用户研究中，在这种情形下，你最好和公司法务部门沟通来确定给研究参与者提供合适的激励手段。在美国以外的国家开展用户研究，你可能更难知道哪些人属于政府工作人员，因此最好在开展跨国研究之前与你所在公司的法务部门确认清楚。

很多人可能想知道如何在纵向研究或多阶段研究中激励参与者。如果你担心在多阶段研究中在项目结尾一次性支付奖励可能带来高用户流失率，则可以尝试将该大项目切分成若干小项目，并按阶段分别支付奖励。你可以决定在项目的哪些阶段招募参与者并决定招募的数量，参与者可以选择在哪一阶段加入研究。这里潜在的问题是完成全部项目的强制性。请确保你的激励计划不会干预参与者继续或中止研究。例如，如果你设置的激励计划是参与者每天获得 1 美元奖励，当他们完成全部五天的任务即可获得额外 100 美元的奖励，这样的激励计划可能会阻止参与者的自由退出。相比之下，更好的策略应该是每天支付参与者 20 美元，如果他们全部完成，则在第五天多支付 5 美元的额外奖励。

3.3.9　有效而可靠的数据

你向研究参与者提出的问题和你对他们回答的反应都会影响到研究数据。你必须确保每个环节收集到的数据是中立、准确、有效和可靠的。删除研究中无效或不可靠的数据。如果你怀疑研究参与者没有诚实客观地表达想法，不论他们出于什么理由，你都应该删除这些数据。你必须向利益相关方告知已收集数据的局限性。当然，绝对不能伪造数据。

按照同样的思路，如果有人滥用或歪曲你的研究，你必须采取合理的手段来纠正。例如，如果有人以不准确的方式引用你研究的部分数据来佐证自己的结论，你必须知会所有相关人员研究结果的正确解读方式。如果人们质疑你研究的准确性，你过往的努力都将化为乌有。

作为研究人员，你应该抽身于利益冲突之外并保持客观中立。例如，我们不建议亲自收集用户对于自己设计的反馈建议，因为客观性会受到影响。尽管很多公司招聘既会设计又会进行用户研究的员工，期望他们评估自己的设计，但是这种做法并不明智。评估自己的设计存在不可避免的偏见，因此研究结果也将无效。如果你不得不评估自己的设计，切记其中可能的偏见。当你意识到这一点，你会尽可能减少偏见带来的影响。如果可能的话，尽可能拉长设计与研究阶段的间隔时间。或者，在研究设计时尽可能减少主观解读对于结果的影响（例如，定量调研数据的客观性会优于定性访谈数据）。

3.3.10　明确你的专业能力范畴

你应该在能力范围内提供研究服务，提出研究，并执行项目。在工作中，你可能需要寻求额外的培训或资源。明确说明你的知识和能力范畴，避免被指派完成超出你的专业领域以外的任务。例如，你被要求完成可用性测试，但你却对可用性研究一无所知，你无法临场发挥。如果你没有时间学习应该如何开展某项用户研究，你应该联系更为专业的研究人员来执行。

本书会介绍用户研究相关的培训和工具，但也建议你有机会学习其他的课程或培训。

最后，不应该把研究项目委托给一个不具备相关知识或技能的人。这也意味着不能把道德责任移交给第三方。在实际项目中，你可能会雇用其他公司来协助招募参与者或者开展研究项目，这些公司也必须遵循同样的道德准则。如果与你合作的公司不愿意在品牌盲测的筛选阶段提供一系列潜在供应商列表或者不允许参与者中途退出研究，你需要中止与其合作，并另寻其他合作公司。如果你的合作公司通知你招募某一用户类型有难度，可能需要"创新"，你一定要问清楚它所指"创新"的方式具体是什么。对合作公司如何招募参与者的方式视而不见违背研究的道德准则，会对研究参与者、公司和数据带来风险。

3.3.11　数据保留、归档和安全

研究的原始数据（如甄别问卷、原始笔记和视频记录等）保留时长由你所在的组织、行业、国家或地区而定，可能是截至当前产品版本的完成时间或者数年。这些原始信息为将来可能需要澄清或研究的问题提供数据参考，同时也为研究的连续性提供支持。在学术界，研

究项目的资助方（如，美国国家科学基金会）或 IRB 通常会规定原始数据保留的时长。超过该时间后，为了保护用户信息，需要销毁研究数据。同时，你有责任确保数据的安全，并且只有获得权限的人才可以访问。Kelly 在她的工作中使用的策略是在用户数据收集后尽快删除其中可用于识别身份的信息。一旦已经支付给研究参与者奖励，研究人员没有必要知道其真实姓名、出生日期、住址或电话号码。即便你已经获得这些信息，你也不应该将其与研究数据一同存储。相反，将与参与者相关的个人信息单独存放。这样，即使其他人能够访问你的数据，他们也无法将参与者的研究数据和他们的个人信息相关联。

你应该准确记录研究中使用的各个方法（具体参见 15.4 节）。这会清楚地展示你如何收集数据并推导结论。这些历史数据对于所有的利益相关方，特别是产品团队的新人非常有价值。你会惊奇地发现，原来一个"全新"的想法并不是那么新奇。研究项目报告也会避免团队中新人犯同样的错误。

3.3.12　汇总

如果你的研究参与者在项目开始之前并不清楚研究的全部内容（如，研究目标），你需要简要总结研究的性质和结果。通常在用户研究活动中，参与者会被告知收集信息的目的（例如，帮助设计一个可用的产品，了解某领域更多的知识，或收集用户需求等），因此这可能并不是一个问题。然而，如果用户研究涉及客户，有可能会在研究末尾询问参与者是否希望在产品上市后再次与他取得联系。你应该提供为参与者缓解顾虑的渠道，特别是当他们觉得自己被欺骗或不良对待时。例如，允许他们与你的经理沟通，或者如果问题比较严重，则可以与公司法务部门交流。

3.4　法律层面的考虑

不论你在开展何种类型的研究项目，保护公司的权益都非常重要。这不仅出于道德层面，也能使得你所在的公司不被起诉。按照上述讨论的道德准则，你将免于这些纠纷。

在保护你所在的公司不被起诉的前提下，你同时希望确保产品的保密性。从公司角度而言，你通常并不希望在产品开发的早期就向外公布正在开发的某个最新技术和最棒的产品。在多数情况下，该信息被视作公司机密。当你在进行用户研究活动时，你在向公司外部展示未来或现有的产品。有时可能不是产品本身，而是与产品相关的想法或思路。不管怎样，研究参与者不应该泄露产品信息，或者为竞争对手开发产品提供输入。为了保护公司产品，所有的研究参与者必须签署保密协议（NDA）。这种形式的法律协议规定研究参与者在规定时间内确保对产品相关的信息保密。保密协议可能无法杜绝研究参与者泄露产品保密信息，但是一旦泄密事件发生，它可以为公司提供诉诸法律的有效手段。保密协议还规定，研究参与者提出的任何想法或反馈都作为公司的知识产权。你要避免日后研究参与者提出经济赔偿，无论是否他们在研究中提出的想法最终成为公司一款全新的明星产品。与公司的法务部门合作来共同制定保密协议，以确保同时符合用户研究目标并保护公司权益。理想情况下，保密协议应该是外行人能看懂并理解的，但是你仍然有义务解释条款内容（特别是当参与者是未成年人的情况下），并回答任何相关问题。尽管父母或监护人必须代表未成年人签署保密协议，但未成年人自身仍然必须理解他们的义务和泄露信息的后果。

图 3.1 是一份 NDA 示例，帮助你理解这份文件应该包含哪些必要的信息。同时，我们不建议你直接套用这份示例文件。在使用任何保密协议之前，你有义务请法律专业人士进行审核。

> **提示**
>
> 　　请确保需要研究参与者签署的任何文件（法律文件或其他）易于阅读和理解。如果文件过于冗长或充斥过多的专业术语，参与者可能会因为压力拒绝签署，或者必须律师审核后才肯签署。

不管你是进行面对面的用户研究，还是远程研究（如，日记研究、网络调研或远程可用性测试），本章所讨论的法律和道德准则都适用。在远程研究中，你可能需要提供如下信息：

- 电子邮件或电话号码。参与者可以在研究之前或之后提出问题，你需要尽可能快速全面地为其解答。
- 知情同意书。清晰明确说明参与者的权益、研究目的、数据记录许可（如适用）、未来如何使用数据、可能的风险以及收益等。
- 规避风险机制。回到前文提到的游戏控制器可能导致参与者拇指不适的例子，你需要设置合理的使用时长或间隔休息来防止参与者使用过久。
- 在线保密协议。方便参与者阅读协议内容，通过简单的点击操作即可完成保密协议的签署和返回。并不是每个人都有扫描仪，因此如果你不得不使用纸质文档，请向参与者提供含邮资的回寄信封。
- 随时退出。向参与者明确，即便他们在中途退出研究，同样可以拿到全部的研究奖励。
- 适当的激励机制。激励机制设定合理，参与者能够快速轻松地获得。例如，你在不同的用户群中进行日记研究，参与者不应该等到全部研究结束才拿到奖励。相反，在理想情况下，你应该在研究一开始就付给他们研究礼金。
- 简要总结。在项目结束后向研究参与者说明你在研究中可能隐藏的信息（如研究赞助商等）。

3.5　本章小结

本章介绍了用户研究活动中法律和道德层面的思考。从法律和道德的角度对待你的参与者，你也是在保护他们、你的公司和研究数据——以上这些是确保用户研究成功与否的关键因素。你必须始终获得参与者的知情同意权。你需要向他们说明清楚以下事项：

- 明确参与研究的意义。
- 理解和同意可能的风险。
- 清楚他们的个人数据将如何被保护。
- 提供参与者提出问题的机会。
- 参与者不满意的补救措施。
- 告知参与者可以在任何时间点退出而不受惩罚。

如果没有参与者，你将无法开展用户研究。因此，在研究中要给予参与者最大的尊重。这一点适用于本书介绍的所有方法。

第 4 章

搭建研究设施

4.1 概述

你所在的公司或你的客户可能已经准备好了一间可用性实验室。这种实验室，很可能最初是为一对一的可用性评估设计的。那么，它是否足以应付所有形式的用户体验研究呢？答案既是又非。对于个体研究活动（如，访谈、独立卡片分类等），目前的实验室配置可能足以应付。然而，它很可能并不是一间适合进行群体研究活动（如分组卡片分类等）的"标准"可用性实验室。首先它的面积可能不够大，通常而言，一间标准的实验室面积应该和一间办公室相差无几。其次，当你有兴趣评估主机游戏、智能电视或其他在轻松的家庭环境而非正式的办公室使用的产品时，这种非"标准"的实验室可能无法满足快速模拟家庭环境的需求。

当你收集用户需求时，你可能疑惑是否真的有必要建立一间专用实验室进行这些研究。答案是否定的。如果有足够的预算，建立一间无可厚非，然而绝对不是必不可少的。如果你想观察用户在真实环境下的行为（如，实地调研等），或是从大样本中收集数据（如，问卷、日记法研究等），那么可用性实验室并不必要。然而，对于卡片分类、访谈或焦点小组，最好能够在一间实验室里进行。本章我们将就各种可供选择的搭建用户研究实验室的方式进行讨论。我们将深入探讨各种方式的优势和不足，以及进行选择时的注意事项。

> **提示**
>
> 无论你在哪里进行用户研究，请记着在门外张贴一张告知房间内正在进行用户研究的告示，并告知访客是否可以进入房间。如果房门可以上锁是最好的，这样可以防止别人闯进来打断研究。

要点速览：
➢ 使用你所在公司现有的设施和场所
➢ 租用市场上或宾馆中的设施和场所
➢ 建立一个专用的永久性（研究）场所

4.2　使用现有的设施和场所

假如你的预算很少，使用你所在公司现有的空间（如，会议室、教室等）可能是你唯一的选择，然而实际上这并不存在太大的问题！当你选择一个房间开展一次群体研究时，必须确保这个房间可以容纳所有的参与者以及一名或更多主持人，并且保证他们有舒适的体验。这个房间应该足够灵活以保证满足多样的研究的不同配置／需求。比如，这个房间应该可以满足所有参与者围坐在一张圆桌进行头脑风暴，同时又有足够的空间容纳记录者，以及摆放在房间前方的一块白板或者活动挂图（图 4.1 提供了两种可能的房间配置）。

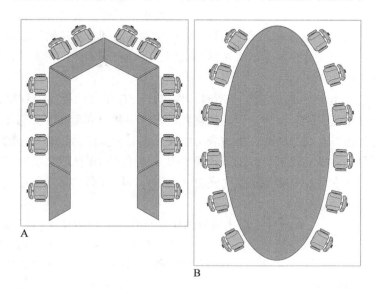

图 4.1　用于焦点小组讨论或群组卡片分类的桌子摆放。U 型布局可以让每位参与者容易地看到彼此，当然也包括主持人。椭圆形的布局也可以达到同样的效果

　　这种布局可以容纳一次群体卡片分类研究（请参见 11.2 节）和一次焦点小组讨论（请参见 12.2 节）。在这种布局下，你同样用一张小一点的桌子进行一组三名参与者的三方访谈（图 4.2 提供了两种可能的房间配置）。一间大会议室可以达到这些目的。

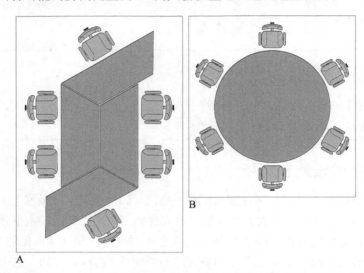

图 4.2　用于焦点小组、三方访谈或小型群组卡片分类的桌子摆放。圆形桌子同样适用，只是左侧组装配置的桌子扩展性更强，可用于更大规模的活动

　　个人研究活动（例如，访谈等）可以在一间会议室内进行，或者可以选择一间位置更加隐蔽、更安静的房间或空办公室。无论选择了怎样位置的房间，都不需要固定用户研究活动场所。一间好的会议室或办公室，不应被锁起来用于某个特别用途，只要你需要就可以使用并且没有人打扰你的研究活动。

　　当使用你所在公司现有的设施和场所时，你可能会有在房间后面为观察者预留空间的打算，但这可能并不是一个理性的选择。观察者最好能够和研究参与者分别置于两个独立的房间。当同一房间内存在观察者时，参与者可能会感到非常拘束。此时最好的做法是，通过传输现场视频信号、视频会议工具接入或录像的方式，让产品团队成员实时或延时观看本次研究活动。如果需要在实验室和观察室之间走动，搭建一间装备"移动"或"手持"设备的实验室是最理想的选择。

　　"移动"或"手持"设备同样有助于研究的顺利进行。一台装备了网络摄像头和屏幕抓取或录屏软件的笔记本电脑是非常必要的。一台用于现场记录的笔记本电脑、摄像机及三脚架、外置麦克风（有助于拾取用户较小的声音或排除环境的干扰）对于研究的进行同样是有帮助的，但也并非必不可少。

　　如果参与者会走来走去，一个控制摄像机的摄影师也是必要的（参见 7.5 节）。

手持实验室设备

- 装备网络摄像头的笔记本电脑（对于进行评估是必要的）
- 截屏或录屏软件（对于进行评估是必要的）
- 用于记录参与者（行为）的摄像机及三脚架（强烈建议）
- 用于做记录的笔记本电脑（可选）
- 外置麦克风（可选）

4.3　租用设施和场所

如果你的预算比较充足并且不想在会议室或教室里开展研究，则可以考虑从市场研究公司那里租用一个房间进行用户研究。在美国和西方国家主要城市，（市场研究公司的）房间是可以租用的。这种选择的一个好处是让你的研究活动在一个中立场所展开。你同样可以聘用市场研究公司中的一位雇员协助你完成研究。当参与者不需要坐在公司会议室中央的时候，他们可能感觉更轻松，他们的陈述也会变得更加诚实可信。

一般而言，这类公司会为进行焦点小组活动准备一台摄像机和一个观察室，可能还会提供额外收费的焦点小组主持人。这类公司一般还可以帮忙招募参与者，以及为参与者提供活动过程中的零食。如果进行用户研究活动的频次不高，同时又没有足够的资金搭建一间专用的永久性的实验室，这（租用一间实验室）是一个不错的选择。你可以通过以下渠道，找到一家市场研究公司：

- Quirk's Researcher SourceBookTM（一本收录关于市场研究和市场研究公司的书）（http:// www.quirks.com/directory/sourcebook/index.aspx）
- AAPOR/WAPOR Blue Book（http://www.aapor.org/Blue_Book1.htm#.U58DgWSSx2k）
- ESOMAR 研究字典（http://directory.esomar.org/）
- MRA Blue Book 市场研究服务字典（http://www.bluebook.org/）
- AMA 市场资源字典（http://marketingresourcedirectory.ama.org/）

如果你所在的区域没有一家可以出租实验室的市场咨询公司，你可能需要到最近的酒店预定一个会议室。就像此前提到的，你不应该让观察者和研究活动参与者共处一室，你可以架设录像设备记录研究活动。一些宾馆是不允许使用自己的录像设备的，而必须付费租用他们的，因此，在预订房间时请对此进行确认。

4.4　建立一个专用的永久性场所

通常情况下，最难说服公司的一件事就是给你一个专用的永久性场所来搭建你的实验室。购买设备的预算往往会更早获得审批，而敲定一个原本可以用做会议室或办公室的空间是困难的。然而，拥有一个专用的可用性实验室有很多优势：

- 这告诉或提醒人们在你们的公司里有一个研究团队，一个足够重要的足以拥有自己实验室的团队（最好能够在一个靠近大门并且明显的位置以便于参与者找到）。
- 你不再需要向别人申请借用某个场所来开展你的研究活动，或者更糟的，被层级更高的人从活动场所驱逐。
- 你可以把影音设备或者其他实验材料存放在一个固定的地方，而不再需要把它们从一个屋子搬到另一个屋子。这样不仅可以节省时间和精力，同时还可以避免在搬运过程中造成设备损坏。
- 你将拥有一间自己的房间，你可以用来分析数据，讨论设计，或者张贴亲和图和阶段性产出，而不再担心被别人移走。有这样一间固定的房间，你还可以随时举办会议和进行头脑风暴。

4.4.1　一间用户研究实验室的组成元素

如果你所在的公司支持你建立一间专用的永久性的用户研究实验室，那么你真的非常幸运。然而，当你面临该在实验室里置备什么设备这个最困难的任务时，其实也不应该感到气馁。有很多视听设备安装公司可以帮你（花掉这笔预算）按照你的要求建立一个梦想的实验室，然而这一切的前提，是你至少要对置备的每一样设备和置备的目的有足够的了解。

要点速览

实验室设备

用户体验室

  ➢ 至少一张桌子

  ➢ 至少两把椅子

  ➢ 单面镜（可选）

  ➢ 可调节亮度的照明设备

  ➢ 摄像机或网络摄像头

  ➢ 麦克风

  ➢ 电脑和显示器

  ➢ 录屏软件

  ➢ 隔音墙

  ➢ 混合器

  ➢ 数据打点软件

  ➢ 设备推车

观察室

  ➢ 为相关人员做记录用的桌椅

> ➢ 电视或视频显示器
> ➢ 用于固定纸的磁力板或墙面
> ➢ 存储空间

科技设备经常过不了多久就会降价，你可以在折扣网站上找到并购买这些设备。但你需要注意的是，一分钱一分货，有些时候看似眼前省了钱但长期来看你会花费更多。

警告
很明显，科技产品在飞速地更新换代。你可以把本章作为一个起点，同时还需要关注市场的最新动态。本章仅仅是一个起点。

提示
通过在线拍卖网站购置"二手"设备可能是一种选择。一些大公司会定期更换新设备，淘汰老设备。还有一些公司，在生意进入低谷期时，会选择变卖设备同时解散研究团队。然而，这些设备不会有任何质量保证。记住，一分钱一分货。

4.4.2　实验室布局

建议实验室由一间用户体验室和一间观察室组成（如图 4.3 所示）。如果你不能按照这种布局建立实验室，但又确实要连通两个房间，则可以通过局域网或互联网。

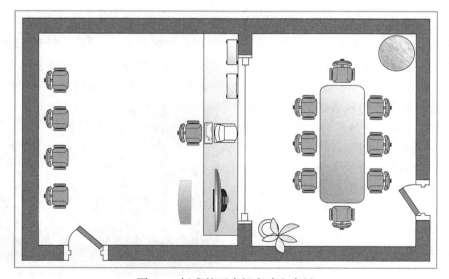

图 4.3　标准的两房间实验室布局

桌子

图 4.4 显示，Google 公司的一间实验室可用于进行单独访谈、小组讨论和基于眼动追踪的可用性研究。大型群体研究活动通常在 campus 里的一间大会议室里开展。如图 4.1 和图 4.2 中所展现的，用户体验室中的桌子的摆放是极其实用的。这些桌子都带有可以锁定的轮子，以方便快速推动，改变为另一种布局。观察室里标准的桌子配置，应该可以让相关人员能观察你研究的同事，舒舒服服地坐着并进行记录。

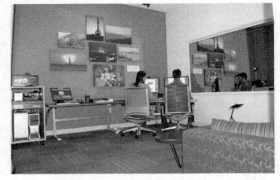

图 4.4 Google 的多用途可用性实验室

椅子

尽量去购置些可以折叠（为了在局促的空间内存放）和方便移动的椅子。这些椅子应该足够舒适，以保证参与者、研究者和观察者可以舒舒服服地坐上一到两个小时。如果参与者坐得不舒服，他们不会发挥到最好。带有扶手的椅子，虽然坐着舒服，但也会占据更多的空间。如果你的空间比较小，你最好放弃置备有扶手椅子的打算。但是要牢记，坐得舒服的参与者才会是快乐的参与者。

沙发

如果有足够的空间，最好在用户体验室里准备一组沙发，以便舒舒服服地展开访谈和移动评估等研究活动。

单面镜

如果你可以把空间分成两个部分———一半用于用户研究活动，另一半用于观察，你可以考虑置备一面单面镜。很明显，这可以让相关人员实时观察研究进展而不被参与者发现。可是购置和安装一个单面镜是非常昂贵的（费用取决于房屋的尺寸和结构）。同时，安装单面镜可能会降低房屋的隔音效果。一种便宜和简单的解决方案是安装一台电视或显示器，对研究活动进行现场直播。

需要注意的是，如果你使用了单面镜，观察室光线要调暗，把光线调暗后，可使参与者很难透过单面镜看到观察室。但是，请注意，观察室里的反光表面（例如电视机屏幕、笔记本屏幕、白纸、白色衣服）可能被看到，即使屋内光线非常昏暗。Citrix 和 Google 公司的观察室分别如图 4.5 和图 4.6 所示。

图 4.5 Citrix 公司的观察室

> **提示**
>
> 如果有一个单独的房间可供相关人员通过单面镜观察研究活动的进展，请把这个房间（观察室）的墙刷成深色。这样可以减少光线反射，让参与者更难透过玻璃看到观察者。这样做的目的，并不是向参与者隐瞒有人在观察这场研究活动（你甚至应该在研究开始之前告诉参与者），而是为了防止由于观察者进出房间造成参与者精力不集中。

可调节的照明系统

由于实验室中可能进行的研究活动是多样的，不同级别的室内亮度是需要的。你可以用亮度调节开关，以及独立控制的灯来实现研究所需要的明亮或昏暗的环境。观察室里同样应该安装亮度调节开关，来保证研究活动进行中观察室内的光线足够昏暗，参与者在研究活动进行过程中，不会透过单面镜看到观察者。任务的光线对于独立卡片分类任务是非常有帮助的，它可以让用户在移动设备上进行评估时不感到刺眼。

摄像机

购置一台支持 pan/tilt 控制的（可以水平／垂直旋转）高清摄像机会是一笔非常完美的投资，然而这需要一套独立的控制系统。同时，一台可以水平／垂直两向控制的三脚架可能会很实用。

图 4.6　Google 的观察室

放置摄像机最理想的位置是具有最佳拍摄视角的位置。到底将摄像机放置在天花板上、墙上还是摇臂上，取决于房间、家具和研究设备的布局。例如，顶置式的摄像机对于开展群体研究活动或移动端评估最有用。高质量的置顶式摄像机具备旋转变焦功能，同时运行起来非常安静（如图 4.7 所示）。当然，你不可能在其他房间或实地调研中使用这种摄像机。

如果你有一台沙发，你可以考虑购置一个摇臂来搭载摄像头，它能让拍摄更加灵活，例如在卡片分类和移动评估中，它可以让摄像机从用户的肩膀上方进行拍摄。移动研究同样可以使用投影摄像机，但它的灵活性就要差一些，参与者必须将移动设备置于桌子上。

图 4.7　一张 Google 实验室置顶式摄像机照片

麦克风

麦克风的布置取决于需要进行录音的研究活动的类

型。理想的麦克风应该小且不引人注目。对于室内研究，全方位拾音的桌面式麦克风是最优选择。它可以几乎不被参与者注意到，当你不想让参与者因为录音感到不自在的时候，这种设备是非常理想的。领夹式麦克风对于经常需要走来走去的焦点小组的主持人而言是非常理想的。这种麦克风可以提高音质，但需要一台混音器来接收无线信号。麦克风可以直接和录音机或电脑相连，但如果只求高品质音效，实验室还需要一台音频信号处理器，来将所有麦克风和电脑用于录音和本地观察的输入设备信号进行合并。

电脑和显示器

一台笔记本电脑或一台个人工作站对于用户体验室来说基本足够（满足需求）了。在观察室里额外放置一台笔记本电脑或工作站，便于研究活动过程中随时进行记录。至少，安装足够的电源插座以确保相关人员可以使用他们自己的笔记本电脑在研究活动中进行记录。

截屏软件

你可以购买截屏软件来记录用户在电脑上是如何操作的。使用类似 TechSmith 公司的 Morae 和 Camtasia、Hyperionic 公司的 HyperCamTM、MatchWare 公司的 ScreenCorder、SmartGuyz 公司的 ScreenCam 这些软件，你可以通过编辑图像来制作一个精彩片段视频（一个针对用户行为和评论的视觉化总结）。这些工具一般都有免费的试用版本，你可以看看哪款更能满足你的需求。

隔音装置

无论你是否拥有一间单独的控制室，你的实验室最好有隔音装置。至少需要阻断走廊或周围办公室里传出来的交谈声。另外，它可以让实验室内保密的讨论不外泄。如果你有一间观察室（例如，控制室），体验室和观察室之间的隔音装置是非常必要的，它可以保证参与者不会听到控制室内观察者之间任何的讨论。

为了保证隔音效果，层间有一点空气空间的双层玻璃单面镜可能是一个好的选择。

隔音装置的成本会因为房屋的尺寸和材料的使用而不同。两个房间有单独的入口可以确保声音不会通过门缝泄露。体验室和控制室之间隔着两堵墙，并让墙之间存有一定的空间，这是一种有效的隔音装置。无论隔音装置的质量如何，让观察者尽量保持安静总是必要的。

混合器

一台视频混合器可以将多源输入，例如摄像机、电脑，或其他输入设备，合并成一幅图像。一些混合器还具备创建画中画浮层的功能。这些混合器的输出既可以直接在屏幕上放映（例如，在观察室中），也可以保存到本地的记录设备中。如果你只是希望建立一个画中画（例如，嵌入一个由电脑输入的用户面孔或表情），一些显示器或电视就可以实现。图 4.8 所示的是 Citrix 实验室的控制室。所有实验室的所有设备集中在一个房间中。

数据打点软件

特别的记录软件并不是必须的，即便对于某些项目而言，有一个软件可以记录每步操作的时间以便和相应的视频对应，是非常有价值的。如果想制作一个关键片段剪辑展现特别的用户屏幕，你可以通过查看数据日志找到相应记录。

　　事实上，数据打点产品有一些，但不多，由于它们的可用性经常变化，因此这里建议你在网上搜索"可用性测试数据打点软件"找到近期可以使用的，并阅读相关介绍。这些工具支持为用户特别的行为进行编码的自定义功能（例如，每次参与者提到一个新的话题）。这有助于加快记录速度，同时便于将参与者的行为分类进行简单的分析。一部分工具提供了分析功能，而另一部分支持导出数据表或其他分析软件支持的文件格式。

图 4.8　Citrix 实验室的控制室

　　遗憾的是，一些目前可用的数据打点应用软件是为可用性测试设计的，而并非为收集需求的研究活动而设计。当你决定购买任何一个应用前，请确保你对它已经足够了解，并且已经试用过免费版本。在数据打点应用中应找到这些功能：

- 基于评论和编码的自动化录音录像片段提取。
- 形式自由的文本记录和结构编码。
- 视频文件搜索。

　　大多数情况下，一个简单的文本编辑器或表格（多数会提供时间戳）就可以用来记录用户的评论和特殊事件了。

提示

　　在连接线的两头都打上标签。大部分连接线长得很像。如果一台设备运行不畅或需要被移动位置，你肯定不希望花上一个小时一根线一根线地去确认哪根是你需要的。你可以为此购买特殊的拉链式名签，当然，装饰胶带搭配永久性的标记同样可以达到目的。

电视机 / 电脑显示器

　　如果观察者从另外一个房间观察研究活动，一台用于播放你录制影像的电视或显示器是必要的。请确保这台电视或者显示器足够大并且分辨率够高，以便观察者可以清楚地看到用户所见。

设备推车

　　如果无法说服公司给你一块独享专用空间，为了防止有人出于好奇改变了你的设置，或者无意识地损坏了这些不易得到的设备，你可能需要把你的设备（从临时的房间内）移

出。你需要一台坚固、高质量的带轮设备推车。千万不要图便宜买一个便宜的推车，这只
会让你的设备跌落一地。设备推车最好有内置的电源插板，这样你只需要一个电源插座就可以为你所有的设备通电。你可以永久性地将设备放置在推车上，当需要移动时，你只要拔掉电线就可以方便推走。即使你拥有一个专用的空间，一个设备架也便于将设备摆放整齐（图 4.9 是 Google 公司一个实验室的设备储存架）。如果推车上有个门，则可以把所有不美观的设备藏在里面而不被看到。

用于固定纸的磁力板或墙面

一些会议室的墙壁用地毯或其他纺织物覆盖以增强隔音效果。不幸的是，这样一来，就很难往墙上粘贴任何东西。另外，一些墙壁过于紧实以至于很难把图钉按进去。为了捕捉头脑风暴中的想法，绘制关系图，或是展现纸面原型等，你可能需要一个可以用于悬挂纸张的平面。无论你有一块用于书写的白板或仅仅是一块用于贴纸的平面，都需要几个黑板架。在墙上直接安装白板是最理想的选择。然而，你仍然需要把这些写在白板上的内容誊写下

图 4.9   Google 实验室的设备储存间

来。为此，我们发现，把信息记录在纸上带回去誊写，或请别人在讨论过程中随时拷贝，可能是一种更快、更简单的方式。

> **提示**
> 用你的手机把阶段性的工作进展拍下来，以防止在把它们详细转录成笔记之前信息丢失。

为放置零食预留的空间

最好在时间较长的焦点小组过程中，提供一些零食和饮料，特别是当研究活动恰好赶上吃饭时间时。很明显，你需要确保有足够的空间放置这些零食，让这些食物处在参与者可够到的范围内，以便参与者在研究活动过程中可以方便地拿到。

储存空间

储存空间（如壁橱、橱柜）经常在设计实验室时被忽略。空间是很珍贵的，你可能认为把这些空间提供给更多的观察者更为重要。然而你需要把材料（如贴纸、黑板架、图标、马克笔、奖励物）以及富裕的椅子，锁在一个小的储存空间里，以防被别人"借"走。如果能

把储存空间安排在实验室内或实验室隔壁是最理想的，这样可以避免在研究活动进行中反复地拖拉椅子或搬运材料。另外，如果需要不时地把设备从实验室移出，有个储存空间就方便许多，你可以将设备锁在储存空间内。

> **提示**
> 　无论你在使用什么设备，在哪里开展你的研究，请务必预留时间开展预测试以保证你对所有设备足够熟悉，以及所有设备可以正常运行。如果在研究活动开始前 5 分钟，你发现摄像机电池没电，储存卡没有空间，或者录屏软件无法正常使用，没有什么比这更加糟糕了。

4.5　本章小结

　　用户研究活动可以快速而简单地开展，而并不一定要在昂贵并拥有高科技设备的实验室中开展。我们针对不同的预算和资源，分别提供了建立一间理想的实验室的解决方案。

第 5 章

选择一种用户体验研究方法

5.1 概述

当你说服了股东 / 项目组成员，了解了你的产品和用户，排除了法律和道德伦理风险，购置了所需设备，你就该考虑选择最适合回答你的研究问题的用户体验研究方法了。

本章将对本书中呈现的所有方法进行概述，同时将告诉读者选择哪种研究方法能最好地帮助回答你的用户体验研究问题。

5.2 如何选择方法

5.2.1 引入正确的人（参与方法决策）

如果你是一名咨询顾问，你可能在一个项目进行过程中需要用户体验研究的时刻加入。如果你受雇于一家大型公司，你的工作可能需要确保用户研究结果落地于新产品决策。如果你是一名学生，用户研究可能是你的论文或专著中的一部分。而如果你是一名教员，用户研究则可能是基金申请的一部分。该引入谁（参与方法决策中）取决于你所处的情况。在业界，除了产品团队，你通常需要参考股东的意见（参见 1.4 节），然而如果只是作为论文或专著的一部分，则你需要参考评审委员会成员的意见。不管怎样，都需要了解股东希望从你计划进行的研究中得到什么信息或知识。最有效的方式是，根据大家的时间召开一次会议，让所有这个研究项目需要引入和思考的人参与以便提供意见和建议。这个会议的目的应该是回答这样一个问题：在这个研究的结论部分，我们希望知道些什么。

5.2.2　提出适当的问题

一旦你从项目相关人员处获取了需求，你需要将每个人的需求转化成通过研究可以回答的问题。有一些问题是无法通过研究回答的或是不应该通过研究回答的。用户研究并不能回答关于商业决策（例如，扩展新产品线所需的预算、功能上线时间点等）或市场营销（例如，如何为你的产品提升品牌价值，市场细分，以及定价策略）的问题。市场研究用于了解人们将会买什么以及如何让他们买。用户研究用于了解人们的想法、行为以及感受，用于指导设计出最好的交互体验。其可以回答的问题包括：

- 用户想要或需要什么？
- 用户怎么看这个话题或者他们的心智模型是怎样的？
- 用户讨论这个话题时都用到哪些术语？
- 文化还是其他什么因素影响了用户对你产品的卷入度？
- 用户面对的挑战和痛点有哪些？

5.2.3　了解限制

当你已经知道是什么基础问题需要你通过用户研究来找到答案，你需要了解一些可能进一步影响你的（方法选择）决策的客观存在的限制。用户研究中最常见的限制包括时间、资金、是否找到适当的用户或参与者、可能存在的偏差，以及法律／道德伦理风险。最初这些限制看起来是棘手的，我们更倾向于将这些问题看做是帮助你选出一种有针对性的研究方法的约束条件。例如，当你进行一项有关社会敏感话题的研究项目时，最重要的是要知道可能存在的社会赞许性偏差。因此，你需要选择一种最大限度降低产生这种偏差可能性的方法（例如，采用匿名调研而非现场访谈）。如果你有 6 个月的时间收集信息来优化你所在公司的洗衣机和烘干机模型，你可以选择花几周的时间对整个国家中从人口学角度划分的不同的潜在客户群体进行实地调研。然而，如果你只有 6 周的时间完成你的整个研究，选择为期一周的日记研究可能是最合适的了。选择怎样的方法的关键是依据你要回答的问题，以及根据约束条件调控你可以完成的研究的规模。提前知道这些限制可以帮助你为回答的问题、时间、预算和所处的情景，选择最好的方法（见图 5.1）。

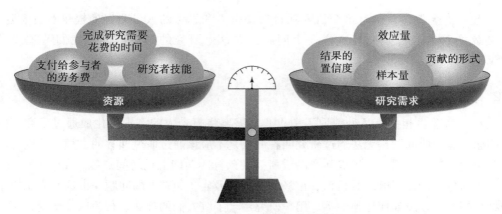

图 5.1   在资源和研究需求中权衡

5.3   方法

关于用户研究的一项谬误是需要花费很多的时间和资金。这显然是不正确的。有些研究活动可以在极短的时间和极小的预算框架内完成。当然，一些研究活动可能需要花费几个月的时间，而有的可能只需要短短的两个小时。不同形式的研究活动可以提供不同的信息，满足不同的目标。本书将帮助你了解每一种方法的信息和目标。无论你的预算和时间约束是什么，在这本书里，你都将找到一种可以回答你的问题和提升你的产品质量的用户研究活动。我们提供的方法包括：

- 日记研究
- 访谈
- 问卷调查
- 卡片分类
- 焦点小组
- 实地调研
- 评估方法（例如，可用性测试）

我们选择这些方法出于两个原因。第一，每种方法为描绘用户提供了不同的片段。第二，使用这些方法，或混合使用这些方法，可以回答或拆解大部分你面临的用户研究问题。本章中，我们会简要描述上述每一种研究方法。

5.3.1   日记研究（第 8 章）

日记研究要求参与者记录他们日常生活中的行为、爱好、想法或是评价。这些可以让研究人员从一个大样本中收集原始数据（第一手），即典型的纵向数据。日记可以是书面的，也可以是电子的；可以是结构性的（即提供给参与者的），也可以是非结构型的（即用户用自己的语言格式描述他们的经历）。定性和定量的数据都可以通过日记法收集。日记研究通常结合其他形式的用户研究同时进行，例如访谈。

5.3.2　访谈（第 9 章）

访谈是使用频率最高的用户研究方法之一。从最广的意义上，访谈是一个人从其他人那里获取信息的一种引导性的谈话。访谈有多种不同的形式供选择，取决于你的约束条件和需求。访谈形式是非常灵活的，可以单独作为一项活动进行，也可以结合其他用户体验活动（例如，接下来讲到的卡片分类）。当你想从每个用户那里获取到细节信息时，访谈将发挥出杠杆作用。

一系列访谈的最终结果是对来自不同用户的意见和看法的整合。如果你对不同类型的用户针对相同的过程、系统、组织进行访谈，你可以获得全盘的视角。最后，访谈也可以用于引导附加的用户研究活动

5.3.3　问卷调查（第 10 章）

问卷调查是一种结构性的方法，每个用户会被问到相同的问题。参与者可以利用他们工作或日常生活的空余时间完成调研。因为调研问卷可以推送给大量用户，所以你通常可以获取到相比访谈和焦点小组更大规模的样本数量。另外，你可以从全世界的用户处获取反馈，填答率可能从 1%（慈善调研）到 95%（普查调研）。

5.3.4　卡片分类（第 11 章）

卡片分类法通常用于为优化产品的信息架构提供信息或指导。例如，它可以用来帮助决定一款应用的层级。当需要决定如何组织界面上的信息呈现和控制时，卡片分类法同样可以提供帮助。

使用这种方法时，每一位参与者需要把描述产品中的客体或概念的卡片按照逻辑或特征进行分组。通过聚合不同用户创建的分组，我们可以知道每个概念和其他概念之间的亲疏关系。这种方法可以告诉我们产品功能该如何架构以匹配用户对于功能之间关系的期望。这种方法可以一对一地进行，也可以一组用户同时分别进行。

5.3.5　焦点小组（第 12 章）

一场焦点小组活动中，6～10 名用户被聚集到一起，用 1～2 个小时的时间回答一系列问题，或者针对产品演示或概念提供他们的主观看法。通常而言，需要参与者在产品原型上完成一系列任务，以便他们在交流时有更好的参考和依据。对一组参与者抛出一系列问题或产品可以引起群组讨论，从而便于研究者获取到较个体单独访谈更多的信息。

焦点小组最适合催生想法而非正式的评估或分析。你也可以从用户中发现问题、挑战、

挫折、喜欢的和不喜欢的；然而，你并不能通过焦点小组概括出用户意见的倾向性，而获取的只是他们对于概念或想法支持或反对的态度。如果开展得好，一场焦点小组活动可以在短时间内获取到非常丰富并且有用的信息。

5.3.6   实地调研（第 13 章）

术语"实地调研"囊括了一类用户研究活动，包括情景调查、现场访谈、简单观察和民族志研究。在一场实地调研中，研究者需要到真实环境中（例如，家庭或工作场所）访问用户，观察他们完成日常工作或任何其他事情的行为。实地调研可以持续几个小时到几天的时间，取决于研究目的以及研究资源。

使用这种方法，用户体验专业人员可以加深对环境和情景的理解。通过观察用户在他们所处环境中的行为，你可以获取影响他们使用产品的信息（例如，阻碍、分心或产生焦虑的地方及其他任务需求），同时可以获得一些实验室环境下很难捕捉或重复的信息。实地调研可以用于产品开发周期中的任何一个环节，但通常认为在概念阶段使用最为有效。

5.3.7   评估方法（第 14 章）

评估方法（例如，可用性测试）是一系列聚焦于发现可用性问题，或确定新的或重新设计的产品或服务是否满足某种标准的研究方法。目前有两大类评估方法：走查法，即训练有素的 UX/HCI 专业人员通过走查的方式，评估一个界面的可用性；测试法，即 UX 专业人员观察用户是如何使用产品或服务的。评估标准包括任务成功率、完成时间、页面浏览数量、点击数量、重试次数、用户满意度、易用性和有用性。另外，发现的问题列表通常与可能的设计改进方案同时产生。

焦点小组，个体访谈，还是问卷调研？

如果你需要在短时间内收集多个观点，则焦点小组是最适合的。焦点小组可以用在产品开发周期的中部或结尾。它也可以很好地帮助你收集最初的用户需求或产品后续开发阶段的需求。例如，一场焦点小组活动可以帮你理解通过问卷调研得到的出乎意料或矛盾的结果（见第 10 章），也可以帮你找到用户对于产品满意度低的原因。当你需要收集一些群体讨论难以触及的敏感信息时，个体访谈（见第 9 章）相对于焦点小组更适合。还有一种适合采用访谈的场景就是你需要获取的信息过于细节，以至于如果通过问卷来回答需要写一篇短文。相比写出来，用户通常更愿意通过口头交流的方式给予一篇短文长度的回答。通过个体访谈，你还可以在用户回复的基础上继续发问，同时澄清用户的陈述，这是问卷调研所不能及的。此外，访谈相比焦点小组，你可以花更多的时间，更深入地了解一个参与者的需求、想法和经历。你同样可以提出很多话题，而不用担心参与者的互相影响。在一场焦点小组活动中，你通常需要控制提问的问题数量，以及与每

个参与者就每个问题讨论的深度，因为你需要平等地听到每个参与者的声音。

一对一的访谈相比问卷调研需要花费更多的时间和资源。可能有些时候你需要收集大样本数据，以确认你获取的研究结果对全部用户具有普适性（而并不局限于你访谈的客户）。然而，这在产品开发过程中并不常见，而可能被用在一些案例中，例如，政府监管的行业。因为一场或几场焦点小组活动的目的，通常并不是获取一个统计学上显著的结果，因此，你可能并不能确保在一场焦点小组活动中参与者回复的比例可以匹配或等同于全部用户。换句话说，如果参加焦点小组的 10 位参与者中的 8 位表明他们想要某个功能，你并不能推广到说 80% 的用户需要这个功能。如果你需要找到可以普适到总体的统计学的显著结果，覆盖一定的代表性样本的问卷调研可能是一个更好的选择。

5.4　方法之间的差异

这些方法的差异主要存在于他们是回答行为的问题还是态度的问题；是否在活动中引入用户，如果引入了用户，用户在活动中需要完成什么任务；来自于不同的理论观点；收集的信息是文字性的还是数字；以及研究开展的地点。基于上面这些考虑，我们概括了这些方法在上述维度上的差异，如表 5.1 所示。

表 5.1　方法间差异总结

方法	行为与态度	研究及参与者角色	定性与定量	实验室与情景	程式化与总结性	样本量
日记研究	均可	自主报告	均可	情景	程式化	中或大
访谈	态度	自主报告	定性	均可	程式化	小或中
问卷调查	均可	自主报告	定量	均可	程式化	大
卡片分类	行为	观察	定量	实验室	程式化	小
焦点小组	态度	自主报告	定性	实验室	程式化	中等
田野研究	均可	观察	均可	情景	程式化	中等
评估	行为	观察或专家评估	均可	均可	均可	小或中

注：本表基于最常用维度对每种方法进行概述。这些特征适用于刻画所有研究方法。

5.4.1　行为与态度

尽管态度或信念与行为是关联的，但由于多种原因，它们并不总是一致的（Fishbein & Ajzen, 1975）。正因如此，一件非常重要的事情是需要决定行为和态度哪个在你的研究项目中更受关注。如果你想知道人们对一个组织或符号的感受，你更关注他们的态度。如果你想知道人们更愿意点击写着"购买航班"还是"带我飞"的按钮，你更关注他们的行为。一些测量方法，例如问卷调研，更适合于度量态度；而另其他方法，例如实地调研，则允许你观察行为。但是请记住态度和行为是关联的；即便你的股东针对某个研究主要对行为感兴趣，你也并不能摒弃对态度的测量。从长期看，态度可以驱动行为。

5.4.2　研究和参与者角色

与态度和行为问题相关的是研究中的研究者和参与者角色。一些方法完全依赖于自我报告，这意味着一个参与者需要基于他或她的记忆或经验来提供信息。另外一些方法基于观察。观察性的研究依赖于研究者的看、听和其他感知，而不是让他或她来报告他做了什么或在思考什么。最后，还有一些方法根本不会引入参与者，而是完全依赖于专家的经验。这类研究我们叫作专家审查。

5.4.3　实验室与实地

在实验室环境下进行研究（参见 4.4 节）可以允许你控制住一些潜在的干扰因素，同时有助于分离变量，理清一个变量是如何影响其他变量的。然而，实验室环境缺少在真实使用场景中可能伴随参与者使用你的产品时的场景线索、信息、人员和干扰因素。当你考虑研究方法时，需要意识到一些方法，例如实地调研，可以让你了解用户的实际使用情景。其他的研究方法，例如在实验室进行的可用性测试，可以控制住情景因素的影响，从而你可以专注于产品本身。

5.4.4　定性与定量

定性是指获取的数据包括丰富的口头描述，而定量是指获取的数据是数字化的，并且可以按照标准的度量单位进行测量。定性数据，例如开放性的访谈回答，可能也可以被定量化。例如，你可以通过文本分析的方法来获取用户在表达的时候，某一个词、短语或主题出现的频次。然而，这些方法之间差异的根源较深，并且与固有的、量化的定性数据不具有吸引力的传统有关。想彻底回答许多研究问题，你需要结合多种研究方法。

> **提示**
>
> 当你在考虑使用哪种类型的方法时，仔细想清楚再研究结论部分你想要产出些什么。你想呈现某件事情发生了多少次或是用户怎么回应？那需要定量研究方法。你想提供关于用户体验的丰富描述？那需要定性研究方法。

5.4.5　程式化与总结性

程式化评估被用于产品开发阶段或当产品仍处于规划期时。程式化评估的目的是在设计的过程中影响设计决策。在程式化的研究中，你可以指出参与者如何评价一个话题，一个功能什么时候以及为什么没有发挥预期的效用，并基于这些发现提出产品改进建议。总结性评估被用于一个产品或服务开发完成后，研究的目的是评估产品或服务是否达到了某个标准或要求。在总结性评估中，你可以通过一些标准化的测量指标，例如用户使用过程中出现的错误频次，以及完成任务的时间等，判断一款产品是否可用。

5.4.6 用户数量

一些类型的研究要求一个大的参与者样本以提供最有用的信息（例如，问卷调研），而另一些只需要一个较小的样本就可以提供有价值的信息（例如，可用性测试）。决定任何一个研究需要多少名用户参与是一个艰巨的任务。对于任何一个研究，当你确定样本规模时，都有很多因素需要考虑，例如可用的资源（如，完成研究的时间限制、参与者的报酬预算、产品原型的数量）、寻求的效应值、研究结果的可推论用户群体规模、对研究结果可靠度的要求、研究贡献的类型，以及你的经验和偏好。有一些简单直接的方法可以帮助你决定需要招募多少个参与者，包括统计检验力分析、饱和度、成本或可行性分析，以及启发法。

> **提示**
>
> Kelly 在学术会议专项评审委员会任职和作为期刊评审时，见过非常多的审稿人将样本量小作为拒绝文章发表的一个原因。这些审稿人经常会写到"样本量看起来小"。从统计学的视角，其实并不存在一种叫作"看起来小"的有效批判。样本量并不能作为判断一个效应是否在某个置信度上可靠的充分条件，这个需要统计学检验而非审稿人的直觉。当审稿人提出"样本量看起来小"时，其实意思着"根据我的经验，数据之间的差异性较大，而你的样本量可能并不能去除内部变异性的影响，因此可能并不能支持你推断的结论"。一种可以帮助作者改进文章或接下来的研究方法的建议是，在结论（或提案）中进行统计检验力分析，或告知审稿人你采用的样本量已经满足某些其他标准，诸如在同类研究报告或提案中的专家建议或行业标准。

统计检验力分析

在需要进行统计推断定量研究中，你可以根据统计检验力分析进行样本量决策。统计检验力分析综合考虑你的研究使用的统计检验类型、期望的显著性或信心水平（信心水平越高＝统计检验力越弱）、期望的效应量（效应量越大＝统计检验力越强）、数据中的噪音程度（噪音越大或标准偏差越大＝统计检验力越弱），以及样本量（N；样本量越大＝统计检验力越强）。如果你可以知道这些因素中的三个，则可以算出第四个。也就是说，你可以利用这种分析来确定你可以获得一个有一定信心水平并且可靠的效应所需要的样本量。

有很多种方式可以计算统计检验力，如下：

- 徒手算。
- 使用在线计算器：
  - https://www.measuringusability.com/problem_discovery.php

      ○ http://www.surveysystem.com/sscalc.htm

      ○ http://www.resolutionresearch.com/results-calculate.html

      ○ http://hedwig.mgh.harvard.edu/sample_size/js/js_parallel_quant.html

- 使用统计软件。
  - ○ SAS
  - ○ SPSS

如果你希望通过统计检验力分析确定即将进行的研究需要的样本量，而你对上述方法又都不熟悉，我们的建议如下：

- 查阅《量化用户体验》相关文档（特别是第 7 章，Sauro & Lewis, 2012），以系统全面地了解下程式化研究中样本量计算方法的描述和解释。
- 报名参加统计课程。在一些当地技术学校、大学和专门的用户体验统计学工作室中会有统计学相关课程开设。
- 雇用一名具有定量分析专业技术的顾问。许多大学中可以雇到统计学顾问或生物统计学方向的职员，他们可以有偿地帮你进行统计检验力分析。

提示

　　大样本量可以帮助你发现偶尔发生的事情或组间微小的差异。小样本量的局限性在于，你只能发现大的效应或组间差异，或是较大比例用户所有的通过参与者表现出来的特征。关于小样本为什么在用户研究中经常被接受，是因为我们其实正是试图找到一些大多数用户都会遇到的大的问题，因为处理这些问题一定是优先级最高的。例如，如果你通过一个小样本的可用性测试发现了一个可用性方面的问题，通常需要问的问题是，这个问题是否常见，而不是是否每个用户都会遇到这个问题；他们很可能会的。

饱和

　　对于定性研究，也许不太可能提前判断你需要招募多少位参与者。与很多定量研究不同，在一些定性研究中，定性研究人员需要在研究过程中不断地分析数据。数据饱和是指在数据收集过程中，不再有新的相关信息产生的时刻。当然，达到数据饱和是一种理想状态，因为通常很难提前预知是否达到了数据饱和，因此这种方法通常很难用来向股东证明样本量选择的合理性，或让研究的逻辑变得复杂。

成本可行性分析

　　其实统计检验力分析和数据饱和对于决定研究需要招募多少名参与者通常是一种理论上的方法，在现实中，我们发现研究人员往往并不能遵循这些理论方法。相反，现实情况往往起到决定性作用：你可以用于支付参与者报酬的预算有限，你只有五天时间去见或了解你的参与者，你需要在夏天为你的论文收集所有数据，你的实验室没有额外的预算可以让你去超过三个地方见参与者。在这些情况面前，你决定样本量的方法只有两个：成本和可行性分析。

成本和 ROI 分析

有时候一个项目的约束条件是你需要花费多少钱在这个项目中。在这种情况下，成本分析可以帮你决定在研究中需要招募多少名参与者。最简单基础的分析方法是：

（用于支付参与者劳务报酬的总金额 / 需要支付每名参与者的金额 = 参与者数量）

可行性分析

当规划研究时，除了资金上的花费，通常还存在其他约束条件。这些约束条件包括完成研究所需要的时间、参与者的档期、参与者客观存在的数量（例如，战斗机飞行员的数量相比手机使用者的数量比较有限）。对于一个实体产品，你还必须要考虑产品原型的数量、带宽、可调用的研究人员的数量、空间、设备（例如，fMRI 机器）和客户的要求。

通过可行性分析，你可以利用这些约束条件来确定研究中招募参与者的数量。例如，如果你的客户想知道怎样的技术可以提升当地医院急诊室的出院流程。他们需要你组织焦点小组活动以获取来自病人、供应商和医院管理层的观点。当你在服务这位客户时，主要约束条件为：你只有进行 4 场焦点小组活动的时间和场地资源。你可以解释这种约束条件将限制研究结果的深度和可靠性，但你的客户也可以解释这是唯一的选项。你就必须妥协，毕竟有数据总比没数据强。

你可以利用这种约束条件来配置你要进行的焦点小组。整个医院一共有 8 名管理者，因此这些人可以组成一个小组。同样，一共有 30 名急诊室医生和大夫，你可以抽取其中的 30% 组成一个焦点小组。而病人有成千上万，因此你需要至少抽取两个小组。还有一种选择，你可以提供另一种选项给你的客户：只研究来自病人的观点，只针对病人组织 4 场焦点小组活动。这样的争取，可以让你获得更可靠的对病人观点的理解。如果这部分研究进展顺利，可以设想针对医生、护士和管理层进行接下来的研究。

启发法

有两种决定样本量的启发法：先前相似或同类研究（或者"当地标准"）以及专家建议。

先前相似或同类研究（或者"当地标准"）

你可以通过询问同事在之前进行相似的研究项目时招募了多少名参与者来找到你所在组织或委员会的所谓"当地标准"。如果你计划发表研究成果，看下近期你计划发表成果的地方发表的文章（采用的样本量），将其作为一个标准。

专家建议

这里的专家是指在某个领域取得成功多年的人。由于自身专业性，这些人经常被尊为某个话题的信息来源。为方便起见，我们为读者列了一个表，可概览一下每种本书中讨论到的研究方法的专家建议的样本量。如表 5.2 所示。这里只是提供了一个范围和一个建议的样本量，而并没有详细说明引用的文献中提到的原因、理由或是描述。建议参考原文献了解更多相关信息，并谨慎使用这些专家建议。

表 5.2　每种研究方法所需要的参与者数量

方　　　法	范围（建议值）	参 考 文 献
日记研究	5～1200（30）	Hektner, Schmidt, & Csikszentmihalyi (2007)
访谈 • 定性 • 定量	 12～20（20） 30+	 Guest, Bunce, & Johnson (2006) Green & Thorogood (2009)
问卷调查	60+：参与者数量应大于问卷中的题目数量	Sears & Jacko (2012)
卡片分类	15～30（15）	Tullis & Wood (2004)
焦点小组	4～12（6～8）每组；每种类型的用户 3～4 组	Krueger & Casey (2000)
田野研究 • 扎根理论 • 民族志	 20～30 30～50	 Creswell (1998) Morse (1994); Bernard (2000)
评估 / 可用性测试 • 定量 • 定性 • 发生思考	 15～30（30） 3～15（5[①]～10） 5	 Nielsen (2000); FDA (2014) Nielsen (2000); Hwang & Salvendy (2010) Nielsen (1994)

①给定明确的任务；每次设计迭代。

抽样策略

理想状态下，一个用户研究活动应该努力呈现所有用户的想法和观点。因此，一个用户研究活动应该基于一个有代表性的随机抽样，以保证研究结果可以高度代表整个用户群体。这种类型的抽样可以通过精准严格和花费时间的方式达到。然而在现实中，这种抽样方式很少在业界研究中被应用，可能只偶尔应用于学术、医疗、药理和政府研究中。

在业界的用户研究中，通常采用方便取样的方法。当应用这种方法时，抽取的样本反映了哪些人在此时是时间上允许参与研究活动的（或你可以接触到的），而并非选择的可以真正代表所有用户群体的样本。你可以选择从一个方便的人群集合中招募研究参与者，而不是从一个真正的大样本中进行招募。

一个关于方便取样的不幸的事实是，可能由此获取的信息不能真正代表全部用户的态度。我们当然不是纵容草率的数据收集，但正如有经验的用户研究人员所提醒的那样，我们必须权衡精准性及现实情况。例如，当你无法获取到一个完美的研究样本时，你不应该回避使用问卷调研。然而，即便采用方便抽样法，仍然需要坚持尽可能地使样本具有代表性。我们经常见到的其他非基于概率的抽样策略还包括滚雪球采样，即前面的参与者接受新的参与者；和目的抽样，即选择具有某种研究人员感兴趣的特征的参与者。滚雪球采样的一个问题是样本的同质性，因为人们经常了解和推荐和自己具有相似性的潜在参与者。

　　图 5.2 通过图形化的方式呈现了关于每种研究方法需要的参与者数量以及该方法情景化程度的基本参考。本章只提供关于样本数量参考因素的概述，每种方法对应的章节中将会深入探讨关于参与者的招募数量。

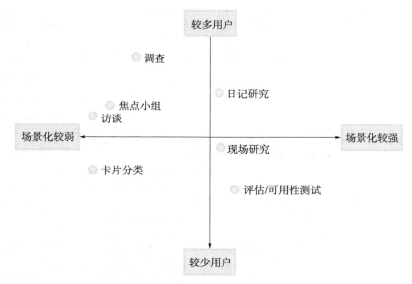

图 5.2　图形化呈现了关于每种研究方法需要的参与者数量以及方法情景化程度。灵感来自 Quesenbery and Suzc (2005)

5.5　选择合适的方法

　　你可以看到，这 7 套方法为你提供了多样的选择。一些方法对于时间和资源（取决于你的研究设计）的要求较高，但其可以提供非常丰富和有深度的数据。另外一些研究方法快捷且低成本，可以即时给出一些问题的答案。每一种研究方法可以提供不同的数据来帮助优化产品或服务的开发。作为一名研究人员，你的工作是在成本、正确性、代表性等等之间做好权衡，并且在呈现你的研究结果和建议的同时，呈现这些权衡的过程。对你而言，选择正确的研究活动来满足需求，同时深谙每种研究方法的优势和劣势，是非常重要的。在表 5.3 中，我们列出了本书中提到的每种研究活动，同时总结了每种研究活动的使用目的及优劣势。如果你对这些研究方法尚不熟悉，可能不太好消化这张表。不过没关系。可以把这张表作为你阅读本书或当你需要决定选择哪种方法来回答你的研究问题时的参考。

表 5.3 本书中呈现的用户研究方法比较

方法	目的	理想的研究需求/目标	优势	劣势
日记研究 (第8章)	就地收集数据；通常持续一段较长的时间	• 从一个大样本中收集纵向数据； • 从一个大样本中收集结构性的定量数据；获得统计意义上的显著性； • 了解一些即便你整日观察用户也可能被忽略的低频任务或事件；或者你不想打断用户的自然行为	• 数据收集过程中用户研究人员无需出现； • 由于问题通过文字呈现，同时无长时间延迟，可以避免很多传统自主报告中的劣势	• 根据研究形式（例如，书面记录、短信），数据可能需要手动输入和编码； • 自动数据收集工具，例如通过一些移动应用，可能并不适用于某些用户（例如，一些没有手机的用户）； • 参与者可能选择不提供一些你认为有价值、但参与者并不认为或不想要告诉你的数据
访谈 (第9章)	通过用户自己的语言，收集深入的信息	• 收集关于用户态度、信念、感受和情感化反应的信息； • 获得开放性问题的答案（即当你并不确定用户最可能选择回答的答案集合）； • 收集细节且深入的回复； • 了解用户不愿意在小组中公开分享的关于敏感话题的信息	• 对话形式让参与者感到放松； • 可以问一些开放性问题而不用担心降低填答率； • 参与者可以深入地思考并用自己的语言回答关于某个话题的问题； • 灵活的：在一些感兴趣的话题上，你可以追问一些问题来获取更细节的信息； • 可以引入书写困难的人群	• 自主报告数据可能存在记忆偏差和社会赞许性偏差； • 分析音频或转录的数据会花费非常多的时间，特别是问题和回答是非结构性的时候； • 需要花费非常多的时间进行访谈以保证数据可以代表整个群体
问卷调查 (第10章)	快速通过结构化的格式，从一个大样本中收集自我报告的数据	• 当你知道用户最可能选择回答的答案集合时，可以（通过问卷调查）了解用户选择每个回答的占比； • 通过大样本获取结构性的定量数据；统计意义上的显著性	• 同时从大量用户处收集信息； • 结构化的数据让整理变得快速和简单； • 采用方便抽样时，该方法相对经济	• 很难创建一个可以引出你感兴趣的回答的好问题；必须使用用户容易理解的语言进行提问； • 必须预先测试所有问题； • 不应该设置过多开放性问题，否则会降低填答率； • 没机会追问感兴趣或出乎意料的发现； • 如果采用概率性抽样以保证样本具有足够的代表性非常重要，则研究的花费可能很高

（续）

方法	目的	理想的研究需求 / 目标	优势	劣势
卡片分类 （第 11 章）	确定用户如何组织信息	• 了解用户如何组织概念； • 基于用户心智模型驱动产品信息架构优化； • 获取关于产品中内容、术语和组织的反馈	• 相对容易上手的一种研究方法； • 如果分组或在线上进行，可以经济地从若干用户处同时收集数据	• 除非结合另外一种方法（例如，访谈），否则不能了解参与者信息分组的原因
焦点小组 （第 12 章）	了解小组成员的一致态度、意见和印象；了解组内不一致的意见	• 了解一个群体，而不是一个人，如何思考和讨论一个话题； • 从参与者处收集信息，但研究人员和参与者权利上存在差异； • 了解参与者在讨论一个话题时的管用语言； • 回答基于先前定量研究提出的关于"为什么"的问题，从而确定针对新老问题解决方案的可行性	• 创造组内的自由自然的对话和反馈气氛，模仿人们和其他人讨论某件事情时的说话方式； • 从若干用户处同时收集数据； • 小组讨论经常激发新的想法； • 为追问一些感兴趣的问题提供足够的机会； • 可以引入书写困难的人群	• 不适合测量态度出现的频率和用户个人偏好； • 不适用于探索敏感话题； • 数据分析耗时较多
实地研究 （第 13 章）	深入了解用户需要完成的任务和情景	• 收集用户行为，但出于记忆、社会赞许、默许和声望响应偏差的考虑，不要求用户描述相关的问题； • 了解用户是如何工作或操作的，即完成任务的情景，以及支持任务的工具（例如，清单、表单填写、日历等）； • 收集一些已经成为自动化，并因此很难自主报告的行为	• 可以观察人们实际上是如何操作的，而非报告的他们是如何做； • 可以看到用户的实际环境； • 可以收集丰富的数据； • 高生态效度	• 逻辑性容易被挑战； • 可能在一个不平常的日子拜访客户，导致对于"日常"时间的错误理解； • 由于被观察，参与者可能表现得与平时不同； • 通常不太可能进行足够的访谈保证数据具有足够的代表性
评估 （第 14 章）	基于特定的标准评估设计	• 基于易用性和可能发生的错误评估现有的设计； • 决定你的产品是否符合可用性标准（例如，完成任务的时间、完成任务中产生的错误）； • 收集一些已经成为自动化，并因此很难自主报告的行为	• 对于进行一些可以极大影响使用效率和错误数量的小修改非常有效； • 需要相对较少的用户参与就可以获取可以产生效果的有用数据	• 由于这一步（评估 / 可用性测试）已经接近产品开发周期的末端，改变研究结果可能很难推动落地

　　除了教会你如何使用这些研究方法外，本书还将帮助你针对研究问题选出最好的方法。表 5.2 给出了各种各样的研究需求的例子，以及应对各种需求适合的研究方法。利用这张表可以帮助你决定采用什么研究方法可以正确地回答你的研究问题。

第二部分

起　步

Part 2

第 6 章

选择一种用户体验研究方法

6.1 概述

在触及最终用户之前你大概已经完成了所有你能做的研究（参见第 2 章），而且你也认识到用户研究对于回答一些开放性问题的重要性。在本章中，我们深入讨论研究准备中的关键环节。这些步骤对于确保从产品的真实用户那里尽可能地收集到最优质的数据来说非常重要。这将涉及收集数据前所有需要注意的环节——从制定研究计划到招募参与者。

> **要点速览：**
> ➤ 做研究计划
> ➤ 确定章节的时长和时间
> ➤ 招募参与者
> ➤ 追踪参与者
> ➤ 制作方案
> ➤ 预实验

6.2 做研究计划

研究计划是你要采用的所有行动的路书。无论你是一个学生写开题报告或论文开题，还是一个非营利组织的职员，或者是一个公司的用户体验研究员，做研究计划的目的都是一样的：给每个人确立一个要解决的工作范围。研究计划不需要很长时间来写，但是它使所有人达成共识方面有很大的价值。接下来我们将主要聚焦如何做商业研究计划，因为学术环境里会有很多特殊的需求。然而，通用原则对于各种研究计划都适用。

> **要点速览：**
> ➢ 为什么要做研究计划
> ➢ 研究计划的章节
> ➢ 研究计划样例
> ➢ 获得允诺

6.2.1　为什么要做研究计划

一旦你和你的团队决定进行用户研究，就应该写一份研究计划。研究计划通过促使你全面地思考和确定涉及哪些内容、哪些人而使你和产品团队共同收益。从最初开始你就需要想清楚会涉及哪些内容，并且把这些信息传递给每一个参与者。

研究计划清楚地列出你要进行的研究活动和收集的数据类型。此外，它还要分配研究活动的职责、设定时间表以及相关交付物。这对于准备一个需要多种人参与的研究活动来说是很重要的。你想确保每一个参与者明确他们的职责和截止时间。研究计划将帮助你做到这些。它的作用相当于一份非正式合约。通过对即将进行的研究活动、参与的用户、准备收集的数据的详细说明避免产生意外、假设和误解。

> **提示**
> 如果你将进行复合测试（例如对同一款产品进行的卡片分类和焦点小组），则需要给每项测试分别写研究计划。不同的测试有不同的需求、条件和时间轴，最好把这些内容分开。

6.2.2　研究计划的组成

研究计划中包含一系列重要的内容，下面将介绍以下内容。

历史纪录

历史纪录部分提供一些产品的介绍信息和以往进行的用户研究测试的概要。这些信息对于团队中的新成员非常有帮助。

研究的目标、测量方法和研究范围

这部分提供对你将要进行的研究活动、目标，以及要收集的详细数据进行简要描述。这也是预言测试能带来的具体收益的好方法。这些信息帮助你设定收集或不收集哪种类型数据的预期。不要假设所有人都有相同的理解。

方法

方法部分详细描述你将如何进行研究活动和分析数据。通常产品团队中的成员从来没有参与过你计划开展的研究活动。这部分对于那些熟悉这项研究活动但是可能最近没有参与过的人是一个很好的复习材料。

用户特征描述（亦称"参与者"）

这个部分详细描述谁将参与这项研究活动。把这些信息文档化是非常必要的，从而避免日后的一些误解。需要尽可能地明确，例如，不要只说"学生"，而要精确地描述你要找哪种类型的学生。像下面这样描述：

- 年龄在 18～25 岁之间。
- 目前仍是在校生。
- 有在网上预订度假产品的经验。

找到正确用户类型对你的研究活动是至关重要的。和团队一起描述详细的用户特征（参见 2.4.1 节）。如果你还没有和团队碰面确定用户特征，一定要明确你将和他们一起确定研究活动参与者的关键特征，从而避免包括任何团队认为可能会有趣但却不符合用户特征的"特殊用户"。

招募

这个部分讲招募什么样的参与者以及如何招募参与者。是你进行招募，还是产品团队招募？你是在互联网上发布广告，还是用社交媒体，还是用招募代理？你要联系现在的客户吗？你需要招募多少人？

在招募章节里你需要回答所有这些问题。如果你已经做过这项研究活动的筛选器，你需要把它作为研究计划的附录（参见第 6 章）。

激励措施

明确参与者通过什么方式参与、获得多少补偿（参考 6.4 节）。此外，明确谁负责争取这些激励。如果产品团队负责招募，你要确保他们不会给过高的激励来找到参与者（参考 3.3 节关于恰当地使用激励的讨论）。如果你的预算有限，你和产品团队在确定恰当的激励时可能需要一些创造性。

职责和拟议的时间表

这是你的研究计划中最重要的部分之一——分配角色和职责，以及指定交付日期。这一部分要尽可能详尽。理想情况下，给每一个交付物指定明确具体的人名。例如，不要只说"产品团队负责招募参与者"，而说"产品团队的约翰·布朗负责"才是可靠的。目标是每一个看你研究计划的人清楚地明白谁负责什么。

同样日期也需要具体。如果时间需要调整你总是可以修正日期。预测完成每个交付物大致需要的时间也是很好的。如果一个人从来没有参与过这些研究活动，他可能会高估或低估一项交付物的耗时。人通常总是低估准备一项研究活动所需要的时间。在你的研究计划里共享时间预估可以帮助人们设定他们自己的截止时间。在某些情况下，你甚至可能想包括时间和成本。例如，如果你是一名咨询顾问或者你的团队同公司里其他团队用事后结算的方式，具体到这个程度是很重要的。

　　一旦研究活动的准备工作已开展，你可以用这个图表追踪每项交付物的完成情况。你将可以一眼就看出哪些工作未解决和谁引起的瓶颈。接下来，我们将提供指导，帮助你确定每一项准备工作需要多长时间。

> **提示**
> 　　如果可能，把研究活动安排在没有节假日周的周二、周三和周四。周一、周五和假日周参与者爽约率最高。

准备工作的时间线

　　表 6.1 列出了根据个人经验估计的大致时间，这只能被当做指导建议。如果你新接触研究，预计的时间可能会更长一些。例如，可能你需要双倍的时间去设计问题，进行研究和分析数据。此外，每一步的时长取决于多种因素，比如产品团队的响应能力、触达用户和可获得的资源。

表 6.1　准备工作时间线

完成时间	预计所需时间	研究活动
尽早	1～2 周	● 了解用户； ● 与团队一起明确目标、研究问题和测量标准； ● 与团队一起明确理想人群
明确问题和用户特征之后	1 周	● 制作和发布研究计划； ● 确定数据分析方法
所有利益相关者同意研究计划之后	1～2 周	● 所有的问题 / 脚本 / 任务恰当地文字化并且发给同事复审
问题完成后	2 周	● 做预测试和做必要的修改； ● 明确抽样和招募参与者； ● 获取激励（可选项）； ● 准备所有文档（如知情同意书）
预测试成功后	几个小时或几天	● 进行研究和发放激励
分析数据、撰写报告 / 报告陈述	1 天到几天 几天到 2 周	● 清洗数据（如果需要）； ● 分析数据； ● 撰写文档交流成果

6.2.3　研究计划样例

理解一份研究计划需要包含哪些内容和详细到什么程度，最好的方式是看一个样例。下面是一份对我们虚构的旅行 App 进行卡片分类研究的研究计划样例。这份样例很容易被修改为满足各类活动的需求。

TravelMyWay.com

卡片研究计划

Jane Adams，用户研究员

概述

TravelMyWay.com 是一个旅行者可以折扣价在线预订行程的网站。其核心功能主要包括：

- 搜索和购买机票。
- 搜索和预订酒店。
- 搜索和预订出租车。

今年二月份已经对该产品做过焦点小组分析。学生参与者对于他们想要和需要的一个旅行折扣网站的功能进行了头脑风暴。在 TravelMyWay.com 内容用户研究页面可以找到这份研究报告。焦点小组分析的成果将被用来制作研究卡片。

这份文档是在用户研究实验室对在校大学生进行的卡片分类研究的计划书。这项研究将由产品团队和用户研究交互设计团队合作完成。

目标、测量方法和研究范围

卡片分类是一个发现用户在信息空间（如网页、产品、菜单）的心智模型的普遍可用性技术。通常是把信息空间里的每一部分信息放置在单独的卡片上，然后让目标用户进行对他们来说有意义的卡片分组。

这项研究活动主要包含两个目标：

- 帮助给 TravelMyWay.com 的学生用户使用的主要功能建立高水平的信息架构。
- 了解 TravelMyWay.com 中存在疑问的术语。

要收集的数据：

- 学生对旅行目的和行为的分类方式。
- 分类命名信息。
- 参与者认同的可选择的术语。
- 每位应答者的人口学信息（如学校、旅行的频率、上网经历等）。

从这项研究活动中收集的信息将被用来构建 TravelMyWay.com 专门针对学生的网页。

方法

卡片：有一系列的目的印在卡片上让参与者进行分类。一个卡片上印有一个术语和相应的解释，同时还有一条横线让参与者为这个解释写一个替代性的或者更喜欢术语。

步骤：卡片分类将于 3 月 25 日和 27 日的晚上在可用性实验室进行。<有时在研究计划中还没有确定具体的时间。你至少需要做一个预估，比如 3 月底。>

- 在签署知情协议和保密协议之后，参与者将得到一系列的"目的"卡片。
- 参与者先阅读每个卡片，确保他们理解每个术语和解释的含义。主持人会解释所有不熟悉的术语。
- 参与者在横线上写下新的术语来给每张卡片命名。
- 接下来，参与者将按他们的理解对卡片进行分类。参与者将被告知分类卡片的方式没有对错之分，每一组卡片的数量没有限制，他们要独立完成。
- 也会给参与者一些空白卡片，让他们写缺失的理念。
- 对卡片分类后，参与者还要给每个分组命名。
- 最后，参与者要分组装订卡片，交给主持人。

这个环节完成后，将会用聚类分析软件分析数据。用户研究和交互设计团队对其进行分析，给产品团队提供设计建议。

用户特征

参与者必须满足以下标准：

- 在校大学生。
- 18 周岁以上。
- 没有为 TravelMyWay.com 的竞品工作。

招募

用户研究实习生 Mark Jones 将负责卡片分类研究的用户招募。招募潜在参与者的广告将发布在一个互联网社区的公告栏里。采用筛选问卷（如果已经做好，要附在研究计划里）筛选参与者。一共需要 17 名参与者（实际需要 15 名，预留两名以防人数减少）。

报酬

参与者将获得 75 美元的美国证券交易所礼品卡。这些激励由用户研究和交互设计团队发放。

用户研究团队需要从 TravelMyWay.com 团队获得什么

用户研究团队需要产品团队进行以下承诺：

- 和用户研究团队一起制作目的清单和定义。
- 每个环节至少需要一名产品团队成员参与。
- 审阅并赞同用户特征（见上面内容）。
- 审阅并赞同筛选器。
- 审阅并赞同研究计划（此文档）。

用户研究团队将提供什么

用户研究团队承诺提供以下内容：

- 用户研究员 Jane Adams 进行这项研究。
- 用户研究实习生 Mark Jones 招募参与者。
- 获得和发放参与者激励。
- 详细的研究计划（此文档）。
- 总结报告和建议。
- 向管理者陈述。

计划时间表

	工 作 包	负 责 人	预估用时	预 计 日 期	状　　态
1	提供目的术语和定义	Jane（UI 团队）和 Dana（产品团队）	2 天	3 月 1 日	3 月 3 日完成
2	17 名参与者的激励需求	Jane（UI 团队）	1 小时	3 月 1 日	3 月 1 日完成
3	预订实验室	Jane（UI 团队）	1 小时	3 月 1 日	3 月 1 日完成
4	和 UI 团队开会，确定研究计划	Jane（UI 团队）和 Terry（产品团队）	1 小时	3 月 20 日（固定的）	截至 3 月 27 日，尚未完成
5	招募 17 名参与者（15 名 +2 名额外损耗）	Mark（UI 团队）	1 周	3 月 17～21 日	待定
6	给卡片制作标签，制作卡片集	Jane and Mark（UI 团队）	6～10 小时	3 月 17 日～4 月 21 日	待定
7	第一阶段实验	Jane（UI 团队）	1 小时	3 月 25 日 6：00～8：00 ＜如果知道＞	待定
8	第二阶段实验	Jane（UI 团队）	1 小时	3 月 27 日 6：00～8：00 ＜如果知道＞	待定
9	分析数据，给 OSS 团队提供高水准的发现	Jane（UI 团队）	1 周	3 月 28 日～4 月 4 日	待定
10	撰写报告草稿	Jane（UI 团队）	1 周	3 月 28 日～4 月 4 日	待定
11	审阅和对报告发表意见	Jane（UI 团队）和 Terry（产品团队）	1 周	4 月 4～11 日	待定
12	发布最终报告	Jane（UI 团队）	1～2 周	4 月 10～21 日	待定

6.2.4 获得允诺

你已经写了研究计划，但还没有完工。从我们的经验来看，如果利益相关者对一项研究的结果不满意，他们通常会批驳以下某个（或某几个）方面：

- 研究活动执行者的技术／知识水平／客观性。
- 研究活动中的参与者。

- 研究活动 / 任务的执行。

作为团队成员之一并且赢得他们的尊敬（参阅 1.4 节）将有助于解决第一个问题。让每个人在研究计划上签名可以帮助解决后两个问题。在研究活动进行之前，确保每个人清楚研究的方方面面，从而避免在你陈述结果时争吵和争论。这是至关重要的。如果对你的研究计划有异议或者问题，最好现在就指出来并解决。

你可能会认为所有你要做的就是把研究计划发给合适的人，这恰恰是你不想做的。不要通过电子邮件把研究计划发给相关人并假定他们阅读了。有时你的邮件甚至没有被打开。事实是每个人都很忙而且多数人没有时间去读他们认为不关键的东西。他们可能认为你的研究计划并不关键。你的工作就是帮助他们理解研究计划的重要性。

相反，组织一个会议来审阅研究计划。一个团队审阅研究计划仅仅需要 30 分钟。研究活动准备过程中所有相关人或将会使用研究数据的人都应该参加。在这个会上，你不需要通篇逐行讲解研究计划的细节，但是你要涉及关键点。这些关键点包括：

- 研究活动的目标。拥有清晰的目标并坚持目标是非常重要的。通常在计划时，开发者会提出研究目标范围外的话题。预先讨论这个可以使后面的讨论聚焦。
- 将要收集的数据。确保团队清楚他们将得到什么。
- 参与者用户。你一定要明确这一点。确保每个人同意用户特征是正确的。你不想在研究活动结束后被告知参与者"不能代表产品的真实终端用户"——因此，你收集的数据是无效的。这个听起来很让人惊讶，但并非不常见。
- 每个人的角色和各自的职责。确保每个人明确各自的角色和职责。保证他们真正清楚他们的职责，以及如果没有按时完成项目的进度将会受到什么影响。
- 交付物的时间线和日期。强调按时完成是至关重要的。很多情况下是没有波动的机会。

> **提示**
> 给你的交付时间留一个缓冲期。我们通常要求比确切交付时间提前一周提供交付物，这样即使交付物延期（经常这样）也是可接受的。

尽管看起来有点过分，但是面对面会议有很多好处。首先，每个人都参与进来，而不是形成一种"我们"和"他们"的对抗（参阅 1.4 节）。你想让所有人像一个团队那样参与到研究活动中。此外，通过会议你可以确保每个人都同意你的研究计划。如果他们不同意，你有机会做必要的调整，并且所有相关者将会意识到这些变化。会议结束时，每个人应该清楚地明白并赞同研究计划。所有的误解和假定应该被消除。本质上你的合同已经"签订"，你有一个好的开始。

6.3   确定测试的时长和时间

在你开始招募参与者前需要确定测试的时长和时间。这听起来微不足道，但是研究活动时间能决定招募过程的难易。例如工作时间后一小时的时间段里招人要比正常工作时间内一小时时间段容易。对于独立的研究活动，我们给参与者从早上到晚上八点左右几个可选时间。我们尽可能地灵活，尊重个人的时间和倾向。灵活性使我们招募到更多参与者。

对于小组测试，有一个挑战是你需要找到一个适合所有参与者的时间。我们招募的参与者通常有早 9 点到晚 5 点的日常工作，而且不是所有人都可以从一天中抽出时间。我们发现小组测试最好在晚上 5 点～7 点和 6 点～8 点进行。我们喜欢在晚上 8 点或者 8 点半之前结束，我们发现这个时间点后人们感到疲惫而且显著地产出下降。因为多数人通常这个时间前后吃晚饭，所以我们发现在测试前提供晚餐有很大不同。参与者非常喜欢这个想法和享用免费的食物，他们的血糖会升高，所以他们会有更好的思考力和更多的精力。还有一个附加的好处，参与者们在测试前的晚餐中聊天，建立融洽的关系。这是非常宝贵的，因为你希望人们在向彼此分享想法和经验的时候尽量放松。成本很低（两个大号披萨、苏打水和饼干大约 60 美元），而且真的物有所值。在午饭或晚饭时间进行的独立测试，你最好也这样做。最佳时间取决于你的用户的工作时间。如果你计划招募晚上倒班的用户，这些建议的时间不适用。

用户研究活动会使主持人和参与者都感到疲惫。收集有效数据需要大量的认知能力、讨论和积极倾听。我们发现通常来说两个小时是多数用户研究活动时长的上限，特别是参与者已经进行一整天的工作后再来参与你的研究活动。两个小时是很长一段时间，所以当你发现参与者开始疲惫和焦躁的时候，要中途休息一下。如果你需要两个小时以上来收集数据，通常建议把测试分为更小的模块分散在几个白天或几个晚上进行。有些研究活动，例如调查，两个小时通常已经超过了参与者可以接受的时长。当你决定你的研究活动持续时间时，要注意参与者的疲劳率。

6.4   招募参与者

招募参与者是一项耗时的高成本的活动。接下来的内容将帮助你招募有代表性的参与者并且节省你的时间、金钱和经历。

> **提示**
> 不要把雇主和他们的雇员放在一个测试里。这不仅仅因为他们是不同的用户类型，更重要的是雇员可能不会反驳他们的雇主。最后，雇主可能会觉得他们应该控制这个测试，为了面子，在他们的雇员面前表现为更强势或有经验的角色。当你把不同类型的用户混在一起时，即使他们没有直接的汇报关系（例如医生和护士），也会出现类似的问题。

要点速览：

➢ 我需要多少参与者
➢ 确定参与者激励
➢ 开发招募者筛选器
➢ 制作招募广告
➢ 招募方法
➢ 预防参与者失约
➢ 招募国际参与者
　● 招募特殊人群
　● 在线服务
　● 人群搜索

6.4.1　确定参与者激励

在你招募参与者前，你需要明确如何对抽出时间并给你分享经验的人给予报酬。你需要给你的参与者某种激励来感谢他们付出的时间和精力。事实上即使这有助于招募，但是你不想让激励成为人们参与测试的主要原因。你不需要给潜在参与者"一个无法拒绝的报酬"（参阅 3.3 节）。

我们经常被问到，"我需要支付多少钱呢？"以我们的经验和与专家学者的讨论来看，激励值在每小时 25～125 美元之间浮动，这取决于很多因素，包括预算、地点、用户类型、研究长度、研究的复杂度等。这里无法就该给多少报酬给出准确的建议。在旧金山湾区，我们通常给每小时 100 美元，而在南卡罗来纳州的克莱姆森大学，我们通常给每小时 10～20 美元。我们也会根据用户类型的不同给不同报酬，例如，我们可能给看护人 50 美元做一个两小时的研究，但是同样的研究给医生 200 美元。

我们建议你和与你类似组织中的研究员聊聊，了解一下惯例。报酬太少会导致没有参与者参加你的研究，然而给太多的报酬会激励不诚实的人参与你的研究。他们可能会谎报他们的技能。确保激励足以感谢人们付出的时间和经验但是不要过多。

通用用户

当我们使用"通用用户"这个词，是指参与研究活动的参与者与你所在的公司、大学或非盈利组织没有关系。他们通常是通过广告或内部的潜在参与者数据库招募来的，在测试中他们只代表他们自己，而不是他们的公司（在"招募方法"中会进一步讨论）。这是最容易补偿的一类，因为没有潜在的利益冲突。你可以给他们所有你认为合适的报酬。一些标准激励包括：

● 免费赠送一款你们公司的产品（例如一款软件）。

- 一张礼品卡（电子商城或百货公司的）或者一张电影票。
- 以参与者名义的慈善捐款。

参与者通常喜欢现金，但如果你在进行一项有大量参与者的大规模研究，很难用现金。从我们的经验看，礼品卡是现金很好的替代品。礼品卡可以当做信用卡使用。参与者可以在接受信用卡的任何地方使用，这对他们来说方便管理。要提醒的一点是，有些礼品卡收取便利费，你需要选择不收这些费用的卡。或者你可以选择一家有多个选择的电子商城，比如亚马逊，他们通常不收费。

有一点需要注意的是，你要给参与相同测试的每一个人相同的报酬。我们偶尔会遇到前一部分参与者容易安排时间而后一部分不容易安排的情况。有时候我们不得不提高报酬吸引额外的参与者。如果你发现遇到这样的情况，记住你必须提高那些你已经招募到的参与者的报酬。如果在测试中，有些人偶然对一个你只给了 75 美元报酬的人说，"这是一个挣 100 美元的好方法"，小组测试会变得非常不舒服和潜在有敌对情绪。你不想失信于你的参与者和潜在用户——那不值这额外的 25 美元。

对于高收入的个体（如 CEO），你很难给一个接近他们正常报酬的激励。有一项研究，招募代理给 CEO 每小时 500 美元，但是他们找不到参与者。这种情况下，以参与者名义的慈善捐款有时会奏效。对于孩子来说，玩具商店的礼品卡或者电影或者必胜客券效果更好（只需要提前得到他们父母的同意）。

客户或者你自己公司的雇员

如果你用你们公司的员工作为参与者，你可能不能像支付通用终端用户那样给他们报酬。我们通常给这类参与者一些印有公司标志的工具或饰品作为感谢。这也经常用于使用企业账户的商业用户情况。付费客户可能代表一种利益冲突，因为这会被他们感知为报酬。此外，多数研究活动在工作时间进行，事实上公司已经为他们的出现支付了费用。你自己公司的雇员同样也是这样。用印有公司标志的具有名义价值的物品对客户参与者或内部员工表示感谢。

如果销售代表或者产品团队成员帮你招募参与者，确保他们明白你将会给客户什么激励和为什么给客户报酬是一个利益冲突。我们最近有一个不太舒服的情况，就是产品团队在帮我们的一个研究活动招募参与者。他们联系了一个之前参加过我们的研究活动并且总得到饰品的客户。当产品团队告诉他们的雇员将会得到 150 美元时，他们非常兴奋。当我们告诉客户并不是这样，他们将只能得到饰品时，他们特别生气。无论我们再说什么，我们都不能使客户（或产品团队的代表）理解利益冲突的问题，并且坚持要求报酬。当我们说这不可能时，他们拒绝参加测试。你绝对不想让事情发展到这个地步。

学生

在一些学术研究中，学生把这作为了解研究过程的方法。这类学生有时被称作"用户库"，他们把参与用户研究作为一门课程的部分学分或者获得额外学分的途径。伦理上，每当给学生这样的机会，一个类似书面作业的可选项也应该给他们，这样学生就不会为了得到额外的学分被迫参与研究。

6.4.2　开发招募筛选器

假如你已经创建了用户特征（参阅 2.4 节），那么招募的第一步就是做一个详细的电话筛选器。筛选器由一系列问题组成，用来帮你招募符合你要进行的研究活动用户特征的参与者。

筛选器小提示

在做电话筛选器时，有一些事情需要注意，包括以下这些：

- 避免通过电子邮件筛选。
- 与产品团队一起完成。
- 简短。
- 使用测试问题。
- 需要人口学信息。
- 排除竞争对手。
- 提供重要的细节。
- 准备一个给不满足特征的用户的回复。

避免通过电子邮件筛选

除了做调查，在安排参与者测试之前与参与者谈话是最理想的，这样做主要有这几个原因：首先，感觉一下他们是否真的符合你的条件，然而这很难通过电子邮件实现。第二，确保参与者清楚研究活动承担什么以及他们会被要求做什么（参考 6.4 节）。然而，这也许不是总能实现。如果你不能与潜在参与者交谈，我们的建议是使用类似谷歌表格的问卷而不是电子邮件。在电子数据表中很容易一眼看出谁适合谁不适合。问卷也是一种简单的方式，确保你得到一贯需要的信息。

与产品团队一起完成

我们不能过分强调确保你和产品团队在谁是这个研究的合适用户上保持一致的重要性。筛选器是帮助你解决这个问题的工具。一定要让产品团队帮助你一起开发。他们的参与也有助于逐渐形成你们是一个工作团队的感觉，同时也能避免研究活动结束后产品团队的成员说"你使用了错误的用户"。

保持简短

多数情况下，筛选器应该相对简短。你不会想和一个潜在参与者通话 10 分钟以上。人们都很忙，他们没有大量时间和你聊。你需要尊重他们的时间。并且你也很忙，筛选器越长，你招募参与者所需的时间也越长。

"先生，我不是向你推销。我在做市场调研，我需要你两到三个小时的时间来回答上千个问题。"

使用测试问题

确保你的参与者提供的经验是真实的。不是说人们会公然撒谎（尽管偶尔他们会），但是有时人们可能会夸大他们的经验水平，或者他们并没有意识到自己的知识和经验的局限性（认为他们适合你的研究活动，但事实上并不适合）。

在招募技术型用户时，确定他们具有正确的技术水平。你可以通过测试题筛选。这就是知识型筛选器。举个例子，你要找具有中等 HTML 编程经验的人，你可以这样问，"什么是公共网关接口脚本，你过去是怎么使用的？"像其他用户研究活动，做一份好的测试题需要你也非常了解这个领域。

需要人口学信息

你的筛选器同时也需要包含进一步的问题来更多地了解参与者。一旦你已经确定这个人是合适的候选人，通常最后问这些问题。例如，你想知道这个人的年龄和性别。取决于你的研究需要，这些信息可能用于区分参与者。例如，如果你要在老年人群中研究一个新型的手机输入设备，在你的研究活动中不会包含年轻参与者。你也可以用这些人口学信息去平衡你的参与者人群的差异。在一些学术研究中，在研究之前你无法收集到这些信息。确定你了解这个领域的规则。

排除竞争对手

如果你为公司工作，在招募参与者前一定要弄清楚他们在哪儿工作。你不会想邀请开发竞品的公司的雇员（例如，开发或销售与你研究的产品相似的产品）。假如你完成了准备工作，你应该知道都有哪些类似公司（参阅第 2 章）。同样地，根据情况应该排除报社成员，无论他们是否签订保密协议。你可能觉得在伦理上和法律上这些不会发生，但它发生了。我们曾经遇到一个实习生在研究活动中招募一些竞争对手参与者的情况，幸运的是，后来这个参与者被取消了约定。如果在研究开始前你发现招募了一个竞争对手，给参与者打电话并且向他解释为什么必须取消。向该用户致歉，但是要告知他你必须取消约定，人们通常会表示理解。

招募结束后把用户特征发给产品团队，这是一次很好的互查。产品团队可能会识别出他们忘记告诉你的竞争对手。如果你对一个公司不确定，快速地上网检索通常可以揭示这个有疑问的公司是否生产和你们类似的产品。

提供重要的细节

一旦你确定了一个参与者非常适合这项研究活动，你需要告诉他一些重要的细节。让潜在参与者了解他们将要签订的东西是什么，这对他们来说是公平的（参阅第 3 章，了解更多如何对待参与者）。我们都不想他们在实验那天出现时有任何意外。你的目标不是诱使人们参与测试，所以要坦率。你需要真正感兴趣的人。下面是一些你要讨论的内容的案例：

- 后勤。测试的时间、日期、地点。
- 激励措施。准确地告知他们将会以什么方式得到多少报酬。
- 小组还是个人。让他们知道这是小组测试还是个人测试。有些人极度害羞，不能很好地完成小组任务。你在电话里了解这些远比在测试中了解好得多。我们曾经有一对夫妻参与者，发现是小组测试就拒绝参加。他们只是在陌生人面前说话感觉不舒服。幸运的是，我们在电话采访中了解到这些而不是在测试中，所以我们可以招募代替者。相反，有些人不喜欢参加个体测试，因为他们独自一个人前往会感到尴尬。
- 记录。提前告知人们你将记录测试过程。有些人会对此感到不舒服而宁可不参加。还有些人想确保他们打扮得不错，看起来很漂亮，等等。
- 约定的时间。强调参与者必须准时。迟到的参与者将不能参加已经开始的测试（参阅 7.6 节）。
- 证件。如果你们公司需要参与者进入前出示证件，告知他们参与测试前需要出示证件（参阅 6.5 节）。
- 法律文件。告知参与者他们需要签订一个知情和保密协议，如果可以，确定他们知道是什么形式（参阅 3.4 节）。你甚至可能想提前把这些文件传真给参与者。

准备一个给不满足特征的用户的回复

事实上不是每个人都满足你的用户特征，所以有时候你要拒绝一些非常热心和感兴趣的潜在参与者。在打电话前，你脑子里应该有一个给不满足特征的用户的回复。这可能是一个不太舒服的场景，所以脑子里要有一些礼貌的说辞，而且要写在你的筛选器里，这样你不会一时词穷。我们常说，"抱歉，您不符合这项特别研究的特征，但是仍然非常感谢您为此付出的时间"。如果一个人看起来是一个潜力很大的候选人，鼓励他回复你后面的招募启事。

6.4.3　筛选器样例

下面是一个小组卡片分类研究招募学生的筛选器样例。它将让你感觉到在招募参与者时这些信息的重要性。

....

TravelMyWay.com

卡片分类研究招募筛选器

3 月 25 日和 27 日，晚 6:00-8:00

电话开场白

您好！我是 TravelMyWay.com 研究组的＿＿＿＿，回复您关于学生研究活动的邮件。我简要向您介绍一下这个研究，如果您感兴趣的话，我需要问您几个问题。可以吗？太好了！

这是一个帮助我们设计旅行网站的小组测试。这个测试将在 3 月 25 日星期二或者 3 月 27 日星期四的晚上 6 点开始，大概持续一个小时。在旧金山的 TravelMyWay.com 进行 < 简要描述地点 >，是有偿参与。

您对此有兴趣参加吗？

- 是的——问接下来的问题。
- 不——表示感谢结束通话。

太好了！我有些问题需要问您，看您是否符合我们这个测试需要的个体特征。跟您通话结束后，我将把您的信息交给团队审阅，无论您的背景是否合适我都会电话告知您，并且约您的时间。

I. 背景信息

姓名：＿＿＿＿＿＿＿＿日间电话：＿＿＿＿＿＿＿

电子邮件：＿＿＿＿＿＿＿

1. 您之前是否参与过 TravelMyWay.com 的可用性测试？

　　＿＿＿是＿＿＿否

如果是，什么时间什么测试？＿＿＿＿＿＿< 如果是，查阅参与者数据库来做出评价，以及确定今年内他获得多少报酬。>

2. 您是在校学生吗？＿＿＿＿是＿＿＿＿否 < 如果否，结束电话 >。

　　＿＿＿＿本科生＿＿＿＿＿研究生。

3. 在哪所学校？＿＿＿＿＿＿＿< 参与者应该来自于多个大学 >。

4. 专业？＿＿＿＿＿＿＿＿＿< 参与者应该来自不同的专业 >。

5. 您是全日制学生还是在职学生？＿＿＿＿全日制＿＿＿＿在职 < 纯属提供信息 >。

6. 您之前是否在网上预订过旅行？＿＿＿＿是＿＿＿否 < 如果否，结束电话 >。

7. 在之前 12 个月中您预订过几次旅行？＿＿＿＿＿< 如果少于两次，结束电话 >。

8. 您最近在学校之外工作过吗？＿＿＿＿是＿＿＿＿否。

如果是，公司名称：＿＿＿＿＿＿< 必须不是 TravelMyWay.com 的竞争对手，例如 CheapTravel.com>

职位名称：_____ <纯属提供信息>。

II 计算机经验

9. 您使用互联网多长时间了？_____ <如果少于 6 个月，取消资格>。

10. 您使用计算机多长时间了？_____ <如果少于 1 年，取消资格>。

III 保密协议，录音许可，核对身份

[如果参与者符合所有条件，问以下附加的问题]

在您来之前我还有一些问题，确保您理解并且在过程中感到舒服：

- 您愿意签订一份标准的知情同意书，表明您同意参与测试；和一份保密协议，声明您三年内不向任何人分享测试的细节吗？

  _____是_____否 <如果否，取消资格>。

- 您愿意被录像吗？（录像的目的是我们可以回听并且获得更多细节信息。视频仅供产品和用户研究团队对您所说的话感兴趣的成员内部使用。）

  _____是_____否 <如果否，取消资格>。

- 报酬是 75 美元的美国运通卡（像旅行支票那样使用）。为了支付，我们需要您出示有效的身份证件。我们需要确保卡片上的名字和我们要支付的人名字一致。<确保这个人告诉你的名字与驾照上的名字一致。> 您愿意带着您的驾照或护照吗？

  _____是_____否 <如果否，取消资格>。

基于筛选器 I，II，III 部分的回答，选择以下回复中的一个：

看起来您的特征与这项研究匹配，如果您愿意，我们将继续下一步并且跟您约定时间。

或者

看起来您可能符合这项研究的条件，但是我确定前需要和产品团队再确认一下。我将与产品团队确认，然后再回复您是否我们可以进行下一步，并跟您约定时间。

或者

抱歉，您不符合这项特殊研究的条件，但是仍然非常感谢您来。

IV. 可得性

您可以参加哪一场测试？

3 月 25 日，星期二，下午 6 点_____可以_____不可以_____不确定。

3 月 27 日，星期四，下午 6 点_____可以_____不可以_____不确定。

感谢您花时间分享您的信息。我将向团队转达您的信息，稍后电话和您联系确认您是否适合这项特殊研究。

V. 日程

看起来您的特征符合这项研究，我们将暂时给您安排。

<安排参与者并口头确定日期和时间。>

太好了！我告诉您一些地点信息，然后我再给您发一封有到 TravelMyWay.com 路线的

确认邮件。

- 参与者联系人：Mark Jones，电话：555-555-6655。
- 地点：旧金山费克大街 123 号，94105。
- 方位指示：280 公路（北或南，取决于他们从哪来）国王大街出口。直走然后在第三大街左转到哈里森。你可以免费把车停在你右手的地方或者停车库里。

其他说明：

- 在大堂等候，陪同您进入测试房间。
- 下午 5 点 40 开始有一些无酒精饮料和小吃招待参与者（所以早点过来！）< 如果你觉得合适，询问他们是否是素食者。>
- 多留出一些时间，交通状况可能特别差！因为我们将在下午 6 点准时开始测试，迟到者可能无法参加测试，因为这会耽误其他所有人。< 强调这一点 >
- 还有，一些情况下我们会取消测试。我们不希望这种情况发生，但是如果确定发生了，我们会在测试前尽早联系您。
- 请记住带驾照，否则我们可能无法让您参与测试。
- 我们将在约定的时间前再次电话提醒您，确认您会参与。如果因为某种原因您要取消或改期，请尽早电话通知我们！谢谢您，期待 < 插入日期和时间 > 与您相见！

6.4.4　制作招募广告

　　无论你选择用什么方式招募参与者，是通过社交媒体、网络发帖还是内部参与者数据库（稍后将在 6.4.6 节中讨论），你总会需要一则广告来吸引合适的最终用户。取决于你的招募方法，你或者招募员可能会发邮件广告，张贴在网络或社交媒体上，或是通过电话传播。潜在参与者如果对你的研究活动感兴趣就会回复你的广告或者邮件。然后你将回复这些潜在参与者并筛选他们。

内容速览：

➢ 提供细节信息
➢ 包含后勤信息
➢ 覆盖关键特征
➢ 不要强调激励
➢ 明确他们如何回复
➢ 包括你的内部参与者数据库链接

提供细节信息

提供一些你的研究的细节信息。如果你简单地说你要找用户参加一项用户研究，你将会被回复淹没！这对你没有帮助。在你的广告中，你要提供一些细节帮助你把你的回复缩窄到理想候选人，例如寻找年龄在 45～65 岁之间的 HTML5 专家。

包含后勤信息

预告研究的日期、时间和地点。那样那些无法参加的人就不会回复。立即清除不能参加的人。

覆盖关键特征

预告一些关键的用户特征信息。这将预筛选合适的候选人。这些通常是高级别的特征（例如工作职称、公司规模）。不要透露所有用户特征，因为会有一些人假装符合条件？如果你列出所有筛选标准，假冒的参与者将会知道在你打电话时如何回答你所有的问题。举个例子，你要找这样的人：

- 18 岁以上。
- 在过去 12 个月中至少在网上订过 3 次机票。
- 在过去 12 个月中至少在网上订过两次酒店。
- 在过去 12 个月中至少在网上约过一次车。
- 有使用 TravelMyWay.com 网站或者客户端的经验。
- 至少有两年互联网使用经验。
- 至少有一年计算机使用经验。

在你的广告中，你应该说你要找年龄 18 岁以上，喜欢自由行，使用过旅行软件的人。

不要强调激励

不要出现"现在就挣钱！"这样的词汇，这会吸引那些想挣容易钱的人和更可能骗你钱的人。激励的目的是对他们付出的时间和精力给予补偿，同时也是表示感谢，而不是强迫他们做一些他们不喜欢做的事。一个只为了钱参与你的测试的人会用尽量少的精力尽快完成测试。这种数据弊大于利，相信我们。

明确他们如何回复

提供一个通用的单用途的邮箱（例如研究名 @ 你的主页），而不是你的私人邮箱或者电话号码给感兴趣的人用来回复。如果你提供个人联系方式（特别是电话号码），你的语音信箱或者电子邮件收件箱将被回复塞满。另一个不经常发生但可能的结果是分别被想参加的参与者联系，想知道你为什么还没有给他们打电话。使用一个通用邮箱地址，你可以审阅回复并且联系那些你感觉最适合你的研究活动的人。

如果这个邮箱只用来招募参与者，那么在电子邮箱账户下设置一个自动回复功能也是不错的。保持通用性，你可以在你所有的研究中使用。这里有一个回复的样例：

　　谢谢您对我们的研究感兴趣！接下来两周我们将会复核所有感兴趣的回复，如果我们觉得您适合我们的研究将会与您联系。

包括你的内部参与者数据库的链接

如果你有一个内部的测试数据库（见下文更多介绍），在广告的底部你应该指引参与者链接到你的网络问卷。

注意一些类型的偏差

理想情况下，我们不想让广告吸引一定数量的你的用户群体而不吸引其他用户。不想从参与者中排除真正的终端用户。这很容易无意识地受到你在哪发布广告或者广告的内容影响。

例如，假设 TravelMyWay.com 在进行一个针对经常旅行的人的焦点小组研究。你决定在当地高校周边和在学校网站发布信息来宣传这项研究活动，因为学生经常找挣容易钱的方法。结果你会无意识地使你的样本偏向这些高校里的人（例如多数学生），这部分人群的独特性可能会影响你的结果。在制作和发布广告的时候确定你思考了引起偏差的因素。

另一种偏差是无应答偏差。当某些人不回复你的广告时会产生无应答偏差。总会有合适的人不回复，但是如果这成为一种模式就会有问题。为了避免无回复偏差，你必须确保你招募参与者的需求被所有潜在用户平等地感知到，并且你的广告会被用户群体中各种各样的人看到。

一种你无法消除的偏差是自我选择偏差。你可以通过邀请一个随机样本人群完成调查来降低（例如每第 10 个人访问你的网站的时候突然出现一个调查）这个偏差，而不是对大众开放，但事实是并非所有你邀请的人都想参与。一些被邀请的参与者会自我选择不参加你的研究活动。

6.4.5 广告样例

图 6.1 是一个广告样例，是将所有这些集合在一起的广告，你可看看整体感觉。

经常旅游者注意了！

是否感兴趣参与一个帮助折扣旅行网站设计的研究活动？

我们将于 3 月 25 日和 27 日在旧金山的 TravelMyWay.com（国王大街出口）可用性实验室进行一项研究活动。参与者将在其中一天有偿地拿出将近一个小时的时间。

这项研究的参与者，需要满足如下要求：
- 喜欢自由行。
- 有使用旅行网站的经历。
- 年满 18 周岁。

如果您有时间并且愿意参与，请回复邮件到 travel_usabilty@travelmyway.com，邮件标题是"旅行研究"。同时需要包括：
- 您的姓名
- 年龄
- 说明您曾经使用过的旅行网站
- 电话号码

如果您是合适的匹配者，我们将于两周之内与您联系。

如果您也感兴趣参加 TravelMyWay.com 未来的研究活动，请填写 http://travelmyway.com/usability.htm 中的表格。

图 6.1 招募广告样例

> **提示**
>
> 当一个潜在参与者被筛选后，把完整的筛选器发送给产品团队得到他们的认可是一个好主意。这在条件特别复杂或者你想确认产品团队认为参与者是真正的潜在用户的情况下是有效的。

6.4.6　招募方法

这里有一些吸引用户的方法，而且每个方法都有它各自的优点和缺点。如果一个不行，可以换另一个。我们将谈及几种方法，这样你可以辨别出最适合你的那一种方法。

> **内容速览：**
> - ➢ 在社区网站公告栏和社交网络发布广告
> - ➢ 做一个内部数据库
> - ➢ 用招募代理
> - ➢ 利用客户关系

在社区网站公告栏和社交网络发布广告

网络社区公告栏（例如 craigslist.org）发布从房屋到工作到卖东西各种信息（见图 6.2）。我们发现这是吸引各种各样的用户的一个有效渠道。我们通常将广告发布在"工作"科目下。你或许可以免费或者以低于 100 美元的价格发布广告，取决于你住在哪里和当地公告栏的情况。广告通常在你提交后 30 分钟之内发布出去。这种方法的一个优势是如果你要找使用网络或者计算机的人，这是个很好的预筛选工具。如果他能找到你的广告，你就知道他们是互联网用户！然而，你要注意的是，这成为了一种流行的研究招募的渠道，特别是在像旧金山地区、西雅图、纽约、亚特兰大和奥斯汀这些技术发达地区，那些"职业"参与者潜伏在这些网站。这些人把相当比例的时间用在参与研究中，并且在筛选时他们可能不是完全诚实，从而来提高他们被选中的概率。

如果要找你所在区域内的当地人，用地方网站。你们当地的报纸网站或者社区杂志是不错的选择。如果你无法接触到任何你们地区的网络公告部门或者你想招募没有互联网经验的人，你可以把广告发布在报纸上或者甚至在现实的社区公告栏里贴张纸。

做内部数据库

你可以在你的团体中做一个内部数据库，其中你可以维护一个对参与用户研究活动感兴趣的人员名单。这个数据库可以包含每个人的一些关键信息（例如年龄、性别、职位、经验年限、行业、公司名、地点，等等）。在开始一项研究活动前，你可以搜索数据库来找到一些满足你的用户特征的潜在参与者。

一旦你找到潜在参与者，你可以发邮件告诉他们一些关于研究的信息，通过电子邮件询问他们是否愿意来参加。邮件应该类似你要发在社区网站公告栏的广告（见图 6.3）。说明你从你的内部参与者数据库中获得的人名。对于那些回复的人，你应该接下来通过电话联系他们并用筛选器验证他们是否真的适合你的研究（参阅 6.4 节）。

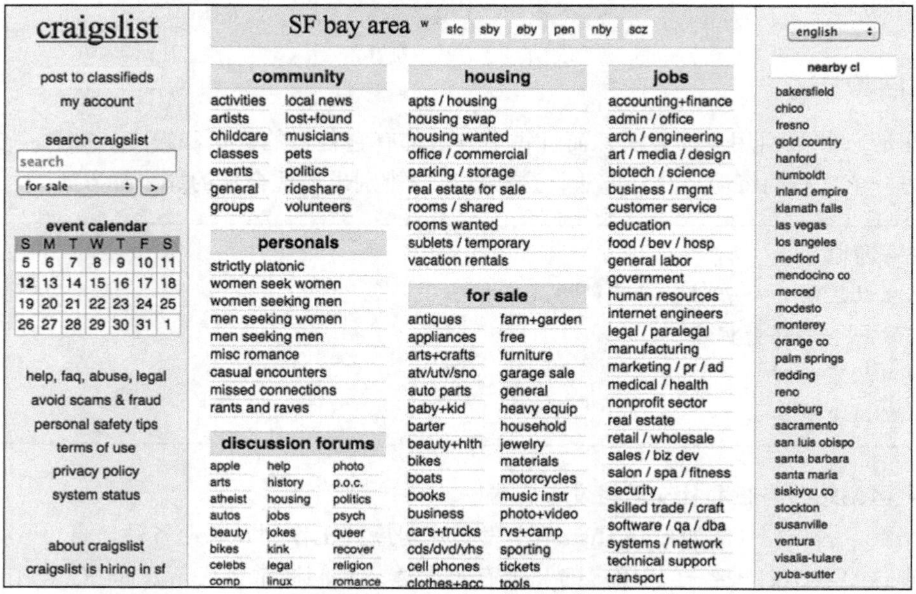

图 6.2　San Francisco Bay 地图的 Craigslist 截图（www.craigslsit.org）

　　社交媒体是一个让人们注册并参与你的数据库调查的很好的途径。我们用 Google+、Facebook、Twitter 这些网站。如今大多数公司在所有这三个或两个渠道上有官方页面，例如公司主页（如 google.com）和产品细节页（如 Chrome）。所以如果你要吸引某一产品的用户，在这些产品页面发布广告是非常有效的。这是合法的，而且当我们这样做时确实看到注册量的激增。然而我们不建议社交媒体用于单个的研究，因为人们会问，"我被选中了吗？""我什么时候才能知道？""为什么我没有被选中？"如果有上百个注册量，我们无法就一个单独的研究回复每一个人。

使用招募代理

　　你可以雇用公司帮你招募。他们有专职人员。这些公司通常是市场研究公司，但是取决于你的用户类型，临时工代理公司或许也可以做这个工作。你可以联系美国营销协会（www.marketingpower.com），找找你所在区域有哪些公司提供这项服务。这当然会特别有帮助。我们发现当试图招募一个很难找的用户类型时，招募服务非常有用。在你需要进行一个匿名品牌或匿名赞助商研究时他们也会非常有用（例如，你不想让参与者知道谁在做这项研究或者这款产品是为谁研发的）。

举个例子，我们需要进行一项内科医生的研究。我们的参与者数据中没有内科医生，并且向电子社区公告栏投放广告也没有效果。结果，我们找一家招募代理公司，他们可以帮我们找到这些参与者。

使用招募代理一个额外的好处是他们通常解决激励问题。当你向公司申请预算的时候，你可以把激励费用包含进去。在研究的最后，招募代理负责支付参与者。你可以少担心一个问题。

你可能会问，"为什么不都使用代理公司，可以节省时间呀？"这其中一个原因是成本。通常招募每个参与者在不同地方他们会收取 100～200 美元（不包括激励费用）。价格根据他们认为招募你寻找的用户类型的难度而不同。如果你对预算更敏感一些，你可能会考虑其他招募方式，但是请记住你的时间也是金钱。招募代理相比于你自己花在招募上的时间可能更便宜。

此外，以我们的经验，代理招募的参与者有更高的爽约率而且更可能是职业参与者。原因之一是，不是所有的代理都在研究的前一天或当天打电话提醒参与者。另一个原因是使用招募代理在你和参与者之间增加了一层隔阂——如果你自己招募，他们会感觉更有责任赴约。你的体验会由于你的供应商和特定的需求而不同，所以做好准备工作！

一些招募代理需要做比我们自己通常所需要的更多的预先通知。一些我们合作过的代理需要一个月的公告去招募，这样他们可以征集更多的资源。越小的代理越容易是这种情况。通常，如果你需要做一个快速轻量的研究活动，代理可能无法满足你，但是问问无妨。

最后，我们发现代理在招募非常特殊的用户类型时是无效的。典型地，打电话的那个人可能没有你要招募的那个产品的行业知识。设想你在进行一项数据研究，需要招募具有中级计算机编程知识的参与者。你已经设计了一系列的测试问题来评估他们的编程知识水平。除非这些问题有非常明确的答案（例如多选题），招募者将无法评估潜在参与者是否提供了正确答案。参与者可能提供一个足够接近的答案，但是招募者不知道。甚至有精确多选答案也并非总是可行。有时合适性非常复杂以至于你只是需要与候选人通个电话。

若不管这些问题，招募代理是非常有价值的。如果你确定用代理，有一些事情要牢记。

"我们需要找一个新的招募者。"
Abi Jones 创作完成的卡通漫画

> **要点速览：**
> ➢ 提供一个筛选器
> ➢ 每个人被招募后要求发送完成的筛选器
> ➢ 确保他们提醒参与者参加你的研究活动
> ➢ 避免职业参与者
> ➢ 记住你不能把他们加入你的数据库

提供一个筛选器

你仍然需要去设计电话筛选器，并且让产品团队赞同（了解更多请见上文）。招募代理对你的产品一无所知，所以这个筛选器可能需要比通常的更详细。说明每个题预期的回答以及当潜在参与者不满足必要条件时电话必须结束。如果他们打算做广告吸引参与者，还要再提供一个海报。

一定要与招募者（们）讨论这个电话筛选器。不要仅仅通过电子邮件发给他们，告诉他们如果有任何问题联系你。你要确保他们理解并且按照本意解释每一个问题。一定要这样做，即使你要招募没有技术特征的用户。你甚至可能要和招募者做一些角色扮演。只有当招募者开始使用你的筛选器，你才能知道他或她是否真的理解。很多研究公司雇用一些人打招募电话。如果你不能和他们所有人交流，那么你应该与代理的关键联系人交流讨论筛选器。

每个人被招募后要求发送完成的筛选器

这是你来监控招募谁和再次确认合适的人被招募过来的方法。你还可以把完成的筛选器发给产品团队的成员，确保他们对每一个参与者满意。在过去这对我们来说是成功的。

确保他们提醒参与者参加你的研究活动

这是显而易见的，但是提醒参与者参加你的研究活动将大幅降低爽约率，比如在你安排参与者的时间时给他们发一个日历邀请。有时候招募代理在测试的一到两周前招募参与者。你要确保他们在前一天（有可能的话在当天再一次）打电话提醒参与者，获得参与者确认。在你和招募代理的合同中包含提醒电话是非常有用的，同时也声明你不会为缺席付费。这会提高他们确保参与者赴约的动机。

避免职业参与者

是的，即使用招募代理，你也要避免"职业参与者"。一个招募代理可能一次又一次联系同样的人参加不同的研究。这个参与者可能对你来说是新的，但是可能这个月已经参与过另外三个研究。尽管这个参与者可能符合你所有的其他条件，但是那些以参与测试为收入来源的人不能代表你真实的终端用户。如果他们认为自己知道你期待什么，他们可能表现得不一样而且提供更"圆滑"的回复。

你可以坚持要求招募代理只提供"新鲜"的参与者。在你的测试开始的时候与参与者聊天可以揭露很多信息，从而来验证一下。简单地问"多少人之前参加过 ABC 代理的研究？"

人们"总是"自豪地告诉你招募公司登门求教他们的专业意见。

> **提示**
> 　设置一道筛选题问一个人在过去六个月是否参与过用户研究或市场研究，如果是，问参与过几次。如果答案大于一次，你应该考虑取消那个人的资格。

记住你不能把他们加入你的数据库

你可能会想，起初先用招募代理帮你招募参与者，然后把这些人加入你的参与者数据库，在将来的研究中使用。在几乎所有情况下你都不能这么做。多数招募代理会在他们的合同条款中注明你不能招募任何他们招募的参与者，除非通过他们。确保如果存在，你注意到了这项条款。

利用客户关系

现在或潜在的客户是理想的参与者。他们是真正的利益攸关方，因为最终他们打算使用这款产品。所以，他们在诚实方面不会有问题。有时候他们诚实得残忍。

通常，产品团队、销售顾问或者客户经理可能有一些紧密的客户关系。挑战是说服他们让你利用。通常他们担心与忧虑你可能让他们丢掉一单生意或者你可能会打扰客户。一般情况下，讨论一下你的动机可以帮助减缓这个问题。

从组织一个会议讨论你的研究计划开始（见 6.2 节）。一旦产品团队成员、销售顾问或者客户经理理解了你的用户研究活动目标，他们将有希望也能看到客户参与的益处。这对你和客户来说是一个双赢的情境。客户喜欢被卷入过程当中并且倾听他们的声音，而你可以收集真正好的数据。另一个额外的好处是可以减少你的成本，因为通常你只是略表心意而不是用现金（见 6.4 节）。

尽管你尽力了，可能你还是不能与某些客户交流。你必须接受这一点。你最不愿意看到的事是，惹怒一个客户经理或者一个客户致电你们公司的代表抱怨他或她想要用户研究团队给他 / 她展示的东西，而不是代表卖给他们的东西。当招募参与者时你们公司的内部联系会是非常重要的——他们了解他们的客户并且可以协助你的招募工作，但是他们需要被尊重并且了解你在做什么。

如果你打算与顾客一起工作，有以下几点需要注意。

要点速览：
➢ 警惕愤怒的顾客
➢ 避免与众不同的顾客
➢ 招募内部雇员
➢ 给招募留出更多时间
➢ 确保招募到了合适的人

警惕愤怒的顾客

最好选择当前和你的公司正保持良好关系的顾客。这会让整个事情变得简单。要尽量避免愤怒的顾客。你或你的团队不应该因为一单不好的生意受到责备。然而，生意的成败经常被看做是用户研究专业性的结果，顾客享受着被关注，并且意识到公司会基于他或她的反馈改进产品。如果发现你面对这样一位不满意的客户，那就给他一个机会让他去发泄；但不要让这个顾客成为研究活动的主角。拿出活动开始的前 15 分钟，让参与者表达他对产品喜欢、不喜欢、挑战和担心的地方，然后你就可以按照计划继续开展研究活动了。

在招募时，如果你意识到顾客有这样的计划，想个办法把他搞定。客户经常会抱怨当前的产品，并且想找个人倾诉。一种解决方法是让他到研究活动以外的房间去和一个产品团队的成员私聊。用户研究团队需要和产品团队提前协调好。这样需要更多的精力，但对双方都好。

避免与众不同的客户

最好可以招募到和其他人相对一致的顾客。有时候，一些客户为了自己独有的要求，会对你的产品提出极个性的要求。一些公司的业务流程与常规或业界的标准有所不同。如果你在帮助产品开发团队进行一场有关"特殊客户"的用户研究，那无可厚非。如果你试图进行一场可以代表大多数用户群体意见的用户研究，那你肯定不希望招募到和大多数潜在用户认知加工方式不同的客户。

招募内部员工

有时候，顾客是你公司的内部员工。这是一批最难招募的用户。以我的经验看，他们可能会非常忙，并且觉得不知道花时间参加。如果你想招募内部参与者，最有效的方式是说服他们的老板。通过这种方式，当你联系这些用户时，你可以说，"Hi John，我找到你是因为你的老板 Sue 觉得你是这个研究非常理想的人选。"如果他们的老板想让他们参与，他们一般不会拒绝。

允许更多的招募时间

不幸的是，这个是你使用顾客（作为你的研究对象）的一个弊端。一般说来，顾客招募是一个漫长的过程。经常有一些公司的繁文缛节你需要遵守。你可能需要向很多人解释你在做什么，你需要招募什么样的人。你还可能依赖公司内的一些资源帮助你接触到合适的人。现实情况是，这（用户研究活动）可能对你而言是最高优先级的事情，但对于他们来说并不是，因此，事情的进展可能都会比你希望的要慢一些。你可能需要通过你和你的顾客所在公司法务部的审查，来批准活动的进行。保密协议也可能需要修改（请参考 3.4 节）。

确认招募到了合适的人选

你需要确认内部招募人员或招募代理接口人对你需要的参与者有清楚的理解。在很多情况下，接口人认为你可能想和负责购买和安装软件的人聊聊。事实上，你想寻找终端用户，你需要接口人明白，其实你是想找购买软件和安装后，实际使用的人群。最好不要把你的筛选标准直接给负责顾客招募的人。相反，把你的用户画像给他们（参考 2.4.1 节），然后让他或她把可能符合这个画像的人的姓名和联系方式通过邮件发送给你。你可以自己和他们取得联系，然后通过筛选标准判断是否符合参与标准。

需要特别注意的一点是，公司经常愿意把最好的最聪明的人指派给你。因此，这样的样本很难作为你全部客户的代表。你需要把这个问题和招募顾客的人交代清楚，"我不想要最好的人。我想要在能力和经验上有一定差别范围的人"。

同时，如果你的客户在研究中坚持引入"特别的"用户，不用对此感到惊讶。项目监理经常坚持在你接触到他的员工（真正的终端用户）之前让他们的输入发声。即便你不需要来自购买决策制定者或项目监管的反馈，你可能也不得不把他们引入你的研究活动。这样你就会让整个研究的时间变长，你就需要更多的参与者，而他们的反馈对你用处并不大。但至少，你维护了与客户之间的关系，包括这些"特别的"用户。

6.4.7　防止参与者失约

无论采用什么招募方法，你都可能遇到参与者答应参加但在研究活动当天没有出现的情况。这种情况令人沮丧。原因可能是对参与者而言有更重要的事情，也可能是他们完全忘记了。有些简单的策略可以防止这种情况的发生。

提供联系方式

参与者是在活动开始前 1～2 周前招募的。当我们招募时，会给参与者一个姓名、邮件地址和电话号码，并告诉他们如果因为任何原因无法参与研究活动，请和这个人联系。我们理解人们有自己的生活，也理解我们的活动在他们的日程中可能优先级很低。我们尝试着跟参与者强调，我们非常需要他们的参与，同时我们也理解他们可能无法按时参加。我们让他们知道，如果他们可以腾出时间给我们打电话取消活动或调整日程，我们会非常感激。这样我们还有机会招募其他用户，或者至少可以合理安排我们的时间，而不至于干等一个并不会出现的用户。我们要让参与者知道，一个用户没来会给研究活动带来非常大的困难。

提醒他们

在活动开始的前一天和活动当天，联系并提醒参与者。有些用户仅仅是忘记了，尤其是当活动被安排在周一一早。一个简单的提醒可以避免发生忘记的情况。

最好给用户打电话而不只是发邮件给他们，因为你需要明确地知道他们是否会来。如果你通过手机跟他们联系，你可以立刻得到回复。同时，你可以把一些重要事项跟他们再强调一遍。提醒他们必须按时参加活动，同时携带有效证件（如果需要），否则将不允许参加活动。如果你发送一封电子邮件，你只能期望人们仔细地阅读并对重要细节做笔记。同时，你还需要等着人们回复确认。有时候，人们并不会马上读你的邮件，并且不会回复（特别是，他们知道他们并不会来）。如果参与者没接电话，你需要留一个语音消息，提醒他们活动的时期和时间，以及其他相关细节。提醒他们给你回电话确认是否可以出席。

多招募

即使你为参与者提供了用于取消的联系方式，同时你已经打电话提醒过他们，仍有人会缺席。为了避免这个问题，你可以多招募一些参与者。为每 4～5 名参与者额外招募 1 名替补，一些同事甚至双倍招募——需要 1 名参与者招募 2 名！

有时，所有人都会来，但我们认为这种成本是值得的，有更多的人总比人不够要好。如果所有人都来了，你可以通过几种方法处理这种情况。如果是一个个体活动，你可以增加额外的场次（这个将花费更多的时间和资金，但你可以获得更多的数据）或者你可以打电话取消其他的场次。如果参与者没有及时收到取消的信息，并且按照约定的时间出现了，你就必须支付他们全部的报酬。

如果一个团队活动的参与者全部出席，我们通常会保留所有的参与者。额外的参与者不会对你的研究活动产生负面的影响。如果存在某些原因让你不能引入额外的参与者，你可能只能让他们离开。记住要付给他们全部的报酬。

6.4.8　招募国际参与者

根据你参与研究的产品和市场，你可能需要招募来自其他国家的参与者。你可能不能采用和在自己国家一样的招募方法。下面是一些你需要记住的关于进行一场国际用户研究活动的注意事项（Dray & Mrazek, 1996）：

- 在你要进行研究活动的国家，雇用一个专业的招募代理。你可能很难知道在哪里或用什么方法招募你的终端用户。
- 学习（当地的）文化和行为上的禁忌和期望。招募代理可以帮到你，或者你可以读一些专门介绍这些的相关书籍。
- 如果参与者说另外一种语言，除非你可以非常流利地沟通，你可能需要一名翻译。即便你的用户和你说一样的语言，你最好还是需要一名翻译。参与者用他们自己的语言表达观点时会更舒服，或者当他们并没有熟练掌握你的语言时，他们可能难以理解你用的一些术语。尽管你对一门外语很精通，也可能误解一些俚语或专业术语。
- 如果你在一些欧洲国家进行入户研究，不仅到别人家进行访谈或其他活动不是一种很常见的做法，客人带食物到别人家也不常见。因为你是一位外国人，或者因为你的研究比较特殊，带食物（到别人家）可能可以被接受。
- 准时可能是个问题。例如，当观察德国参与者的行为时，你必须准时。然而，在韩国或意大利，时间是相对的，约会的时间可能仅仅是一个参考，大多数情况下并不会准时开始。当你在一天中安排多场访问时，需要牢记这一点。
- 注意休假季。例如，你可能很难在 8 月招募到欧洲的用户，因为很多欧洲人会在那个时间选择去度假。

在进行一场国际范围的研究时，招募仅仅是冰山一角。在国外进行用户研究，你可能不能简单地套用和你在自己国家同样的研究方法。

进一步阅读资源

你可以找到很多额外的非常有价值的资源帮助你准备国际用户研究：

- Chavan, A. L., & Prabhu, G. V. (Aug 16, 2010). *Innovative solutions: What designers need to know for today's emerging markets.*
- Quesenbery, W., & Szuc, D. (Nov 23, 2011). *Global UX: Design and research in a connected world.*

6.4.9　招募特殊群体

当招募特殊用户群体时，有许多需要考虑的事情。所谓特殊群体包括，例如孩子、老人和残疾人。有时候，招募这些特殊群体用户需要更多的时间，因此在规划研究时需要把它作为一个考虑因素。

交通工具

你可能需要为不方便独立到达活动现场的人提前安排交通工具。你应该安排专人接送。你可以选择出租车，也可以安排一名你的雇员完成这项任务。当然，如果可能的话，你应该考虑到参与者所在的地方去，而不是让他或她到你的地方来。

陪护

有些参与者可能需要陪护。例如，对于年龄不足 18 岁的参与者，必须由法定监护人陪同。这些监护人同样需要签署知情同意书和保密协议。残疾人和老年人同样需要陪护。这并不会给你平添麻烦。当陪护人员在研究活动现场，请他保持安静并且不干扰活动的进行。保证参与者的安全和舒适是最重要的事情（参见 3.3 节）。优先级高于一切。

设施

在你招募的时候，问清楚是否你的一些参与者需要特殊的设备。如果你的参与者中有残疾人，你必须确认你举办活动的场地有无障碍设施。你需要确认有残疾人停车位、轮椅坡道、电梯，以及轮椅可以方便到达或通过建筑中的每个地方和道路（卫生间、过道等）。如果你的参与者中有人需要导盲犬的协助，还需要记得确认场地适合犬类活动。

如果你邀请了小孩子参与你的活动，最好可以把空间装扮得可爱一点。悬挂一些小朋友的海报。在休息的时候提供一些玩具。多一些身体上的接触可以帮助儿童参与者尽快地感到放松。

6.4.10　线上服务

有很多外包公司可以为你的在线产品提供研究服务。通过简单的网页搜索"在线可用性测试"可以找到这些外包公司。他们可以提供如问卷调研、卡片分类和在线可用性评估等用户研究方法。大多数会为你的研究提供参与者。他们提供的参与者类似非概率抽样，并且职业参与者可能较多（参见 10.4 节）。一些外包公司允许你自己招募参与者（例如，从你的参与者数据库中）完成研究活动，仅仅使用他们的工具，因此之前最好问清楚。

当你招募了外包公司，你必须明确你希望招募的参与者特征，并且提供一份文档让参与者遵循。他们可能需要你提供你网站/产品的链接，上传产品原型，或者提供内容（例如，卡片分类测试中你的产品功能的名字）。随后外包公司会根据你要求的用户特征邮件邀请他们样本库中匹配的成员。在几个小时内，你会收到许多完整的回复，有时甚至包括参与者在思考的视频。需要知道，即便参与者签订了保密协议，仍然存在产品细节泄露的风险。如果这对你而言并不是一个大问题，在线数据手机会是一个从全国范围快速收集大样本反馈的一个绝好的方式。

6.4.11　共创

亚马逊的 Mechanical Turk 或者 MTurk (mturk.com)，是一种非常流行的通过微任务（几秒钟到几分钟即可完成的任务）快速招募和收集大样本反馈的方法。根据任务的耗时和难度，每个完整的回复的花费不到 1 美元（有时仅仅是几个美分）。这是一种经济的从大样本快速收集反馈的方式。MTurk 上的参与者，在人口统计学上的多样性略高于标准的互联网样本，而显著高于美国大学生样本（Buhrmester, Kwang, & Gosling, 2011）。然而，和其他样本库一样，MTurk 中也存在职业参与者，通常称为"超级 Turkers"，这些人每周会花上超过 20 小时在平台上完成任务（Bohannon, 2011）。你可以加入一些筛选问题，但这种方法真的最适合普适性的任务，而不是针对经过训练或某个领域专业的用户。可以引入一些方法确认参与者确实认真阅读了任务并完整作答，以保证回复的可靠性和有效性（例如，剔除一些过快的，包括答案排成一条直线的回复，引入测试问题，开放性问题要求最少填答字数）（Kittur, Chi, & Suh, 2008）。如果可能，尽量让参与者如同欺骗系统一样简单地提供有效的回复（Buhrmester et al., 2011; Casler, Bickel, & Hackett, 2013）。

进一步阅读资源

Bolt, N., Tulathimutte, T., & Merholz, P. (2010). *Remote research*. New York: Rosenfeld Media.

Kittur, A., Chi, E., & Suh, B. (2008). Crowdsourcing for usability: Using micro-task markets for rapid, remote, and low-cost user measurements. *Proceedings of the CHI 2008 conference*. ACM.

6.5　追踪参与者

当用户招募完成后，有很多关于用户的事实和信息你需要追踪。你可以建立一个数据表，把所有你联系的参与者的信息记录在内。这可以作为一个简单的参与者数据库的雏形。你可能需要追踪的信息如下：

- 他们已经参加过的研究活动。

- 参加活动的日期。
- 他们被支付了多少报酬。
- 你对参与者的负面评价（例如，"用户没有出现"，"用户没有参与"，"用户很粗鲁"）。
- 你对参与者的正面评价（例如，"Nikhil 是个很好的意见贡献者"）。
- 当前的联系信息（邮箱地址、电话号码）。

> **要点速览：**
> ➢ 税务影响
> ➢ 职业参与者
> ➢ 创建一个观察名单

6.5.1 纳税问题

在美国，如果任何一位参与者在一年内交钱超过 600 美元，你所在的组织需要完成并提交 1099 纳税单（600 美元是本书发表时的门槛）。不履行这项操作可能给你所在的组织带来大麻烦。为跟进这件事，你需要知道每位参与者每年交了多少钱。如果你不想提交纳税单，一旦某位参与者交钱达到 550 美元，把他或她移入观察名单（参见下面），因为一旦他或她达到 600 美元，你就必须要完成纳税单。招募参与者前应查阅观察名单。记住你必须计算支付物的零售价格，因为支付给参与者的可能是现金，也可能是礼品卡。如果一些用户需要持续对你的产品提供反馈（例如，可穿戴电子设备），并且他们可以在研究结束时获得这个产品，你在计算支付的报酬时，需要计算这个设备的完整零售价格，而并不是你公司为这些设备的花费。如果这个设备的零售价格达到或超过了 600 美元，你就必须要提交纳税单。

6.5.2 职业参与者

无论你信或不信，真的有人把参与用户研究和市场研究活动看做是一项职业。一些参与者是对你的研究真心感兴趣，而另一些则对钱感兴趣。我们当然应该避免招募到后者。

我们遵循的原则是，一个人三个月内只能参与一项用户研究活动，并且他或她交的钱不超过 600 美元一年的标准。不幸的是，总有一些人并不想遵循上述原则。我们遇到一些人会通过篡改姓名或工作职业来获取参与研究的资格。我不想谈论这些狡猾的行为。我们曾遇到一位参与者，在一个下午声称自己是大学教授，而另一个下午又说自己是项目经理——我们收录了这位参与者提供的至少 9 组（而且都不相同的）别名、电话号码、邮件地址。好消息是，这样的人是极少数的。

通过追踪你曾经招募过的参与者，你可以向招募方要来参与者的联系方式，通过比对确保他们没有在之前参与者的名单里。如果我们发现某些人使用了别名，或者我们怀疑某些人使用了别名，我们会把他们放到观察名单里。

我们同样尝试通过让参与者在招募过程中了解他们需要提供并携带有效身份证件（例

如，驾照、护照），以避免使用别名的问题。如果他们没有携带有效证件，将不会被允许参与活动。这一点需要严格要求。在研究活动开始前或结束后，通过传真或邮件的方式发送一张有效证件的照片也不是一种合理的做法。那个之前提到的令人苦恼的参与者真的修改了她的驾照并通过邮件发送给我们，以试图获准参与之前一天被拒绝的研究活动。

6.5.3　建立一个观察名单

观察名单是你的招募工具箱中重要的工具。这里存放着那些你曾经招募过，但不希望再见到的参与者名单。这些人包括：

- 接近或达到 600 美元支付报酬的限制（每年 1 月 1 日，可以将这些人从名单中移除）。
- 曾经有过不诚信的行为（例如，没有适当理由地使用别名，改变工作角色）。
- 曾经在参与过程中有过不良行为（例如，粗鲁、无建设性意见、迟到）。
- 无故不出现。

底线是你希望尽可能地避免对帮助你达到研究目标无贡献的这些参与者。再回到那个令人苦恼的参与者，她曾设法利用花言巧语在无法提供驾照的情况下参与超过一项研究（"我把它放在我的另一个手提袋里了"，"我今天没有开车"）。因此，我们张贴了一张海报警示我们组内的所有研究人员。我们甚至贴出了他的照片。图 6.3 给出了一张关于"警示"海报的样例。

图 6.3　"警示"海报的样例

6.6　创建协议

协议是指一个大概描述你作为主持人需要完成的所有流程以及这些流程先后顺序的脚本。它起到的作用类似于议程清单，而当你寻求伦理委员会（IRB）批准你的研究时，协议可能是必需的（参见 3.2 节）。

出于多种原因，协议是非常重要的。首先，如果你用同一种研究方法进行多场研究活动（例如，两场焦点小组），它可以确保每一场活动和每一个参与者受到一致的对待。当进行多场研究活动时，你容易产生疲累感同时忘掉一些细节。协议可以帮助你让每一场活动变得井井有条。如果每场活动都与其他场次有所差异，每场活动收集的数据可能会受到影响。例如，如果两场焦点小组使用两套不同的指导语，每组参与者可能对于活动产生不同的理解，从而产生不同的结果。

第二，如果有不同的人主持不同场次的活动，协议也会变得尤为重要。这种情况并不是理论上才会出现的，而是实际上确会发生。两个主持人应该一起创建协议并演练。

第三，协议可以像一位引导员一样确保你把所有必要的信息传递给了研究活动参与者。通常而言，在一场活动中，有大量的事情需要传达。协议可以确保你已经涵盖了每一件事。如果你忘记让每个研究参与者签署保密协议，将可能产生灾难性的后果；或者如果在一场活动结束的时候，你忘记支付参与者劳务报酬，那将是一件多么搞笑的事情。

最后，协议可以在需要的时候，让其他人复制你的研究。

协议示例

下面是一个小组卡片分类研究活动的协议示例。当然，你需要根据你进行的研究活动修改这份协议，但它至少告诉你一份协议中应该包含哪些内容。

TravelMyWay.com

卡片分类协议

在参与者到来前：

- 摆放好食物。
- 当人们陆续进来并就坐时，打开背景音乐。
- 放好名签、笔以及知情同意书 / 保密协议。
- 确保协议、开篇、信封、订书机、橡皮筋、额外的笔和小奖品在你手上。

参与者到来后：

- 请求出示身份证。
- 主动提供一些饮料或食品。
- 解释录像、单面镜后方的观察者以及休息时间。
- 解释保密协议 / 知情同意书和名签。

- 收集签过字的文件，同时让助理复印。
- 开始录音。
- 解释我们是谁，以及本次活动的目的。
- 指出我们不是产品的开发团队成员。我们会对今天产生的内容严格保密，所以请放松并保持诚实。

活动引导员的话

"我们正在设计一款以在校大学生为目标用户的旅游网站。今天，请大家过来是帮助我们开发网站界面的结构。这里有很多信息和内容，我们希望大家可以按照一定的含义，把它们分成几个组。这将帮助我们组织我们产品中的信息以便我们的用户可以方便地找到。

我将发给你们每个人一堆卡片。每张卡片上印着一个专有名词以及相应的定义。我希望大家看下每张卡片，然后告诉我是否有哪个专有名词的定义不合理或者你认为与专有名词不一致。例如，你可以告诉我，'我以前听过这个，但我叫他其他什么名字'。在这个时候，我会问是否还有其他人也叫这个东西不同的名字。我也很乐意大家在卡片上对定义或专有名词直接作出修改。同时，如果你从未用过或者听说过这样东西，请直接在纸上写'我从来没有用过这个'或者'我之前从来没有听说过这个'。

当你看完所有这些专业术语后，请把它们按照一定的含义分成几个组。对于分成的组数，以及每个组内包含的卡片数并没有限制。同时，我希望大家可以独立完成。没有对错之分。如果你觉得有那样东西需要同时隶属于一个以上的组。你可以用空白卡片复制这张卡片。

当分组完成后，请使用空白卡片给每一个组取一个有含义的名字。可以是一个词，也可以是一个短语。如果谁需要更多空白卡片，请告知我。大家还有其他任何问题都可以问我。"< 在白板上进行一次快速的分组演示，如果参与者都已经明白规则，则发放卡片并让他们开始进行分组。安静地坐在房间的前方，回答参与者提出的问题 >

结语

- 当参与者陆续完成分组，让他们把每组开篇装订到一起并放在事先做好标记的信封里。如果某个组太大而不能装订，用橡皮筋捆绑起来。
- 当参与者完成上述操作后，对他们付出的时间表示感谢，支付报酬，并陪同他们回到大厅。
- 确保回收每个参与者的访客标签。

6.7 预演你的研究活动

预演本质上说是对你的研究活动的练习。这是任何用户研究活动必需的环节。这些活动是复杂的，即便你是身经百战的研究人员，同样需要进行预演。没有预演，你几乎不可能完成一场专业的用户研究活动。它的作用胜过"练习"，而更多地是找问题。像真实场景一样开展你的研究活动。保质保量地完成每一件你在实际活动中计划的事情。邀请一些你的同事配合你完成（预演）。如果你要进行一场 12 个人的小组活动，你并不需要邀请 12 个人参与预演。（当然，如果你可以请到当然最好，但通常而言，这是不现实也是不必要的。）通常而言，3～4 位同事就可以帮助你达到预演的目的。我们建议在正式活动开始前大约 3 天的时间进行预演，这样可以给你预留出足够的时间修正预演中暴露的问题。进行一场预演，可以帮助你实现很多目标。

6.7.1　视听设备可以正常工作吗

这是你调试拍摄角度、检查麦克风，同时确保录音质量可以接受的机会。你一定不想等到活动结束后才发现摄像机或录音机没有正常工作。

6.7.2　让指导语和问题更加明白

你一定想让指导语清楚，而且容易被参与者理解。提前尝试向同事们解释这个活动，你可以获得哪里已经足够容易理解，哪里还不够清楚明白的反馈。

6.7.3　检查错误或瑕疵

所谓不识庐山真面目，只缘身在此山中，局外人更容易发现你可能察觉不到的错误或瑕疵。可能是你在说明文档上的拼写错误，也可能是产品演示版本中的小问题。你当然希望在正式开始前找到这些令人尴尬的疏忽或错误。

6.7.4　练习

如果你从未开展过此类研究，或只有几次经历，预演可以给你提供练习的机会并让你在正式活动中感到舒缓。一个紧张或不适的活动引导者，会让活动参与者同样感到紧张或不适。你的主持技巧练习得越多越好（参考 7.3 节）。

预演同样可以给你活动时间的感觉。每一场活动都有预先设定的时间，你必须保证活动在时间限制内完成。通过预演，你可以发现是否需要缩短一些环节。

6.7.5　谁应该参加

如果这是你第一次开展此类研究，最好邀请一些有经验的研究者参与到你的预演环节。他或她可以给你一些哪里可以改进的反馈。预演结束后，如果由于作为主持人经验的匮乏，导致你感到不能舒服地执行这场活动，你真的需要认真地考虑下请一位有经验的人（同事或顾问）帮你提升。你可以跟着这位有经验的主持人来提升你之后主持时的自如程度。产品团队的成员，以及如果你是一名学生，你的导师，应该参与到预演环节。他们是这项研究活动团队的一员，因此他们应该参与到活动的每个环节，何况预演是非常重要的一步。即使他们已经阅读过了你的提案（参见 6.2 节），他们可能也很难想象出这场活动到底会怎样进行。预演可以给他们答案。预演同样可以给产品团队最后一次机会说出他们的担心和争议。准备好可能会收到一些批评的反馈。如果你觉得这些担心是合理的，你现在还有机会改进。

颇具讽刺意义的是，预演可能正是你不愿意邀请团队成员参与的一个环节，因为你可能会紧张，也因为预演可能会暴露出各种问题。但如果你把预演的性质和目的解释给团队成员并且调整好他们的预期，他们可以通过预演给予你帮助而不会让你感到难受。

6.8　本章小结

精心准备是一场用户研究活动成功的关键。请牢记让产品团队尽早地参与到准备中来，像一个团队一样一起工作。在本章中，我们讨论了所有为了开展一次成功的用户体验活动，你和你的产品团队需要准备的材料，以及完成的事情。

第 7 章

用户调研活动

7.1 概述

在前一章，我们学会了如何打基础和如何准备活动。本章会讲解一些调研方法的基本原理，教你如何成功地组织用户调研活动。用户调研活动的形式很多，可以在实验室或现场进行，也可以面对面或通过电子邮件、音频、视频进行远程访谈。调研人员的工作量很大程度上取决于活动的类型（见表 7.1）。例如在线调研，只需关注数据流的质量。而在面对面的焦点小组活动中，要负责招待参与者，让参与者精力充沛，确保讨论有价值的问题，并保证所有记录设备正常运行。面对面的焦点小组要比在线调研耗费更多的时间和精力！

表 7.1 不同活动级别

活 动 类 型	活 动 级 别	活 动 类 型	活 动 级 别
日志调研	低	焦点小组	高
访谈	高	实地调研	中
调查	低	评估	中
卡片分类	中		

除了不同活动之间的差异，活动中的不同选择也会有差异。例如，每次可以选择一人进行测试，也可以选择多人（组）进行测试。可以选择面对面测试，也可以选择远程测试。

可以选择专门的用户调研场所（实验室），也可以选择参与者的家里或办公室（环境）。最后，可以选择在同一时间与参与者进行同步测试，也可以选择不同的时间进行异步测试。

因为有很多选择，所以本章的一些建议不会精确地符合你所设计的每一个活动。表 7.2 是一个快速提纲，说明了哪一种类型的活动需要做的事情。我们已经把焦点放在讨论的活动上，这可能是棘手的，需要高层次的调研人员参与，他们通常要亲身参与，与调研员同步，并和组员一起进行。然而，不管要开展哪种类型的活动，所有的建议都可以指导我们。例如，要进行远程调研活动（例如，远程卡片分类），需要改变欢迎参与者、获得知情同意、提供合适奖励的方式。即使和参与者不能面对面，仍然需要欢迎他们，使其知情同意，并支付他们。在这种情况下，不能像面对面一样口头欢迎参与者，需要在欢迎屏幕上展示欢迎词；不能像面对面一样，让参与者签署一份同意文件，需要让他们在网上阅读，并在网上签署；不能像面对面一样给参与者一个礼物卡，要给他们能在网上消费的奖励，或让他们知道你会马上邮寄一个礼物卡给他们。

表 7.2   不同的用户调研活动中需要做的事情

	日志调研	访谈	调查	卡片分类	焦点小组	实地调研	评估
邀请观察员	否	是	否	是	是	是	是
欢迎参与者	是	是	否	是	是	是	是
主持活动	否	是	否	可能	是	可能	可能
录制和记笔记	否	是	否	是	是	是	是
处理迟到和缺席的参与者	是	是	否	是	是	是	是

7.2 邀请观察员

"观察员"是那些在活动中不太活跃的角色。例如，邀请开发人员成为观察员，开发人员难于理解用户的互动方式。努力邀请利益相关方（stakeholder）观察现场调研。选择一种不会分散、扰乱或恐吓参与者的方式（例如，在一个单面镜后面，安静地坐在房间后面或通过摄像头观察）。当不能邀请观察员查看现场调研时（例如，日记调研），一定要通过一种方式收集数据，让相关方听到参与者的声音，并了解他们的观点。参见 4.1 节，了解如何为观察员建立观察用户调研的方法。

> **提示**
>
> 有些利益相关方可能不经常与用户互动，为帮助他们更好地理解用户和用户需求，最有效的方式是让他们参加调研或查看调研记录。在调研中，能看到和听到用户谈话。有时哪怕仅看到和听到一个用户讲话，也比只阅读用户调研报告更有意义和变革性。

　　邀请观察员除了帮助观察员了解用户需求，还有一个优势是有利于团队建设。大家都是"团队"的一部分，因此，利益相关方也应该参与活动。此外，邀请观察员有助于相关方了解你所做的和你带来的价值，并建立彼此的信任。录制和记录调研现场是明智的，你可以提供给不能参加活动的利益相关方，而且以后也可以作为参考。

　　当你邀请观察员参加现场调研时，应提前设立明确的规则：

- 告诉观察员早到，有礼貌、不唐突地入场。
- 在房间里，如果观察员离参与者很近，观察员要保持安静。通常，被单面镜分割的房间可能无法完全隔音或不能隐藏所有的动作，所以观察员要保持安静。如果是在线调研，则不需要注意该条内容。
- 观察员应该关掉手机。接听电话会干扰参与者和其他观察员。很难让忙碌的人（特别是领导）关掉手机，但如果让他们明白接电话会影响参与者、同事和设备的舒适度，他们通常会答应关掉手机。

　　当你邀请观察员参加远程调研时，注意下面的事项：

- 要求观察员在调研期间保持安静，提醒他们关闭手机铃声。观察员若使用音频或视频会议软件，提醒他们把麦克风和电话调为静音。
- 要介绍房间内的每个人，即使参与者看不到每个人（例如，音频调研或只有你可见的视频调研）。如果你不介绍房间里的每一个人，有人说话（例如，设计师、产品经理或开发工程师回答了参与者的问题），你会失去参与者的信任。

> **提示**
> 　　在实验室的小组活动中，我们通常订购足够的食物，调研结束后，观察员可以享受到美食。承诺购买曲奇饼干，足以让观察员有动力留在这里，直至调研完全结束。

谁不能参与观察

　　在一般情况下，不允许对参与者有监督或管理作用的人参与观察。如果参与者知道他们的老板在观察，会显著影响他们的行为。例如，在某调研中，如果参与者知道他们的老板在看他们，可能会说按照公司的政策来做事情，而不是表述实际的情况。向管理者或主管解释，他们的存在可能威胁到参与者，请他们不要参与观察，可以把调研总结发给他们（不标注具体的参与者姓名）。我们发现，这样解释，他们通常会理解，并接受你的恳求。如果由于政治原因，无法避免这种情况（例如，一个高知名度的客户坚持观察），可能会让他观察，但最后要放弃收集的数据。出于道德的原因，在调研开始前让参与者知道有这种类型的人在观察他们。

7.3 欢迎参与者

7.3.1 欢迎参与者参加实验室调研

如果在实验室或其他类似的地点进行调研，请参与者提前 15 分钟到达（提前 30 分钟，如果提供膳食），让参与者有足够的时间就餐，放松自己和聊聊天。在小组调研时，还可以缓冲一下，以防某些参与者迟到。在招募参与者时，告诉他们（参见 6.2.4 节）："调研活动于下午 6:00 开始；为了就餐和了解相关管理细节，请提前 30 分钟到达。迟到者不能参加调研。"在这段时间里播放一些音乐，营造轻松的气氛，这要比拘谨的沉默或叉子碰撞盘子的声音更令人愉悦。

> **提示**
> 一旦参与者来到调研场地，不应该让他们独自在那里。休息期间或你不在的时候，参与者在大厅里逛来逛去，很可能会迷路，这会浪费时间。同时，让非公司雇员在公司内闲逛是不明智的，会有公司安全问题。

如果是小组调研，让同事准备白板，写上欢迎词，在大厅等候参与者。参与者到达后，问候他们，并引路。标语可以为："欢迎 TravelMyWay APP 焦点小组的参与者到来。请稍等，我们马上就来。"这个标志让参与者知道他们在正确的地点，如果接待人员不在，还可以引导他们。如果调研地点有接待员，以避免混乱，提供参与者列表，让参与者在列表上签到，确保接待员要求所有参与者留在指定位置。如果调研地点没有接待员，提供大的标识，参与者到来时，假若你带领其他参与者离开，他们也知道在这里等待。一次带领四五个参与者到达指定位置，这样节省时间和精力。为了避免来回多次往返，在途中询问参与者是否需要去卫生间。如果可以，可以让接待员或迎宾员要求参与者提供身份证并签署一份保密协议。

7.3.2 在实地欢迎参与者

如果在实地（例如，他们的家或办公室）约见参与者，也应该提前到达，参与者不会等你！如果在参与者的家里调研，一定要早到，但不要敲门，直到约定的时间。他们可能会有别的安排，所以不要指望参与者在约定时间前有空。

7.3.3 介绍调研

一旦参与者已经到达，或者你已经到达实地，应该欢迎他们，介绍自己，概述一下整个调研活动，告诉他们总体目标，让他们知道有观察员将要观察他们，让他们签署保密协议及同意书。你还应该列出调研活动的基本规则，并设定预期。例如，让参与者关掉手机。

7.3.4　同意的参与者

一旦确认参与者理解了调研计划和他们在其中的角色，就可以开始签署同意文件。请记住，在签署同意书的过程中，不仅仅是让参与者签署一个表单，这也是一个会谈，你和参与者之间的会谈，确保参与者理解调研活动的目标，如果他们愿意参与，签署同意协议。一旦确定参与者知道计划，对计划不反感，并想参与，让他们签两份 NDA 和同意书，一份归你，一份给他们。如果已经提前签署，让参与者重新阅读 NDA，并确保他们同意并对调研活动的信息保密。

7.3.5　提供奖励

我们建议把提供奖励作为签署同意书的一部分（见 6.2.2 节）。这样，当你告诉他们可以在任何时候自由离开而不受惩罚时，参与者更容易相信你。如果他们已经获得奖励，请让参与者签署一份简单的收据（参见图 7.1 ）。

用户调研奖励收据	
请在下面签字，以表明你已经收到了参与调研活动的奖励。	

	金额￥
姓名（打印）	
姓名（签字）	
调研员姓名	日期

图 7.1　奖励收据样例

7.3.6　发展友好关系

不管进行哪种类型的用户调研，在收集数据前，请确保参与者感到舒适和放心。在进行个人调研时，先从一些轻松的谈话开始，如对天气情况进行评价，询问是否有交通问题或停车问题。即使会浪费时间，也一定要挤出一点时间，让参与者放松下来，让他们保持轻松愉悦。当你坐下来开始调研时，大致地介绍一下自己和自己的工作。请参与者也做同样的介绍。另外，要知道如何称呼参与者，如果合适的话，称呼他们的名字。

7.3.7　热身活动

在小组活动中，每个人通常都需要与你和其他人进行互动，让参与者保持轻松是非常重要的。除了与参与者发展和谐关系外，还可以进行一些热身练习。我们使用这样的方法：给参与者各种颜色的签字笔、便签或名牌，并要求他们写下自己的名字，画一些东西来描述自己。例如，如果喜欢骑马，可以在名字上画一个马鞍的标签。这个时候，主持人也应该为自己创造姓名标签。每个人都完成姓名标签后，要求参与者描述他们所画。主持人应该先解释自己的姓名标签。这样会让第一个参与者在描述名字标签时不会感到拘谨，同样可以使房间内的其他人放松。可以选择任何一种让参与者交谈的热身活动。

这个名字标签活动是不错的，因为它有双重目的：既可以使每个人放松，也可以帮助你接触到每个人的名字。在整个会议期间应该尽可能使用参与者的名字，使活动更具亲民性。

可以选择任何一种适合你的热身活动，目标是让每个人都在交谈，并得到那些有创意的想法。15 分钟的时间足够完成这个。下面是我们用过的一些热身活动的例子：

- 在小组活动中，请参与者介绍自己，并说一件有趣的事情。
- 对于参与者现在使用的产品，询问他们喜欢哪些方面，不喜欢哪些方面。
- 问一些一般性的、容易回答的问题，而这些问题是调研的重点。例如，如果你正在调研 travelMyWay App，你可能会问参与者："你最喜欢的三个 App 是什么？为什么？"

7.4 主持活动

好的主持是活动成功的关键。主持人负责设定预期、跟踪时间、保持控制权并提供奖励。即使给参与者提供了指导，他们并不总是知道你想要什么，所以提醒和引导他们是你的工作。此外，很多时候这些活动都安排在晚上，参与者工作了一天，会很疲劳，让他们保持活力是工作的一部分。主持人必须保持参与者的注意力，保证活动向前推进，确保每个人平等参与，并最终确保收集到有意义的资料。

主持小组活动更为复杂，但主持个人活动也很重要。有些规则适用于这两种类型的活动，如保持专注和保证活动持续进行。下面会讨论一些常见的主持个人和小组活动的方案。表 7.3 是对不同的主持情况提供的一些建议。

> **提示**
>
> 主持人懂一些该领域的知识是好的，特别是讨论复杂的话题时。如果你有该领域的知识，将使你能够跟进和深入重要问题，并忽略无关或不重要的事物。提前了解话题的一个方式是咨询主题专家（SME）。

表 7.3 主持提示：你想说的话……

设定期望值	"如果你问我问题，我可能不会真的回答，或者模糊地回答。这样做，不是不友好；只是想保持中立。"
转换问题	"我不确定，但是告诉我你在想什么……" "重要的是你的经验，我们可以从中吸取经验。告诉我更多你在这里经历……"
提示沉默的 / 无反应的参与者	"你现在想做什么？" "你在想什么？" "你现在的想法是什么？"

（续）

提供保证和建立关系	"这里没有错误的答案，你来这里是为了帮助我们。" "如果我们没有看到什么领域的工作以及对你不友好，我们将无法学习任何东西。" "你知道我们感激你的坦诚。说什么都不会伤害任何人的感情。你是来帮助我们把产品做得更好，服务自己和未来的用户。" "这就是我们想听到的那种反馈……"
重定向或切断反馈	"看到和听到这些非常有帮助。由于时间的原因，我要请你执行下一个任务 /重新回到……" "让我们继续吧。我想问你，之前你做了什么……" "让我们停下来，可以稍后再回来。读下一个方案……" "我很想听到这个。但我想确保我们已经按计划执行所有的任务，所以如果有时间，让我们回到调研结束时……"
提前结束会话	"你做的一切都比预期的要快，所以我们可以早点结束。" "这就是为您安排的所有任务，都已提前完成，为您节省了不少时间！非常感谢您的反馈。"

资料来源：改编自 Tedesco & Tranquada (2014) 附录 A：What to Say. *The Moderator's Survival Guide*。

7.4.1　主持策略

要点速览：
➤ 亲切的和积极的
➤ 提问问题
➤ 保持专注
➤ 保证活动向前推进
➤ 你不是参与者
➤ 保持参与者的积极性和劲头
➤ 没有批判
➤ 熟能生巧
➤ 找到自己的风格

亲切的和积极的

在你和主持人身边，参与者应该感到轻松自在。主持活动时要有风度，平易近人，面带微笑，并看着他们的眼睛。你可能很累，有糟糕的一天，但不能表现出来，需要积极的态度。在调研开始前，与参与者聊天，不需要讨论活动事宜，但参与者经常对你的工作、产品或活动有疑问。让他们知道他将帮助你了解某种类型的人，这会让他们放心，让他们舒服地跟你说话。

提问问题

记住，应该让参与者知道，在调研中你不是专家，他们才是。让他们知道你会停下来，提问问题，并及时得到确认。参与者无疑将会使用你不熟悉的缩略语和术语，所以你应该停下来，询问什么意思，不要盲目地向下推进。收集的数据不应该是你不理解的。

确保捕捉到用户的真实想法。有时，最好的方式是有反应的倾听（积极倾听）。可以重复一遍参与者所说，不加入自己的意见和评判，之后让参与者给你纠正。

其他时候，你需要深入探究并提出后续问题。例如，Vivian 可能会说："我不想在我手机里搜索旅行。"如果你继续深入询问："你能解释一下吗？"你可能发现，Vivian 认为在手机上搜索旅行是一个坏主意，这并非真实情况；只是她从不进行旅行搜索，因为她总是在佛罗里达的公寓里度过所有的假期。

保持专注

不要让参与者偏离主题。记住，收集所需要信息的时间是有限的，所以确保参与者专注在当前的话题上。如果小的离题是相关的，可以适当进行，但要回到正轨上。可以这样说，让参与者回到正轨上："这真的很有趣。如果有时间，我们可以在调研结束后，深入地进行讨论。"另一种策略是展示问题提纲，这将有助于使大家保持在正确的方向上。例如，如果正在进行焦点小组活动，在白板上写上问题。如果人们偏离话题，指向白板，让他们知道，尽管他们的评论是有价值的，但超出了调研的范围。你还可以定期重复问题，提醒人们讨论的重点是什么。

保证活动向前推进

当人们聚焦在活动的目标或问题上时，会深入到不必要的细节中。你需要控制这一点，否则，可能永远无法完成活动。可以这样说："我想我已经十分了解这个话题了，所以让我们继续下一个吧，因为今天还有很多材料需要讨论。"在进行一次或两次这样的陈述之后，人们通常会了解后续内容的详细程度。你也可以在介绍中说明这一点："今天我们有很多事要做，所以时间差不多的情况下我们会进入下一个话题。"

你不是参与者

让参与者吐露自己的想法和意见很关键，不合时宜地插入自己想法和意见是不对的。要有耐心，让参与者回答问题，不要试图为他们回答。此外，不要发表你的意见，因为这可能会影响他们的反应。道理很简单，但有时，诱惑是很难抗拒的。尤其在招募环节，当参与者问你对产品的想法或寻求帮助时，你可能会告诉他们。在这种情况下，可以这样说："在这里你是专家，我对你的想法感兴趣。"如果说出了自己的想法，影响了调研数据，那么要放弃这些数据。

保持参与者的积极性和劲头

完成用户调研活动的时间短则 5 分钟，长则达数月。平均而言，现场的、有主持的用户调研活动会持续 1~2 个小时。对集中于单一任务的参与者来说，这是相当长的一段时间。

你必须保持参与者的热情和兴致。尽可能经常地说些鼓励的话语,让他们知道他们正在做一项重大工作,他们的投入将有助于优化产品或帮你理解某个话题。一个小小的感谢会让参与者坚持一段时间!此外,注意参与者的精力状态。如果有些疲劳,让他们休息一下或提供一些饼干或咖啡,帮助他们恢复精力。你希望每个参与者过得愉快,并把活动视为一种积极的体验。所以尽量放松自己,经常微笑,愉快地工作。用好情绪感染参与者。

没有批判

作为主持人,不应该怀疑参与者所说,这很重要,因为你在学习他们想什么。你可能完全不同意他们的想法,但你正在进行用户调研,在这种情况下,你不是用户。你可能想进一步了解为什么参与者会用这种方式,但总的来说,请记住,在调研活动中你不是专家,参与者才是。我们通常在调研活动开始时这样声明:

> 记住,您的回答没有正确或错误之分。我们不是在评估你。所有的观点都是正确的,我们欢迎所有的想法和意见。

熟能生巧

主持活动很不容易,需要练习。我们仍然需要学习新的技艺和技巧,每一次调研活动,都会面临新的挑战。我们建议新人观看活动视频,通过视频可以观察主持人如何与参与者进行互动。接下来,他们应该尾随主持人参与现场活动。参与现场活动要比观看视频获得更丰富的经验。另外,初学者应该和有经验的同事进行练习。设立一个演练调研活动,这样就可以在真正活动开始前练习你的主持能力。和同事一起角色扮演。例如,一个人可以是最主要的参与者,一个可以是安静的参与者,一个可以是不遵循指令的参与者。你可以录制活动,并观看他们如何与有经验的主持人进行互动,以找到提高自己的方法。另一个好方法是成为用户调研活动的参与者。找到本地一家正在招募参与者的公司,与他们取得联系,成为一名参与者。这样,你可以观察专业主持人在工作中的表现。最后,一定要练习回答问题,这些问题可能会在主持活动时出现。例如,主持一个软件调研活动时,用户经常会问是否实现了某个功能。不要回答“是”或“没有”,要这样说:“这是最新的产品。”这样提供了足够的信息让参与者开心,但没有透露任何不必要的细节。

找到自己的风格

一种主持风格不会适用于所有的人,每个人都有自己的风格。例如,有些人可以轻松地与参与者开玩笑,用幽默来对付不合作的参与者:“如果你不和其他人好好合作,我会扔掉你的笔!”有些人在小组面前讲话会感到拘谨,这种情况下很难使用幽默的方式来对付。试图用幽默语可能适得其反,可能会遇到嘲笑。找到在性格和互动风格上与你相似的有经验的主持人,进行模仿。

更多主持策略

要了解更多主持策略的信息,我们推荐下面的书籍:

Tedesco, D., & Tranquada, F. (2013). *The Moderator's Survival Guide*. Morgan Kaufmann.

在这本优秀的、实用的书中，Tedesco 和 Tranquada 推荐的策略有"亲切的脸庞"、"好奇心"、"言归正传"、"成为学生"和"依照惯例"。两个作者还写道，一些策略更适合某些类型的参与者。例如，对于害羞的参与者，试着用"亲切的脸庞"的策略，而对于擅长社交的参与者来说，试着用"言归正传"的策略。两个作者还讨论了在调研的某些阶段如何把这些策略用得最好。例如，在正式调研阶段，建议尝试"好奇心"策略。

7.4.2 使用出声思维法

出声思维法是指参与者在完成任务的过程中，说出他们在想什么。这种技术不仅经常用于可用性测试，还用于其他用户调研活动。在这些活动中你每次仅与一位参与者进行互动，例如个人卡片分类（参见 10.1 节）和实地调研（参见 13.1 节）。

在参与者使用出声思维法之前，先给他们示范，提供的示范最好与将要做的事情有关联。例如，如果他们将在手机上完成任务，那么你可以演示一个在手机上完成任务的例子。记住，给参与者的示范应该是你希望他们做的。因此，如果你想让他们描述期望，或表达情感，请给他们示范。在示范过程中，主持人一边完成任务，一边说出所想，让参与者观察。下面是一个出声思维法演示的样例，任务是使用手机发送一条短信（改编自 Dumas and Redish, 1999 ）：

作为参与者，请使用出声思维法，就是边完成任务，边说出您在想什么。先给您做个示范。当我试着在手机上发送短信时，我会说出我的想法。好吧，我在看手机的主屏幕。希望在主屏幕上看到一个标着"文本"或"消息"的图标，但没有看到，我很困惑。我要去其他位置看看。我想我会尝试点击这个冒泡图标，这似乎可能与说话有关，像"我说话，其他人说话。"好吧，现在打开它了，看到一个标着"短信"的图标，很高兴找到它了。你明白出声思维法的意思了吗？现在让我们来练习一下，告诉我你在手机上是怎样发电子邮件的。

在与产品交互时，出声思维可以帮助参与者描述他们所想，而不是对产品的意见，这正是你想要的。例如，当你想知道他们在想什么、看什么以及想要什么时，你可能对参与者要告诉你的事情不感兴趣，例如，他们认为其他人觉得界面如何。告诉参与者你在找什么，可以这样说："我在找如何用这个 App 订一张机票，但我希望通过点击"购买"键购买。参与者操作的过程中，回答"嗯"，给他们积极的反馈。如果他们脱离任务并这样说："我不认为大多数人会认为这个绿色有吸引力。"你应该改变局面，把他们重新引到任务上，并问："告诉我在这里你期望看到什么。"

如果你正在录制调研活动，可能会发现，需要提醒参与者。许多参与者都在静静地交谈，好像这是一个私人谈话，而不是一个录制现场。如果他们是安静的，我们可以说，"你做得很好，除了跟我说话，你还在对着麦克风说话。可能需要大声点。别担心，如果我听不到你，我会提醒你的。"

出声思维法也有局限性。例如，人们局限在自己能理解的事物上，仅表达自己的思考过程和动机（Boren & Ramey，2000；Nisbett & Wilson, 1977）。此外，让参与者使用出声思维法，会影响正在执行的任务，从而降低了执行任务的能力。尽管有这些限制，出声思维法仍然是一个非常有用的技术。

7.4.3　事后检视

在调研结束时，你应该感谢参与者，给他们发表疑问的机会，告诉他们这项调研的目标。如果在签署知情同意书环节你还没有提供奖励，那么此时要提供已准备好的奖励（见6 章）。

7.5　录制和记笔记

关于如何捕捉活动中的信息，有几种方法可以选择。

要点速览：
➢ 记笔记
➢ 使用视频或音频录制
➢ 使用录屏软件
➢ 视频 / 音频 / 屏幕录像和笔记相结合

7.5.1　记笔记

记笔记有两种明确的选择：纸和笔记本电脑。记笔记可以获得实时数据，并且有利于后续数据分析（见图 7.2 中的访谈笔记样例）。也可以告诉参与者你在记录他们所说，向他们展示你在参与活动。如果没有记录他们认为重要的地方，可能会得罪参与者。用笔记本电脑记笔记也存在问题，参与者会认为记录员有可能做其他事情，比如检查电子邮件，没有用全部精力关注他们。打字员可以适当地抬头看看参与者，不要一直盯着屏幕，这样会避免参与者胡思乱想。

记笔记潜在的问题是忙于记录，忽略了与参与者的互动或跟进。因为讨论的速度要快于记录，所以导致无法捕捉到重要信息。必须自己做笔记时，使用速记法，以便快速记录关键要素（参见图 7.3 中的速记样例）。另外，不要逐字记录每一条信息，释义会更快，并能满足大多数用途。如果需要逐字引用，考虑使用视频或音频记录。

主持某些调研活动很耗费精力，如焦点小组，根本不可能有效记录笔记。在这种情况下，最好找一名同事专门记笔记。

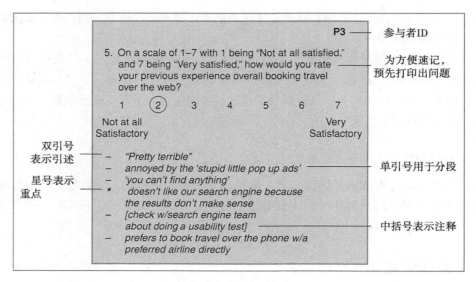

图 7.2　访谈笔记摘录

记录员可以在同一房间内，观看现场视频流，如果有正式的观察室（参见 4.4 节），也可以通过单面镜观察。增加额外的记录员，有助于商讨数据结果，还可能提出你没有想到的观点。

如果记录员在同一个房间，记录滞后或者不了解参与者所说，可能想暂停调研，这会干扰调研，所以最好找一位有经验的记录员，不需要暂停活动。该记录员不是法庭速记员：无需逐字记录，只需要记录关键点或引用。主持人应关注记录员，如果参与者语速过快，让参与者清晰得复述一遍或者放慢语速。

提前准备笔记模板，会让记录更容易。如果知道想要什么，可以在模板中占位，提醒你注意参与者在特殊话题中的意见和行为，占位提示还可以组织笔记，让你很容易找到需要分析的数据。例如，图 7.4 所示记录模板，用于机场移动 App 用户的调研。如果不能提前知道需要什么（例如，在更多探索性工作中），那么可以使用通用的模板（见图 7.5）。

```
Participant #1: P1
Because: b/c
With: w/
Within: w/i
By the way: btw
At: @
As a matter of fact: aamof
Not applicable: N/A
No comment: NC
```

图 7.3　速记样例

最后，让相关方参与活动并记笔记，这是有益的，可以进一步丰富收集的数据，并让更多的人觉得他们是有积极贡献的，因此更加认同调研结果。

提示

像主持人一样，记录员需要了解领域知识，特别是讨论复杂话题时。如果记录员理解他所写的，很容易提炼出在讨论什么。同时，记录员了解领域知识，可以知道哪些数据是重要的，从而可以捕捉到正确的信息。

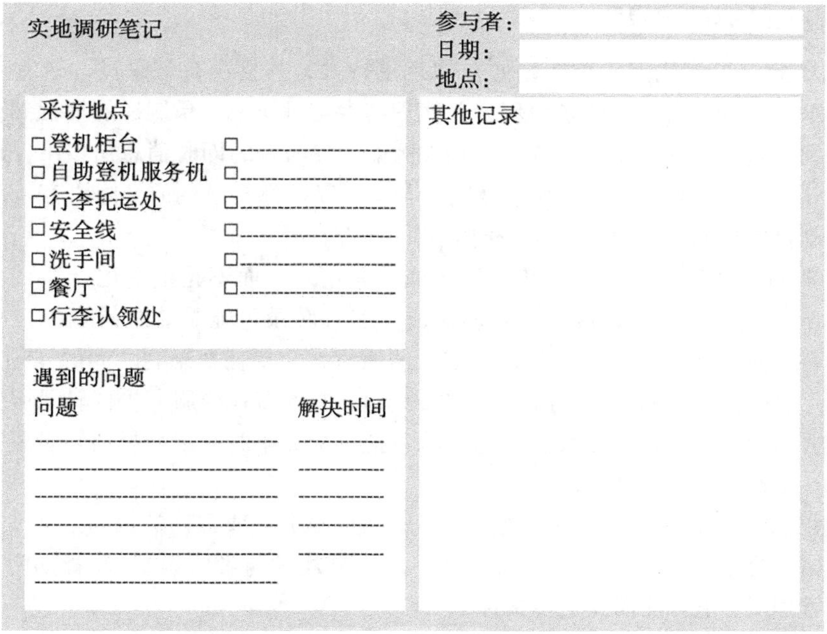

実地調研笔记

参与者：
日期：
地点：

采访地点
□ 登机柜台　　　　□ _____
□ 自助登机服务机　□ _____
□ 行李托运处　　　□ _____
□ 安全线　　　　　□ _____
□ 洗手间　　　　　□ _____
□ 餐厅　　　　　　□ _____
□ 行李认领处　　　□ _____

遇到的问题
问题　　　　　　　　　　解决时间
_____　　　　_____
_____　　　　_____
_____　　　　_____
_____　　　　_____
_____　　　　_____
_____

其他记录

图 7.4　笔记模板

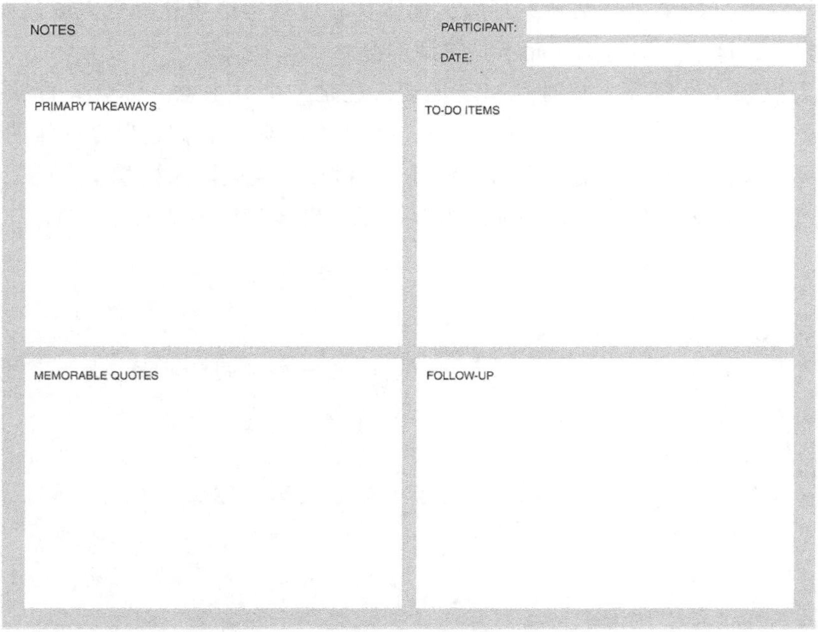

NOTES

PARTICIPANT:

DATE:

PRIMARY TAKEAWAYS

TO-DO ITEMS

MEMORABLE QUOTES

FOLLOW-UP

图 7.5　通用笔记模板

7.5.2　使用视频或音频录制

录制现场会有很多优点。首先，如果你是主持人，并且没有记录员，录制现场可以让你专注于跟踪参与者，有精力激励他们，并能理解参与者所说。录制还能捕捉到讲话和情景中的细微差别，这可能在记笔记时无法获得（例如，参与者的即时消息窗口不停地弹出导致参与者暂停讲话）。视频录制也有利于观察参与者（以及你自己的）身体语言。还可以随时将所需的录制材料带回，并直接对这些数据进行分析。

在调研期间，如果选择完全依赖于视频或音频记录，而不是记笔记，那么在整理数据时，必须边听录音，边记笔记或把录音转录成文字。转录可能是非常昂贵的，并且非常耗时，根据材料的复杂性、说话者的数量和记录的质量，它要耗费录制时间的4～6倍（例如，一个小时的录制时间要耗费4～6小时来完成转录）。有许多在线服务提供转录服务。我们发现2014年的价格是每分钟1～3美元，这意味着把一个2小时的录制材料转录成文字最低需要120美元，最高需要360美元。

我们建议只转录那些你需要的（例如，出于确切地引用或归档的目的）或科学调研需要的部分（例如，为了分析内容，你需要一字不差地复述参与者所说）。监管部门（例如，食品药品监督管理局）也可能需要这些文件。

最后，你应该了解，录制现场会让参与者不舒服，所以他们不想透露太多消息。当你招募参与者的时候，让他们知道将会录制参与的过程。如果有人感到不舒服，向他强调会对录制材料进行保密。如果还是感到不舒服，那么你就应该考虑再招募别人或只能靠记笔记。在我们的经验中，这个结果是例外而不是常规情况。

最后，为视频文件保存多长时间制定规则，这是一个好主意。你会一直保存它们，直到给相关方提出了建议，然后删除吗？无论在调研的什么阶段，你会保存一年的时间吗？如果你在学术界工作，如果你的调研收到其他机构（例如，美国国家科学基金会）的资金，或是由IRB批准，可能要求你在指定的期间保存记录。更多信息参见3.3.11节。

提示

视频录制时，要注意这些事情：

- 如果在实验室里，可以在另一个房间（即在一个单面镜后面）录制现场。如果不是在实验室或者不可能在实验室，让参与活动的某个人承担录制的工作，这样避免介绍闲人进入房间。
- 没有必要让人一直待在相机后面，否则会分散他人的注意力。简单地设置视频摄像头，让镜头对准重要的事情（例如，在卡片分类时，镜头对准卡片；在接受采访时，对准参与者的脸），并离开它，直到你需要做点什么（例如，停止录制）。
- 如果正在进行小组活动，摄影师应该关注整个小组，而不是聚焦每一个人。在大的分组中试图聚集每个人是困难的，并且任何人看到自己被录制时会不自然。

7.5.3　使用录屏软件

在活动中，用户要与产品（例如，一个网站或移动 app）进行交互，通常不仅要记录参与者在做什么，还要记录屏幕上发生的一切。在面对面和远程调研中，有许多屏幕录制工具（商业和开放源代码）可以使用，如下：

- Adobe ConnectNow (www.adobe.com)
- CamStudio (camstudio.org)
- GoToMeeting (www.gotomeeting.com)
- Morae (www.techsmith.com/morae.html)
- Skype (www.skype.com)

请务必在调研前试用你的屏幕录制软件。有时，这个软件会干扰你的测试，特别是软件处于测试版时。

7.5.4　视频 / 音频 / 屏幕录像和笔记相结合

与大多数事物一样，组合通常是最好的解决方法。录制时，让同事帮你记笔记，这是最佳的解决方案。这样，笔记中会记录大量的调查结果，如果你需要验证，可以参考录制材料。在小组活动中这是很有必要的，因为许多人在讲话，而且谈话会迅速结束。用音频或视频录制的会议会让你重现它，并验证某些地方，如不明确或者记录员没有记录的部分。此外，若录制失败，记的笔记是一个重要的备份，虽然发生这种情况的概率是很小的。

7.6　处理迟到和缺席的参与者

要点速览：
➢ 迟到的参与者
➢ 你不能再等了
➢ 包括迟到者
➢ 失约

7.6.1　迟到的参与者

在小组和个人活动中，都会遇到迟到的参与者。虽然远程调研不会出现现场调研时发生的大部分问题，但其他问题会让活动延迟，如技术问题。我们尽最大努力在招募阶段强调准时是很重要的，如果迟到，他们可能无法参加调研活动。在活动开始的前一天晚上，发电子邮件确认和打电话提醒他们，再次强调准时的重要性。让他们知道出行、停车或设置电脑可能需要额外的时间。给参与者提供停车场通行证。根据需要，提前通过邮件和说明书指示他们如何设置电脑中的远程软件。或者，如果你在现场，有别人去接待他们，要确保他们清楚你在什么位置。

然而，由于不可预见的交通问题、迷路和其他重要安排，尽管你很努力，通常也会有一个迟到的参与者。许多迟到的参与者都会打电话、发短信或发电子邮件通知你，让你知道他们在路上或者仍然在开启和运行电脑。如果是小组活动，你还有一些多余的时间。当你在等待迟到的参与者时，可以尝试拖延。如果是个人的活动，等待时间可能取决于日程安排的灵活度。在个人活动时，我们在参与者之间通常安排 1 个小时缓冲，所以参与者迟到不是问题。对于小组活动来说，通常会安排 15 分钟的缓冲时间，避免某些人迟到。只因为一个人或两个人迟到，而让其他人等太久，这是不公平的。如果活动安排在晚上，可以提供食物，要求参与者提前 30 分钟到达就餐。这意味着如果有人晚到了，这不会干扰活动，只会减少吃饭的时间。

7.6.2 你不能再等了

在小组活动的情况下，某些时候，不管参与者是否到齐，都需要开始调研活动。实际上，有些参与者永远不会出现，所以无需浪费时间等待那些不会出现的人。

15 分钟后，如果参与者没有出现，请在大堂的保安员或接待员处留一封"迟到信"（见图 7.6）。若大堂里没有全职的服务人员，你要提前安排一位同事在大堂等待 30 分钟或等待任何迟到的参与者。或者，你可以留下一个标志（如"欢迎"的标志），标语类似于："致 TravelMyWay App 焦点小组的参与者：活动已经在下午 5 点开始，很抱歉您不能准时参加。因为这是一个小组活动，不得不开始。感谢您付出的时间，并对您的缺席表示遗憾。"

亲爱的参与者：

感谢您能参加今晚的活动。遗憾的是，迟到者不能参加活动。该活动的开始时间为＜插入开始时间＞，为了尽可能让每一个人都能参加，我们推迟了开始时间，直到＜插入最后一次检查时间＞。然而，＜插入最后一次检查时间＞过后，您依然未到，我们不得不开始活动了。若迟到者参与活动，我们要在有限的时间内讲解大量的材料，对于准时参与者来说，这是重复的，会破坏性地停止已经开始的部分，会减慢整个小组的速度，到＜插入结束时间＞很难结束。我们希望您能理解，延迟准时参与者的时间，对他们来说是不公平的。

我们知道许多情况，如交通、工作和家庭生活会导致延误。但很抱歉，我们不得不拒绝那些迟到者，对整个小组来说这是公平的。感谢您花时间尝试，并想参与活动，我们会提供＜插入奖励＞作为补偿。

很抱歉，今晚不能参加活动，但我们希望将来您能考虑参加。我们真的很珍惜您的投入。

你真诚的朋友，＜你的名字，工作头衔，电话，电子邮件＞

图 7.6 给迟到者的信

你应该根据招募时定的规则，提供奖励。如果参与者迟到超过 15 分钟，你不打算支付，应该在招募时就说明。但是，由于恶劣的天气、糟糕的交通或其他不可预见的情况造成迟到，可能要提供部分奖励或全部奖励。在活动前决定，并在招募过程中说明，执行时始终与规则保持一致。确保告诉接待人员，在提供奖励之前，让迟到的参与者提供身份证明（参见 6.5.2 节），并签署收据（见图 7.1）。

出于礼貌，你可能会给迟到的参与者留语音邮件。声明当前时间，并礼貌地表明他迟到了，不允许他参加活动。留下你的联系信息，并委婉地表明方便的话他可以重新参加活动，还能获得奖励（如果合适的话）。若参与者同意，要求他们出示驾驶执照（如果你需要 ID 的话），并重新安排活动时间。

7.6.3　包括迟到者

有些情况下，你无法拒绝迟到的参与者。例如，参与者是一个非常重要的客户，拒绝他，你会不安，或该用户很难招募，你需要他参加活动。

再次重复，对个人调研（如面试），我们通常在参与者之间安排大约一个小时的缓冲时间，因此参与者迟到没什么大不了的。对于小组调研，让迟到者参加有点困难。如果之前给予了指导，你（或一个同事）可以把他们拉到一边，适应活动，并让他们迅速参与进来。这不是什么大事，并且相当容易和迅速。

如果迟到的参与者到达之前，已经给出指导，而且活动正进行得很好，你可以让他参加，但可能会放弃他的数据。很显然，如果确认你会抛弃这个人的数据，那么让他参加是因为和谐需要，而不是很难招募到他。记住，如果安排了该类参与者，迟到过一次，他们极可能会再次迟到或失约，确认一下是否安排了该类参与者。

7.6.4　失约

虽然你很努力，仍可能会遇到失约的参与者。失约的参与者是那些根本不会出现在你的活动中，也没有任何预先通知的人。我们发现，每 10 个参与者，会有 1 个或 2 个不会出现。这可能是因为有别的重要事情耽误，或者他可能已经完全忘了这件事情。你可以采用第 6 章讨论的一些措施来处理这个问题，例如，在调研的前一天晚上打电话通知他们（参见第 6 章）。

7.7　处理棘手的情况

当你认为已经见过所有状况时，参与者的行为可能又超乎了你的预期！处理棘手问题最好的方法是防止它们的发生。然而，即使是最好的计划也可能失败。当用户刁难你时，你会做什么？如果你站在 12 个用户面前，还有 8 个相关方看着你，你可能不会做出最理性的决定。必须在事情发生前思考应该如何处理，以保护用户、公司和你的数据。了解更多问题，请参考 3.2 节的内容。

本节描述了一系列棘手的状况，并给出如何用道德和法律的方式来应对，及如何保证数据的完整性。但是，在过去的几年里，每一种棘手的状况我们都遇到过。根据问题的来源（即，参与者或产品团队 / 观察员）把问题分类。请从我们痛苦的经历中吸取经验吧！

提示

如果你发现自己处于棘手的境地，不能决定是否应该支付参与者，宁可安全行事，支付给他们。大多数情况下，中断调研不是参与者的过错，所以不应该处罚他们。哪怕人为原因导致棘手局面，为节省100美元而面对潜在的风险也是不值得的。在学术环境中，IRB可能会要求你，不管在什么情况下，都要支付参与者。

需要格外关注客户

如果你正在支付客户，并面对棘手的状况，需要极其谨慎地去处理。例如，如果在调研中发现参与者不是正确的用户类型，而且参与者不是客户。通常情况下，你可以向参与者解释，由于错误安排，将不需要他的参与，并给他支付酬金。然而，如果参与者是客户，这样做并不总是那么容易。通常情况下，你需要继续让他们参与活动。在活动中拒绝或否定客户可能会损害你与客户的关系。虽然可能无法使用收集的数据，但维护客户关系会更重要一些。

与客户合作时，我们通常会多安排几个产品团队成员和一个备份计划，如果某些事情出错（例如，招募的客户是错误的用户类型，客户的日程安排与你的计划有出入），我们可以要求其他产品团队成员接待客户。例如，在小组调研中，如果客户具有破坏性作用或是错误的用户类型，可以让同事或额外的产品团队成员与用户进行另外的调研，而你组织的主调研活动继续进行。

在大多数情况下，参与者在活动中不知道他们将要做什么，所以他们快乐地按照你的要求进行着。所以请记住，优先考虑如何保持客户快乐。如果你想清楚了潜在的问题，那就是应该有一个快乐的客户和一组良好的数据。

要点速览：

参与者的问题：

➢ 参与者带来同伴
➢ 参与者的手机铃声不断响起
➢ 招募了错误的参与者
➢ 参与者变得非常沮丧
➢ 参与者注意到技术问题
➢ 参与者有利益冲突
➢ 参与者认为这是一个工作面试
➢ 参与者迷路了
➢ 参与者拒绝被录像

> ➢ 参与者想拍摄现场照片和视频，并想在线分享他的经历
> ➢ 参与者之间产生对抗
> ➢ 参与者隐瞒真实身份
> ➢ 参与者拒绝签署保密协议及同意书
> ➢ 参与者受到酒精或药物影响
>
> 产品团队 / 观察员的问题：
> ➢ 调研过程中，团队改变了产品
> ➢ 观察员暴露了自己

7.7.1　参与者的问题

参与者带来同伴

情景：参与者在大堂出现时，有朋友或家人陪同（例如，一个老年妇女带着她的儿子，她儿子想确定她是不是被骗，孩子由父母开车送到）。当你迎接参与者的时候，她说，"这是我的儿子。他开车送我到这里。他能加入吗？"

回应：如果参与者是老年人，礼貌地说，"我们希望客人在大厅等候。"如果参与者不高兴，那么你可能要答应。如果你答应了，确保客人签保密协议，并让客人安静地坐在房间的后面，以免影响参与者或中断访谈。孩子有父母陪同的情况下，如果父母要求，允许他们在同一个房间里，通常常理和法律也允许。正如其他客人，确保家长签署保密协议，并安静地坐着，以免影响孩子的表现。

参与者的手机铃声不断响起

情景：参与者非常忙碌（例如，医生、数据库管理员）。如果参与者今天当值，因担心失去工作而不能关掉手机。整个调研期间，她的手机一直震动，不断地打断活动。每一个电话只持续几分钟，但是参与者的注意力很明显分散。这个用户类型很难招募到，所以你害怕失去她的数据。应该让活动继续，还是让她离开？

回应：很明显，用户的注意力分散了，调研继续，不会变得更好。如果这是个人活动，可以耐心等待，并继续。但是，如果这是小组调研，很显然，这打扰了别人。当参与者打电话时，让同事跟随出去。打完电话后，请她关机，因为打电话会造成太多注意力分散。如果参与者不合作，请她离开，并支付她。

在筛选过程中，你应该告知潜在参与者，在活动期间要保持手机关闭（参阅 6.4.2 节）。如果潜在的参与者在这一天当值，不能按要求关机，那么不要招募他。当参与者参与活动时，要求每个人都关掉手机。要求参与者时刻关注是不合理的，他们同意给你一个或两个小时的时间，你补偿他们，要在筛选过程中特别明确这一要求。

招募了错误的参与者

情景：在一个活动中，如果参与者与用户资料不匹配，这是件很痛苦的事。参与者的经验明显少于他原先描述的或者与要调研的领域不匹配（例如，对正在讨论的事情知之甚少）。不清楚参与者是否故意对他的资格作假或在最初的电话筛选中误解了该调研。你应该继续这个活动吗？

回应：参与者与关键特征不符吗？如果你和团队同意，该参与者与用户资料比较接近，继续进行活动，并在报告中说明差异点。

如果参与者不符合要求，你的回应取决于活动。如果活动中参与者不与其他人进行互动（例如，一组卡片分类），那么标注错误招募的参与者，并否决他们的数据。如果活动中参与者之间要进行互动，那么错招的参与者将不能参与活动，要不然可能会破坏调研活动。让参与者出局（你不想让他在小组面前感到尴尬），解释这里面的误会，并对可能造成的不便表示歉意。一定要尽全力补偿参与者的付出。

如果是个人活动，为保全面子，可能允许参与者继续参与活动，然后提前结束调研。如果很清楚地知道参与者缺乏相关知识，有必要停止活动。如果继续活动的话，只会使参与者更加难堪。再次重申，一定要尽全力补偿参与者的付出，他不应该因招聘错误而受到不公平待遇。

参与者变得非常沮丧

情景：在调研中，因为参与者不能回答你的问题或不能完成分配给他的任务，变得非常沮丧。他开始口头否定自己无法做任何事情，遇到这种情况你应该立即停止调研，并让他离开吗？

回应：首先，不要责怪自己。参与者将他们的挫折感带到调研中，不是你的过错。如果很清楚参与者的挫折感与调研活动无关，不妨提早结束调研。如果参与者无资格参与调研，参考上述方法。无论是哪种方式，在你结束调研之前，让参与者回答一些简单的问题或者完成一些简单的任务，这样离开时他会感觉良好，而不是觉得自己能力有问题。

参与者注意到技术问题

情景：在活动时，用来评估的原型系统发生崩溃，又不能重新启动，原本认为可以很好地运行。参与者明显注意到了技术问题，并不知道如何反应。

回应：请记住，作为主持人，应该提前假定好突发情况，并拟好解决方案。发生这种情况，应该立即向参与者解释，他没有做错什么，并告诉他接下来会发生什么。如果你或同事无法在预期时间内让原型恢复工作，有两种选择。如果用的是低保真原型，如纸张原型，可以重新画。若用的是高保真原型，无法一时恢复，则可以把评估原型系统变成即兴采访，如果你认为参与者可以提供有用的信息。最后，你可以简单地结束调研。足额支付参与者，因为不是参与者的错误导致技术失败。

参与者有利益冲突

情境：在参与者家里进行实地调研，在参与者家门口，你看见挂在前门钥匙扣上的她的姓名牌。你认出了上面的公司是竞争对手。不管怎样，你应该进行调研吗？

回应：如果确认参与者在为某竞争公司工作，是某竞争公司的顾问，并且很可能成为竞争公司雇员，或者他是新闻界的一员，需要立即终止调研。提醒该人签订了保密协议，并支付她。立即把她列在观察名单上（参见 6.5.3 节）。

跟进招聘人员，找出该参与者被录用的原因（参见 6.4.6 节）。与团队 / 招聘机构一起审查其余参与者的资料，确保没有漏网之鱼。如果项目特别敏感，在招募时，可能需要和团队一起审查和批准每个参与者。

参与者认为这是一个工作面试

情境：参与者到来时，穿着正装，带着简历，认为这是贵公司的工作面试。他很紧张，问起空缺职位的工作。他说，他想定期回来帮助公司评估产品。他甚至提到了他需要的薪水，并感谢公司给予机会展示他的技能。

回应：这种情况可以提前避免，当参与者被招募时，申明这不是一个工作面试机会，也不构成就业机会（见 6.3.2 节）。如果参与者试图在活动中的任何时候提供简历，停止活动，并清楚表明，你不能，也不会接受简历。如果你接受了简历，会让参与者更加不死心，后续会收到他们询问工作机会的电话或电子邮件。

如果已经开始了活动，当发现参与者相信这是工作面试时，需要小心，不要利用具有明显错误动机的参与者。在这种情况下，暂停活动，为任何误解道歉，并明确表示，这不是一个工作面试。重申这一活动的目的，并说明你的公司不会因为这次参与而提供后续的工作机会。申明后，要问他是否愿意继续目前的活动。如果不愿意，结束活动，并支付参与者。

参与者迷路了

情境：你已经预定了调研场地，在场地中需要布置与调研相关的场景。租用该场地有时间限制，所以一定要提供良好的路线和到达该地点的地图。某位参与者迟到了，打电话给他，但没有回应。在这时，你听到敲门声，打开门，发现除了参与者，还有两个警卫陪同着。一名保安说："我们发现这家伙四处闲逛。他说他在寻找一个'神奇'的房子。你认识他吗？"如何回答警卫呢？应该取消参与者的资格吗？应该用他的数据吗？

回应：感谢保安把参与者带到场地。简单地向他们解释，会有更多的参与者到来，因为场地比较难找，还会有其他参与者迷路，真诚地感谢他们的帮助。参与者听你这样说，让他知道你理解他找到这个场地是多么困难，通过推理，明白他没有做错什么。警卫们一走，让参与者坐下来，跟他交谈。询问他感觉怎么样？和警卫打交道，会有压力，询问这种压力已经消失了吗？如果是的话，安排活动。如果参与者拒绝，立即提供奖励，并提醒他，不需要继续参与调研。如果他想参加，因为他觉得不参加会浪费对自己考验的机会，不要拒绝这种心理安慰，安排参与。无论是按计划还是想减少压力，缩短调研过程。在调研结束时，感谢参与者的参加，虽然找到场地有困难。如果参与者受到了明显的影响，可能需要放弃这些数据。然而，如果参与者很容易平静下来，按计划进行调研，结束后可以使用他的数据，只要对比其他参与者数据，看上去还算合适。为了防止以后还会发生这种情况，给参与者打电话，并强调该建筑很难找到（例如，不在 GPS 上显示），按照你所提供的路线行走很重要，否则将会迷路。

参与者拒绝被录像

情境：在招募和预测试说明中，告知参与者会视频录制整个调研过程。参与者对此不满意，坚持不想被录像。你向她保证信息将被严格保密，但她依然不满意。你关闭录像机，她认为这是不够的，不能确定是否还在录音，并要求离开。应该继续说服她吗？既然她没有回答你的任何问题，还应该支付她吗？

回应：尽管这很少发生，发生了也不应该感到惊讶。强迫参与者留下并录制现场，这是不道德的，这种方式会让她不舒服。然而，你可能想问她是否可以换成音频录制。这不是很理想，但至少可以知道她的意见。如果用户类型很难找到，可能是正在跟进的客户，只能依靠记笔记，并向她保证不会录制视频或音频。如果她还是拒绝了，告诉她很遗憾不能参与活动，但你理解她的感受。仍然应该支付参与者。如果有黑名单列表，加入她的名字（参见6.5.3 节）。

为避免将来发生这种情况，在电话筛选时，通知所有参与者将录制音频或视频，并必须签署一份保密协议（参见 6.3.2 节）。问他们是否同意？如果不同意，拒绝他们参与任何活动。

参与者想拍摄现场照片和视频，并想在线分享他的经历

情境：你在大厅迎接一位参与者。看到你，她立即拿出手机，拍照片，并说来到你的办公地点，做产品反馈，是多么兴奋。还未等你说话，她继续说："我爱你的产品，迫不及待地要给粉丝们分享我今天学到的东西！"你意识到她打算在社交媒体上张贴你的照片。你应该如何回应？

回应：请礼貌地告诉参与者停止拍照、录音或广播。一旦她这样做了，向她解释已签署保密协议，要求她不能分享任何你告诉她的或与她讨论的事情。应该向她解释，不应该分享调研的问题或主题，因为那样会披露出一些出人意料的创意见解。如果公司有指定的拍照地点（例如，公司标牌处、大堂），调研结束后，带领参与者到该地点，拍照留影。提醒她可以分享这张照片，但不能分享其他展示活动细节的照片。由你决定是否让她删除你的照片。请记住，如果不要求她删除，要控制参与者对该照片写了什么或分享给谁。

参与者之间产生对抗

情境：在进行小组调研时，随着活动的进行，某个参与者变得越来越有攻击性。他反对其他参与者，说他们的想法是"荒谬的"。你反复强调"每个人都是正确的，不要批判自己或别人。"但没有效果。不幸的是，参与者的态度引起小组其他成员的摩擦，现在他们互

相指责。你应该继续调研活动吗？怎么把调研活动带回正轨？应该让消极的参与者离开吗？

回应：暂停活动，休息一下，尽快让大家冷静下来。因为此时你是大家关注的焦点，需要一个同事来帮助你。让同事悄悄地把消极参与者带到房间外面，远离其他人，并让他离开。同事应该告诉参与者，他提供了很多有价值的反馈，感谢他付出的时间，并支付他。当你重新开始活动时，如果有人注意到该消极参与者缺席了，简单地告诉组员他不得不早点离开。让参与者离开不是件容易的事，但重要的是挽回剩余的数据，还要保护活动中的其他参与者。

参与者隐瞒真实身份

情境：你注意到某个参与者曾经参与过你组织的活动，在这两个活动中他用了不同的名字。你对她说她看起来很熟悉，并问她是否已经参加了公司的另一项调研。她否认了，但你相信她有。应该继续进行测试或继续追查下去吗？

回应：除非正在进行匿名调研，否则当接待参与者时，请他出示身份证件。如果参与者没有携带身份证件，表明没有证件不能发放奖励，并对造成的不便表示歉意。如果可能的话，安排活动，并要求参与者下次带上身份证件。

招募时，应该告诉参与者，由于税务原因，需要查看参与者的身份证件，同时这是出于安全的考虑（参见 6.3.2 节）。在美国，国税局要求公司填写一个 1099 表格，记录公司每年支付超过 600 美元的信息。为了这个原因，你需要密切跟踪一年内支付给了谁。在招募过程中，你可能要告诉参与者：

> 为感谢您的参与，我们提供了 100 美元的礼品卡。由于税务原因，我们需要记录支付给谁，所以我们会要求您出示身份证件。我们也需要身份证件信息来制作外来人员识别证。如果您带着驾驶执照，到达时请出示它。

通过电话或电子邮件重复这句话，确认你给参与者提供奖励。这样将阻止参与者在接下来的活动中隐瞒自己的身份（为了参加多项调研，获得更多的钱）。对于诚实的参与者，可以提醒他们随身携带身份证件，而不是把证件留在汽车或家里。

如果其提供的信息与驾驶证上的信息不匹配，则必须将其带走。然后，在参与者提供的替代信息旁保留该 ID 信息。将两个身份列在你的观察名单上（参见 6.5.3 节）。

参与者拒绝签署保密协议及同意书

情境：把保密协议和同意书出示给用户，并解释每种文件是干什么的。还给他看其他参与者的归档文件。参与者看到后，仍然觉得不舒服，特别是保密协议。没有律师，参与者拒绝签署这些文件。你解释说，同意书是一封简单的信，陈述了参与者的权利。保密协议是为保护本公司的信息，因为调研期间涉及的信息还未公布于众。尽管作了解释，参与者还是不签署保密协议。应该继续这个活动吗？

回应：绝对不应该继续活动。为保护自己和公司，向参与者解释，如果没有她的签名，你不能进行活动。说明参与者可以在任何时候自由地退出而不被处罚。你仍然应该提供奖励，为带来的不便向参与者道歉，并护送她离开。一定要把她列在观察名单里（参考 6.5.3 节）。

为防止这种情况发生，在招募过程中通知参与者，他们将签署一份保密协议及同意书（参见 6.3.2 节）。通过电子邮件提前给参与者发一份文件的复印件，以备其预先查阅。一些参与者（特别是副总裁及以上级别的人）不会签署保密协议。他们公司可能有标准的保密协议，要求他们签署，并可以带出公司。在这种情况下，要求参与者用电子邮件发你一份他的 NDA，然后转发给公司法律部门进行审批。

如果法律部门批准他的 NDA，可以继续下去。然而，如果在电话面试时参与者说他不会签署任何 NDA，那么感谢他付出的时间，但表明不签署文件，是没有资格参与活动的。

参与者受到酒精或药物影响

情境：你在大厅迎接某位参与者。他似乎很高兴能参加调研。当你走到测试室，准备活动时，他一直在微笑。开始任务时，要求参与者与笔记本电脑互动，并用出声思维法，你注意到他不正常地盯着屏幕，看起来呆若木鸡。当提示他大声说出他在想什么时，他回答："你增加的鼠标轨迹真的很酷！"不过，用户界面没有鼠标轨迹。你意识到参与者可能受到酒精或药物的影响。你应该验证他是否受到药物影响吗？应该继续活动吗？如果继续的话，应该使用本次数据吗？

回应：除非专门调研这种行为（例如，醉酒后驾驶模拟器，了解酒后驾驶的影响），当意识到参与者可能受到药物影响时，应该尽快结束调研。无论做什么，都不要验证参与者是否受到药物影响。结束活动可能是不正确的，但更重要的是，不要发生对峙。要谨慎和有礼貌（"哇，你很快完成了任务。花的时间比我们预期的要少。谢谢你的反馈！"）。如果你还没有提供奖励，请提供。护送这位参与者回到大堂，如果可能的话，向他提供水、咖啡和 / 或点心。如果他感到"累"，鼓励他在大堂逗留一段时间。如果你担心他不能安全回家，主动提出叫出租车。把离开的情况通知接待员和保安，让他们跟踪参与者。废弃你收集的任何数据，因为这不代表正常用户的数据。

7.7.2   产品团队 / 观察员的问题

调研过程中，团队改变了产品

情境：某产品处于初始原型阶段，你正在对产品进行焦点小组活动。在进行的第二次焦点小组活动时，你发现团队根据第一次焦点小组的讨论结果修改了原型。应该使用新原型继续焦点小组活动吗？还是取消当前的焦点小组，并继续使用原来的原型，以便让所有用户看到相同的产品？怎么处理这个问题？

回应：如果原型有变动，要求参与者休息一会儿，并与相关开发人员进行沟通，让替代主持人出席焦点小组。这给你争取时间确定以前的版本是否仍然可用。如果是，继续用它。如果以前的版本不可用，你来决定，是否根据焦点小组的反馈修改原型，或者继续焦点小组讨论，开展其他活动，不再依赖于手头的原型。确保在最后报告中记录变更。尽快与团队讨论原型的变化。确保团队知道可能会按照第二次焦点小组的讨论修改原型。如果他们想在迭代版本中实现，应该提前与你讨论，这样你可以合理地设计后续活动。

在任何活动前，确保把规则告知产品团队。告诉他们，所有焦点小组用的原型必须保持一致。一定要告诉他们为什么，这样他们就会明白要求的重要性。让他们知道，你想改变设计，是依据所有焦点小组的讨论结果，而不是一个。请记住，这也是对产品团队进行的调研活动。你可以告诉他们后果，但要知道，他们可能要改变原型，但分析和提出合理的方案是你的职责（即便告诉相关方这是团队做出的决定，具有局限性）。

在某些情况下，团队发现原型中有明显错误，在第一次调研之后就做了变更。通常这是好的，但他们应该提前与你讨论。如果没有告知你，但你在会议期间发现了。这种变更一般不会影响调研结果，如果影响，无论在什么情况下都要用同一原型。与团队合作时，既要保持坚定，又要有弹性，这两种情况必须保持平衡。

观察员暴露了自己

情境：你在活动室访谈参与者，而团队在观察室观察。随着时间的推移，观察室里的观察员开始大声说话，并大笑起来。参与者似乎没有注意到，但你很容易听见了，所以参与者也可能听到。突然，一个团队成员决定开灯，因为他看不清楚。观察室完全被照亮，参与者看到在另一个房间里有五个人在观察。你应该试着忽略它，希望不会引起参与者更多的关注，或者应该停止访谈，关上灯吗？

回应：参与者发现有人在观察室中观察他们的行为时，不应该感到惊讶。在活动开始时，必须告知参与者，"我们的工作人员也许会在另一个房间里观察。"没有必要告诉参与者观察人员的具体数目或他们的身份（例如，调研团队、开发团队）。还应该提醒参与者他们可能会听到其他房间的声音，如咳嗽或关门声，一旦听到，应该忽略这些声音。注意力应该集中在手头的活动上。有些人喜欢向参与者介绍观察室和观察员。我们通常不采用这种方法，因为参与者知道有一大群人在观察，他们会感到紧张。

在上述情况下，如果参与者没有面向观察室，也没有注意到观察员，那不要把参与者的注意力转向那边（有人可能会把灯关掉）。但是，如果参与者已经看到了观察员，请简单地要求观察员关灯，并因为中断活动向参与者道歉。参与者离开后，提醒团队单向镜的工作原理，并解释说，如果参与者看到另一个房间里有很多人在观察他们，说话会不自然，可能不会按照真实想法去做，这会影响调研结果。如果注意到参与者的反应和行为发生了巨大的变化，要考虑废弃数据。

为避免未来还发生这种情况，采访前到观察室，提醒观察员们保持安静，并提醒他们单向镜的工作原理。让另一个组员（通常是记录员）留在观察室，控制观察室的局面。如果有多个调研活动，观察员们可能认为已经从第一个参与者那里听到这一切，因此他们开始交谈，忽略了其他参与者的发言。向观察员解释，每一位参与者的反馈都是很重要的，应该记录相同和不同的地方。对观察员友好一些，但一定要态度坚定。你是负责人。观察员们一般都会合作。

我们曾经遇到过这样的糟糕情况，当某位参与者说，"我能听到你在嘲笑我。"尽管向他保证没有发生这种情况，参与者还是被干扰了，在接下来的活动中他几乎没有发言。令人惊讶的是，出席的观察员们陷在讨论中，以至于没有听到参与者说了什么！

7.8   结束活动

在调研结束时，应该感谢参与者付出的宝贵时间，给他们提问题的机会，并提醒他们要对整个活动进行保密。如果他们的参与是有益的，并且你认为他们可能有资格参与未来的调研，问他们是否有兴趣参加以后的调研。如果是，将他们的姓名添加到参与者数据库（参见附录 A）。护送参与者到大堂，或离开大厦，如果需要，提供离开路线；或让其礼貌、安静地离开调研现场。

7.9   本章小结

本章描述的内容将有助于用户调研活动有效地进行。你现在应该能够，处理接待参与者的问题，让参与者创造性地思考，主持任何个人或团体活动，指导参与者如何进行出声思维，并成功地结束调研。此外，我们希望你能从我们的实践中吸取教训，并做好准备处理任何可能出现的糟糕情况。在下一章中，我们会深入探讨各种用户调研活动方法。

第三部分

方　法

Part 3

第 8 章

日 记 研 究

8.1　概述

　　通过实地研究（参考第 12 章），在现实场景中研究用户或消费者，可以获得第一手的用户体验。但实地研究费钱又费时，即使被研究对象不在意个人隐私，也不可能允许研究人员对他们持续观察数天乃至数周。并且，长时间的观察只能针对少数用户，由此人们会产生疑问，样本的观察结果是否具有代表性。

　　日记研究（diary studies）是一种对大样本进行纵向数据收集的方法。它可以"记录瞬息万变的当下"（Allport, 1942），让参与者用自己的语言描述内在和外在的体验。使用这种方法可以让研究者身临其境地理解用户体验。日记可以是**非结构化的**（unstructured），不规定具体的形式，允许参与者用他们认为最合适的（或最容易）方式去描述体验。不过，多数情况下日记是**结构化的**（structured），预先给参与者设置好一系列需要反馈的问题。日记的优点是能提供丰富的定性数据和定量数据，并且无须研究人员在现场。一个理想的日记研究要做到：问题是提前设置好的，问题容易回答，用户体验的取样频率不会频繁得让参与者感到不适。

要点速览：
➤ 注意事项

> ➢ 形式选择
> ➢ 取样频率
> ➢ 研究准备
> ➢ 研究执行
> ➢ 数据分析和说明
> ➢ 结果沟通

8.2　注意事项

　　参与者自我报告或提供数据的过程不受研究人员监督，因此无法保证数据的完整性、客观性或准确性。比如，参与者倾向于省略他们感觉难堪的某些信息，但这些信息对研究人员可能很重要；再比如，忙碌生活的同时还要参与日记研究，偶尔在日记中漏掉某些重要信息太正常不过；还有，如果日记研究需要消耗参与者太多精力，就面临干扰参与者日常生活的风险了。因此，日记设计应该简洁，针对参与者粗心或刻意隐瞒的情况，通过后继的专项研究来弥补。不论使用哪种方法，都很难获知参与者忘掉的或研究中错过的内容，但通过引入更多维度的研究方法，你的视角就能做到更全面，可有效填补使用单一方法的空白。跟进访谈或实地研究意义重大，那些明显缺失的内容，例如特定时间发生的事件、特殊的地点以及一般情况下很难完成的活动，等等，都值得跟进做进一步研究。

"你想读我的日记吗?"

漫画作者：Abi Jones

8.3　形式选择

　　以往日记研究一般使用笔和纸来完成，但现在可以选择的形式很多，每一种都有它的好处和坏处。多种形式组合使用能保证数据的多样性和选择的灵活性，但这也意味着你必须对多种格式的数据进行灵活分析和整体把控。无论使用哪种形式，参与者都不可能像研究人员一样记录每一个细节，所以，为了提高数据质量，应该选择对参与者来说最简单的数据记录形式。

8.3.1 纸质手册

使用纸质手册进行日记研究时，应该给参与者提供回寄地址、已付邮资的信封、一包需要完成的材料和填写说明，材料中通常有一本包含各种表单的小册子。除此之外，参与者可能被要求拍摄一些照片，从视觉角度记录体验。随着数码照相的普及，参与者可以很方便地通过邮件发送照片或将照片上传到研究人员的云端。

好处：
- 无需硬件或软件，任何人都可以参与。
- 便于携带。
- 提供图片的花费少。
- 成本低。

风险：
- 即便提供已付邮资的回寄信封，回寄费用仍然很高。即使参与者完成了一些或大部分日记，可能也不会回寄，这部分参与者的数据无法收集。
- 手写体难以阅读和理解。
- 大部分数据分析方法（见下文）都要求对日记进行转录，需要花费时间和金钱。

获取数据的周期长，需要等待数天或数周直到研究结束，在此之前将无法开展任何数据分析工作。下文描述的其他形式则可以第一时间获取数据并开始处理。

8.3.2 电子邮件

现在几乎所有人都有电子邮件账号（也许新兴市场国家例外），因此参与者可以定期回复电子邮件，内容包括他们访问的网站链接，并附上照片、视频等内容。为了让参与者按时回复邮件，可以定时发送提醒邮件（参考 8.4 节的描述），并附上调查问卷。

好处：
- 几乎每个人都能参与。
- 无须处理纸质信件。
- 内容都为打印体，无须辨认手写体。
- 无须转录。
- 可随时提交。

坏处：
- 并不是所有用户都会全天候登录邮箱，他们可能会等到一天结束才回复，甚至会拖到第二天早上，这时可能出现记忆偏差。

- 使用某些拍照或录影方式，可能需要先将照片或视频下载到电脑里，才能上传到邮件，参与者因此可能忘记上传附件。
- 某类参与者不使用电子邮件，可能导致某些年龄段未被采样（例如，老年人更喜欢纸质邮件或年轻人更喜欢发短信）。

> **提示**
>
> 在招募过程中，明确参与者可以使用哪种工具。如果不支持多种数据格式，就要确保所有参与者有条件随时使用指定的数据收集工具（例如，电子邮件、社交媒体、手机应用）。对于没有条件的参与者，备用方案是他们可以使用纸质日记进行记录，并在一天结束时将记录输入到指定的工具里。这会增加参与者成本和参与者间的取样差异。将上述采取不同记录形式的参与者进行比较，找出两者间是否存在定性或定量差异，比如记录条数、字数、记录的事件类型，等等。

8.3.3 语音信息

使用语音信息进行记录可以更生动地描述参与者当时的情感状态，虽然解读情感比较困难（例如，参与者的焦虑在你听来可能像是激动）。有些语音邮件服务如 Google Voice 会提供转文字功能，但在背景嘈杂或者参与者使用方言时效果并不如意。如果不方便直接发送语音消息，也可以用智能手机进行语音录制，随后通过邮件发送。

好处：

- 提交语音的操作成本低。
- 数据丰富。

坏处：

- 参与者想提交记录时可能无法使用手机（例如，开会时），只能记下笔记稍后再拨打电话。那时情感状态可能已经消失。
- 语音信息系统的转文字功能不可能 100% 准确。为了保证准确，需要人工听完每条记录，并对缺失或错误信息进行补充。

8.3.4 视频日记

当下视频日记非常流行，是一种参与者和研究人员都可以使用的数据收集方法。大部分人都可以使用手机或平板电脑录制视频，很多美国人都拥有配备内置摄像头的台式电脑或平板电脑。如果需要研究的对象没有这类设备，则可以借给他们摄像头或有视频录制功能的便宜手机。不同的用户喜欢使用的视频服务不同（例如，YouTube、Vimeo 等），注意选择一种用户现在最喜欢使用的服务类型。

好处：

- 视频可以提供丰富的音频和视觉数据，容易让人产生共鸣。
- 相比单纯的音频，视频能更容易、更准确地传达情感。

坏处：

- 参与者在某些情况下（例如，开会时、无网络连接）无法录制和提交视频，之后可能出现记忆偏差。
- 带宽受限时，参与者可能无法上传视频或支付非 Wi-Fi 环境下的联网费用。你需要提前与参与者进行沟通，并提出解决办法（例如，将视频下载到移动硬盘并邮寄，提供移动流量等）
- 用户录制视频时很可能会漏掉某些需要回答的问题或信息。这种记录形式也很容易造成跑题，因此需要剔除一些对研究无用的内容。
- 有些数据分析方法（见下文）要求对数据进行转录，需要耗费时间和金钱。

8.3.5　短信（文本信息）

与语音日记一样，研究人员也可以创建一个手机账户来接收文本信息（短信）。文字沟通的方式很多，对于喜欢发短信的年轻用户来说这种形式更有吸引力。

好处：

- 提交内容已经转录成文本。
- 参与者几乎在所有场合都可以提交。
- 彩信还能发图片。

坏处：

- 参与者需要支付手机套餐费用（且一旦超限，套餐外费用非常贵！），因此要给予参与者最大程度的激励。
- 使用手机输入长文本时不方便，一些错别字和奇怪的自动更正虽然很好笑，但会增加记录理解的难度。

> **提示**
>
> 在很多情况下，发送短信非常好用。比如在一个案例中，我们想对位于西非乡村的参与者进行信息收集，通过使用当地的短信号码，完成了远程数据收集。在另一个案例中，这次是在美国，我们发现参与者很乐意在一天内回复多条短信，也许是因为这符合当地人的日常习惯。

8.3.6　社交媒体

很多用户把一天里的大部分时间花费在社交媒体上，因此 Facebook、Google+、Tumblr、Twilio 或 Twitter（仅仅列举了一些）是非常理想的实时数据收集工具。

好处：

- 可以看到用户研究记录之外的其他内容，这些内容可以补充更多背景信息，有利于加深对参与者的了解。
- 能很方便地提交图片、视频和链接。
- 参与者在社交网络上会实时提交日记，不会延迟。

坏处：

- 如果参与者不对记录进行私密分享（例如，在 Twitter 上直接私信），他们会因为顾忌粉丝的想法而束缚自己，这种情况下获取的信息比其他方式获取的数量要少，所以鼓励参与者进行私密分享是非常重要的。
- 有些社交媒体会对分享内容进行限制（例如，推文不能超过 140 字），因此可能会错过重要信息。
- 社交媒体上都是数据流，很难指定参与者使用特定格式进行回复。

8.3.7　在线日记研究服务或手机应用

现在有很多面向日记研究的在线服务网站和手机应用。搜索"在线日记研究工具"或"日记研究应用"可以找到时下最热门的工具。它们各有特色，其中一些与 Twitter 进行了整合，另外一些允许提交语音或视频。大多数工具都提供了后台界面监控数据收集过程。

好处：

- 收集的数据可以直接进行分析，无须转录。
- 自动提醒参与者提交记录。其他方法都需要人工提醒（例如，电子邮件、短信、电话）。
- 用智能手机可以随时随地使用服务或应用。
- 参与者输入信息时，应用或网站有机会抓取他们的地理位置信息，这个过程对参与者透明。

坏处：

- 部分参与者并没有智能手机，如果希望样本更具代表性，需要对这部分参与者提供其他数据收集方法。
- 参与者通过移动网络提交记录需要购买昂贵的流量套餐，在激励措施之外还要给予参与者额外补偿。

8.4　取样频率

确定数据收集形式后，需要决定参与者的提交频率。如果每日提交次数要求了下限，则需要与研究总天数之间做一定的平衡。另外，补充记录对于理解参与者的体验有很大的帮助，不管选择何种形式，只要参与者感觉合适，可以随时提交补充记录，因为他们可能回忆起某些遗漏的信息，或后继情形又有了新变化。

8.4.1　每日一记

要求参与者在每天结束时进行反馈是最简单快捷的数据收集方法。理想情况下参与者在一天里及时记录了体验，否则他们可能会忘记当时的体验、情境、感觉，等等。这是效率最低、最不可靠的方法。

8.4.2　事件日记

用户通过事件日记（Incident diaries）持续追踪产品使用中遇到的问题。参与者自己决定何时记录数据（即研究人员或工具都不会提醒参与者何时提交记录）。用户需要在表单中描述遇到的问题或情况、他们是如何解决的（如果已解决的话）和解决的困难程度（例如，李克特量表 Likert scale）。对于某些不常见任务，即使全天候观察用户也未必能碰到，这时，事件日记是最佳工具。从下面的例子所展示的假期规划（见图 8.1）中可以看出，该事件具备规划时间跨度大、做规划的时间不确定等特征。想对所有行为场景都进行观察是不可能的，而且还会干扰用户的日常行为：

规划你的假期

ID：P1
日期：＿＿＿＿＿＿＿＿＿

描述你的目的：＿＿＿＿＿＿＿＿＿＿＿＿＿＿＿＿＿＿＿＿＿＿＿＿＿＿＿＿＿
＿＿＿＿＿＿＿＿＿＿＿＿＿＿＿＿＿＿＿＿＿＿＿＿＿＿＿＿＿＿＿＿＿＿＿＿

你访问了哪些网站？请提供网站地址。
＿＿＿＿＿＿＿＿＿＿＿＿＿＿＿＿＿＿＿＿＿＿＿＿＿＿＿＿＿＿＿＿＿＿＿＿
＿＿＿＿＿＿＿＿＿＿＿＿＿＿＿＿＿＿＿＿＿＿＿＿＿＿＿＿＿＿＿＿＿＿＿＿

你的目的达到了吗？＿＿＿＿＿＿＿是＿＿＿＿＿＿＿否
请说明理由：＿＿＿＿＿＿＿＿＿＿＿＿＿＿＿＿＿＿＿＿＿＿＿＿＿＿＿＿＿＿
＿＿＿＿＿＿＿＿＿＿＿＿＿＿＿＿＿＿＿＿＿＿＿＿＿＿＿＿＿＿＿＿＿＿＿＿
＿＿＿＿＿＿＿＿＿＿＿＿＿＿＿＿＿＿＿＿＿＿＿＿＿＿＿＿＿＿＿＿＿＿＿＿

请描述你遇到的困难或你希望能改进的地方。
＿＿＿＿＿＿＿＿＿＿＿＿＿＿＿＿＿＿＿＿＿＿＿＿＿＿＿＿＿＿＿＿＿＿＿＿
＿＿＿＿＿＿＿＿＿＿＿＿＿＿＿＿＿＿＿＿＿＿＿＿＿＿＿＿＿＿＿＿＿＿＿＿
＿＿＿＿＿＿＿＿＿＿＿＿＿＿＿＿＿＿＿＿＿＿＿＿＿＿＿＿＿＿＿＿＿＿＿＿

其他意见或看法：
＿＿＿＿＿＿＿＿＿＿＿＿＿＿＿＿＿＿＿＿＿＿＿＿＿＿＿＿＿＿＿＿＿＿＿＿
＿＿＿＿＿＿＿＿＿＿＿＿＿＿＿＿＿＿＿＿＿＿＿＿＿＿＿＿＿＿＿＿＿＿＿＿
＿＿＿＿＿＿＿＿＿＿＿＿＿＿＿＿＿＿＿＿＿＿＿＿＿＿＿＿＿＿＿＿＿＿＿＿

图 8.1　事件日记范例

- 事件日记的最佳应用前提是问题或任务出现频率低。需要注意的是出现频率的高低并不等同于重要性。一些非常重要的任务出现频率低，但需要捕捉并理解它们。对高频任务可以直接进行观察，因为参与者可能不愿意频繁地记录。
- 如果现场无人监督，参与者在问题解决过程中可能会忘记（或不愿意）填写日记。无法检验记录的数量是否真实反映了现实问题的数量。
- 参与者可能缺乏准确描述问题的专业技能。
- 用户对于问题发生的实际原因或根源可能认知错误。

8.4.3　预设间隔

如果某种行为在一天中以固定频率发生，可以在特定时间点上提醒参与者对行为进行记录。比如开发一个帮助人们减肥的网站，需要提醒参与者在用餐时间后提交消耗的食物信息。最理想的情况是参与者自己设定提交时间，因为收集每一位参与者的信息需要花费大量时间。

8.4.4　随机或经验取样

经验取样法（ESM）是由 Reed Larson 和 Mihaly Csikszentmihalyi（Larson & Csikszent-mihalyi, 1983）正式开创的。这种方法对参与者的瞬时体验随机取样，更关注参与者当时正在发生的体验，参与者通常在一天内随机收到 5～10 次提醒。如果想"捕捉"一些不太常见的重要瞬间，这种随机取样法并不适用。但在观测一些比较常见或持续时间较长的体验时，是很理想的方法。具体可见本章案例研究："谷歌日常信息需求取样研究"。人们每天都需要各类信息，但在意识到之前，这些需求可能已经溜走。经验取样法用于捕捉很多类似的信息需求瞬间，引导参与者关注需求本身，让他们描述自己的体验（例如，什么触发了需求，这些因素从何而来，他们在哪里获取信息）。

进一步阅读资源

进一步学习经验取样法，请查阅：

- Hektner, J. M., Schmidt, J. A., & Csikszentmihalyi, M. (2007). *Experience sampling method:Measuring the quality of everyday life*. Sage.

8.5　研究准备

日记研究是多阶段研究计划的一个组成部分，后续还包括调查或访谈，因此需要预留充足的时间进行先导性研究和数据分析。不管研究计划的规模大小，都建议进行先导性研究。

8.5.1　研究工具确定

日记研究的工具取决于用户类型和用户行为。如果用户没有智能手机，可以借给他们，确保他们使用手机应用便捷地收集数据，但这些高科技工具可能分散参与者精力，使他们无法聚焦于行为本身。如果研究总体具有多样性，则需要通过多种方法收集数据，需要明确怎样将不同来源的数据整合成相互关联的数据，以便进行分析。

8.5.2　参与者招募

进行任何研究前，要与参与者沟通他们在研究中需要做什么。沟通内容包括研究持续的时间、提交信息的频率、提交方式、工作量预估。如果对投入时间或工作量评估不当，参与者可能会感觉被欺骗进而退出研究。

对于日记研究的参与人数没有具体建议。人机交互研究（HCI）的样本规模一般在10～20人之间。但在本章的案例中，谷歌招募了1200人。样本规模取决于用户总体的多样性和用户行为的多样性，多样性越高，样本规模就应该越大。

8.5.3　日记材料

列出所有待研究问题，然后选出最适合纵向研究、符合用户情境的部分，并明确这些问题参与者是否有能力回答（如，准确描述体验需要具备技术性知识），是否涉及隐私或者出于某些原因参与者的回答不真实、不完整，是否需要因观察一些不常见现象而花费数天或数周。例如，确定每份报告中参与者需要回答的关键问题（如，获得体验时他们在哪，难易程度，当时还有谁在场），以便对这些变量进行持续研究。

更多关于问题设计的内容，请参考第 9 章和第 10 章的内容。需要注意的是，设置的问题越多，依从率（compliance rate）[⊖]越低。预测试是非常重要的，可以对研究说明、研究工具、问题清晰度、数据质量和参与者依从率进行检测。

8.5.4　时长和频率

和实地研究一样，要确定研究主要集中于用户的日常体验还是非日常体验（例如，假期）。还要确定用户参与研究需要花费的时间。比如对一个家庭的假期计划开展研究，可能需要不止几天，而是好几周时间收集信息。与之相反，如果对旅游类应用的机场使用情况进行研究，可能只需要收集一天的日记信息（航班飞行当天的信息）。通过进行前置研究可以确定合适的研究时长和参与者的日记取样频率。

对参与者打扰 / 提醒得越少，依从率就越高，参与者不会因为疲于应付而感觉疲倦。不

⊖　依从率（compliance rate）在此处指参与者按研究规定参与研究，参与者行为与研究人员要求一致。——译者注

利的一面是因为取样频率低，可能会错过部分高质量数据。通过频繁的提醒在研究初期可以获得大量的数据，但随着时间的推移，参与者的疲倦会导致数据的质量和数量降低。进行先导性研究会帮助你在两者间取得平衡，总的来说，每天提醒 5～8 次比较理想。

如果要对大样本进行数据收集，可以将数据收集过程分成几批进行。举例来说，与其在两周内同时对 1000 名参与者进行数据收集，不如将时间长度扩展到两个月，每两周对 250 名参与者进行研究，前提是每批参与者是随机分组并且其他所有变量不变。

8.5.5　激励措施

要为长时间的纵向研究确定合适的激励标准是很困难的。研究过程中参与者可以随时退出，不用交纳罚金。那么如何鼓励参与者在数天或数周内坚持提交数据？选择之一是将研究分成一个个片段，每天都给予一定的激励，对于每天都坚持提交记录的还给予额外的激励。激励标准不要过高，以免参与者只为了赚钱而伪造记录。酬金数额依据研究时长和工作量大小而有所不同（例如，25 美元到 200 美元不等），如果需要观测的是非日常行为（例如，计划一次假期），每天都给予激励则过于频繁，可以改为每周给予激励。

酬金数额需要与研究工作量相匹配。频繁对参与者进行提醒是非常扰民的，所以要确保有足够的激励措施。亲自定期发送邮件对参与者的努力表示感谢也会很有帮助！

进一步阅读资源

更多关于日记研究的细节信息，请查阅：

- Bolger, N., & Laurenceau, J. P. (2013). *Intensive longitudinal methods: An introduction to diary and experience sampling research*. Guilford Press.

8.6　研究执行

8.6.1　参与者培训

招募参与者时，需要对参与者在研究中的工作量大小进行说明，在发放的研究说明中也应进行提示。

提示

有些人通过阅读获得最佳学习效果，有些人则是通过看或听。研究说明应该同时以两种形式制作：文本形式（文档或电子邮件）、视听形式（视频或直接通话），这样可以保证所有参与者都能真正理解消化说明内容。

如果需要参与者提交照片，要对照片内容进行说明。明确指出哪种照片是有效的，哪种是无效的。比如，"自拍"对于研究用户情感或饮食情况是有用的，但对于研究信息需求

是没用的。

> **提示**
>
> 让参与者在研究正式开始前进行 1～2 天的日记记录练习，培养参与者的习惯，保证他们熟悉研究工具的使用方法，确保参与者发送的数据是有效的，解答他们的任何疑惑，避免正式研究时得不到有效数据。

8.6.2　数据收集监控

如果研究数据是通过应用自动收集的，不要等到过程全部结束才检查数据。每天检查数据是否有异常。如果参与者每天应该提交多条记录，要找出没有提交任何数据的参与者并核实原因，如，是否对工具使用有问题？是否忘记提交或不想参与研究了？另外，有些参与者提交的数据不符合标准，比如某些记录看上去不合理或者过于碎片化，有用信息不足。联系参与者并对他们的提交情况（或不足）进行反馈。如果他们做得很好，要鼓励他们再接再厉！

8.7　数据分析和说明

参与者数量、每天提醒次数和研究时长决定了需要分析的数据规模，可能多达上千个数据点。根据数据、时间和技术条件等具体情况，有下列处理方法可供选择。

8.7.1　数据清洗

尽管已经非常用心地做了数据分析准备、参与者指导、数据收集材料测试，在开始处理数据前，还是需要对一些数据进行清洗，包括参与者不按要求反馈的数据，包含个人身份识别信息（PII）的数据（比如电话号码），初期已经退出研究的参与者的遗留数据，等等。首先决定数据清洗的规则，然后编写 R、SPSS、SAS 脚本或 Excel 宏命令执行这些规则。

8.7.2　亲和图

亲和图是定性数据分析里最常用的方法之一。将相似的结果或概念分为同一组，据此归纳出数据的中心内容和走势，明确它们间的关系。相关详细内容请见 12.5.3 节。

8.7.3　定性分析工具

可以使用的定性数据（如，日记研究、访谈、焦点小组、实地研究）分析工具有很多，这些工具可以帮助你分析数据的模式或趋势，或者进行数据量化。有些工具适合用来创建分类并搜索匹配这些分类的数据，有些则更适合用来挖掘新趋势，还有一些能用来搜索多媒体文件（如，图像、视频、音频）。

大部分程序都要求对数据格式进行转换，在分析大量复合数据时使用该工具才最划算（例如，非结构性访谈获得的数据）。如果数据量较小或者来自于结构化访谈，使用这些工具反而会浪费时间。这种情况下简易的电子表格或亲和图更合适。

在使用工具前，应该提前了解各种工具的局限性。比如有些工具宣称"对分析的文档数量没有限制"或者"不限制文档数量"。他们所说的"文档"指的是转录后的文档或记录的数量。这些限制也许对你的研究没有影响，但需要了解并确认。可以通过输入大量数据对工具数量上限进行测试，从而避免影响之后分析的有效性。此外程序可能不分析文本的实质内容，而只分析文本的字面含义。也就是说它会把使用相同词汇的文本放在一组，而无法智能地对相似或相关的概念进行分类。因此这项工作只能人工进行。

下面列举一些现在较为流行的工具：

- ATLAS.ti® 能对大量文本、图片、音频和视频数据进行定性分析。
- Coding Analysis Toolkit (CAT) 是列表中唯一的免费开源软件，其能对文本数据进行定性分析。
- 由 Qualis Research Associates 提出的民族志（Ethnograph）研究方法可以分析文本文档。
- HyperQualLite 是一种可租用工具，用于存储、管理、组织和分析定性文本数据。
- 来自 QSR 的 NVivo10™ 是 NUD*IST™（非数值型、非结构化数据的索引、搜索和理论化）的最新应用，是一种领先的内容分析工具。
- MAXQDA™ 能对文本、图片、音频、视频和书目（bibliographic）进行定性和定量分析。

8.7.4　众包

假设对数据组织或分析在头脑中有一套自己的分类体系。比如收集客户对于旅游应用的使用体验时，可以按照应用的特性划分数据类目（例如，航班搜索、车辆租赁、账户设置）。如果是这样，你可以组织小组 / 公司内的志愿者或公司外部人员对分析活动进行众包（例如，亚马逊土耳其机器人⊖）。志愿者用已设定类目标签（例如，"航班搜索"、"网站可靠性"）对每一个数据点"打标签"。众包的前提是志愿者熟悉该研究领域，数据点彼此独立（即不需要把整篇日记读完才能理解当前内容）。

如果头脑中没有任何分类体系，可以通过对数据的任意子集绘制亲和图创建。因为子集并不代表整体，会出现需要打标的内容没有对应标签的情况，因此允许志愿者选择"以上都不符合"标签，并使用自定义标签。

如果时间和资源充裕，最好选取多名志愿者对同一批数据点进行分类，这样可以对评

⊖　亚马逊土耳其其机器人（Amazon's Mechanical Turk）是亚马逊 2005 年推出的一个威客众包任务平台。详情请见：https://www.mturk.com/mturk/welcome——译者注

分者信度（interrater reliability）或评分者内部一致性（interrater agreement）进行测量。评分者信度是指两名或多名观察者对行为给出相同分数或标签的倾向程度。在这里是指志愿者对某个数据点打出相同分数的倾向程度。在定类数据（nominal data，见下段）的分析工作中，两名打分者之间的评分者信度通常使用 kappa 系数（Cohen's kappa）进行计算，系数范围从 1～–1，1 表示完全一致，0 表示一致程度是随机的，–1 表示完全不一致。更多关于 kappa 系数的内容，参考 9.4.6 节。评分者信度低的数据点需要人工审核并解决不一致性问题。

进一步阅读资源

检测评分者信度的方法有很多，主要取决于数据类型和评价者人数。学习更多关于评分者信度类型和计算方法的内容，请参考以下手册：

Gwet, K. L. (2010). *Handbook of inter-rater reliability.* Advanced Analytics, LLC, Gaithersburg, MD.

8.7.5　定量分析

不管使用哪种数据收集方法，只要能对数据进行分类，就可以将类目编码转化成数字进行定量数据分析（例如，日记研究中，用数字 1 表示购物，数字 2 表示工作）。这种类型的数据称为"定类数据"（nominal data）。如果在日记中有封闭式问题，则进行描述性统计分析（例如，均值、最小值、最大值），离中趋势测量（例如，频率、标准差），相联度量（例如，进行比较、关联）。如果样本规模足够大，也可进行推论统计（例如，t 检测、卡方检验[⊖]、方差分析）。更多关于定量分析的讨论可以参考 10.5 节。

8.8　结果沟通

沟通准备

执行的活动类型不同，与产品团队沟通的数据结果也不同，但有些沟通内容要点是相同的。关于用户研究中的通用沟通方法在第 15 章进行讨论。建议在沟通前阅读。讨论主题包括：

- 15.2 节
- 15.3 节
- 15.4 节
- 15.5 节

⊖　卡方检测（chisquare test）由统计学之父 Karl Pearson（1857—1936）推导得出。它是一种连续分布，可用于检验资料的实际频数和按检验假设计算理论频数是否相符等问题，国际上通常用希腊字母 $\chi 2$ 表示。——译者注

　　日记研究收集到的大量数据，可以通过多种方法进行展示。比如数据可以马上应用于创建人物角色、信息架构或决定产品方向。关于数据展示方式没有标准答案，取决于研究目标、数据叠加方式，也可以选择你认为最合适的数据展示方式。总而言之，一份好的报告会涵盖一组有价值的数据，讲述一个流畅的故事，告诉产品人员下一步该做什么。下面列举了特别适用于日记数据的展示方式。关于通用型数据展示技巧请参考第 15 章的具体描述。

　　三种使用频率最高的数据组织展示方式是：实物笔记本、故事板、海报。

- 实物笔记本。比起把参与者分享的照片、视频和网站记在脑子里，更好的方法是创建一个实物笔记本。存入每一条收集的记录，并注明内容和对设计的启发。如果记录可以打印（例如，照片），可以将笔记本打印出来，但更好的方式是创建电子文件夹。音频和视频能给产品人员更好的代入感，所以要让他们可以很方便地获取这些文件。这些记录对产品团队是很好的启发和借鉴。

- 故事板。将特定任务或用户"生活中的一天"绘制成故事板（用有代表性的图片描述任务／场景／故事）。将用户数据整合成通用的、有代表性的用户描述。对于产品人员来说，故事板更具视觉吸引力，并且可以快速地表达观点。与参与者交流他们的情感体验时，故事板也是一种很好的方法。用图片能更直观地将纯粹的快乐或强烈的挫折感展示给产品人员。

- 海报。参与者报告最多的问题、分享的图片、洞察引述、基于数据创建的人物角色（personas）、关于新特性的想法等，将这些内容制作成海报挂在办公室供产品人员参考。

　　Hackos 和 Redish (1998) 用表格总结了很多对实地研究数据进行组织或展示的方法，这些方法也适用于日记研究。修订版请见表 8.1。

提示

　　对大量定性数据进行分析很耗费时间，不要过于追求完美。如果在数据分析全部完成才进行分享，产品人员可能已经丧失好奇心或积极性。按照数据的优先级进行分析，并通过周报、小组会议、宣传单等分享你的洞察。这样不仅能充分调动产品人员的积极性，还能使数据尽快发挥作用，对产品产生影响。

表 8.1　数据组织／展示方法（Hackos & Redish，1998）

分 析 方 法	简 要 描 述
用户列表	检查研究的用户类型和范围，包括预估他们在用户总体中所占比例，并对每类用户进行简要描述
环境列表	检查研究的环境类型和范围，并对每处环境进行简要描述
任务等级	划分任务等级并说明任务间的关系，特别是不按特定顺序执行的任务
用户矩阵／任务矩阵	表明用户类型之间和任务之间的关系的矩阵

（续）

分 析 方 法	简 要 描 述
过程分析	对于任务检查过程逐步描述，包括目标、行动和决策
任务流程图	以图表方式绘制出任务执行过程，包括目标、行为和决策
洞察表单	实地调查中的要点列表，及能够影响设计决策的洞察
实物分析	收集到的实物的功能描述、用途、产生的设计启发或创意

8.9 本章小结

本章讨论了一种对大样本进行纵向数据收集的方法。通过日记研究可以深入了解目标总体自述的生活方式或工作方式。运用这些信息能快速启动实地调查、访谈或其他活动，为绘制人物角色和场景提供参考，成为开发新特性的灵感来源。

进一步阅读资源

下面这篇文章是一篇关于日记研究法的出色的文献综述，其中引用了很多日记研究报告和同行评审文章：

- Iida, M., Shrout, P. E., Laurenceau, J.-P., Bolger, N. (2012). In: H. Cooper, P. M. Camic, D. L. Long, A. T. Panter, D. Rindskopf, K. J. Sher (Ed.), *APA handbook of research methods in psychology*, *Vol 1: Foundations*, *planning*, *measures*, *and psychometrics* (pp. 277-305). Washington, DC, US: American Psychological Association, xliv, 744 pp. doi: 10.1037/13619-016.

案例研究：探寻用户的日常信息需求

——John Boyd, 用户搜索体验研究经理，谷歌公司

在谷歌培育创新

美国企业家亨利·福特⊖通过创新流程和产品积累财富。谈到创新过程，福特的名言是："如果我当年去问顾客他们想要什么，他们肯定会告诉我，'一匹更快的马。'"最近史蒂夫·乔布斯⊜说："你不能只问顾客要什么，然后想法子给他们做什么。等你做出来，他们已经另有新欢了。"

⊖ 亨利·福特（1863—1947），美国汽车工程师与企业家，福特汽车公司的建立者。他也是世界上第一位使用流水线大批量生产汽车的人。——译者注

⊜ 史蒂夫·乔布斯（1955—2011），美国发明家、企业家，美国苹果公司联合创办人。——译者注

在谷歌，我们的创新方式有所不同。我们不完全依照人们的需求进行产品设计，但我们非常重视用户需求。谷歌成功的原因之一就是我们根据人们的需求改进搜索结果，在这方面，我们做得很出色。人们每天数百万次地使用键盘或语音在搜索框里输入内容，告诉我们他们需要什么。团队据此开发新的产品和特性，首先在可用性实验室进行测试，然后在发布前进行实际运行测试，以确保这些更新确实改善了用户体验。

观察用户的点击结果和直接询问用户的需求是有微妙区别的。在福特的例子中，人们对于一个笼统的需求给出了一个具体的解决方法。一匹更快的马就代表了更快的交通方式。在谷歌的很多案例中，人们可以大概地表达出他们的需求，但都很不具体。比如人知道自己饿了，但一般都不知道自己实际上想去"山景城[一]附近的四星级墨西哥餐厅"。用户搜索"餐厅"这个词条，我们会提供一系列可能的查询结果去满足人们的需求，让他们选择最适合自己的。

创新的要素之一是需求识别。事实上恩格尔伯格[二]（1982）断言创新只需要三个要素：可识别的需求，人才和技术，资金。谷歌的员工极具天赋、热情，且工作勤奋。我们也拥有相关技术，现金流也非常充裕。唯一要做的是需求识别。

创新的第一步就是识别人们已有、但还没有进行搜索的需求。我们在 2011 年开始通过"日常信息需求"（DIN）研究进行需求识别。DIN 方法基于这样一个前提，通过搜索流可以获得用户体验，无论如何都能从搜索中挖掘到用户的部分需求。即使亨利·福特是对的，我们不应该通过询问用户获得具体解决方案，但人们的需求可以对解决方案的设计有所启发。

DIN 研究法

概述

DIN 研究法是对传统研究方法的现代诠释：传统的日记研究法、Csikszentmihalyi 的经验取样法（ESM）（Larson & Csikszentmihalyi, 1983）、Kahneman 的日重现法[三]（DRM）（Kahneman, 2011; Kahneman, Krueger, Schkade, Schwarz, & Stone, 2004）。应用传统的经验取样法可以获取丰富的日常体验片段。在研究中使用经验取样法，通过随机提醒参与者进行记录，即时捕捉到稍纵即逝的瞬间，比如情感体验，避免事后回顾带来的记忆偏差。在一天结束时对参与者进行调查称为 EOD 调查（end-of-day），通过 EOD 调查获取日重现法（DRM）的研究要素。参与者可以看到他们一天中的报告内容，并进一步进行描述或反馈，这种方法能减少对参与者日常生活的干扰。DIN 研究和日记研究类似，通过同一批参与者自

▸▾ 山景城也称芒廷维尤（Mountain View），是位于美国加利福尼亚州圣克拉拉县（Santa Clara County）的城市。谷歌、赛门铁克、Intuit、微软等著名公司和机构坐落于此。——译者注

▸▾ 约瑟夫·恩格尔伯格（1925—2015），他发明了世界上第一台机器人，被称为"机器人之父"。——译者注

▸▾ 日重现法（DRM）的主要思想是，提供一系列指导性问题，引导参与者回忆、再现一天中的每一个体验状态，幸福、快乐、悲伤等，并对这种状态进行评估。——译者注

我报告进行持续数据收集。

DIN 研究开展必须有章可循。进行规划和招募前，需要大量的准备工作。研究人员和其他团队成员要监督参与者的任务完成过程，并对收集的海量数据进行分析。典型的可用性研究要求研究人员与参与者进行每天 8～12 小时的交互，整个过程需要持续几天，而 DIN 研究则要求对参与者进行数天、数周甚至数月的观测。不夸张地说，每个 DIN 研究都需要大量人力投入。研究团队成员包括内部招募人员、外部招募机构、产品团队、软件工程师、设计师和研究员。他们在各个阶段以不同的方式参与，但至少有一名专职研究员对整个项目进行总体协调，持续时间从数周到数月不等，主要取决于参与者人数。考虑到谷歌的研究规模，需要有一个人员齐备的专业团队进行 DIN 研究，否则研究将无法进行。

我们在 2011 年开始了第一次小规模 DIN 先导性研究。目标是获取终端用户的信息需求，这些需求在搜索日志里没有体现。我们的 DIN 研究原则是尽可能把人为干扰降到最低，最大限度地保证结果的真实性。第一次研究为期 3 天，有 110 名用户参加。每年我们都会扩充招募人数，延长研究时间，到 2013 年（描述见下文），我们连续 5 天对 1000 多名参与者进行了数据收集。在数月之内对参与者分批收集数据。我们的研究质量每年都在改善，收集的区域也拓展到了美国以外的国家。

参与者

理想情况下，应该从研究的目标总体中随机抽取参与者。在我们的案例中，本应该随机从全世界的互联网用户中选取样本。受各种现实、后勤、技术条件的约束，我们选择最多的还是美国互联网用户，选择标准基于年龄、性别、地理位置和其他人口/心理学特性。为了增加样本代表性，参与者一部分由谷歌招募，一部分由外部招募机构招募，根据参与者每天的反馈条数和完成的 EOD 调查数量，通过分层补偿体系对参与者进行激励。各批参与者的开始时间是错开的，每个人连续参与五天，每天都需要收集他们的需求，收集工作大约持续三个月。

工具

我们使用谷歌工程师 Bob Evans 开发的开源工具 Personal Analytics Companion (PACO) 收集数据。任何人都可以在 Google Play 或 Apple iStore（见图 8.2）免费下载这款应用。我们与 Bob 合作密切，为了满足我们的特定需求，他为我们对应用进行了定制。参与者在安卓设备上安装 PACO（www.pacoapp.com）就可以加入研究了。这款应用当时只能在安卓设备上使用。

我们也开发了网页版的帮助中心，用来解答谷歌研究人员和参与者的问题。内容包括文字说明、视频说明、常见问题，

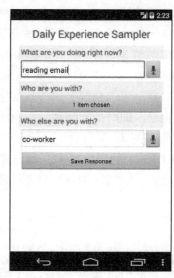

图 8.2　PACO 样式

对于没有提到的问题，也提供了清晰的向上提报路径。准备这些材料花费了大量的时间和精力，但非常值得。这些网页解答了研究日程、设置、激励措施等相关问题，帮助研究人员节省了时间，让他们能更好地专注于研究任务本身。

步骤

DIN 通知：体验获取

PACO 以每天 8 次、每周 5 天的频率随机给参与者发送提醒通知。参与者在手机上回答四个简单问题：（1）你最近想知道什么？（2）你认为这个信息有多重要？（3）你对这个信息的需求有多迫切？以及（4）为了获取信息你做的第一件事是什么？这些问题都经过提前测试，确保能收集到高质量数据，回答可以在一分钟内完成。通过提前测试可以获得参与者对问题的反馈，哪些体验是可以用语言描述的，哪些问题很难回答，哪些问题获得的数据最清晰有用。如果参与者错过了某次回答机会，也可以在需求产生时直接输入需求信息。参与者以文字或语音形式回答问题，也可以上传图片。图 8.3～图 8.5 展示了参与者提交的描述需求的图片（为了保护参与者隐私，这里用样本图片代替参与者当时提交的真实图片）。

图 8.3 "这是什么？"　　　　　　　　　　图 8.4 "明天会下雪吗？"

EOD 调查通知：记忆获取

一天结束时，PACO 会给参与者发送短信和邮件，提醒他们完成 EOD 问卷。我们建议参与者用台式电脑或笔记本完成问卷，用手机不方便阅读表格和输入大段文字。EOD 问卷包含一天内所有参与者提交的需求信息，它要求参与者对每一个需求进行详细说明。问卷包含以下问题：

　　1. 为什么你需要这条信息？

　　2. 你怎样搜索这条信息？

　　3. 找到这条信息的成功率有多高？

　　4. 你在怎样的场景下需要这条信息？

　　5. 你使用哪些设备搜索这条信息？

有些是必答问题，有些是可选问题。

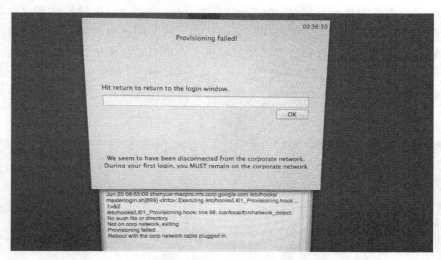

图 8.5　"我的计算机出什么问题了？"

局限性

任何研究都有不完美之处，虽然整个团队工作勤奋，DIN 也不能免俗。除了方法本身固有的缺陷外，下面提到的这些问题在今后的 DIN 研究中应该予以解决。

技术局限性

研究初期 PACO 只支持安卓操作系统。我们无法收集 iOS 系统用户的需求数据，因此无法确保数据真实反映了所有用户的需求。PACO 现已推出 iOS 版本，在今后的 DIN 研究中这个问题能够得到解决。

激励结构

我们设计了一个激励结构，希望能在数据质量和数量间达到完美平衡。我们力求最大程度地激发参与者热情，在他们产生有效需求时能及时报告，但我们不希望激励过于丰厚，以免他们为了获得最多激励而报告虚假信息。通过反复试错，我们确定了一种分层结构，规定了研究初期回复通知和完成 EOD 问卷的下限。数据的检验结果证明这种分层激励结构适用于我们的研究，但我们仍然强烈建议你认真思考你最想获得哪些研究数据，据此测试不同的激励方式。总而言之，局限性是不可避免的，但在我们的控制范围内。

结果

我们在 2013 年获得了一些有趣的发现。我们的测试领域之一是经验取样研究中的图片价值（Yue et al., 2014）。与其他人群相比，女性和 40 岁以上的参与者明显更喜欢提交图片。虽然参与者提供的很多图片对我们的分析没有帮助（例如，自拍、图片没有提供文字以外的新信息），但我们发现附带图片的文本信息的确比只有文本质量更高。我们对比了附带图片和未附带图片的两种信息，同时查看了每次提交都附带图片的信息。在两种情况下，附带图片的反馈里文字描述也会更详细。

不仅在搜索团队内部，我们年度报告中的数据对于谷歌所有产品团队都是创新的源泉。比如在 Google Now（谷歌移动端的个人支持应用），DIN 数据带来了 17 项新的推送通知、2 种语音识别动作，确定了 8 种以用户导向的使用场景以及改进了 22 项原有的推送通知。公司内包括用户体验、技术、产品管理、消费者支持以及市场研究等职能部门都将 DIN 数据作为工作的信息来源。

经验总结

先导性研究

虽然先导性研究看上去并非为"正式"研究做准备，在承受收集压力的同时，还需要为此花费大量时间，但我们仍然强烈建议至少进行一次先导性研究。和团队成员以及同事一起进行先导性研究并调整发现的问题，包括错别字、说明表述不清晰、日志的时区打印问题、特殊型号手机的应用安装问题、通知无意义、通知缺失以及其他的各种问题。另外，与外部参与者进行先导性研究对于优化研究方法和编写准确完整的常见问题列表是非常有益的。做好预测试，为我们在后续的正式研究中节省了大量时间。

比较遗憾的是，我们并没有对先导性研究的数据进行分析，所以对可能存在的问题没有概念。我们在之后正式研究的数据清洗阶段碰到了一些问题，如果在先导性研究中已经积累了数据清洗的相关经验，就会为我们节省大量的时间和人力。

分析

DIN 研究的准备工作需要持续数周，研究运行需要持续数天，数据处理和分析则持续数月，这是因为数据总量庞大，数据形式复杂，并且存在多种编码和分析方式。没有哪种分析方法是"正确的"，需求不同，运用的分析方法不同。在撰写文献综述、绘制亲和图和手动编码的同时，我们花费了一些时间设计了适用于我们的编码方案。我们的预期是编码和分析需要的时间比准备和运营加在一起还要多。

结论

亨利·福特和史蒂夫·乔布斯的名言常被用来佐证，在创新过程中应该将用户排除在外。我们不认同这个观点，并且我们相信用户和用户研究扮演了非常关键的角色。用户的欲望和需求并不能为创新提供行动指南，但可以作为重要的线索和资料，这是产品团队无法通过其他方式获得的。很多人，也包括我们，并不像福特和乔布斯，他们对用户需求和解决方案拥有天生的直觉，那么利用类似 DIN 的研究方法就可以进行以数据为驱动的创新。希望我们的经验能对你有所启发，根据研究目的不断调整研究方法，避免一些我们犯过的错误。

第 9 章

访　谈

9.1　概述

访谈是获取用户体验最常用的方法之一。广义上的访谈是指为了从他人处获取信息而进行的引导性谈话。研究需求和客观条件不同，所使用的访谈类型也不同。访谈的应用非常灵活，既可以作为一个独立研究活动，也可以和其他研究活动组合使用（例如，在卡片分类法后使用或与情境观察法组合使用）。

本章将讨论如何准备和执行一次访谈，如何分析数据以及向团队传达研究结果。本章使用了大量篇幅集中讨论怎样设计好的访谈问题，如何与参与者进行良好互动。这些对于访谈的成功执行是非常关键的。本章末尾的案例研究是有关如何与孩子进行访谈。

要点速览：

➢ 访谈准备

➢ 访谈执行

➢ 数据分析和说明

➢ 结果沟通

9.2 访谈准备

访谈准备阶段的工作包括选择访谈类型，撰写问题，准备材料，培训受访者，以及邀请观察员。表 9.1 展示了访谈准备阶段的详细时间表。

表 9.1 访谈准备时间表

完成时间节点	预估时间	活动内容
尽快完成	1～2 周	• 与团队一起确认访谈问题 • 与团队一起构建用户画像
访谈问题和用户画像确定之后	1 周	• 制订活动方案并划分阶段
方案获得通过之后	1～2 周	• 拟定合适的问题并分配给同事复核
问题拟定完成之后	2 周	• 招募用户 • 分配访谈角色（例如，记录员、采访人） • 准备访谈材料 • 确定访谈地点 • 确定激励措施 • 准备相关文件（例如，保密协议、知情同意书）
活动开始前一周	2 天	• 进行活动预测试 • 根据测试结果修订访谈问题和流程
访谈进行前一天	1 小时	• 致电参与者确认时间 • 提醒利益相关者参加并观察访谈（如有需要）
访谈当天	1 小时	• 布置场地

要点速览：

➢ 研究目标确定

➢ 访谈类型选择

➢ 数据分析方法选择

➢ 问题编写

➢ 问题测试

➢ 活动参与者

➢ 观察员邀请

➢ 活动材料

9.2.1 研究目标确定

拟定访谈问题时，不同利益相关者（即产品团队、管理层、合伙人）的访谈需求往往导致问题比较多。因此各方需要在研究开始前就研究目标达成共识。研究方案中要包含利益相关者认可的所有目标，并由各方签字通过（参考 6.2 节）。在确定访谈类型和进行头脑风暴时，要以研究目标为导向。如果访谈类型或问题不符合研究目标，就不能采用。研究方案确定后再开始上述工作，而不要等到活动进展到一半时再做。

9.2.2　访谈类型选择

根据访谈者对访谈的控制程度不同可以将一对一访谈分为三种主要类型：

- 非结构化
- 结构化
- 半结构化

非结构化访谈与日常对话最相似。访谈者有大致的访谈目的，与参与者围绕每个要点自由交谈，对答案内容的详略和要点顺序没有具体要求。问题或主题的讨论都是开放式的（open-ended）（参考 10.4.5 节的具体描述），受访者可以自由叙述（即无须从已经预设好的一系列答案中选择），并且讨论主题没有设定特定顺序。采访者也可以根据回答情况灵活地增加访谈脚本之外的问题。这时需要采访者随机应变，要力求通过新增的问题获取最重要的信息。最好的方式是提前准备好问题列表，避免临时考虑问题。

结构化访谈正好相反，它是一种对访谈过程高度控制的访问。可供受访者选择的一系列答案都是事先统一设定好的。访谈主要由封闭式问题（closed-ended questions）组成（参考 10.4.5 节的描述），受访者必须从提供的选项中选择答案。封闭式问题的局限性在于选项容量有限，无法涵盖所有可能性，且必须以用户能理解的方言呈现。而且参与者只能选择设定好的选项，即便选项内容并不完全代表他的观点。访谈者可能会提出一些开放式问题，但这些问题的目的并不为获得更多新的细节信息，也不会偏离访谈提纲。所有问题都采用事先统一设计，对参与者的数据收集过程是完全统一的。使用完全相同的测量技术可以保证结果的差异性主要是由个体差异造成的。这种访谈类似于进行口头的问卷调查，但允许参与者对他们的答案进行解释。类似美国人口统计局和劳工统计局的机构常使用这种访谈类型。

> **提示**
>
> 访谈中只使用封闭式问题时，确保提供一个"出口"（例如，"以上都不是"选项）。如果提供的选项内容并不代表参与者的意见或体验，他们只能被迫选择一个不恰当的答案。问卷中更常使用封闭式问题，关于封闭式问题的类型和用法参考 10.4.5 节的描述。

半结构化访谈相当于将结构化访谈和非结构化访谈组合使用。访谈者从一系列设置好的问题开始（封闭式和开放式），但可以根据需要打乱问题顺序或提出新问题。该访谈方法与非结构化访谈并不完全相同。

确定访谈类型时，要以研究目标和数据分析方法为导向。一旦确定了访谈类型，也就确定了与之匹配的问题类型。任何方法都有其固有的优点和缺点，具体内容请见表 9.2。

表 9.2　三种访谈类型比较

访谈类型	数据收集类型	优　点	缺　点
非结构化	定性数据	<ul><li>可获得丰富数据</li><li>对所有问题可以细致追问，充分挖掘信息</li><li>访谈过程灵活</li><li>对答案没有预期时尤其适用</li></ul>	<ul><li>数据难以分析</li><li>访谈主题和问题前后不具有一致性</li></ul>
半结构化	定性＋定量组合	<ul><li>可以同时获得定性和定量数据</li><li>参与者有表达更多意见和细节的机会</li></ul>	<ul><li>需要更多时间分析参与者意见</li><li>访谈主题和问题不像结构化访谈那样具有严格的一致性</li></ul>
结构化	定量数据	<ul><li>数据分析便捷</li><li>参与者的回答具有统一性</li><li>与非结构访谈相比可以设置更多问题</li></ul>	<ul><li>对于某些结果无法理解，因为参与者没有机会解释其选择理由</li></ul>

面对面进行还是借助媒介

　　不管选择哪种访谈类型，可供选择的执行方式是多种多样的，包括（对媒介的依赖性从低到高）面对面访谈、视频会议／视频访谈、电话访谈或者文字访谈。有时借助媒介进行访谈比面对面访谈更便利。比如文字访谈的结果不需要进行转录，因为它本身已经是文本形式。通过媒介进行访谈，可以同时节省参与者和访谈者耗费在路途上的时间。当然这种方式也有缺点：

- 相比起面对面访谈，参与者可以更容易挂断电话终止访谈。某些情况下要与参与者保持 20 分钟以上的通话是很困难的。比如致电参与者前没有进行预约（即访谈不是事先安排好的），这时最大的挑战是如何让参与者保持专注。如果通话环境比较嘈杂，参与者可能因为同事或孩子的干扰而尽快结束回答。
- 除了视频访谈之外，在其他借助媒介进行的访谈中，参与者和访谈者都无法通过观察获得对方的身份信息和身体语言信息，因此参与者需要更为谨慎地传达这些敏感信息（Johnson, Hougland, & Clayton, 1989）。访谈者无法观察到参与者的身体语言、面部表情和动作，而这些都可以提供额外的重要信息。
- 电话访谈给人冷冰冰、缺乏人情味的感觉。维持通话、发展与参与者融洽关系都更为困难。

　　比起电话访谈，通过计算机进行访谈的另一个优点是有需要时可以向参与者展示实物。图 9.1 的汇总清单可以帮助你选择合适的访谈方式。

> **提示**
> 　　访谈时长最好控制在 1 小时，如果有需要的话，可以扩展到 2 小时。不建议访谈超过 2 小时。定时的中场休息和有趣的访谈内容也许能让敬业的参与者或顾客坚持更久。

	面对面	视频＋语音	语音（通过电话或网络电话）	文字（例如，在线聊天）	文字（非交互式）
访谈非常耗时	√				
访谈者能观察到参与者的反应	√	√			
访谈者需要根据外表或外貌特征确定或排除某类人群	√	√			
参与者不会打字或没有读写能力	√		√		
访谈者需要与参与者进行交互，比如追加计划外的提问	√	√	√	√	
访谈任务要求向参与者展示实物	√	√	√①	√①	
参与者所在位置分布较广，挨个拜访会耗费大量时间和费用		√	√	√	√
数据收集时间紧迫			√	√	
与访谈者面对面交谈有心理压力			√		√
问题涉及个人隐私／敏感话题，直接交流让参与者感觉不适				√	√

①通过互联网语音或视频，可以使用屏幕共享程序向参与者展示线框图、产品原型等。

图 9.1　面对面还是借助媒介进行访谈，使用该清单选择合适的访谈方式

9.2.3　数据分析方法选择

封闭式问题和开放式问题都有对应的数据分析工具和方法。如何分析开放式问题，参考本章 9.4 节的具体描述；如何分析封闭式问题请参考第 10 章的内容。

通过分析预测试的样本数据，可以确保所使用的分析方法可以获得想要的研究结果，同时还能测试是否需要调整访谈问题（请见 6.7 节的具体描述）。如果打算使用新的分析工具，确保有足够的时间购买所需的软件并学习使用方法。

9.2.4　问题确定

完成上述工作后，就可以着手确定访谈问题了。与所有利益相关者（产品团队成员、用户体验设计师、市场营销团队）一起进行头脑风暴。头脑风暴可能产生大量偏离活动方案或更适用于其他活动的问题，活动方案范围外的问题应该剔除，更适用于其他活动的问题应该搁置，等这些活动进行时再使用。即便进行了这些处理，最后仍有很多问题无法通过一次访

谈全部完成。这种情况下，要么增加访谈次数，要么聚焦最重要的访谈主题。确保一次访谈中的问题适量。

问题编写

确定访谈主题后，就可以着手草拟问题初稿。首先将访谈流程划分为数个标准阶段，拟定符合各阶段目标的问题，然后对问题的用词进行审核，确保问题清晰、可理解、中立。表 9.3 展示了理想的访谈流程。最后结合例子和反例讲解如何编写好的访谈问题。

表 9.3　理想的访谈流程

	问题类型	阶段目标	问题范例
打破僵局	打破僵局	与参与者建立信任关系，使参与者在轻松、开放的氛围下开始交谈	你叫什么名字？来自哪里？
介绍 深度关注	介绍	引出访谈主题，将谈话焦点转移向产品	谈谈你去过的一个特别喜欢的旅行目的地。
深度关注	深度关注	收集有价值的信息，完成研究目标	● 只使用手机预订旅行的情况常见吗？ ● 谈谈你最近一次使用手机预订旅行的体验。
回顾	回顾	以更广阔的视角考虑"深度关注"阶段的问题	回顾我们今天讨论的所有内容，哪一个问题是你认为最重要的？
结束	结束	访谈结束	有没有什么没有谈到的问题你想补充的？

"下一个问题：我认为生活是一个持续追求平衡的过程，为了保持平衡时常需要妥协，比如在道德和利己之间，在愉悦和悲伤之间，在纵想人生、留下苦乐参半的回忆和不可避免地跌入死亡的虎口之间。同意还是不同意？"

简洁

问题应该保持简洁，篇幅通常应该在 20 字以内。人们很难记住过长或结构复杂的问题。应该将复杂问题拆分成两个或更多的简单问题。

> **错误**："为了省钱直到最后一分钟才预订飞机票，这时只能订到红眼航班或者需要两次转机，你会怎么做？"
>
> **正确**："为 4 小时的飞机旅程购买机票，你会因为能节省一半费用而选择午夜／早班飞机吗？＜回答＞你能接受改签其他航班，但需要多花 2 小时航程吗？＜回答＞如果能比直飞节省 1/4 的费用呢？"

清晰

避免使用复合问题（double-barreled questions），也就是说一个题目包含两个或多个问题。一次性提出多个问题会让受访者感到迷惑。下面的例子展示了一个题目中包含多个问题的情况：旅行频率、网上预订旅行的频率、在线预订的原因。应该将这些问题分开提问。

> **错误**："你经常为了省钱而在网上预订旅行吗？"
>
> **正确**："你多久旅行一次？＜回答＞网上预订旅行的比例是多少？＜回答＞为什么要在网上预订？"

模糊性问题（Vague questions）也会给访谈带来困难。避免使用一些不精确的词汇，例如，"几乎""有时""经常""几乎没有""大约"或"基本上"，对这类词汇的不同理解会影响个人的答案和研究结果的分析。

> **错误**："你经常在网上买飞机票吗？"
>
> **正确**："你多久在网上买一次飞机票？"

最后问题中要避免使用双重否定（double negatives）。顾名思义，双重否定指一个句子包含两次否定，受访者很难理解这类句子的真实含义。

> **错误**："你不用 TravelMyWay 预订旅行是因为他们不提供行程奖励吗？"
>
> **正确**："能谈谈你停用 TravelMyWay 的原因吗？＜回答＞其中最主要的原因是什么？"

保持中立

访谈者编写问题时很可能代入自己的偏见。其中一种方式是引导性问题（leading questions）。这类问题通常暗示了答案，并且会将访谈者的判断强加给受访者。这类问题会影响受访者的回答，从而无法获知他们的真实想法。

> **错误**："大多数用户都更喜欢应用的新界面，感觉比之前的更好，你认为呢？"
> **正确**："你认为这款应用的新界面怎么样？"
> **错误**："你是否同意用手机应用预订旅行比通过旅行社更方便？"
> **正确**："对你来说，用手机应用预订旅行最大的优点是什么？＜回答＞
> 最大的缺点是什么？＜回答＞用应用预订与通过旅行社预订，两者比较起来怎么样？"

引导性问题通常很明显，比较好筛选出来。与之相比诱导性问题（Loaded questions）产生的影响则是很微妙的。问题本身就包含了唯一的"选项"，有明显的选择导向。典型的例子是诱导性问题在政治选举中很常见。政客通常使用这类问题论证自己的政见，制造一种大部分选民都赞同的假象。

> **错误**："为了支付机场的安保费用，机票的价格会持续上涨。你认为这部分费用应该由你负担还是由政府负担呢？"
> **正确**："你在购买机票时愿意为了机场安保费额外支付多少钱？"

上面的问题指出机场安保费增加是机票价格上涨的原因。第一个（错误）的问题明确表明了访谈者期待获得的答案。这也是一个基于错误假设编写问题的例子。它暗示政府没有支付额外的安保费用，并且应该从现在开始支付。这类问题通常基于一个未经验证的假设，并且很容易被曲解。使用这类问题首先是不道德的，最后获得的数据也是无效的。

最后一种偏见类型是访谈者威望偏见（interviewer prestige bias）。这种情况下，访谈者会告诉受访者，一个权威人物对某个话题的见解，然后询问他们对该话题的想法。

> **错误**："安全专家建议通过旅行社而不是手机应用预订旅行。你觉得使用旅行应用安全吗？"
> **正确**："你感觉手机应用和旅行社的可信度差不多吗？"

关注结果

访谈时请受访者描述遇到的问题，而不是他们的具体解决方案。也不要询问他们可能会喜欢的产品功能。需要关注的是受访者希望借助产品达成什么结果。因为如果没有实际体验过服务或功能，人们通常不知道哪些功能对他们来说是有用的，或者哪些功能他们真的会喜欢。

> **错误**："你认为这项新功能怎么样？在预订旅行时能随时给旅行社发消息提问吗？"
> **正确**："在预订旅行时你希望能与旅行社保持沟通吗？＜回答＞你比较喜欢哪些沟通方式？"

如果把创新的责任移交给客户，会产生很多问题。比起重大的功能创新，他们更喜欢小的功能迭代；根据竞争产品的功能提出一些有限的建议（因为他们很熟悉）；提出一些他们实际上不需要或不使用的功能（大多数用户只用到了软件产品不到 10% 的功能）。关注结果能够更好地理解用户的真实需求，这样开发工程师能从技术层面提出创新解决方案去满足这些需求。

访谈者必须理解结果和解决方案之间的区别，以便提出恰当的问题。

> **参与者**："希望 iPhone 上能查看所有的航班时刻表。"（解决方案）
>
> **访谈者**："原因是什么？这个功能能够怎样帮助你？"（寻求结果）
>
> **参与者**："我经常四处旅行，所以我需要随时随地能在 iPhone 上查看航班时刻的变化情况。"（结果）
>
> **访谈者**："所以你是希望能随时随地查看航班时刻表，对吗？"（重述并确认结果）
>
> **参与者**："是的。"（确认）

避免预测未来

不要让参与者预测他们未来的需求，相反，应该关注他们现在的需求，可以将现在的需求转化为他们未来的需求。

> **错误**："如果增加这样一个新功能，可以用手机与其他飞机上的乘客通信，你会使用吗？"
>
> **正确**："等待起飞时你愿意和其他乘客聊天吗？"

避免强迫回答

虽然访谈前根据用户画像已经对参与者进行过筛选，但仍可能碰到无法回答所有问题的参与者。参与者可能对于所提的问题缺乏切身体验或具体概念。这种情况下，要确保参与者不会因为无法回答或没有想法而感到尴尬。强迫参与者回答会让他们有挫败感，收集到的数据也会有问题。

开始访谈前要告知参与者没有所谓的正确或错误答案——也就是说对于某个问题如果没有意见或体验，可以直接告知。要时刻注意参与者通常有取悦或给访谈者留下深刻印象的倾向。他们感觉必须要回答每一个问题，所以会猜测自己的想法或勉强给出一个实际上没有的意见。因此要鼓励参与者坦诚地承认他们无法回答某些特定问题。

记忆误区

回忆一下过去三年内你租过多少次车，对于答案的准确性有自信吗？访谈和调查中经常涉及人们在过去一段时间内进行某种特定活动的频率。如果活动发生在近期或涉及记忆深刻的事件（例如，婚礼、大学毕业典礼），回忆起来可能并不困难。但现实中经常会对发生数年或记忆模糊的事件发问。

事件的重要性或显著性是影响记忆的关键因素。有些事情比较容易记住，因为它们很重要或很诡异，因此只需要付出一点努力就能记住。但有些事情即使发生在昨天，你也不记得。另外，有些看似正确的记忆其实是错误的。大多数参与者都希望成为"合格"的受访者，他们会努力回忆并提供一个准确答案，但记忆是有容量限制的。这种情况下，时常发生事件的漏报和虚报。

除了记忆限制之外，人们还有压缩时间的倾向，称之为压缩效应（telescoping）。也就是说如果询问过去六个月发生的事件，人们会不自觉地回答过去九个月发生的事件，导致事件被虚报。

为了消除这种错误来源，应该避免对无法记住的事件发问，聚焦那些突出且容易记住的事件。访谈中可以借助日历帮助参与者进行回忆，并且在他们可能出现记忆混乱时给予提示，鼓励他们仔细回忆，避免出现记忆混乱（Krosnick, 1999）。如果确实需要研究一段时期以前的事件，可以提前联系参与者，并告知他们使用日记记录自己的行为（参考 8.4.2 节的具体描述）。这意味着增加参与者的工作量，但通过这种方式获得的数据比单纯只靠记忆会更准确。

其他需要避免的措辞

避免使用带有强烈感情倾向的词汇，比如"种族主义"和"自由主义"。只有在确实需要的情况下才询问涉及个人隐私的问题，并且要注意提问方式，包括：年龄、种族和薪酬。图 9.2 展示了某些可能涉嫌侵犯隐私的提问内容。

	问 题 内 容	回 避 理 由
√	询问个人的财务情况？	社会通过赚钱多少和拥有的财富对人进行评价
√	挑战思维能力和动手能力？	人们害怕表现得愚蠢或笨拙
√	需要暴露自身的缺点？	人们对无法满足他人或社会的期待高度敏感
√	讨论社会地位的衡量标准？	教育层次低、收入低、居住在低档社区的人群抵触这类话题
√	关注性、性取向或性行为？	很多人仅仅是提到性都会感觉尴尬
√	涉及使用酒精或违禁药品？	很多人对真实情况会否认或有所保留，提出这类问题会让他们感觉受辱
√	关注个人习惯？	人们不想承认他们无力改掉或养成某种个人习惯
√	叙述自己的情绪或心理障碍？	这类疾病比身体疾病更难启齿
√	关注衰老相关的话题？	讨论衰老的特征会让各年龄段的人感觉害怕和焦虑
√	面对死亡和垂死状态？	发病率通常是一个禁忌话题，很多人甚至拒绝去考虑

图 9.2   可能被视作隐私威胁的问题清单（Alreck & Settle, 1995）

避免使用俚语、黑话、缩略语和极客语言，除非你的用户群体非常熟悉这些用语。创造用户熟悉的语境（前提是你已经熟悉了他们的表达方式），清晰表达问题非常重要。编写问题时当然也要考虑不同地区的文化和语言因素（参考 6.4.8 节的具体描述）。一字一句地对问题进行直译可能会词不达意，甚至使参与者感到迷惑或尴尬。图 9.3 提供了编写问题的行为准则清单。

该做的：
- 问题长度在 20 字以内。
- 一次只讨论一个问题。
- 问题表述清晰。
- 要基于用户的具体经验提问。
- 只针对能记住的事件提问或让参与者使用日记记录行为。
- 借助日历帮助参与者回忆起过去的事件。
- 使用用户熟悉的词汇。
- 使用中性的词汇和短语。
- 只在必要时询问敏感或涉及个人隐私的问题。

不该做的：
- 强迫用户给出并不代表真实想法的意见。
- 询问引导性问题。
- 询问诱导性问题。
- 基于错误的前提提问。
- 用权威观点影响用户的回答。
- 让用户预测未来的想法。
- 让用户描述无法记住的事件。
- 使用俚语、黑话、缩略语和极客语言。
- 使用带有强烈感情倾向的词汇。
- 使用双重否定。
- 因为好奇询问敏感或涉及个人隐私的问题。

图 9.3 问题编写行为准则

9.2.5 问题测试

访谈前需要对问题进行测试，检验是否包含了所有目标话题、哪些问题较难理解、问题的表述是否符合原意。如果进行非结构化访谈，需要对所有话题进行演练。如果是结构化访谈，对每个问题和其附带的追问都要进行测试。选择团队中未参与准备工作的成员进行测试，测试标准是他们是否能给出预期的答案。如果他们提供的信息并不是你需要的，需要重新编写并调整问题内容。请有访谈或调查经验的同事协助审查问题内容是否中立，如果团队中没有这类成员也可向其他机构寻求帮助，直到审查通过为止。

问题通过测试后，可以安排接受访谈的实际参与者进行演练。需要关注的要点是：参与者对问题的反应如何？他们的答案是针对你的问题，还是答非所问？所有细节是否都清晰无误？访谈是否在规定时间内完成？

9.2.6 活动参与者

除了用户（访谈参与者）之外，还需要其他人员一起参与访谈活动。下面具体讨论每类角色的工作职责。

参与者

参与者需要能代表产品目前的终端用户，或者未来将使用产品的用户。

参与者人数

一般的行业标准是，每种用户类型选取 6～10 名参与者作为访谈样本，回答相同的问题。其他因素也会影响所需人数，包括：需要获取的是定性还是定量数据、用户总体规模大小。对于定性研究来说，一些研究者认为需要 12 名参与者才能展开话题讨论（Guest, Bunce, & Johnson, 2006）。另一些研究者则建议，获取定量数据需要 30 名或更多的参与者参加访谈（Green & Thorogood, 2009）。本书第 6 章详细讨论了一次用户研究活动需要招募的参与者数量。

访谈者

访谈者的任务包括：与受访者建立融洽关系，获取问题反馈，明确预期的回答内容，审查每一个回答，确保参与者准确表达了自己的原意，有时需要对反馈进行重述，检验是否正确理解了参与者的意图。另外，访谈者要灵活把握访谈节奏，有时可以让讨论偏离"计划路线"，以获取更有价值的信息，发现偏题时则要及时把讨论拉回正轨。访谈者要有足够的行业知识对讨论的价值进行判断，哪些讨论可以增加价值，哪些是在浪费宝贵的时间。访谈者还要能及时提出跟进问题，以获得更多细节信息，这些信息将帮助团队做出产品决策。

访谈者必须受过专业培训并具备丰富的访谈经验，否则会在问题中不自觉地代入自己的主观偏见。这会影响参与者的回答，或使他们曲解问题的原意。无论如何，这样收集到的数据都将是不准确的，并且无法使用。访谈新手可以通过参加学习工作室，外加阅读本章的内容，更好地将相关知识内化。此外还可以作为访谈记录员，协助有经验的访谈者。访谈者非常需要有学习热情的记录员进行协助，在此过程中，记录员有机会观察访谈者如何应对访谈中发生的各种情况。

我们强烈建议请有经验的访谈者对问题进行复核，并与他们进行访谈练习，请他们对问题内容给予反馈，或指出是否存在任何可能导致偏见的行为。资深访谈者的协助通常很有价值。大量的练习也能让访谈者的访谈技巧变得更加娴熟，并且对访谈结果的准确性更有把握。

虽然人们不喜欢观看自己的影像或聆听自己的声音，但访谈结束后通过上述方式进行回顾非常有用。即使是经验丰富的访谈者也可能在访谈中带入某些坏习惯，通过观察视频能够发现并对此进行修正。让有经验的访谈者陪同一起观看访谈录像会很有帮助，他们可以指出哪些地方还有改进空间。如果还邀请了其他团队的成员，比如产品经理，他们则会从自己的角度在访谈内容中发掘出用户的其他需求或兴趣。这个可以成为一项内容充实、有趣的团队建设活动。

记录员

访谈中有一位同事在同一房间或其他房间协助记录是很有帮助的。这样访谈者可以集中精力观察受访者的身体语言，把握追加提问的时机。根据具体情况，记录员可以同时成为访谈的"第二大脑"，根据当时的情境提出主访者没有考虑到的问题（详细内容请参考7.5 节）。

摄影师

只要条件允许，就应该对访谈过程进行视频录制（视频录制的优点请参考7.5 节的具体描述）。这项工作需要专人负责。大多数情况下，工作内容包括控制录制的开始、结束，更换新的存储设备（例如，SD 卡），留意是否出现任何技术问题，观察视频的亮度并进行必要的调整。访谈者需要和摄影师一起提前进行录制演练。视频发生错误导致数据丢失的情况是很常见的，这完全可以通过演练提前预防。

9.2.7　观察员邀请

和其他用户研究方法一样，进行访谈时观察员（例如，同事、产品团队成员）不应同处一个房间。如果没有条件从其他房间观察访谈，但利益相关者又要在场，就需要把在场观察员人数限制在1～2 名。超出这个人数受访者会有压迫感。访谈之前需要明确告知观察员，任何时候都不能对访谈产生干扰。

> **提示**
>
> 在访谈前向观察员强调访谈问题保持中立的重要性，不同类型的偏见会严重影响数据质量。可以与观察员进行角色互换，让他们作为访问者进行提问，找出提问中带有偏见的问题，并告诉他们正确的提问方式。设身处地地体验了访谈过程后，他们就能理解访谈中为什么需要他们保持安静，不对访谈产生影响。

访谈者可以自行决定是否允许观察员提问，但同样要遵守上文提到的原则（例如，避免偏见、保持简洁）。因为无法控制观察员的提问内容，建议他们先将问题写在纸上，然后由访谈者进行审核，并对诱导性问题和复合问题进行修改后提问。这样做的好处是，防止访谈者缺乏这类问题的专业知识，无法在访谈中有效地把控访谈节奏。这部分工作可以放在访谈的末尾，也可以在访谈前进行。此外观察员也能远程参与访谈，并利用聊天工具实时提出问题。这时访谈者需要时刻留意聊天工具的动态，寻找合适的机会提出这部分问题。对问题的内容和措辞应随机应变去处理，并决定是否需要跳过这部分问题。

9.2.8   活动材料

进行一场访谈需要准备以下材料（下一节会详细叙述每项材料的用途）：

- 保密协议
- 问题列表
- 记录工具（手提电脑或使用纸和笔记录在笔记本上）
- 录制工具（摄影机或录音机）
- 确定合适的访谈地点、访谈者、记录员和摄影设备
- 记忆辅助工具（例如，日历）（可选）
- 需要向参与者展示的实物（可选）

9.3   访谈执行

> **要点速览：**
> ➤ 注意事项
> ➤ 访谈五步骤
> ➤ 访谈者角色定位
> ➤ 维护访谈关系
> ➤ 行为准则

9.3.1   注意事项

进行所有用户研究活动之前，都需要了解相关注意事项。对于访谈来说，需要注意的是偏见和诚实问题。

偏见

访谈者很容易在访谈中掺杂个人偏见，词汇、表达方式、身体语言都可能带入偏见。偏见会影响参与者的回答，参与者给出的答案并不代表他们的真实感受。作为访谈者应该将自己的创意、感受、想法和期许放到一边，转而从参与者这里获取这些信息。有经验的访谈者会以参与者感觉舒适的方式编写问题、提问、获取反馈，鼓励参与者诚实表达感受，不必担心被人评判。熟练使用这些访谈技巧的前提是进行大量的练习。

诚实

有些人崇尚标准性能指标或对"坊间"数据抱有疑问，这类人群不会使用访谈这种数据收集方式。有时人们会问你怎么知道参与者说的一定是真话。答案是诚实是人类与生俱来的本性。访谈参与者故意撒谎或隐瞒细节的案例极其少见。

但仍存在一些因素会影响参与者的诚实表述。比如社会期望偏倚现象（social desirability），指相比起事实，参与者更倾向于提供他们认为符合社会期望的回答。同样的，参与

者可能描述的是事情应该怎样发生，而不是实际怎样发生。比如参与者描述自己使用的是公司倡导的科学工作流程，但现实中，他使用的是替代流程或更取巧的流程，因为要完全遵照"科学"的工作流程是很困难的，参与者会因为不想暴露真实情况而撒谎。访谈者需要弄清参与者真实的工作方式。当然也需要提醒参与者所有的信息都是保密的，雇主不会获知访谈内容。

参与者可能为了取悦访谈者而无条件地同意访谈者的意见。此外，参与者还可能为了给研究人员留下深刻印象，提供提升自我形象的回答。这种现象被称为威望反应偏倚（prestige response bias）。如果暗示参与者你所期待的特定的答案，他们很容易按照你的意愿进行回答。访谈者应该诚实正视访谈中可能带入的个人利益或主观偏见，防止在编写问题时带入。恰当问题的编写方式（参考 9.2.4 节的具体描述）和访谈沟通方式可以减轻访谈者主观偏见对参与者的影响（例如，不要传达主观判断，不要援引权威人物）。访谈者应该始终作为中立的评价者，并鼓励参与者诚实交流。对于引入高度敏感或涉及个人隐私的话题要非常谨慎，通过调查问卷的方式获取这类信息更为合适。调查问卷方式可以匿名进行，但访谈则更多的是面对面进行，参与者可能无法当面讲出这些信息。如果访谈者能够带有同理心，并具备成熟的提问技巧，可以考虑运用访谈获取这些敏感信息。更多内容请参考 9.3.3 节。

参与者是否陈述了事实，可以通过追问细节信息判断。有经验的访谈者可以辨认出极少数不诚实的访谈参与者，并弃用他们提供的数据。当参与者陈述的故事与实际情况不符时，他们通常无法提供具体的事例，只能泛泛而谈。

提示

　如果访谈者继续追问，不诚实的参与者会感到沮丧并且尝试改变谈话主题。如果对参与者反馈的真实性有疑问，可以放弃这部分数据，并访问其他参与者。具体内容参考 9.3.3 节的描述。

阅读完上述内容后可以正式开始访谈，下面将引导你完成访谈的所有步骤。

表 9.4 包含了访谈的标准步骤和每步所需时间。表格内容基于一小时访谈制定，操作中应该根据访谈的实际时长进行调整。每步所需的时长是基于个人经验估算的大概时间，这里仅作为参考。

访谈是一项需要大量练习的技能，访谈者应该注意观察访谈各阶段并全程监控与参与者间的访谈关系。

表 9.4　一小时访谈时间表（预估时间）

预 估 时 长	步　　　骤
5～10 分钟	介绍（欢迎参与者、填写表格、进行访谈说明）
3～5 分钟	暖场（简单、无压力的一般性问题）

（续）

预估时长	步 骤
30~45 分钟	访谈主体部分（细节性问题）
	根据问题数量调整时间长短
5~10 分钟	冷却（访谈总结、简单问题）
5 分钟	结束（感谢参与者，护送他们离开）

9.3.2 访谈五步骤

不管访谈时长是 10 分钟还是 2 小时，按步骤进行才能保证访谈的高质量。五个主要访谈步骤如下：

介绍

介绍部分时间不宜过长，如果超过 10 分钟，意味着对参与者灌输了太多的指示信息。这里可以对参与者进行首次提醒：鼓励他们诚实回答，对于无法回答的问题可以不回答。下面是介绍部分范例：

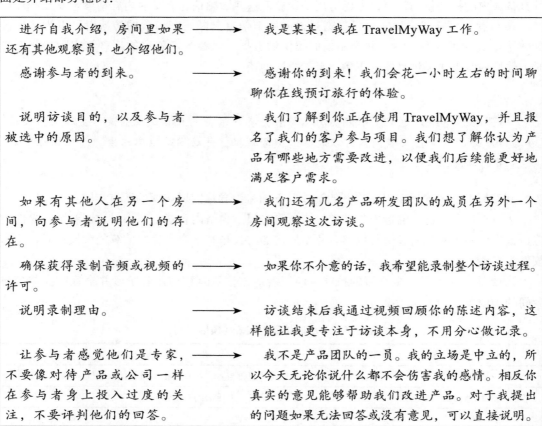

进行自我介绍，房间里如果还有其他观察员，也介绍他们。	我是某某，我在 TravelMyWay 工作。
感谢参与者的到来。	感谢你的到来！我们会花一小时左右的时间聊聊你在线预订旅行的体验。
说明访谈目的，以及参与者被选中的原因。	我们了解到你正在使用 TravelMyWay，并且报名了我们的客户参与项目。我们想了解你认为产品有哪些地方需要改进，以便我们后续能更好地满足客户需求。
如果有其他人在另一个房间，向参与者说明他们的存在。	我们还有几名产品研发团队的成员在另外一个房间观察这次访谈。
确保获得录制音频或视频的许可。	如果你不介意的话，我希望能录制整个访谈过程。
说明录制理由。	访谈结束后我通过视频回顾你的陈述内容，这样能让我更专注于访谈本身，不用分心做记录。
让参与者感觉他们是专家，不要像对待产品或公司一样在参与者身上投入过度的关注，不要评判他们的回答。	我不是产品团队的一员。我的立场是中立的，所以今天无论你说什么都不会伤害我的感情。相反你真实的意见能够帮助我们改进产品。对于我提出的问题如果无法回答或没有意见，可以直接说明。

解释签署保密协议和知情同意书的必要性。 →	因为产品目前还没有上市，所以你需要签署一份非公开协议，承诺产品上市之前或从现在开始的两年内，不和任何人讨论与产品有关的内容。
确保参与者明确他们的权利：无需被迫继续访谈，可以随时终止访谈并离开，不用承担其他后果。 →	你可以随时终止访谈。访谈中如果有任何问题请立即示意我停止访谈。

暖场

访谈应该以简单、让人没有压力的问题开场，参与者能轻松、明确地回答，消除紧张，融入访谈。比如确认参与者的个人基本信息（例如，职业、公司），第一次注意到产品的契机，等等。甚至可以让参与者列举出产品的五个最喜欢和最讨厌的功能。让参与者专注于产品本身，忘掉环境中的其他干扰信息。达到这个效果的最好方式是以简单问题开场，创造出日常谈话的氛围，而不是让人感觉在进行口头调查或测试。不要问一些无关紧要的问题，比如"你喜欢现在的公司吗？"或"给我讲讲你最近碰到的问题。"等等。负面问题往往会得到负面回答，参与者的负面情绪可能会影响之后的访谈。

用 5～10 分钟进行暖场一般来说足够了，但如果参与者仍然明显感觉不自在，可以适当延长这部分的时间。但不要把参与者（和你自己的）时间浪费在没有意义的闲聊上，暖场部分仍然应该围绕产品进行。

访谈主体部分

这一部分要对之前编写和测试的核心问题进行提问（参考 9.2.4 节和 9.2.5 节的具体描述）。提问需要按照某种逻辑顺序（例如，按照编写的时间顺序），从一般性问题逐渐过渡到细节性问题，避免随意切换主题。这部分在整个访谈中所占的比例（80%）最大。

> **提示**
> 提前进行访谈演练的目的之一是判断访谈问题是否符合"逻辑"。窍门是让其他人大声读出访谈问题，这种方法比自我检测更容易找出问题中不合逻辑之处。

冷却

访谈主体部分的访谈节奏通常比较紧张。在访谈的冷却部分，可以调整访谈节奏，提问一些一般性问题或对访谈进行总结，还可以根据访谈的具体情况对某些问题进行补充提问。这个环节最常用的问题是，"有没有没有谈到的问题你想补充的？"这个技巧性问题不仅出现在这个环节，还会贯穿整个访谈。

结束

这部分向参与者说明访谈临近结束，可以询问他们是否还有问题想问。有些人习惯进行访谈的收尾工作：归置访谈中用到的记录工具（如果有进行记录），起身离座，关闭录音机和摄影机，对参与者表示感谢，等等。

9.3.3　访谈者角色定位

访谈者的工作职责类似一位教练，辅导参与者提供相关信息。"积极倾听"的含义是：判断参与者的每一个反馈的信息量是否充足，探寻哪些领域可以深度挖掘，全程监控与参与者间的访谈关系。访谈中需要发挥主动性，需要从参与者处主动获取所需要的信息。从这个角度来说，访谈是一项需要访谈者注意力高度集中的活动。

控制访谈方向

进行非结构化访谈时很容易偏离访谈主题。参与者可能不自觉地就某个问题讲述了太多无用的细节信息，或者离题千里。访谈者的重要职责是让参与者专注于当前的访谈主题，在收集到所需信息后继续下一个主题。以下是控制访谈进程的礼貌性话术：

我能看出对于这个问题你有很多想说的，但由于时间限制，我们需要继续下一个话题了。如果之后我们还有多余的时间，再继续这个问题的讨论。

这听上去确实很有意思。但我想我们是不是可以回到 XYZ 这个主题上…

非常抱歉打断你，但刚才我们讨论的是 XYZ，能再多聊聊这个内容吗？

适时保持沉默

最难运用的访谈技巧之一就是保持耐心。不要充当参与者的代言人，代替他们思考或回答问题，给参与者充分的沉默时间考虑问题。如果在充分考虑后，参与者仍然无法提供更多的信息，可以追加提问或对参与者的回答进行重述（后边有讲述）。有时参与者会说："话都已经到嘴边了，就是不知道怎么说。你明白我想表达的意思吧？"如果参与者纠结于措辞表达，你十分确定他想陈述的内容，这种情况下可以帮助参与者选择恰当的词汇或短语。

适当的沉默对于访谈者来说也是一种访谈"工具"。参与者有时不确定针对某个问题需要提供多少细节信息，在明确访谈者的需求之前，他们倾向于先进行简略回答，然后等待访谈者是否示意继续。如果访谈者没有反应，他们会理解为可以继续下一个主题。不管是继续下一个主题还是探究更多的细节信息，都需要停顿 5 秒左右，给参与者充足的准备时间。停顿 10 秒左右可能会让访谈者和参与者都感到有点尴尬，但对于一些天性沉默寡言的参与者，可以给他们更多的思考时间。访谈中要时刻关注参与者的肢体语言（例如，身体前倾、保持继续陈述的姿态），以判断他们是否还想继续。

如果停顿的时间过长，参与者可能会觉得遭受了冷遇，这时给予通用性的交流提示（acknowledgment tokens）是很重要的。交流提示是诸如"哦"、"啊"、"嗯哼"、"啊哈"等没有实际内容的语气词。因为没有实际内容，所以这类词汇不显得唐突，也不需要参与者花费精力理解。参与者可以不受干扰地陈述自己的想法。使用这些词汇是向参与者传达这样的信号：你听到并理解了他们所说的内容，并希望他们继续。发言者都希望从倾听者处获得反馈，这类词汇的使用能将访谈关系保持为一种良好的伙伴关系，让对话从单方面交流变为"双向沟通"。"嗯哼"、"啊哈"这类的提示含有"继续"的意味，它们具有非指令性或非干扰性。"好的"、"是的"则表示"同意"，表明访谈者不想用个人意见影响参与者的反馈（Boren & Ramey, 2000）。在使用这类词汇时，要考虑不同文化因素的影响。比如在日本，访谈者一直不回应"是的"，会被视作没有礼貌。

保持专注

你是否有过这样的体验，他人一直在说话，你却完全不知道他在说什么。人在疲惫或无聊的时候，很容易走神。在任何谈话中这都是非常失礼的行为，在访谈中更是如此。如果访谈者感觉到疲倦或无聊，很大可能参与者也会有相同的感受。

评估访谈中需要投入的精力大小，如果是非结构化访谈，需要对参与者进行解释说明、列举范例和问题重述。如果是高度结构化的访谈，参与者只需要简短回答，并严格遵守指示。不管是哪种情况，都需要访谈者全身心地投入（要避免过度控制，干扰参与者）。因此在访谈中应该适时地进行休息，四处走走并让精神重新活跃起来。休息结束后，可以让参与者回顾休息前提出的最后一个问题的反馈内容，这么做的目的是帮助参与者重新回到访谈中断的地方，回归访谈主题。

提示

　　一天内进行多场访谈也许可以加快信息收集速度，但也会让访谈者精疲力竭。访谈者没有足够的时间与记录员总结访谈记录，也无法与其他访谈观察员讨论自己的所感所得。我们建议一天内最多进行四场时长为 1 小时的访谈。一天完成几天的工作量会使收集的数据质量下降，结果需要花费更多的时间进行数据分析。

　　如果需要在多个城市进行访谈，比如，2 天内进行 7 场访谈，时间安排上就没有多少选择余地。这种情况下建议与一名同事两人一组开展工作。两人的工作角色在访谈者和记录员间灵活切换，这样两个人都能获得适度休息，不至于耗尽其中某个人全部的精力（激励参与者回答问题，对问题进行进一步追问等）。

　　每场访谈之间也要进行短暂的休息。条件允许的前提下，休息的时间越长越好。这样能有足够的时间起床、活动腿脚、上个卫生间、喝杯饮料等。还需要留出时间填饱肚子，因为需要有充足的能量储备才能持续进行一系列访谈。不要在访谈的过程中顺便吃午饭，这种行为很不礼貌且分散精力。

如果已经就某一主题进行过多次访谈，会很容易形成这样的思维定式：感觉自己已经知道所有可能的答案。但下一位参与者是否会提供新的信息呢？受思维定式的影响，访谈者可能只注意到那些自己期待听到或想听到的信息，导致某些新信息的遗漏。要记住每一位参与者都有自己的独特见解，也许独特程度不足以追加新的访谈，但也应该给予关注。如果收集的信息已经能够满足需求，就不要额外招募更多的参与者。对于已经到访的参与者，应该像对待第一位参与者一样给予同等的关注，心态越开放则收获越大。

询问尖锐问题

确定问题是否让人感觉敏感或尴尬，可以请某个与项目无关的人员进行测试。有时访谈确实会涉及一些敏感或让人尴尬的话题。本章之前已经提到，这类问题最好使用问卷的形式提问。但如果实在需要在访谈中发问，建议与参与者建立起良好的访谈关系后再进行。提问前要说明原因，让参与者理解你确实有正当理由而不是出于好奇。参与者的紧张情绪缓解后会更愿意回答问题，请看下面的例子：

说明为什么 ——▶ 需要这类信息， 以及信息的使 用方式。	下一个问题是关于你的薪酬。询问这个的原因是我们认为薪酬处于某个范围内的人群更倾向于或不太可能使用手机应用预订旅行。为了确定这个推测，我们会在用户允许的前提下询问每个人的薪酬水平。你能从以下选项中选出你的薪酬区间吗？

善于举例说明

即使问题内容很明确，参与者也可能无法理解你究竟在问什么。这种情况下举例辅助说明比更换表达方式效果更好。考虑到所举的例子可能带有个人偏见，这个方法作为最后的杀手锏，在确实有需要时才使用。为每个问题都准备一些例子，和同事一起提前对问题的中立性进行测试，可以在很大程度上避免带入偏见。

给予参与者一些时间考虑，如果他们明确表示无法理解问题或者要求举例说明，则选取一个例子辅助说明。如果参与者依然不明白，可以再次举例或者继续下一个问题。

> 错误："旅行时你更愿意选择哪些廉价航空公司⊖，比如捷蓝航空？"
> 正确："旅行时你选择过廉价（特价）航空吗？"<用户不理解这里的廉价航空指什么；列举一些廉价航空公司。>"如果有的话，你更喜欢哪一家呢？"

避免概括性问题

受访者在需要对事情进行概括描述或说明某种典型情况时，通常会使用概括性词汇。这主要是因为访谈者提出了概括性问题，请看下面的例子：

⊖ 廉价航空公司又称为低成本航空公司，这类公司通过取消一些传统的航空乘客服务，将营运成本控制得比一般航空公司较低，从而可以长期大量提供便宜机票。——译者注

> **访谈者**："请描述一下你给旅行社打电话时的情况。"
>
> **参与者**："一般来说，给旅行社打电话时你只能一直等，他们是不会接的。"

如果需要更具体、更详细的答案，请不要使用概括性问题。直接针对参与者经历过的重要事件（significant events）发问。过去的经历最有参考价值，请参与者描述一件过去发生的代表性事件。这里要注意之前讨论过的记忆误区和时间压缩效应（参考 9.2.4 节的具体描述）。下面是针对重要事情进行提问的例子：

> **概括性问题**
>
> **访谈者**："你觉得在线预订旅行的体验如何？"
>
> **参与者**："唉，大部分都很糟糕。经常出现忘记登录密码和网页超时的情况，我只能每次都从头开始操作。总有些类似的问题。"
>
> **对具体细节追加提问**
>
> **访谈者**："你上次尝试在线预订旅行的时候，让你感觉特别糟糕的是哪个部分？"
>
> **参与者**："嗯，上一次的体验还凑合。我知道考虑时间太长可能出现网页超时，所以这次做了相应的准备。我提前选好了航班和酒店，这样可以快速输入所有信息。登录之后，我选择了中意的航空公司，输入了起飞日期和时间，然后确定了航班，整个过程很顺利。但是预订酒店时出了麻烦。我想入住的酒店在入住日期内无法预订。这个让我很困惑，因为我已经提前致电酒店确认这个时间范围内有空房。最后我只能通过电话预订，但这样就没有任何折扣了，这个让我感觉很糟。"

避免强迫选择

不要强迫参与者选择答案或给出意见。如果参与者认为所有选项对他来说都一样，可以详细询问他对每一个选项的想法。参与者描述的过程中，可能会表现出对某个选项的偏好或者帮助你理解他的思维方式。如果参与者对所有选项的感觉仍然一样，不要强迫他一定要做出选择。同样，在参与者确认对某件事没有看法时，强迫参与者表达意见会使他们感觉厌烦。请见下面的例子：

> **访谈者**："使用 TravelMyWay 应用预订旅行事宜达到奖励条件时，你最喜欢以下哪个客户回馈活动？"
>
> - 下次订票时享受 9 折票价。
> - 飞机免费升舱 / 租车免费升级车型。
> - 本人指定酒店免费入住一晚。
> - 3% 的支付返现。

参与者没有意识到只能选 ⟶	**参与者**："我觉得这些活动都很好！"
择其中之一。	
访谈者复述问题。 ⟶	**访谈者**："你最喜欢哪一个？"
	参与者："没有，对我来说都一样。"
访谈者确认参与者是否存 ⟶	**访谈者**："你能讲述一下你认为的每个活动的优
在偏好。	点和缺点吗？"

留意标志性事件

参与者有时会提到一些标志性事件（markers），这些关键事件背后往往能隐藏着丰富的信息。挖掘更多细节的条件是能给研究带来更多的相关信息，而不是出于好奇。下面这段访谈节选，展示了如何对标志性事件展开适当的追问。

	访谈者："能谈谈使用 TravelMyWay 时存在的困难吗？"
标志性事件 ⟶	**参与者**："嗯，那时正好是我姨妈过世的时候，我需要尽快定一张回家的飞机票，但使用你们的应用没有预定成功。"
访谈者注意到标 ⟶	**访谈者**："你刚提到你姨妈过世，为什么那时很难买到
志性事件并进一步	票呢？"
发掘相关信息	**参与者**："那时我必须赶紧回家奔丧，因为是临时决定的行程所以票价很贵。我听说航空公司会提供抚恤性折扣，但使用应用时不知道如何操作。我在应用里对问题进行了搜索，但没有找到答案。我希望你们能像 WillCall.com 一样提供人工电话客服，但当时没有这项服务。"
	访谈者："之后你是怎么做的呢？"
	参与者："折腾了一会儿感觉很累，我就没有使用你们的应用了，通过 WillCall.com 顺利地买到了打折票。"

参与者提到了姨妈过世这一标志性事件，对她来说这件事非常重要。应用的体验不好，使用应用很麻烦而且无法找到需要的信息。她希望借助人工客服的帮助，但应用本身无法提供这项服务。这些回忆导致了她对应用形成了负面印象，而对竞争产品形成了正面印象。追踪这些标志性事件能让我们更好地理解参与者当时所处的情境和切身体验。如果参与者叙述时略去了这类事件，没有详细说明，访谈者应该意识到对于参与者来说这是他禁忌性话题。

选择合适的探究性问题

希望参与者对答案进行阐述或解释时，访谈者会进一步提问，这种类型的问题称为探究性问题。探究性问题和原有的访谈问题一样，同样分为封闭式和开放式两种类型，并且不能带入访谈者的主观偏见。封闭式提问类似于"你使用的浏览器是 Chrome 还是 Safari？"开放式提问类似于"和我聊聊你使用的浏览器。"问题本身需要保持中立，不能对参与者的个人选择造成影响。

> 错误："你为什么要那么做呢？"
> 正确："能告诉我你这么决定的原因吗？"

表 9.5 对比了带有偏见的和中立的探究性问题，并说明了造成偏见的原因。

表 9.5 有偏见的和中立的探究性问题（改写自 Dumas & Redish, 1999）

正确的提问方式	错误的提问方式	错误原因
能谈谈你现在的想法吗？ 你进行了哪些尝试呢？	你在想_____吗？ 你尝试做_____吗？	即使预测到了参与者的想法，也需要由他们自己表述出来。不要替参与者选择措辞，你的想法有可能是错的
你的想法是什么？ 能说明一下你打算怎么做吗？	你为什么要做_____？ 你尝试做_____，是因为_____吗？	直接询问参与者做某事的原因，可能会让他们感觉你在评判他们的行为方式，认为他们之后无法正确完成任务
能解释一下你的解决思路吗？ （任务完成后） 为什么你尝试这样做呢？	你尝试做_____吗	如果将要进行的某些任务与正在进行的任务有相似之处，参与者完成任务或测试后可以针对他们的行为模式进行提问，询问他们这样处理的原因
你认为这款产品使用起来简单还是困难？ 使用说明简单易懂还是看不明白？ 错误提示帮助还是阻碍了你的使用？	你觉得产品用起来简单吗？ 你觉得产品用起来困难吗？ 错误提示有帮助吗？	让他人笼统地就产品可用性提出意见并不容易。需要引导参与者就特定的产品属性进行反馈。引导时要把握好尺度，不能让参与者认为你希望他们给出正面或负面的评价。同时鼓励参与者给出更具体的反馈，比起仅仅回答"不（产品使用不简单）"，"我觉得很难用"或"我感觉非常简单"更好。访谈者可以很自然地追问理由
你有什么样的感觉？ 当你做_____时感觉如何？	你感觉困惑吗？ 你感觉疲劳吗？	有时访谈者需要停下来进行思考，考虑问题时也许看上去很困惑或显得疲倦。即便如此也不要武断地猜测他们的感受，打断他们的思考
你希望哪些方面有所改进（产品、屏幕、设计，等等）？	你认为_____能改进这款产品吗？	在设计团队没有给出具体的设计改进方案前，不要鼓励参与者对产品的改进提出建议
你认为做_____的改进能让产品更好用呢？	如果我们把_____改成_____，你认为产品会更好用吗？	设计团队给出初步的产品改进建议方案后，如果特别想针对其中的某个改进点获取用户的意见，可以让参与者给予反馈

有些访谈者会采用"装聋作哑"的策略，假装对情况一无所知，参与者可能会为了让访谈者刮目相看而尽可能地展现自己的学识。在有些情况下这种策略很奏效。但如果让参与者觉察出访谈者是刻意为之，他们会感觉被欺骗或低人一等，这显然会破坏双方的访谈关系。

因此建议访谈者对参与者坦诚相待，如果访谈者的确缺乏某方面的知识，需要参与者给予指点，可以明确说明，从而减少不必要的误解。

从这个角度来说，保持初学者的心态，从简单的问题开始能够让访谈者以更开放的姿态面对参与者，这样能让参与者对自己的专业性更有信心。

注意身体语言

访谈者的语音语调和身体语言会影响参与者对问题的理解，需要注意的是，身体语言也不能带有自己的偏见。如果希望或者期待参与者给出自己偏好的答案，这种期待和偏好会通过访谈者的语调、身体语言、措辞、探究方式和总结方式传达出来。比如，对答案有异议时不与参与者进行眼神接触或表现出无聊的神情。比如坐在椅子边缘、频频点头说明参与者的回答证实了你的猜想，这些动作会明确显示出访谈者的个人偏好。即便访谈者不对问题做任何追问，个人偏见也可能通过其他方式暴露出来。通过查看视频，访谈者能发现访谈中带入的个人偏见，可以有意识地进行控制。也可以使用身体语言达到更好的访谈效果（更多内容请访问网址：http://www.gv.com/lib/howto-hack-your-body-language-for-better-interviews）。

把握访谈节奏

在访谈中确定何时放弃一个主题与何时跟进一样重要。参与者有时并没有想象中热情或干脆就是在撒谎。即使这种现象比较少见，访谈者也应该明确继续下一个话题的时间点。要记住这是访谈而不是审讯。即使怀疑参与者可能不诚实，继续纠缠无异于直接指责他们是骗子。一旦确定参与者无法提供更多的细节信息，就应该放弃连珠炮似的追问，继续下一个问题。如果收集的数据没有价值，必要时可以放弃这部分数据。访谈中应该遵守职业操守，给予参与者应有的尊重，尊重的表现之一是适时地停止某个话题的讨论。

完整把握原意

为了确认是否完整把握了参与者的原意，需要不断总结、归纳并及时与参与者核实。目的并不是为了发掘新的细节信息，而是对已掌握的信息进行确认。这个步骤并不是必须的，尤其是在结构化访谈中，参与者的回答通常都很简短、直白。反之如果参与者的回答较长、细节很多或者比较含糊，就需要总结并重述以保证正确理解了所有反馈内容。下面这段访谈节选（访谈上文请见本节"留意标志性事件"部分）展示了如何对参与者的回答进行重述。

> 我将你刚才所说的有关个人经历的内容复述一遍，确保我正确地理解了所有信息。你需要为一次临时旅行购买机票并希望拿到抚恤性折扣。在 TravelMyWay 应用里你找不到任何与此相关的信息，也没有可以协助你的人工客服，所以你使用了 TravelTravel 应用，因为他们提供人工客服服务。之后他们帮你买到了打折票。我总结得正确吗？

对参与者的回答进行重述能显示出访谈者认真倾听并理解了参与者想表达的内容，这对于建立和谐的访谈关系很有帮助。不仅如此，还可以利用重述的机会获取更多的信息，在对内容进行纠正的过程中，参与者可能会提供新信息。

重述时不要掺杂自己的分析，换句话说，不要自作主张地提供问题解决方案，解释产品的使用流程或猜测参与者决策理由。就上面的例子而言，在重述时不要告知参与者，如何在应用中找到有关抚恤性折扣的信息。访谈者不是律师，不应该为自己的产品的缺点进行辩护，访谈的唯一目的是收集信息。基于参与者经历的事实发问，而不是基于假设和预测。

学会换位思考

人际交往过程中，人们更喜欢与能理解自己感受的人交流。有经验的访谈者能够在不带偏见的同时，保持对参与者的同理心。访谈并不是传统意义上的对话，访谈者自身的想法和感受并不是重点。在之前的例子中，展现同理心的合适表述是"那段（亲人离世的）日子肯定很难熬。"不合适的表述是"我能完全体会你的感受，我祖母去世时，机票也花了我好大一笔钱。"访谈者并不是访谈的中心，不必像一个毫无情感的机器人，但需要区分哪些行为恰当，哪些行为不恰当。通过眼神接触和身体语言可以向参与者传递这样的信号：你能理解并无条件接受他们叙述的内容。

> **提示**
> 比起纠正参与者，更应该做的是探寻参与者观念形成背后的原因。将纠正参与者的冲动转换成理解他们的动力，理解为什么你们对事物的认知方式不同。

流畅地过渡

访谈中问题或话题应该流畅过渡，这样不会打断参与者的思路，交谈过程也会更自然。如果话题无法自然过渡，可以这样陈述，"你提供的信息太棒了，我需要记录下来，这期间你考虑一下其他话题吧？"这类提示能让参与者意识到在上一个问题上不要做过多的停留。简单的过渡性话语能起到承上启下的作用，使参与者和访谈者的谈话节奏相同，避免参与者感觉困惑或不解。

避免使用带有否定意味的连词，例如"但是"和"然后"。这类词汇会给参与者某种心理暗示，认为自己说得太多或者说错了，导致回答后续问题时可能会更加谨慎。

9.3.4 维护访谈关系

访谈是一种信息互动式的用户研究活动，大多是一对一进行，双方的关系较为亲密。为了达到最佳的访谈效果，访谈者需要维护访谈关系，遵守职业道德，让参与者感觉舒适，能全身心投入并且对访谈者产生信任感。如果参与者质疑访谈者的诚信度或访谈动机，可能会产生防卫心理，并隐瞒部分细节信息。

注意参与者的身体语言

参与者看上去是否局促、紧张、无聊或者生气？他们是否一直在关注时间或者注意力逐渐涣散？访谈者如果感觉局促，参与者也会有相同的感觉。有些访谈者急于在访谈关系建立前就抛出一些困难或敏感的问题。条件允许的前提下，访谈应该从相对简单的问题开始，访谈前向参与者说明研究目的和动机，确保他们愿意参与此次活动。如果参与者感觉某些问题无法回答，可以选择继续下一个问题或者进行短暂休整。有时，参与者当天的状态很糟，并且无法缓解，这种情况下最可行的方法是终止访谈。

进一步阅读资源

访谈中需要留意参与者身体语言传达出的信息，据此判断他们是否感觉疲倦、不适或厌烦，等等，但并不建议对此过度解读。对身体语言的解读多种多样，比如一个人盯着地板可能表示害羞而不是无聊。比起单一的动作/行为，更重要的是关注一段时间内行为的变化动态。更多有关人类手势及身体语言的内容，请参考下列书籍：

- Ekman, P. (2007). *Emotions revealed, second edition: Recognizing faces and feelings to improve ommunication and emotional life.* Holt Paperbacks.
- Pease, B., & Pease, A. (2006). *The definitive book of body language.* Bantam.

争取谈话主导权

访谈者发现自己丧失谈话主导权时，要寻找潜在原因。参与者是否拒绝回答问题或打断你的提问？访谈者与参与者的角色职能不能本末倒置，正如访谈者的想法或意见并不是谈话关注的重点，参与者也不应该进行提问或主导访谈进程。有时参与者对访谈关系存在错误认知。这时应该进行礼貌的说明，并重新获得主导权，下面是话术范例：

因为时间有限，我们还有几个话题需要讨论，所以我要控制一下每个话题讨论的时间。

如果参与者拒绝合作，访谈者无法获得有用的信息，可以直接让参与者离开并放弃这部分数据。在某些极端情况下，最好尽快终止访谈。事后可以通过观察访谈视频的方式分析访谈关系恶化的原因，并在之后的访谈中注意避免。对于访谈者来说，这是一个练习和改善访谈技巧的学习机会。

保留自己的意见

虽然访谈者并不是访谈的主角，但不排除参与者会直接寻求你的意见。如果直接拒绝参与者的请求会损害访谈关系，但访谈者的意见会影响参与者之后的回答，因此应当直截了当地给予说明：

我不想用自己的意见影响你的看法，所以对此我不发表意见。我希望听到你真实的想法，访谈结束后我很乐意和你分享我的看法。

明知不会对参与者造成影响的前提下，可以回答参与者的问题，但答案必须简明扼要。

9.3.5　行为准则

前面章节对执行成功的访谈给出了很多建议。想成长为一名优秀的访谈者需要在各种不同场景中进行多次历练，不要气馁。图 9.4 对执行访谈的行为要点进行了总结，方便读者查看。

该做的：
- 按五步骤执行访谈。
- 访谈关系建立后再询问敏感问题，并说明提问理由。
- 使用通用性提示词汇鼓励参与者继续陈述。
- 参与者认为所有选项都一样时，请他们描述每个选项的优点和缺点。
- 必要时才提供背景信息，并且要实事求是。
- 保持中立。
- 适时地停止对细节的探究。
- 准确重述参与者叙述的内容。
- 学会换位思考。
- 运用过渡性话术转换话题。
- 维护访谈关系。
- 防止参与者偏题。
- 选择最高效的数据记录方式。
- 表述内容清晰明确。

不该做的：
- 访谈关系建立前就急于提问细节问题或敏感问题。
- 对参与者的回答做出假设。
- 干扰参与者发言，代替他们思考或回答问题。
- 强迫参与者进行选择或发表意见。
- 不给参与者考虑或思考的机会。
- 重述时带入自己的分析或观点。
- 否定参与者的意见或陈述。
- 提供自己的观点、看法或个人经验。
- 对失败的访谈关系不进行复盘。
- 使用俚语、黑话或极客语言。

图 9.4　访谈执行行为准则

> **提示**
> 查看一次糟糕访谈的对话记录，明显标志之一就是参与者的陈述篇幅占比很大，非结构化访谈更是如此。然而参与者陈述的篇幅并不是判断访谈是否成功的标准。访谈者的职责是让参与者在访谈中不要偏离核心主题。

9.4 数据分析和说明

不同的访谈目的决定了不同的数据处理方式，可以完成所有访谈后再分析数据，也可以在每次访谈结束后就对数据进行初步分析。建议用户体验从业者选择后者，这样可以为之后的访谈积累经验，可以将某些问题修改得更具体，也可以删除某些没有价值的问题。不仅如此，其他的利益相关者通常急于获取访谈数据，通过这种方式，可以及时给他们提供更丰富的数据，而不仅止于脑海里几句印象深刻的对话。而对于学术研究来说，完成所有访谈后再进行数据分析则更为合适，这样能提高访谈的标准化程度，有利于研究结果的发表。

越晚开始数据分析，访谈的内容就遗忘得越多，所有研究活动都是如此。对访谈记录的解读也需要花费更多的精力，并高度依赖于访谈录像。对录像的依赖程度越高，耗费在数据分析上的时间就越多。另一种方法是尽快听取记录员对访谈的汇报总结，并与其他观察员讨论访谈结果。有遗漏或需要补充的地方再回顾录像，根据录像补充新内容。如果对访谈内容还记忆犹新，就不需要花费过多的时间去回看录像。

9.4.1 转录

某些情况下（例如，需要一字不差地掌握参与者陈述的内容，研究结果需要在科学刊物上发表）需要将访谈的音频、视频转录成文本。转录通常有三种处理方法：逐字抄录、编辑、概括。逐字抄录是指将访谈者和参与者的对话内容一字不差地完整抄录下来，包括"嗯"、"啊"等语气词和一些口误。对于某些分析而言（例如，语言学分析），这些辅助词汇也非常重要。不需要精确记录时，可以选择编辑式或概括式转录。编辑式转录通常不包括辅助词汇或口误内容。概括式转录则将访谈问题或话题进行精简和压缩后附上受访者的回答。

实施的访谈类型不同（结构化、半结构化、非结构化），需要分析的数据类型也不同。

9.4.2 结构化数据

如果进行的是结构化或半结构化访谈，首先应该处理封闭式问题的答案，比如统计选择题每个选项的选择人数或计算李克特量表（Likert scale）的平均评分。结构化访谈获取的数据相当于通过问卷获取的数据，因此书面数据已经足够，只在极少例外情况下，需要参考访谈录像。本书第 10 章具体描述了如何分析由封闭式问题获取的数据（参考 10.5 节的描述）。

9.4.3　非结构化数据

分析非结构化数据需要花费更多的时间，有时太过耗时以至于分析中断。这里推荐三种非结构化数据分析策略：分类计算、亲和图和定性内容/主题分析。

9.4.4　分类计算

分析非结构化访谈数据，首先应该对整个访谈文本的内容进行分类。参与者反馈的内容大多集中在哪些领域？哪些反馈的出现频率最高？确定类别后，将参与者的反馈归类，然后统计每个类别里的反馈数量。确定出现频率最高的反馈，并引用一些参与者的原话作为范例。

9.4.5　亲和图

亲和图是一种快捷的访谈数据分析方法。将相似的结果或概念分为同一组，据此归纳出数据的中心内容和走势，明确它们间的关系。亲和图的概念、制作方法和使用方法请参考第 12 章的具体描述。

9.4.6　定性内容/主题分析

内容分析是指对从访谈或其他来源（例如，问卷、在线论坛）获得的非结构化文本数据进行分类、整合和组织。内容分析可以通过人工（纯人工或借助软件）或完全使用软件完成。人工进行内容分析需要研究者认真阅读参与者的反馈内容，确定合适的分类方法和归类原则，并确保每个反馈的分类结果可信。人为制定的归类原则本身具有局限性，对参与者的反馈也存在多种解读，因此最终的归类结果可能不尽相同。为了保证结果的可靠性，必须由两到多名研究者对同一个访谈进行分析，并测量评分者信度（例如，计算 kappa 系数），保证结果达到预期标准（参考本节“如何计算评分者信度【KAPPA 系数】”相关内容）。

可以使用的定性数据分析工具很多，工具的使用范围广泛，比如数据量化，统计特定词汇或内容的出现频率，发现数据模式，等等。更多关于定性数据分析工具的内容参考8.7.3 节的具体描述。

如何计算评分者信度 [KAPPA 系数]

计算信度，需要度量评分者信度（interrater reliability）(IRR) 或评分者一致性（interrater agreement）。评分者信度指不同评分者对于同一受评者评分一致性的估计。高一致性表明评分者个体差异很小，在相同的分类方式下即使更换研究者，极有可能得出的还是相同的结论。

评分者一致性的简单公式为（一致性/（一致性＋不一致性））。但是这种简单表示方式没有考虑偶然一致性，例如，有 4 个分类，理论上期望参试者有 25% 的可能性达成一致。在一致性分析中，如果要考虑偶然一致性，就必须用一种变形公式。常见变形之一是 Krippendorff's Alpha（KALPHA），它克服了其他方法的局限（如样本大小、多于两个编码源、数据缺失等限制）。De Swert（2012）写过一份详细教程教大家如何用 SPSS 计算 KALPHA；另一个常用变形是 kappa 系数（Cohen's kappa），它适用于分析只有两个编码者时的定类数据（nominal data）。

计算 kappa 系数的步骤如下：

第 1 步，把数据编入相依表[⊖]。如果两名编码者选择一致，则勾选对角线上的格子；如果不一致则勾选其他格子。例如，当 1 号编码者和 2 号编码者就观测值第 1 项达成一致时，都选择类别 A，那么就把 A-A 格的数字加 1；而对观测值第 3 项选择不一致，则把 A-B 格的数字加 1。

原始数据：

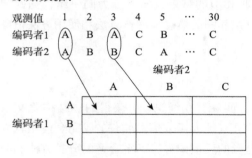

第 2 步，计算行、列和，以及总和。行和之和、列和之和、总和三者数值应该相等：

编码者 2

		A	B	C	
	A	6	2	1	9
编码者 1	B	1	9	1	11
	C	1	1	8	10
		8	12	10	30

第 3 步，将对角线上的数字相加，计算一致性：

$$\sum \text{"一致性"} = 6+9+8 = 23$$

第 4 步，计算每个分类的期望一致性。例如，计算选择了 A-A 的期望：

⊖　列联表 (contingency table)：列联表是分析两个分类变量（定类变量或定序变量）之间关系的基本统计方法。设变量 A 和 B 分别有 r 和 c 个类型，则它们可以构成一个列联表。当列联表只涉及两个定类变量时，又称为相依表。——译者注

$$\sum \text{“期望一致性”} = \frac{\text{行总和} \times \text{列总和}}{\text{总和}}$$

第 5 步，计算期望一致性：

$$\sum \text{“期望一致性”} = 2.4 + 4.4 + 3.3 = 10.1$$

第 6 步，计算 kappa 系数：

$$kappa = \frac{\sum \text{“一致性”} - \sum \text{“期望一致性”}}{\text{总和} - \sum \text{“期望一致性”}}$$

第 7 步，将计算结果与 kappa 系数基准表比较（Landis and Koch (1977)）：

<0.00	缺乏一致
0.00～0.20	轻度一致
0.21～0.40	一般一致
0.41～0.6	中等一致
0.61～0.80	基本一致
0.81～1.00	完全一致

本例中，kappa 系数值 0.746 落在“基本一致”范围内。一般来说，kappa 系数值大于 0.7 就认为结果是可接受的。

第 8 步，让编码者讨论分析不一致部分的原因，最终达成一致。

9.5　结果沟通

下面我们将讨论如何有效传达研究结果。不同研究目的和数据类型决定了不同的数据展示方式。一份好的数据报告会涵盖所有有价值的数据，讲述一个流畅的故事，告诉产品人员下一步该做什么（表 9.6 展示了依据访谈数据向产品人员提出的建议范例）。

表 9.6　建议范例

问　题	建　议
搜索团队应该与 UI 团队共同确定搜索引擎和搜索结果的优化方法	• 参与者反馈频率最高的问题是使用现有搜索工具很难找到需要的信息
10 位参与者里有 9 位都提到了有问题时希望有人工电话客服的协助	• 进行可用性评估以改善整体可用性 • 根据访谈结果以及迄今收到的邮件反馈编写使用时的常见问题 • 调研新增人工电话客服的可行性
关于希望增加的功能，一半的用户都希望能提前预订往返机场的交通工具（出租车、酒店摆渡车等）	• 调研新增车票购买功能的可行性 • 联系提供机场摆渡车的合作酒店，确认我们是否能在线上提供这项服务

9.5.1 按时间顺序

访谈问题有时具有一定时间跨度，比如让旅行社员工描述一天内从上班到下班的全过程，针对在职培训的头六个月提问，等等。

如果访谈问题具有时间跨度，数据分析也应该按照时间线进行。首先将初步分类后的访谈结果按照时间顺序进行排序。以旅行社为例，大部分旅行社上班后首先做的是什么？一天里都有哪些活动？然后，将无法归类的非常规事件按实际情况穿插到时间线中，这部分内容可能是最有价值的。

9.5.2 按主题

有时访谈问题并不按时间线进行，而是围绕某个领域或用户类型分为各种主题。这个类型的访谈数据的分析和展示以问题为中心。确定每个问题答案的分布范围，并分析平均水平。也可以将选择题的答案分成几个大类，分别讨论每种类别的研究结果。如果结果是可分类的，可以使用亲和图确定类别（参考 9.4.5 节的具体描述）。

9.5.3 按参与者

如果参与者间的访谈结果差异很大，那么分类工作会异常艰难。绘制用户画像或招募用户时的某些困难因素可能导致了差异的存在，也有可能是访谈者为了检测用户类型的多样性而故意为之。这种情况下单独汇总每位参与者的数据更合理。同理也可以按公司（客户）、行业或其他类别主体进行数据分析。

9.6 本章小结

本章谈到了访谈这种调研活动的最佳适用场景和不同的访谈类型（结构化、非结构化和半结构化），详细讨论了正确的问题编写方法。问题编写有问题会导致之后的访谈结果存在偏见或无效。此外还讨论了访谈的执行，包括：访谈五步骤、访谈者的角色定位和访谈信息的记录方法。最后讨论了数据分析和结果展示的方法。

访谈结果会被纳入相关文档，比如详细设计文档。理想情况下，应该同时应用其他用户研究活动获取新需求并验证现有需求。下面对访谈中的注意事项给出提示。

9.7 访谈提示

- 提问时从一般性问题开始，然后追加具体问题。过早使用具体问题会让参与者只回答他们认为你感兴趣的内容。
- 除非是结构化访谈，否则不需要问完列表上的每一个问题。让参与者自由发挥，然后提问研究目标中最核心的内容。

- 有条件时最好对整个访谈过程进行摄影。参与者谈论某些事情时经常会比较含糊，所以仅有音频是不够的。进行任何录制（不管是录音还是录像）前，都要征得参与者的同意。

- 尽早让产品团队参与到访谈中，鼓励他们提供相应协助，并将访谈结果反馈给他们。这些可以增加他们对研究活动的认知。通过他们对反馈内容的关注重点可以使我们更好地理解他们的需求优先级。

- 根据自己擅长的技能选择合适的记录方式：手写或者键盘输入。使用手提电脑进行记录能为之后的工作节省时间，但输入速度慢或输入错误会拖慢访谈节奏。另外，输入完成后要仔细复查。

- 每次录制开始后，首先陈述访谈日期、时间、参与者人数并提醒参与者录制开始。比如，"今天是 2015 年 3 月 14 号，有 9 名参与者，现在红色指示灯亮起，录音机开始录音。"这样做的好处是帮助访谈者和之后的转录工作记录信息。提示录制指示信号能够让参与者清楚录制工具的工作状态，录制开始和停止的时间点。

- 多检查设备器材，比如录音机，指示灯亮起时它是否开始工作？休息间隙时重播录制片段，如果没有录下音频或视频，要确保马上回忆起对话内容，并人工补充记录缺失部分。

进一步阅读资源

下列书籍内容丰富，提供了大量访谈案例并指出了一些访谈者技巧的优点和缺点：

- Wilson, C. (2013). *Interview techniques for UX practitioners*: *A user-centered design method*. Morgan Kaufmann.
- Portigal, S. (2013). *Interviewing users*: *How to uncover compelling insights*. Rosenfield Media.

案例研究：连接家庭——将孩子纳入家庭访谈的重要性

——Lana Yarosh，明尼苏达大学助理教授

现代家庭中，父母和孩子可能会在某些特定时期内分开居住。根据美国人口普查局的数据，因为父母离婚或分居，美国 30% 的孩子生活在单亲家庭（Census, 2008），另外 15% 的孩子有一个月或更长时间不和父母住在一起（Census, 2006）。暂时分开的理由包括：军队派遣、工作派遣、监禁和临时探视。研究表明，与父母间适度的情感联系对孩子的情绪、社交、学习甚至身体健康有积极影响（Amato, 2000）。即使父母和孩子分开，利用现有技术手段也能帮助他们实现这种有意义的情感互动（Shefts, 2002）。通过新型通信技术帮助这类家庭成员保持联系，作为人本计算学领域的研究者，我对实现这一目标具有浓厚兴趣。针对这

种使用场景进行设计之前，我尝试理解这类家庭的具体需求。在本次案例研究中，我描述了与这类家庭间的两次访谈过程，并用具体的例子论证，让孩子参与访谈的重要性以及针对孩子的访谈策略。

为了收集需求，我进行了两次深入的半结构化访谈。第一次访谈的对象包括来自离异家庭的 5 名孩子（7～14 岁）、5 名和孩子住在一起的父母、5 名离异搬走的父母（Yarosh, Chew, & Abowd, 2009）。第二次访谈的对象包括因为军队派遣、工作出差或异地留学而暂时分居的 14 对父母和他们的孩子（7～13 岁）（Yarosh & Abowd, 2011）。本次案例研究的重点是如何成功地访问孩子。

收集一个家庭的需求时，非常重要的一点是要让孩子参与所有的用户研究活动。有些研究者将父母的需求作为衡量整个家庭需求的标杆，这种方法无法有效反映家庭成员间复杂的互动关系。我常常在访谈中惊讶于父母和孩子在动机、目标和对同一场景的描述上具有明显分歧。为了强调将孩子纳入访谈的重要性，我举了三个例子，说明分歧和差异的存在，父母对孩子的真实想法存在误解。这种情况下，如果让父母作为孩子的代言人会导致信息缺失。

1. 在离异家庭中，父母和孩子对于争吵、冲突的认知经常出现明显分歧。大部分父母都认为孩子应该不会注意他们之间的冲突和感情问题。但询问孩子他们认为和父母在一起时最困难的事是什么，他们这样回答："我妈妈总用满不在乎的语调说话，但事实正好相反，每次听到她那么说话都让我很难受。而且不管什么时候我和爸爸打电话，她都会用那种假装毫不在意的语气说：'哦，所以你给他打电话了是吧？'"可以清楚地看到，孩子和父母对于同一情况的知觉模式完全不同。

2. 因为外力因素暂时分居的家庭中，父母和孩子应付分离的方法正好相反。外出的父母普遍希望能够增加与孩子的沟通机会。但对于孩子来说，他们更希望与在家的父母多相处。这并非说明鼓励父母和孩子多联系是多此一举。对于设计者而言，需要注意的是，如何同时兼顾双方的利益，不要把沟通的义务强加给孩子，同时也考虑父母的需求。这里再次表明，将孩子排除在访谈之外会导致收集的需求信息不完整。

3. 在两次访谈中，对"家庭"这个概念的理解因人而异。我们让访谈对象列出他们心目中的家庭成员，居住在一起的访谈者给出了不同的答案。比如，离异家庭里年幼的孩子通常会将亲生父母和继父母都看成自己的家人，而年龄大一些的孩子只认为亲生父母是自己的家人，父母则普遍没有把继子女视为自己的家人。在离异家庭中每个人会"本能性"（通常表现为对家庭成员进行严格的认定和区分）地强化"家庭"的概念，这是非常普遍的现象。在完整家庭中一般会将姻亲父母视作家庭成员，而在离异家庭中则不会。设计时要考虑到不同个体对家庭定义的异同。访谈对象要包括所有家庭成员，否则设计时将无法考虑到这些因素。

以上的三个例子反映了同一个家庭中不同成员之间的认知分歧，这充分说明将孩子纳入访谈的重要性，只有这样才能对产品的使用场景有细致入微的理解。

将孩子作为访谈对象极具挑战性。即便是学龄儿童的语言理解能力也仍然处在发展阶段，要理解抽象或比喻等修辞手段还有一定困难（Stafford, 2004）。很多孩子在和陌生成年人交流时会很不自在。这里我提供了 6 种专门针对孩子的谈话策略：

1. 准备保密协议和知情同意书时要特别将孩子考虑在内。孩子的知情同意书通常由父母代为签字，但根据程序需要告知他们享有的权利内容，以及访谈中可能发生的情况。比如，他们可以退出研究，拒绝回答任何问题或随时要求中止访谈（相关内容参考第 3 章的描述）。草拟文档时，要考虑到不同年龄阶段儿童的具体情况。我曾尝试对 3 岁左右的孩子进行访谈，但实际经验说明，6 岁左右的孩子才能提供符合条件的信息。访谈开始前请目标年龄段的孩子测试文档阅读难度，利用弗莱士—金凯德年级水平测试⊖（该测试有在线形式，很多文字处理软件里也有内置）可以评估文章的可读性。考虑到测试本身的局限性，不能将结果作为唯一的评估标准，但通过测试，可以初步发现哪些问题需要简化或增加说明，确保孩子可以理解问题内容。针对特定人群进行访谈请参考第 2 章的具体内容。

2. 创造有利于孩子的访谈环境。为了鼓励孩子诚实、开放地表达内心的真实想法，创造有利于他们的访谈环境，与孩子保持平等地位。孩子通常都生活在成人的期待之中，成年人往往希望他们按照"正确"的方式回答问题。为了改善这种情况，可以考虑从这些细节入手：选择孩子熟悉的场所进行访谈（例如，游戏室），衣着类似他们的兄弟姐妹，而不是老师，建议直接称呼孩子的名字而不是姓氏，访谈开始前允许孩子摆弄访谈工具（例如，录音笔）。总体原则是访谈时允许孩子以他们的方式回答问题。

3. 父母与孩子在访谈中出现分歧时，父母往往能决定孩子是否继续接受访谈。作为研究者，你需要尊重父母的决定，不能单独访问孩子，也不能承诺孩子会帮他们保守秘密。但是需要向父母说明让孩子单独接受访谈的重要性，应该给孩子私下表达意见的机会。根据我的经验，当访谈在家里进行，孩子的安全不成为问题时，大部分父母愿意给孩子提供私密空间。出现分歧时，访谈者需要调整自己的访谈方法，我在 2014 年对这方面的问题进行了更深入的研究。

4. 孩子理解和表达抽象概念比较困难，访谈时应该着重让他们描述自己在具体情境下的体验。比如，"上次和爸爸通话时你都和他说了些什么？"而不是"爸爸出差时，你们都是怎么打电话的？"这样可能会增加访谈问题的数量，但比起抽象概括，让孩子描述自己近期的具体行为会容易得多。这一点在与孩子进行访谈时特别重要，也可以运用于其他类型的访谈者，访谈初期就具体情境发问是很好的切入点。

5. 对于生性内向的孩子，一个很好的努力方向是鼓励他们"展示并介绍"。比如，"你想起妈妈时，一般都在哪里？给我指出你当时所在的场所。"或者"能给我展示一下，你和

⊖　弗莱士—金凯德年级水平测试（Flesch-Kincaid Grade Level test）：按美国中小学年级水平评定文本的得分。分数越高表示作者的英语写作水平越高，对读者的英语阅读水平要求也就越高。——译者注

爸爸联系时，都会使用手机里的哪些应用？"针对具体的地点和物品进行提问，以此作为了解孩子行为方式和偏好的切入点。

6. 访谈中配合绘画和设计活动能帮助孩子释放天性。访谈者可以释放自己的童心，和孩子一起参与。比如，向孩子提问，"生活在未来的小孩都使用什么工具和他们的父母联系？"孩子画出的内容并不具有实际可行性，但可以反映出他们内心最在意的东西。注意关键词汇（例如，"秘密"指重要的隐私）和它们潜在的深层内涵（例如，"蹦床"或"游泳池"指重要的体育活动）。尝试让孩子为自己描绘的工具概括使用场景，比如谁会在哪里使用这种工具，多久使用一次，等等。图9.5是画作实例。

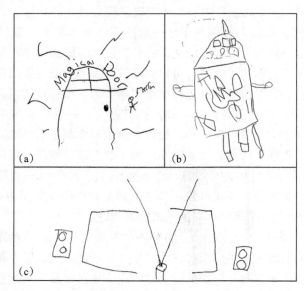

图 9.5　孩子们描绘的一些具有魔力的物品，通过它们可以与分开的父母保持联系：（a）一扇魔法门，爸爸可以通过这扇门进入孩子的房间道晚安；（b）一个机器人，它装着一个男孩和他爸爸间的共有秘密；（c）一个带有喇叭和全息投影仪的装置，能让父母和孩子自由对话

对孩子的访谈想获得成功，可以利用的访谈方法很多。我根据自己的实际经验总结了以上6种访谈策略，希望能对初涉这个领域的研究者有所启发。

以上案例的关键之处在于，策划和实施与家庭关系有关的项目时，确保将相关利益者（比如孩子）纳入考虑范围。将孩子作为访谈对象极具挑战性，但往往能获得不同于父母的观点，不能省掉这一步，简单地用父母的观点代表孩子的观点。两个最重要的访谈提示是：（1）与孩子保持平等地位；（2）问题尽可能具体，可以通过让孩子讲故事、展示并介绍、画画，具象化地表达观点。访谈中时刻牢记这些内容，创造自由的访谈氛围，让孩子感觉到自己的意见很重要。

第 10 章

问 卷 调 查

10.1 概述

　　问卷调查是非常高效的数据收集方法，能在短时间完成大样本的数据收集工作。问卷的设计看上去很简单，仅仅是将一些问题堆积起来，但设计高信度、效度的问卷实际上很有难度，选择合适的问题和提问方式非常关键。缺乏设计的问卷可能导致获取的数据无效或不准确。问卷应答者的选择也会显著影响数据的信度和效度。本章将对上述流程进行说明和指导。使用问卷调查可以收集到海量数据，但必须明确数据的收集规则和分析方法，问卷数据与日志文件或行为数据的分析方法有显著差异。本章会重点讨论问卷设计和数据分析，主要聚焦网络问卷（Web Survey）这种现今最常见的问卷形式，也会涉及纸质问卷和电话问卷，因为它们各有其独特之处。本章的行业案例讲述了谷歌如何使用问卷追踪用户的情感演化过程。

> **要点速览：**
> ➢ 何时使用问卷
> ➢ 注意事项
> ➢ 问卷设计和分发
> ➢ 数据分析和说明
> ➢ 结果沟通

10.2　何时使用问卷

无论是为全新产品还是产品的新版本进行市场调研，问卷都是非常有效的工具。对于全新产品，问卷的用途如下：

- 确定目标用户。
- 确定产品能满足的用户痛点和需求。
- 确定用户当前的任务完成模式。

对于已有产品，问卷的用途如下：

- 了解目前用户群体的特征。
- 追踪用户的情感演变过程，找出用户喜欢 / 不喜欢的功能。
- 了解用户的产品使用方式。

综上所述，针对大样本进行数据收集，问卷调查比其他方法更具优势。既可以作为独立的调研活动，也可以作为其他调研活动的补充（例如，在卡片分类法后使用）。

进一步阅读资源

问卷的设计非常复杂，因此有很多以问卷设计及分析为主题的书籍面世。本章篇幅有限，如果你是问卷设计的新手，在阅读完本章后希望了解更多内容，可查看下列书籍，内容包括：样本选择方法、结果统计分析以及对问卷进行可用性评估。

如果要执行的问卷调查非常复杂或要求很高预算，强烈建议在设计问卷前阅读这些书籍。怎么强调问卷设计的复杂性都不为过，比如**拦截调查**（Intercept survey）的编制和实施就极具技巧性，一旦出错会给公司带来财务损失。

- Albert, W., & Tullis, T. (2013). *Measuring the user experience: Collecting, analyzing, and presenting usability metrics.* Newnes.
- Fowler, F. J. (2014). *Survey research methods* (5th ed.). Sage, Thousand Oaks, CA.
- Groves, R. M., Fowler, F. J., Couper, M. P., Lepkowski, J. M., Singer, E., & Tourangeau, R. (2009). *Survey methodology* (2nd ed.). Wiley.
- Nardi, P. (2013). *Doing survey research. A guide to quantitative methods* (3rd ed.). Paradigm, Boulder, CO.

10.3　注意事项

和任何一种用户研究方法一样，进行问卷调查前也需要明确相关影响因素。以下列举了影响问卷调查结果的偏见类型和规避方法。

10.3.1　选择偏倚

有时某些用户的招募和联系成本更低，这时执行便利抽样（即本着便利性原则进行样本招募）很容易造成选择偏倚（即某部分用户始终会被排除在外）。这类人群可能是参与者数据库中已存在的人、研究者所在大学的学生和工作人员、朋友和家人、同事，等等。让这类人参与问卷调查显然非常方便，但获取的数据可能存在误差。

10.3.2　无应答偏倚

现实中不是每个人都会回复问卷，如果只调研回复问卷的人，结果就会存在偏差。比如需要获取用户对产品隐私政策的反馈，但注重隐私的人很可能不愿意完成这类问卷。根据实践经验，受用户类型和回答意愿的影响，问卷回复率通常在 20%～60% 之间，目标群体规模极小或提前确认了完成意愿的情况除外。虽然存在实际困难，但可以通过以下方法尽可能提高问卷回复率：

- 个性化。在说明信件 / 邮件或问卷的开头注明回复者的名字、研究活动的目的、所需时间。向回复者强调他们反馈信息的重要性。需要注意的是，错误的个性化信息（例如，写错回复者的姓名或头衔）会降低回复率。
- 控制篇幅。我们建议问卷完成的时间控制在 10 分钟以内。注意控制问题数量，避免出现论述题以及其他较难回复的题型。
- 提供简单的提交方式。比如邮寄问卷时附上带有地址、已付邮资的信封。
- 多渠道礼貌提醒。进行一些提醒可以有效地提升回复率，但要注意不要演变成对回复者的骚扰。比如计划采用的联系方式是电子邮件，但对于不愿意回复的这部分人群，应该采取更为直接的电话联系。
- 给予一些小的激励。奖励参与者 5 美元的咖啡券可以显著提升问卷的完成率。我们在本章案例谷歌的研究活动中发现，价格昂贵的激励物并没有显著提成回复率。

10.3.3　正向陈述效应

正向陈述效应（Satisficing）是一种决策倾向，指回复者回答问题时，更倾向于选择正向陈述的选项，并在这类反应中投入了较少的认知努力（Holbrook, Green, & Krosnick, 2003; Vannette & Krosnick, 2014）。回复者感觉完成问卷需要花费过多精力时（例如，问卷过长，问题很难回答或难以理解），有可能发生正向陈述效应。评分量表中大量问题使用相同题头时，回复者的选项会呈**直线模式**（Straight-lining），即参与者对调查中的所有问题都直接选择同一选项，忽略其他选项。综上所述问卷形式应该尽可能简洁，问题陈述清晰易懂，不设置参与者无法回答的问题。

某些问卷分发形式更容易导致正向陈述效应。相比面对面问卷（Holbrook et al., 2003）和在线问卷（Chang & Krosnick, 2009），电话问卷的回复者更倾向于选择正向陈述选项。在线问卷的样本中，概率抽样样本比非概率抽样样本更倾向于选择正向陈述（Yeager et al., 2011）。**概率抽样**（Probability sampling）也称为**随机抽样**（random sampling），指总体中的每个人被选为样本的机会相同。**非概率抽样**（Nonprobability sampling）指所抽取的样本对象对于总体不具有充分代表性，用户总体中的个体被取样的概率不均等。非概率抽样样本大多对提供奖励的调查项目感兴趣，因此只会参与这部分问卷调查（Callegaro et al., 2014）。

可以通过多种方式减少正向陈述效应，比如对按规定回复的行为给予奖励，定期向回复者强调认真回答的重要性，发现他们回答过快时及时指出。对问卷预测试时，可以评估答题时间，如果回复者回答过快，在线问卷可以弹出类似的弹框提示，"你回答问题的速度过快，请先审核本页的答案，再继续完成问卷。"对于只是为了获取奖励来参与问卷的回复者，应该明确说明有效问卷的评定标准。这部分回复者可能因此退出活动，但这样可以避免收集无效数据。

10.3.4　默许偏差

有些人倾向于同意他人所说的一切，这种现象称为**默许偏差**（acquiescence bias）。某些特定问题类型更容易诱发这种行为，设计问题时应当有意识避开（Saris, Revilla, Krosnick, & Shaeffer, 2010）。比如询问回复者是否同意或多大程度上同意某种观点，如双重问题（例如，正确/错误，是/否）以及引导性问题（例如，"你有多厌烦在线广告？"）。本章后续内容会谈到如何规避这类问题设计陷阱。

10.4　问卷设计和分发

关于问卷调查工作流程的最大错误认知之一就是盲目追求速度。问卷调查是一项极具价值的用户研究方法，正确地执行需要花费很多时间。本节将讨论运用这种调研方法所需要的准备工作。

要点速览：
➢ 研究目标确定
➢ 活动参与者
➢ 回复者数量
➢ 概率抽样与非概率抽样
➢ 问题编写
➢ 数据分析方法确定
➢ 问卷创建
➢ 问卷分发方式
➢ 问卷预测试与修订

10.4.1　研究目标确定

不要盲目开始编写问题，编写开始前有必要做好相关准备。询问自己以下问题：

- 调研的目标对象是谁？（参考 2.4 节的具体描述）。
- 想要获取哪些信息？（例如，"哪些问题是你想尝试回答的？"）
- 如何分发和回收问卷？
- 如何分析数据？
- 需要哪些人的参与？

这些问题的答案对于问卷的准备非常重要。开展问卷调查通常需要招募大量参与者，问卷调查是一项资源密集型活动，和所有用户研究活动一样，应当在活动方案中明确陈述研究目标（参考 6.2 节的具体描述）、预期交付成果和时间表。问卷调查所需的参与者和费用，以及后续的数据分析工作通常比其他用户研究活动要多，因此从开始阶段就进行合理的计划是非常重要的，所有利益相关者需要对活动方案达成一致。

10.4.2　活动参与者

问卷调查和其他用户研究活动的不同之处在于研究者通常不在问卷完成的现场，与其他用户研究活动配套使用时除外。整个过程没有人主持、记录和录制。活动参与者就是问卷回复者。

首先需要确定用户群体（参考 2.4 节的具体描述），要向谁分发问卷？他们是网站的注册用户吗？是否是产品用户？他们是某类特定人群吗（例如，大学生）？向谁分发问卷取决于想要获取的信息，上述问题的答案将影响问卷问题的编制。

10.4.3　回复者数量

研究结果符合**统计显著**（statistically significant）的前提是邀请到足够多的用户（例如，现有用户、潜在用户）参与问卷调查，确保结果并非随机产生。如果样本过小，则无法通过收集到的数据推断用户总体情况。无法扩大样本规模时，问卷的功能会演变为**反馈表**（feedback form）。并不是每个人都有机会填写反馈表（例如，研究者掌握了其邮箱地址的用户才会收到，反馈表放置在网站的"联系我们"栏目下，只有访问到这个栏目的用户才有机会填写），所以结果也不代表用户总体，只能代表那些提供了自己邮箱地址或对用户服务不满，希望进行反馈的用户。另外研究者不需要（也不想！）收集每一个用户的回复，那会变成**人口普查**（census），从了解用户的角度来看这没有必要。

> **提示**
>
> 如果想倾听用户的心声，反馈表是一种非常有效的方式。要注意的是，反馈表的结果虽然不能代表用户总体，但能代表总体中的某类人群，还可作为开发产品新特性的需求来源和改进产品或服务的参考意见。

很多免费在线样本规模计算器可以辅助确定所需的问卷回复数量。使用它们之前，需要明确总体（population）规模，指研究对象总体人数；能接受的误差范围（margin of error），指可以容忍的错误总量；结果的置信区间（confidence interval），也就是所能接受的最大不确定度；预期应答分布（response distribution），也就是每个问题的回复结果分布的倾斜程度。如果无法确定所需的应答分布值，可以设置为 50%，这个值所要求的样本规模最大。以之前提到的旅行应用为例，要收集现有用户对应用的反馈，首先要确定所需的样本总体规模。无法确定应答分布值时设置为 50%。如果已有 23 000 名用户，则误差范围应为 ±3%，置信区间（CI）为 95%，所需的样本规模（sample size），也就是问卷回复数量为 1020，这是获得预期结果所需要的最小样本量，实际操作中需要联系超出该数量的用户。最终参与调研的精确人数受诸多因素影响，包括用户积极性、问卷分发方式（例如，电话问卷、纸质问卷、在线问卷）、是否提供激励措施以及问卷的长度或难度等。需要注意的是，总体规模达到 20 000 人以上时，所需样本规模不会随之大幅度增长。

10.4.4　概率抽样与非概率抽样

开展调研活动时，有时需要请外包公司完成招募工作。对应到问卷调查中，则指使用固定的调查样本进行数据收集。固定调查样本是指由专业供应商根据所需的用户特征招募到的样本人群，由这类人群完成问卷。有时现有用户并不是研究目标，因此缺乏联系目标群体的渠道。这时可以联系专业的问卷供应商（例如，SSI、YouGov、GfK、Gallup），他们在费用、时效和样本资源上会存在差异，但最核心的是要明确他们进行的是概率抽样还是非概率抽样。常见的概率抽样法包括使用已有用户名单（前提是这些用户符合研究目标总体特征）、拦截调查（例如，随机点击链接或弹窗的人）、随机拨号抽样（RDD）和地址抽样（在目标地区中随机选择地址）。进行概率抽样时，供应商没有现成的固定调查样本，必须为每个问卷调查招募新的回复者。进行非概率抽样时，供应商会有几组固定的回复者，按照惯例根据所完成的问卷给予他们相应激励。同一组回复者会参与多次问卷调查或市场调研活动。供应商会对数据进行处理，让它们看上去能代表研究总体。比如要求研究总体由 70% 的经济舱乘客、20% 的公务舱乘客和 10% 的头等舱乘客组成，但供应商只有 5% 的公务舱和 1% 的头等舱调查样本，他们会人工增减问卷回复数量以提高公务舱和头等舱乘客的数据代表性，降低经济舱乘客的数据代表性。非概率抽样结果比概率抽样的准确度更低，上述做法也并不能实际改善非概率抽样结果的准确度（Callegaro et al., 2014）。非概率抽样的样本对象也更熟悉和擅长回复问卷。

> **进一步阅读资源**
>
> 更多关于概率抽样和非概率抽样的内容，请参考下列出版物。其中作者深入研究了这两种抽样方法并辅以大量有价值的数据：

- Blair, E. A., & Blair, J. E. (2015). *Applied survey sampling*. Los Angeles: Sage.
- Callegaro, M., Baker, R. P., Bethlehem, J., Göritz, A. S., Krosnick, J. A., & Lavrakas, P. J. (Eds.). (2014). *Online panel research*: *A data quality perspective*. John Wiley & Sons.

10.4.5　问题编写

确定研究目标之后，根据研究目标创建问卷问题。本节给出的建议有助于提升问卷完成率。不管采用哪种问卷分发方式（例如，纸质问卷、在线问卷等）都需要先编写问题，问题形式根据不同的分发方式而有所区别。

要点速览：

➢ 问题和测量指标

➢ 保持简洁

➢ 敏感问题

➢ 问题形式和措辞

问题和测量指标

问题和测量指标应该根据研究目标进行设置。这里建议使用表格工具管理内容，表 10.1 展示了使用表格管理 TravelMyWay.com 项目的研究目标和问卷问题。虽然表格内容还处于草案阶段，需要不断修订，但利用表格可以有效梳理研究目标和问题之间的逻辑对应关系，避免问题设置重复以及偏离目标。

表 10.1　研究目标、测量指标和问卷问题表格范例

研究目标	测量指标	问卷问题	问题选项
持续追踪用户满意度变化情况	满意度	你对 TravelMyWay.com 的满意度如何？	李克特 7 点量表（非常不满意 – 非常满意）
获取用户对新功能的反馈	使用情况	你对"日程安排"这个新功能的使用频率如何？（展示屏幕截图）	● 从没用过 ● 用过一次 ● 一次以上
获取用户对新功能的反馈	满意度	（对选择"一次"或"一次以上"用户提问）你对"日程安排"这个新功能的满意度如何？	李克特 7 点量表（非常不满意 – 非常满意）
获取用户对新功能的反馈	开放式反馈	你对"日程安排"这个新功能有哪些看法？	（开放式回答）
了解回复者的群体特征	使用频率	过去 6 个月你使用过几次 TravelMyWay.com 预订旅行？可以通过点击右上角的"账户"查看历史预订信息。	● 0 次 ● 1 次 ● 2 次 ● 3 次以上

（续）

研究目标	测量指标	问卷问题	问题选项
了解回复者的群体特征	使用时长	你使用 TravelMyWay.com 多久了？可以通过点击右上角的"账户"链接查看历史信息。	• 不到一个月 • 1～6 个月 • 6～11 个月 • 1～2 年 • 2 年以上

保持简洁

保持问卷的简洁是关键注意事项之一，没有人会在问卷上耗费大量时间。以下是保持问卷简洁的方法：

- 问题的设置应该基于研究目标并且（理论上）具有可行性。比如研究目标之一是了解用户总体或他们的产品使用情况，并进行持续追踪。这个目标并不具有可行性，但仍可以作为问卷调查的一个重要目标。与其他利益相关者讨论问题优先级，确定最迫切需要的信息，剔除那些可有可无或出于好奇而设置的问题。

- 使用分叉式问题。回复者的问题回答路径并不需要完全相同。如果回复者没有使用过某个新功能，就不该询问他对此的满意度。设置"如果你使用了 ×× 新功能"的假设性题目并没有实际意义，回复者也许会回答，但答案对于研究者的产品决策并没有参考价值。

- 不要询问回复者他们无法确定的事。比如让回复者预测未来（例如，如果可以实现 ×× 功能，你觉得你的使用频率有多高？），或者在没有提示的情况下，让他们描述很久之前的行为。想根据使用频率判断回复者是否属于老客户，可以询问他们在给定时间段内的使用频率，帮助他们尽可能便捷地查找相关信息（例如，提供查找账户历史记录的方法）。

- 避免论述题。必要时才使用开放式问题（OEQ），且要求回答的篇幅不宜过长、过度细节化。详细内容请参考 10.4.5 节的具体描述。

- 避免敏感问题。相关内容会在下一节中详细讨论，总的原则是只在必要时提问敏感问题，比如需要这些信息进行产品决策。

- 合理拆分问题。如果问题数量较多，可适当缩短问卷的篇幅。方法一：将一张大问卷拆分为一系列小问卷。这种方法的适用前提是可以按不同主题将问题分组，可以将同一主题下的问题归类到一张问卷里。这种方法的弊端在于数据合并和分析比较困难。比如，需要收集用户的旅行偏好信息，按照交通工具类型将问题拆分为通过火车出行和通过飞机出行两类小问卷。让相同的样本人群同时完成两类问卷，并区分出每份问卷的回复者，这样后期才能将数据进行合并并计算两类问卷之间的数据相关性。方法二：随机将一类问题分配给不同的回复者。这种方法的实施要求较大的样本规模以保证每个问题获得有效回复数量，优点是可以直接进行数据分析，无须合并数据。

编写问卷时遵守以上原则可以大幅度提升问卷的完成率。

敏感问题

涉及敏感问题时使用访谈或问卷方式各有其优点和缺点。在访谈中可以与回复者建立良好的访谈关系并获取他们的信任，但即便如此，在涉及私人问题时回复者还是可能感觉不适。而使用匿名问卷会比面对面询问（例如，涉及年龄、薪酬）容易得多。但即便可以匿名，人们还是会有所顾忌，或者出现社会期望偏倚（social desirability bias），也就是比起事实，人们倾向于提供他们认为更符合社会期望的回答。询问敏感问题前要仔细考虑是否确实需要这些信息。一般来说人口统计信息类问题（例如，年龄、性别、薪酬水平、教育层次）是最普遍的，被视为问卷里的"标配"问题；而用户行为类问题（例如，产品使用频率、竞品使用体验）则倾向于让回复者预测将来的行为。如果敏感信息确实有利于更好地理解用户群体，询问前需要向回复者说明原因，比如，"你对以下问题的答案有助于我们更好地制定产品隐私信息。"

将这类问题标注为"可选"可以避免回复者拒绝或随意作答。把这类问题放在问卷末尾，让参与者了解研究者关注的信息领域，决定是否回答。

问题形式和措辞

根据研究目标确定好问题和测量指标后，需要开始考虑问题的措辞和形式。这里的"形式"是指符合回复者预期的问题类型、问卷排版和问卷结构。参与者更喜欢措辞清晰、结构简洁、容易理解、富有价值及趣味的问卷。

图片来自于 *The Christian Science Monitor*（*www.csmonitor.com*）

问题题型

应该为每个问题选择合适的题型，比如选择题或开放式问题。开放式问题允许回复者就自己的观点畅所欲言，例如，"如果可以在 TravelMyWay.com 中变更或添加一项功能，你希望是什么？"而在下列情况下则需要使用封闭式问题（Closed-ended questions）：

- 陈述唯一的观点或事实。
- 从选项列表中选择认可的观点。
- 从量表选项中选择认可的选项。

使用开放式问题时需要注意：

- 开放式问题的数据分析比较繁冗和复杂，因为分析定性数据前需要对数据进行编码。
- 回复者会使用自己熟悉的措辞／短语／词汇，回复内容有时会难以理解，且研究者通常没有机会跟进并向参与者核实内容。
- 开放式问题会降低问卷回收率。

底限是开放式问题的题干不要过长，最适合的使用场景如下：

- 编写封闭式问题时很难依靠个人的力量列举出所有可能的选项。可以先让部分回复者回答问卷，使用开放式问题收集答案，并对他们的回答内容进行分析并分组。以此为基础编写封闭式问题的选项，并让余下的回复者回答。
- 符合要求的答案太多，无法穷尽。
- 研究者编写的选项内容可能含有个人偏见，对回复者造成影响。使用开放式问题能更好地收集回复者真实的想法和感受。
- 需要用户列举对产品喜欢和不喜欢的功能。

将开放式问题设置为"可选"能提升问卷完成率，回复者可以根据自身情况灵活选择是否作答。反之则会降低回复率和满意度，导致回复者随意作答。

> **提示**
>
> 预留的答题区的大小暗示回复者所需答案的篇幅。如果需要写上长篇大论才能填满空白，显然会让人退避三舍。应该根据具体情况适当地调整答题区的大小。如果需要反馈的内容很多，缩减答题区显然不恰当，甚至会因此错失很多重要信息。

封闭式问题的三种主要形式是：多项选择题、评分量表和排序量表。研究目标不同适用的问题形式也不同，用三种形式收集的数据都可以进行定量分析。

多项选择题

多项选择题是指参与者在给定的多个选项中进行选择的问题形式。根据具体情况要求参与者选择多个或单个选项。选项需要随机排列以避免产生首因效应（primacy effect），指参与者倾向于选择第一个选项，也可以根据需要按照逻辑顺序排列，例如，按星期、数字、尺寸大小排列（Krosnick, Li, & Lehman, 1990）。

- 多项选择。多项选择指参与者选择一个以上的选项。适用于现实生活中人们会做出多种选择的情形，请见例子：

你在网上预订过哪些出行方式？请选出你预订过的所有类型。

☐ 飞机票

☐ 火车票

☐ 大巴票

☐ 租车服务

☐ 以上都不是

- 单项选择。单项选择指参与者只能选择一个选项。适用于现实生活中人们选择受限的情形，请见例子：

你多久在网上预订一次旅行？

☐ 一个月一次

☐ 每年 4～6 次

☐ 每年 1～3 次

☐ 从不在网上预订

- 预防偏见。参与者有时必须从两个选项中选择一个，比如，"是 / 否"、"正确 / 错误"或 "同意 / 不同意"。这类问题强迫参与者放弃观点中的灰色地带，选择一个相对更符合自己情况的选项。这类问题的结果分析非常简单，但对参与者选择的细微差别缺乏关注。这类问题还会导致默许偏差（acquiescence bias），因此应该尽量避免这类问题。

评分量表

问卷调查中可以包含各种量表，最为常见的两种量表是李克特量表和排序量表。

李克特量表（Likert scale）是最常用的评分量表。斯坦福大学的 Jon Krosnick 通过长期的实证研究确定了李克特量表最理想的选项数量、表述方式及设计方式，以此优化量表的信度和效度（Krosnick & Tahk, 2008）。

- 单极结构（Unipolar construct）指选项描述的程度从 0 到最大，典型量表形式是 5 点量表。单极结构常用于测量可用度、重要性及程度变化。建议使用的量表刻度结构是特别不 […]、有点 […]、比较 […]、非常 […]、特别 […]。

- 双极结构（Bipolar construct）指选项描述的程度为极端 – 缓和 – 极端，结构为两头极端，中间平缓，代表量表形式是 7 点量表。双极结构最常用于测量满意度。建议使用的量表刻度结构是特别 […]、比较 […]、有点 […]、无所谓 […]、有点 […]、比较 […]、特别 […]。

上两种结构中，程度的顺序都应该从最负面（例如，特别不好用、特别不满意）过渡到最正面（例如，特别好用、特别满意）。将最负面的描述放在第一位能更好地映射出回复者的真实态度（Tourangeau, Couper, & Conrad, 2004）。

使用明确的量表刻度可以避免误解并保证所有回复者都使用同一套评分标准（Krosnick

& Presser, 2010）。每个刻度应该等距放置，均匀分布（Wildt & Mazis, 1978）。不要在量表里使用数字，数字不仅不利于参与者理解选项内容，还会带来视觉干扰。下面是标准的李克特量表范例：

你对 TravelMyWay.com 产品体验的总体满意度如何？						
○	○	○	○	○	○	○
特别不满意	比较不满意	有点不满意	无所谓	有点满意	比较满意	特别满意

　　另一种类型的评分量表是让参与者排列选项优先级，例如：

请对以下服务亮点的重要程度从 1～5 进行评分，1 表示非常不重要，5 表示非常重要。 —价格低 —选择多 —人工客服协助 —购买奖励政策

　　这类型的评分量表不需要回复者对选项进行比较，不同的选项的评分可以相同。

　　排序量表

　　排序量表提供多种选项并要求参与者根据偏好对其进行排序，与评分量表不同，选项之间必须有一个先后顺序，这意味着每个选项的得分不能相同。读题和理解非常耗费时间，因此应当将问题适当进行拆分，减小难度。例如，首先询问，"你最喜欢的旅行预订方式是什么？"再问"你第二喜欢的旅行预订方式是什么？"第二个问题中需要去掉第一个问题中参与者已经选过的选项。

　　排序量表与评分量表的不同之处在于前者需要回复者对选项进行比较，后者则要为每一个选项的偏好程度进行打分。

　　避免"其他"选项

　　避免在封闭式问题里设置"其他"选项，因为参与者会计算答题成本，直接选择"其他"比反复斟酌答案要容易得多。如果总回复中"其他"选项占比超过 3%，则需要增加这类问题的选项。

　　问题措辞

　　选择恰当的问题措辞非常关键。在编写问题时应该避免选项中带有模糊词汇，比如"几乎没有"、"很多"和"经常"。不同的参与者对这类词汇会有不同的理解，这样获得的数据在分析阶段会很难量化。还要避免俚语和缩略语，参与者对这类词汇也有不同的解读。

　　复合问题（Double-barreled question）也是问题编写时的常见陷阱，指一个题目包含两个或多个问题。比如"你对在线客服 / 人工电话客服的满意度如何？"参与者对于每种情况的反馈可能不同，但复合问题强迫参与者只能给出一个答案。这种情况下，参与者只能给出中分、最高分或最低分，或者随便选择并不代表真实感受的答案。

观点与问题

偏见性问题（例如，是 / 否、正确 / 错误、同意 / 不同意）和观点会导致默许偏差，比如，"你对'比起坐火车，我更喜欢坐飞机。'的观点有多认同？"或者"正确 / 错误：'比起坐火车，我更喜欢坐飞机。'"与其直接给出观点让回复者选择（例如，使用偏见性问题或评分量表），更好的方式是根据研究目标编写问题。上面的问题是为了确认用户的出行方式偏好，可以让参与者比较不同的出行方式并根据喜好程度排序，或单独对每一种出行方式的喜好程度评分。

10.4.6 数据分析方法确定

刚接触问卷调查法的新手习惯收集完数据后再考虑数据分析方法。这种工作方法在资深研究者眼里是错误的，因为等到问卷调查完成后才发现收集的数据不符合需求已经为时已晚。只能重新再进行一次问卷调查，这会耗费额外的时间和金钱。

在分发问卷之前就应该确定数据分析方法，确保通过问卷可以收集到所需数据。确定分析方法时请思考以下问题：

- 你想使用哪种统计分析方法（例如，描述性统计、推论统计）？浏览所有问题后思考处理数据方法，对比统计方法并记录它们间的异同，作为之后的选择依据。
- 是否存在不知如何分析的问题？要么去掉这类问题，要么研究出合适的分析方法或者咨询统计学专业人士。
- 使用这种分析方法能否获得需要的信息？如果不能，说明编写问题时漏掉了某些重要问题。
- 是否使用了正确的数据分析工具？如果使用表格不足以完成数据分析工作，你需要使用类似 SPSS™、SAS™ 或 R 语言等专业的统计软件。如果公司没有购买类似软件，需要向公司申请购买。申请或购买过程需要耗费一定时间，要合理安排以免影响数据分析进度。如果对工具使用不熟悉，可以利用等待问卷回收的时间学习使用方法。
- 使用怎样的数据录入方式？不同录入方式要求的时间长短也不同。人工录入（例如，纸质问卷的结果需要人工录入软件）需要花费更多时间。如果希望数据通过程序自动录入，则需要编写脚本程序。如果不熟悉相关知识，也需要时间学习。

提前思考以上问题能够使后续的数据分析更加顺利。这一步不需要花费太多的精力，但提前准备才能对数据分析阶段的工作内容做到心中有数。

10.4.7 问卷创建

问题编写完成后进入问卷创建阶段。问卷分发方式（例如，纸质问卷、在线问卷、邮件问卷）不同，问卷的形式也会有所区别，但不论采用何种分发方式，问卷都包含一些标准构成要素。本节首先讨论问卷的标准构成要素，然后分析每种分发方式的特有要素。

标准构成要素

不论问卷主题和分发方式是什么，都包含以下标准构成要素。

标题

每份问卷都包含标题，标题能帮助回复者快速了解本次问卷调查的目的（例如，TravelMyWay.com用户满意度调查）。标题要简单易懂。

说明

问卷调查的介绍说明包含两种：问卷总体说明和每个问题的单独说明。说明内容越明确越好。例如，"请将完成的问卷用我们提供的信封寄回。"（总体说明）"在下列选项中选出你最认可的一个。"（单独说明）。问卷所需的说明文字越少越好，过长的说明文字会让参与者感觉厌烦，打击他们的回答积极性。

联系方式

问卷说明中注明联系方式非常重要。参与者在填写问卷前可能会对某些事项抱有疑问（比如，问卷提交截止日期、完成问卷的奖励内容、活动的执行机构），需要获得相应解答。如果无法联系上负责机构，参与者出于疑虑会放弃回答。也可以在问卷里注明上述所有信息，节省参与者的精力和时间。参与者对研究内容有知情权，研究者在研究开始前有义务告知参与者所有相关内容。

通过传统邮件分发问卷时，除了附上回寄信封，还应该在问卷上注明回寄地址，防止信封遗失导致问卷无法回收。注明联系方式还能提高问卷的可信度和合法性。

调查目的

用一两行的篇幅阐明本次问卷调查的目的。从研究道德的角度，参与者有知情权（参考3.3.2节的具体描述）。另外说明原因也能增加可信度，提升参与者的积极性。范例如下：

> TravelMyWay.com进行这次问卷调查是因为我们非常重视用户的意见，我们希望了解我们的产品是否满足了用户的需求，以及产品未来的改进方向。

完成时间

人们在填写问卷前希望了解完成问卷需要花费的时间，这样可以合理安排时间，避免预期需要的时间和实际花费的时间不符而放弃完成问卷。应该在问卷开始前明确告知回复者此类信息。如果所需时间被低估，参与者会感觉被欺骗，这样当前问卷的完成率和未来问卷的回复率都会降低。

保密和匿名

研究人员有义务保护回复者的隐私（参考第3章的具体描述）。除已告知的例外情况，参与者的所有回答都应该被保密（参考第3章的具体描述）。保密（Confidentiality）是指回复者的个人身份信息不会被用于任何后续活动。招募过程中研究人员因职务优势会获得回复者的身份资料，应该将这类数据严格保密，不得用作他用。在问卷的开头应清晰说明数据的保密措施。

匿名（Anonymity）和保密有所不同，如果回复者是匿名参与问卷调查，研究人员也无权知道参与者的个人身份信息。参与匿名问卷调查无需提供身份信息，研究人员也无权查看。如果有机会看到，研究人员应该自觉与这类信息保持距离。在线问卷通常可以做到保密，但无法做到匿名，因为可以通过互联网追踪到（通过 IP 地址或用户 ID）发出问卷的电脑 / 个人的地理位置。当然也有可以保持匿名的方法，比如回复者使用公共电脑完成问卷，但研究人员无法给予回复者 100% 的保证。预留足够时间编写保密和匿名声明，除了向回复者说明他们享有的上述权利，也要向他们强调公司的产品信息保密条款。

视觉设计

设计优良的问卷能提升回复率，还能避免参与者对问卷误读。设计问卷时有如下注意事项。

响应式设计

现今人们更习惯于在手机上浏览信息，可以顺应潮流设计适用于移动端的在线问卷。使用响应式设计能让问卷智能适配不同的移动设备。问卷设计完成后应该在不同的手机上测试显示效果，确保每个用户都可以顺利完成问卷。

避免排版混乱

不管是在线问卷还是纸质问卷都需要避免混乱的排版，达到整洁美观的视觉效果。去掉所有冗余的内容，比如一些可有可无的题头、文字、下划线、上下边距和方框等，之前的内容里谈到了保持问卷简洁的必要性。问题之间应该适当留白，提高内容的易读性。不管是在线问卷还是纸质问卷，都不能为了节省空间而压缩篇幅。清清爽爽排版的五页纸问卷比密密麻麻两页纸好，排版太密会导致阅读困难，问题之间区分不清。

字体选择

不建议为了容纳更多问题而调小字号。12 点字号是推荐的最小字号。对于在线调查，建议根据实际情况使用相应比例的字号。网页形式的在线调查的字体大小应该设置为相对，而不是绝对，以便浏览器可以自主调整，这一点对于移动端问卷的显示尤其重要。

字体也需要慎重考虑，首要选择标准是具有可读性。推荐标准的 Sans Serif 字体集，例如 Arial、Verdana 等，它们的特点是字符末尾不带小尾巴，而类似 Monotype Cosiva 这种形态怪异的字体可读性非常差，应该避免使用。一旦选定一种字体就不要变，而且不要通篇都使用大写字母。

根据逻辑关系分组

可以将问卷调查看成一次访谈。一次常规访谈会围绕一个主题进行，话题的切换要有一定的延续性，不要在多个主题间无预兆地跳来跳去，这样会使参与者一头雾水。如果问卷中涵盖多个主题，则需要根据主题将问题进行分组归类，每一类前增加一个说明性题头，让回复者意识到主题的切换。

问题的排列规律是先易后难。如前文所述，问卷中的敏感问题或者人口统计学问题应该放到最后，并标记为可选问题。在预测试中应该测试答题流程是否流畅，尤其当问卷中包含一些内容跨度较大的问题时，要特别注意。

10.4.8　问卷分发方式

本节主要讨论不同问卷分发方式的特点以及如何根据自己的需求选择合适的分发方式。

分发费用

每种分发方式所需的费用不同，要根据实际经费情况选择合适的分发方式。表 10.2 展示了每种分发方式所需的费用明细。

表 10.2　费用明细

	准备信封、地址等人工费	打印费	邮寄费	电话访谈人工费	数据录入人工费	在线问卷工具购买费
电话				√	√	
传统邮件	√	√	√		√	
在线						√

提示

大部分大型调查服务提供商会实行搭车调查（Omnibus survey），将来自多个客户的问题合并成一份问卷。类似于拼车，客户们共享一份问卷。在问题较少且对目标人群无特殊要求的情况下，搭车调查是一种高效且低成本的方案。使用搭车调查时要确定样本人群之前已经完成了哪些问题，避免样本人群对某类问题形成思维定势。比如之前客户的问卷问题有关网络隐私政策，接下来回复者就会对隐私相关的问题比较敏感。上述情况可能会对问卷结果产生影响。

回复者

如果用户列表是现成的，那无论使用何种方法都不需要为前期招募支付费用。反之就需要支付给服务商招募费用。有关如何选择专业服务商请参考 6.4 节的具体描述。产品现有用户的回复率通常会比较高，因为他们乐于对产品或服务提出改进建议。需要注意的是，存档的用户联系方式可能并不是最新的，有时用户还会设置垃圾邮件规则，屏蔽某些陌生的邮件地址。因此要预估问卷的回复率，可以先将问卷分发（即通过电子邮件、电话、传统邮件）给 100 名用户并计算回复率，在此过程中可能会发生邮件被退回，电话号码无法接通的情况。富有经验的市场营销部门会使用 MailChimp 或 Constant Contact 等邮件发送工具联系用户，他们对保持用户邮件地址的更新能给出很好的建议。

人工成本

无论使用何种分发方式，数据分析的人工成本是相同的。而使用随机拨号抽样法或用户列表进行电话问卷还会产生访谈人工成本，电话问卷的访谈部分和数据录入部分都会产生费用。反映到纸质问卷上，费用主要集中在纸张购买和打印、信封地址填写、邮票粘贴、数据录入的人工费用。

准备周期

纸质问卷和电话问卷的准备周期相对更长，因为纸质问卷需要人工填写信封及录入数据。在预测试时可以模拟一次数据录入过程，以便对所需时间有大致预期，录入完成后还需要复核录入记录。根据实际经验，这一过程所花的时间会比预期的长，因此应该做好预测，在此基础上预留出足够的时间。

使用工具

制作在线问卷需要购买相关软件的使用许可，有些软件的基本功能是免费的（例如，Google Forms），但扩展功能也需要收费。电话问卷和邮件问卷则可使用任意文字处理软件制作，但使用专业软件可以直接在访谈的同时录入回复结果，从而省略人工录入环节。

回复率

前期成本并不是影响选取问卷分发方式的唯一因素，还应该考虑回复率。回复率的高低受完成成本（cost per complete，即根据问卷完成数量计算所花费的总成本）和问卷分发方式影响。不同分发方式结合使用能够更大范围覆盖不同类型的回复者。如果需要收集尽可能多的样本数据，通常采用混合模式问卷（即采取多种模式进行问卷调查）。混合模式问卷能有效降低抽样误差（coverage bias，即所抽取样本不完全代表总体）和无效回复的数量，提高回复率和参与人数，当然也相应地增加费用和人力管理成本。多项研究（Dillman, Smyth, & Christian, 2009; Greenlaw & Brown-Welty, 2009; Groves, Dilman, Eltinge, & Little, 2002; Holbrook, Krosnick, & Pfent, 2007; Schonlau et al., 2004; Weisberg, 2005）. One recent study（Crow, Johnson, & Hanneman, 2011）通过对比费用、回复率和覆盖的回复者类型发现，混合模式问卷具有一些特定优势。完成成本最高的是电话问卷（71.78 美元），其次是纸质问卷（34.80 美元），最便宜的是在线问卷（9.81 美元）。研究根据总体人口统计信息分析无应答率，发现混合模式问卷能够平衡样本的性别比，但研究总体中不同国籍和学历人群的代表性降低。从这个层面来看，是否需要花费额外的成本和精力进行混合模式问卷调查值得探讨。

进一步阅读资源

更多有关混合模式问卷的内容，请参考下列文献：

- Callegaro, M., Lozar Manfreda, K., & Vehovar, V. (2015). *Web survey methodology*. London: Sage.
- Dillman, D. A., Smyth, J. D., & Christian, L. M. (2014). *Internet, phone, mail, and mixed-mode surveys. The tailored design method* (4th ed.). Hoboken: Wiley.

- Holbrook, A., Krosnick, J. A., & Pfent, A. (2007). The causes and consequences of response rates in surveys by the news media and government contractor survey research firms. *Advances in telephone survey methodology*, 499-528.

交互性

邮件问卷和纸质问卷本身不具有交互性，但互联网独有的交互性体验使在线问卷具有特定优势。

数据验证

程序可以在回复者提交问卷时自动检测未答问题和错误，并弹出提示信息。除此之外还可以对内容格式进行限制（例如，要求回答数字的问题回复时只能输入数字），如果发现回复者回答速度过快也能给予提示。

允许更为复杂的设计

精妙的设计能将复杂问卷转变为用户眼中的简单问卷。在线问卷支持设置分叉式问题，用户可以轻松地按照设置好的回答路径完成问卷（见图 10.1）。

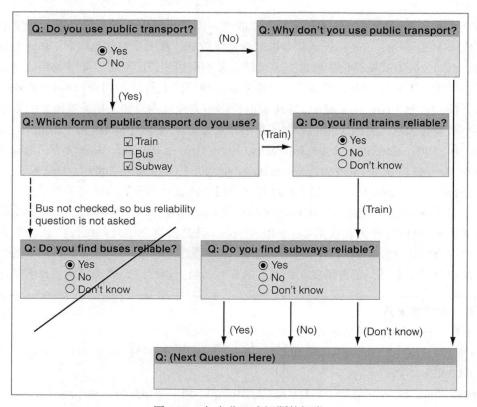

图 10.1　包含分叉式问题的问卷

例如，询问参与者出行是否选择公共交通，根据参与者答案区分他们是否继续答题。这里可以设计一个"继续"按钮，一旦答案符合预期，点击"继续"按钮就可以看到后续问题。相反，答案不符合预期的回复者不会看到"继续"按钮，也没有机会回答后续问题。

直观设计

使用 Web 组件能让问卷看上去更加简单、直观。使用下拉列表可以缩短问卷长度，将选项清晰地展示给用户。单选按钮能够限制用户的选择数量（见图 10.2）。

图 10.2　Web 组件范例

> **提示**
>
> 避免使用滚动式下拉列表。滚动式列表会隐藏问题，用户只会注意到第一个问题，而忽略其他的隐藏问题。单选题的选项不要太多，用户记不住所有选项内容时需要反复滚动页面进行查看。可以把一个问题拆分成几个小问题，将选项相同的问题分为一组。

进度指示

问卷分为多页显示时，进度指示条可以提示回复者完成进度和剩余问题量（见图 10.3）。普遍观点认为设置进度条能降低退出率（即参与者未完成问卷，直接退出）。但通过对 32 次长度不等（10 分钟或更长）的问卷调查研究进行荟萃分析后发现，"总的来说进度条在降低退出率上所起的作用并不明显，并且作用大小取决于进度条的加载速度…"（Villar, Callegaro, & Yang, 2013）。分析结果还包括进度条的加载速度先快后慢，退出率会降低；反之则退出率会升高。如果完成问卷会获得小奖品，进度条的加载会提高退出率。这项研究并未分析所需时间较短的问卷（例如，5 分钟或更短），所以无法得知进度条

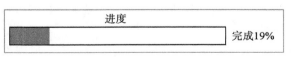

图 10.3　进度指示条

是否会影响这类问卷。问卷所需时间越短，进度条的加载速度会更大，增加用户成就感，从这个角度可以推测进度条能够降低这类问卷的退出率。

回复者额外工作

电话问卷或在线问卷完成后，回复者的任务就结束了。但纸质问卷不同，回复者完成问卷后还需要将问卷寄回给研究人员，这个过程中的各种意外情况会降低问卷回收率。

数据传输

比起传统纸质问卷，回复者收到在线问卷的速度要快得多。因此安排纸质问卷的工作时间表时要考虑邮件回寄的时间，为之后的数据录入预留足够时间。

显示一致

"显示一致"是指每个参与者看到的问卷效果应该相同。使用纸质问卷时不需要考虑这个问题，但使用在线问卷时，则要考虑不同设备（例如，台式电脑、笔记本、平板、智能手机）和浏览器的显示差异。理想情况下应该提前测试问卷在不同设备上的显示效果，确保良好的用户体验，否则可能影响部分样本的问卷完成率。

隐私保护

回复者会因为涉及个人隐私问题而放弃回答问卷，从而降低完成率。顾忌隐私还会影响用户选择时的决策模型，用户回答问卷时可能产生正向陈述效应（satisficing）或社会期望偏倚（Social desirability bias）。使用纸质问卷能有效保护回复者的隐私，回复者可以选择匿名完成问卷。有研究比较了电话问卷和面对面问卷，得出的结果是电话问卷的回复者更容易产生社会期望偏倚，并且对电话访谈持怀疑态度 (Holbrook et al., 2003)。另一个研究则比较了电话问卷和在线问卷，结果同样是电话问卷中的回复者选择时易产生正向陈述效应和社会期望偏倚。作为研究者有义务保护回复者的隐私（参考第 3 章的具体描述），在问卷开始前告知回复者他们享有的隐私权、匿名权及公司的保密政策条款。

计算机专业知识与网络访问

完成在线问卷需要回复者具有一定的计算机操作技能和网络访问权限，否则会影响问卷的完成。还要确认所使用的在线问卷是否需要外接辅助设备，比如屏幕阅读器或鼠标，用户总体中缺少这类设备的人会被排除在外，降低了样本代表性。可以通过实施混合模式问卷提升样本的代表性，理想情况下在线问卷应该可以在大部分人群中通用。

10.4.9 问卷预测试与修订

预测试的重要性可参考 6.7 节的具体描述。这里还要强调对问卷进行预测试时的几条重要注意事项。牢记问卷一旦发出就无法再进行修改，所以在分发之前要找出问卷存在的所有问题。

有人认为，"我使用的是在线问卷，所以发现问题时可以随时更新问卷。"这种想法是错误的，如果在分发问卷后再进行更新，那么之前收集的数据就无效了。这也意味着需要花费额外的时间和费用对数据进行补充收集。

进行预测试时，除了同事之外，还需要符合用户画像的人员参与测试。同事可以协助找出拼写错误和语法错误，符合用户画像的人员则确认问题是否简洁易懂。预测试的测试项目如下：

- 拼写错误和语法错误。
- 问卷完成时间（时间过长时需要缩减篇幅）。
- 问卷格式、说明、问题的易理解性。
- 在线问卷需要测试：（a）是否存在链接失效和访问错误；（b）提交的数据格式是否符合要求。

预测试时会运用改良版的认知测验（cognitive interview testing/ cognitive pretest）。称为"改良版本"是因为正式的认知测验需要大量人力参与。每个修订版本都需要经多人测试，并对测试结果进行详细分析。现今产品生命周期的迭代速度和进度安排无法满足认知测验的时间要求。认知测验中的核心组成要素是出声思维（think-aloud protocol）。

出声思维的相关概念可参考 7.4.2 节的具体描述。出声思维是可用性测试中经常使用的技巧。问卷评测的实施步骤是让参与者阅读问题，并告知阅读过程中产生的想法和感受。通过参与者的口头评价判断问卷问题是否表达不清或难以理解，同时还能找出哪些问题中存在答非所问、被跳过、回答时犹豫不决的情况。预测试结束后要对参与者针对答题结果进行访谈，这一过程称之为回顾式访谈（retrospective interview），之外还可以询问他们对问卷的直观感受，比如，"你觉得问卷内容有趣吗？""有机会拿到问卷的话你会填写吗？"等，参考者的答复具有很大的参考价值。时间再紧迫都不要跳过认知测验或回顾式访谈！预测试环节非常重要，通过有瑕疵的问卷所获得的答案毫无价值。

进一步阅读资源

更多有关认知测验的内容，请参考以下书籍：

- Miller, K., Chepp, V., Wilson, S., & Padilla, J. L. (2014). *Cognitive interviewing methodology*. Hoboken, NJ: Wiley.

预测试结束后需要对回复者的答案进行数据分析。虽然是预测试数据，但分析方法和过程应该与正式问卷完全一样。这里数据分析的主要目的在于查看提交的答案格式是否正确，是否存在网页错误（主要针对在线问卷）。很多人选择跳过这一步直接开始正式的问卷调查环节，这看似节省时间，实际可能会花费更多时间。通过数据分析演练可以提前发现这一环节可能存在的雷区，从而在之后的正式环节中有效避免。

10.5   数据分析和说明

数据收集工作完成后，进入数据分析阶段。如果之前进行过预测试，应该对数据分析阶段做好了充足的准备。

10.5.1   初步评估

第一步要将数据转化为电子文档（在线问卷可省略此步骤）。一般将数据录入进表格文件或 .csv 文件，并附上问卷调查的元数据（例如，研究人员姓名、调查执行的时间、使用的调查样本、样本筛选标准等）。将这些数据放在文件的开头，便于所有参与分析的研究人员能够快速了解相关信息，不用花费精力查阅。

> **提示**
> 在复印件上进行修订或编辑。不要直接编辑原始文件！

Excel 表格、SPSS、SAS 和 R 语言是较为常见的数据分析辅助工具。以表格为例，行数据表示参与者，列数据表示问卷问题。有些统计软件只允许输入数值，因此要对数据进行编码。比如询问人们最近一次选择的旅行预订方式，不应该直接将"在线预定"、"旅行中介"或"其他"等内容输入表格，而应该先转化为数字码，例如"在线预定 =1"、"旅行中介 =2"、"其他 =3"。图 10.4 展示了数据录入的表格范例。现实中选择"其他"的回复者可能会输入选项以外的预定方式，这类文本信息也无法直接用工具处理，需要使用定性分析工具（请参考 8.7.3 节的具体描述）或亲和图（请参考 12.5.3 节的具体描述）处理这类数据，也可人工处理。

参与者编号	Q1——性别	Q2——薪酬	Q3——年龄	Q4——上网年限
1	1	55 000	34	9
2	1	65 000	39	5
3	2	100 000	41	4
4	2	58 000	22	5
5	1	79 000	33	7

图 10.4   数据录入范例

录入完成后，需要复核数据，找出其中的异常点。数据少于 100 条时可以人工复核，数据量较大时人工复核会比较困难。复核时要关注是否存在笔误，比如年龄栏里的"400"很有可能是指"40"。使用描述性统计（例如，计算平均值、最小值 / 最大值）可以快速检查出明显的数据异常点。如果使用的是纸质问卷，发现异常点后可以对比原始数据，判断错误是否来自于数据录入环节。如果数据录入是自动进行（即通过程序），不能自行更改异常数据，应当联系回复者核对数据，如无法联系回复者弄清数据的含义，则需要放弃这部分数据或维持原状（分析软件在计算时会自动忽略某些异常）。录入时还会存在漏掉数据的情况，如果是人工录入数据，理想情况是一人读，一人核对，这种方法比"眼读"更加可靠。弊端是耗时，数据量较大时不可行。

10.5.2　计算方法

本节讨论最常用的封闭式问题数据分析方法。这类数据分析方法都很简单，这里仅作简要描述，必要时会辅助图表帮助理解，以便对这些方法的内容和使用前提有基本了解，更详细的内容可以参考统计学入门书籍。有关封闭式问题的定性分析方法请参考 8.7.3 节的具体描述。

进一步阅读资源

更多有关问卷数据分析的内容，请参考以下书籍：

Heeringa, S. G., West, B. T., & Berglund, P. A. (2010). *Applied survey data analysis*. CRC Press.

要点速览：
➢ 描述性统计
➢ 离中趋势测量
➢ 相联度量
➢ 推论统计
➢ 度量值

描述性统计

可运用以下测量指标描述总体样本，这些测量指标的计算对于封闭式问题的分析非常重要，可使用常规统计软件或表格作为计算工具。

集中趋势
- 平均值：所有数据之和除以数据点的个数，以此表示数据集的平均大小，范例请见图 10.5。
- 中位数：将数据集合分为相等的两部分数据点。一个数集中最多有一半的数值小于中位数，也最多有一半的数值大于中位数。可以通过中位数判断数据集是否为典型偏态分布。
- 众数：一组数据中出现次数最多的数据点。众数不是指数据点出现的频率，而是指数据点本身。众数是判断数据集是否为极端偏态分布的最好指标。
- 最大值和最小值：一组数据中最大和最小的两个数据点。

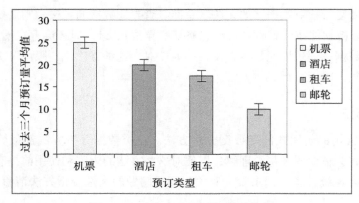

图 10.5　过去三个月预订量平均值

离中趋势测量

离中趋势指数据集中各数值之间的差距和离散程度。

- 极差（Range）：极差等于最大值减去最小值，表明数值变动范围的大小。
- 标准差（Standard deviation）：用来计算平均值分散程度。标准差越大，则参与者的反馈差别越大。
- 频率（Frequency）：每个选项被选中的次数。问卷分析最常用的计算指标，将频率转化为百分比并通过图表展示能很好地说明研究结论。（范例见图 10.6）

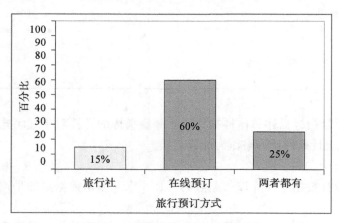

图 10.6　旅行预订方式百分比图

相联度量

相联度量用以确定问卷中两变量间的关系。

- 比较：比较相同选项在不同条件下的占比关系。比如询问人们是否在线预订过酒店，结论是 73% 的人预定过，27% 的人没有。现在想分别确定这 73% 和 27% 的人群租车服务的预订情况，在线预定过酒店的人有多少也在线预定过租车服务。将这些数据进行对比，并使用图表清晰表明它们之间的关系（范例见图 10.7）。制作图表时可以灵活运用数据透视表功能辅助分析。

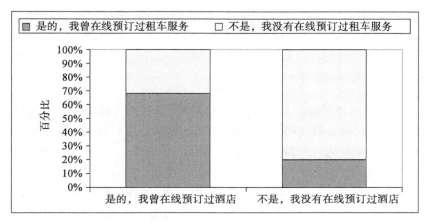

图 10.7　在线预定酒店 / 租车服务百分比图

- 相关性：测量两个变量间的相关度。需要注意的是相关性并不代表某种因果关系（即酒店特价并不是人们预定酒店的原因）。相关性的统计指标是相关系数，用以反映变量之间相关关系的强弱，取值范围在 [−1, +1] 之间。相关系数为正则说明两变量为正相关，数值越接近 1，两变量相关程度越高。正相关是指两变量的变动方向相同，负相关是指两变量的变动方向相反。

推论统计

推论统计是指根据样本数据去推断总体特征的方法。进行推论统计前，首先要对样本数据进行显著性（significance）检测（即确认研究结果的产生不随机或不由抽样误差导致）。这一过程主要通过 T 检测、卡方检测和方差分析完成。其他常见的推论统计法还有因子分析和回归分析，这里仅列举上述几种。继续以 TravelMyWay.com 项目为范例，公司正在考虑是否保留实时聊天功能，需要进行问卷调查明确用户需求。调查内容就包括调查实时聊天功能与使用满意度、使用意愿是否显著相关，这时需要使用推论统计。参考"进一步阅读资源"部分内容，那里介绍了更多推论统计相关书籍。

度量值

度量值（Paradata）指描述问卷反馈过程的信息。包括：参与者回答每个问题或整个问卷的时长，是否更改过答案或返回之前的页面，是否中途退出，完成方式（例如，手机应用、Web 浏览器、电话、纸质调查）。这些信息可以用于检测问卷长度是否合适、是否易读、提交时是否存在问题（某些使用移动端参与问卷的用户从不提交）、参与者回答速度是否过快等。使用纸质问卷或电话问卷时可能无法收集到上述所有信息，建议使用在线问卷和专业服务提供商。

进一步阅读资源

更多有关度量值收集和分析的内容，请参考以下书籍：

- Kreuter, F. (Ed.). 2013. *Improving surveys with paradata: Analytic uses of process information*. Hoboken, NJ: Wiley.

10.6　结果沟通

问卷调查的研究结果可能极其丰富，但在结果展示时不可能讲解全部内容。这时需要挑选出其中最重要的内容并制作相关展示物（例如，报告、幻灯片、海报、讲义）。

要注意将研究结果尽可能图像化，达到一目了然的效果。Excel 表格中的条形图和折线图也能起到很大作用。

结果展示时需要结合研究目标阐述结果的含义和局限性。如果研究结果无法定论，可能发生变化或无法代表真实的用户群体，则需要明确说明。让他人借助不准确的调研结果得出结论是很不可取的。比如产品团队只给最优质的用户发送了问卷链接，那么可以预见样本结果是带有偏见的，这种情况下要明确说明研究结果只代表最富产品使用经验的用户。研究者对于告知研究结果的代表对象和保证结论推导的逻辑严密负有责任。很多时候研究结论都处于"需要进一步调研"的状态。

10.7　本章小结

本章主要介绍如何进行有效的问卷调查。阅读完本章内容后应该熟悉如何撰写符合要求的问卷问题，创建易读性强、内容有趣的问卷。还应当熟悉问卷分发方式、数据分析方法和研究结论展示。现在可以准备创建一份问卷了！

案例研究：Google Drive 幸福度追踪问卷（HaTS）

——Hendrik Müller，谷歌资深用户体验研究员（澳大利亚悉尼）

Aaron Sedley，谷歌资深用户体验研究员（美国山景城）

引言

在谷歌我们将问卷调查视为一项极具价值的用户体验研究方法。问卷调查可以量化用户对产品态度，并持续追踪他们的体验，作为其他人机交互研究方法的补充帮助我们更好地理解用户的行为和需求。随着谷歌将产品线逐步拓展到搜索之外，我们建立了幸福度追踪问卷（HaTS）作为通用的问卷研究模型，以获取高质量、高价值的产品数据。我们致力于为产品设计和开发提供独一无二的洞察与见解，因此设计 HaTS 问卷时我们始终牢记两个主要目标：（1）持续测量和追踪用户产品认知和态度的变化过程；（2）收集代表性用户样本针对产品的开放式反馈。

在邀请用户参与问卷调查的过程中，HaTS 的测量指标和洞见始终根据实际情况灵活调整。HaTS 参考大量学术研究成果，在抽样和问卷设计上进行了充分实践，有效优化了数据的信度和效度。此外通过将抽样方法和结果报告进行标准化处理，提高了 HaTS 自身的可扩展性。自 2006 年以来，HaTS 已经扩展到了谷歌的多个产品，包括 Google Search、Gmail、Google Maps、Google Docs、Google Drive 及 YouTube。目前问卷调查作为一种以用户为中心的研究方法，在产品决策和控制进度方面扮演了重要角色。

我们将在本次案例中详细描述我们如何将问卷应用在 Google Drive 的用研当中，讨论抽样和回复者邀请的方法、问卷的制作工具以及问卷结果为产品团队带来的启发和洞见。

抽样和邀请

问卷调查的精髓在于抽样环节，指从总体的部分子集处获取数据的信息收集方式。根据总体规模和问卷回复者人数，我们按照一定的准确率和置信度标准进行指标评估。HaTS 采用的是概率抽样法，随机抽取用户参与问卷。

每周我们都会邀请一部分 Google Drive 的用户参与 HaTS 项目，采用算法随机将整个用户群分成几部分。每周随机将问卷邀请展示给其中的一部分，下周轮换。邀请规则不以用户的页面浏览量为参考（例如，选择每 n 个页面访问者），避免样本大部分来自于高频访问的用户，力图覆盖每一个独立用户。为了防止调查疲劳，已经看过问卷邀请的用户至少 12 周内不会再看到邀请。目标样本规模（即完成的问卷数量）达到进行测量和比较所要求的准确率指标。考虑到 Google Drive 的项目规模，我们要求每周至少有 384 名回复者参与问卷，这样才能保证结果的置信度达到 95%，误差界限为 ±5%。

HaTS 的固有优势在于邀请流程自然地融到产品使用过程中，回复者会结合产品使用经验直接反馈自己对产品的态度和认知。我们在页面底部显示一个小对话框，以邀请潜在回复者参与问卷调查（请见图 10.8）。问卷邀请的形式和位置显著区别于页面上的其他内容，很容易引起用户的注意。这里我们并未使用弹框式邀请，因为弹框式邀请要求用户迅速作出反应，这样会打断用户正常的页面浏览流程。邀请文本是号召用户"参与我们的问卷！"以"帮助我们改进 Google Drive"，文本的措辞对于所有用户都是平等、中性的，没有刻意针对特别喜欢或讨厌产品的用户。

问卷设计

我们根据已有准则设计 HaTS，以优化回复内容的信度和效度（Müller, Sedley, & Ferrall-Nunge, 2014），并最大限度地减小常见的回复雷区，诸如，正向陈述倾向（Krosnick, 1991; Krosnick, Narayan, & Smith, 1996; Krosnick, 1999）、默许偏差（Smith, 1967; Saris et al., 2010）、社会期望偏倚（Schlenker & Weigold, 1989）、顺序效应（Landon, 1971; Tourangeau et al., 2004）。量表类型和选项内容还取决于研究深入的程度（Krosnick & Fabrigar, 1997）。我

们优化了 HaTS 的视觉设计以提高问卷可用性，避免视觉因素对问卷回复带来影响（Couper，2008）。

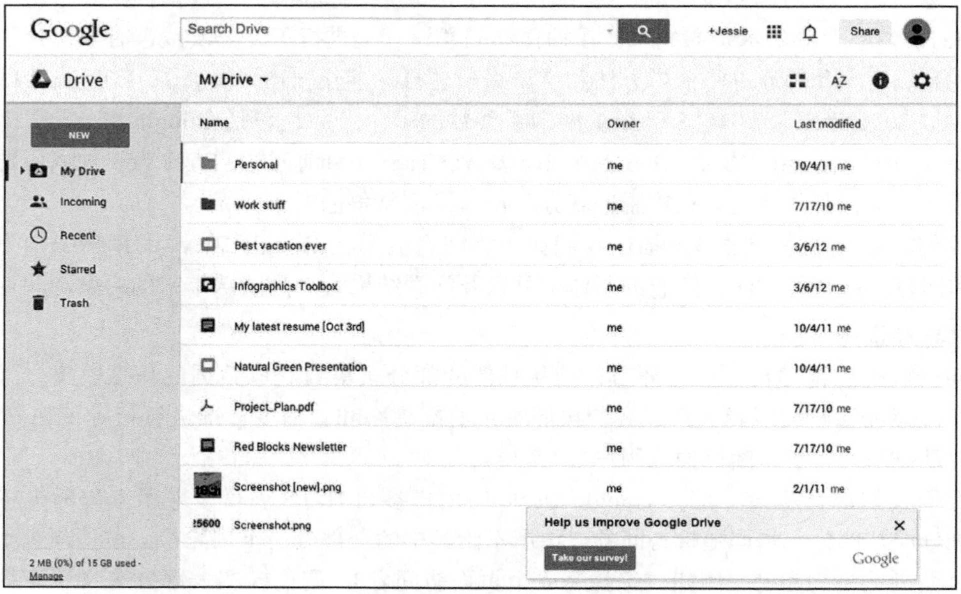

图 10.8　Google Drive 页面上的 HaTS 问卷邀请

　　Google Drive-HaTS 问卷的核心目标是通过追踪满意度，测量一段时间内用户对产品的态度。我们通过提问收集满意度评分，问题类似于"总体而言，你对 Google Drive 满意或不满意，程度如何？"（见图 10.9）。为了尽可能中性地表达"满意度"，我们同时使用了"满意"和"不满意"两种措辞。

　　调查满意度使用的是双极结构的李克特 7 点量表，7 点量表能优化数据的信度和效度，节省回复者的时间、精力（Krosnick & Fabrigar, 1997; Krosnick & Tahk, 2008）。我们在页面上预留了充足的空间显示问卷内容。量表刻度完全使用文字表述，没有使用数字代替，确保回复者能充分理解选项内容（Krosnick & Presser, 2010）。量表选项以相等距离水平分布，避免分布不均对回复者的选择产生影响（Tourangeau, 1984）。选项排列顺序与语义保持一致（Couper, 2008）："特别不满意""比较不满意""有点不满意""既没有不满意也没有满意""有点满意""比较满意"和"特别满意"。注意这里使用了"既没有不满意也没有满意"，而不是"中立"作为中间点，避免产生正向陈述倾向（Krosnick, 1991）。另外将最负面的描述放在第一位能更好地映射出回复者的态度（Tourangeau et al., 2004）。与总体满意度相关的问题是唯一的必答问题，因为这是 HaTS 的调查目标。

　　HaTS 的另一个核心目标是收集用户体验相关的定性数据。通过两个开放式问题（见图 10.9）让回复者描述他们对产品最讨厌（"你认为 Google Drive 的哪些地方最讨厌、最缺乏吸引力？”）和最喜欢的功能（“你最喜欢 Google Drive 的哪些地方？”）。虽然现有的设计让第一个问题看上去像复合问题，但进行实验之后，我们还是决定在一个问题里就体验和功能同时提问。这样做的好处是可以提高回复的数量（即大多数回复者都会多少填写一些内容）和质量（即回复者的描述包含更多想法和细节），同时节省回复者的时间、精力。我们鼓励回复者提供更多的批评意见，因此我们将这个问题列在前面，回复框也要更大一些（Couper, 2008）。这些问题清晰地标注为“可选”，因为回复者可能不想在这类开放式问题上花费过多的精力因而退出问卷，或图省事而胡乱输入一些无意义的内容降低数据分析效率（例如，“asdf”）。结果表明包含这类问题的问卷，回复率在 40%～60% 之间。

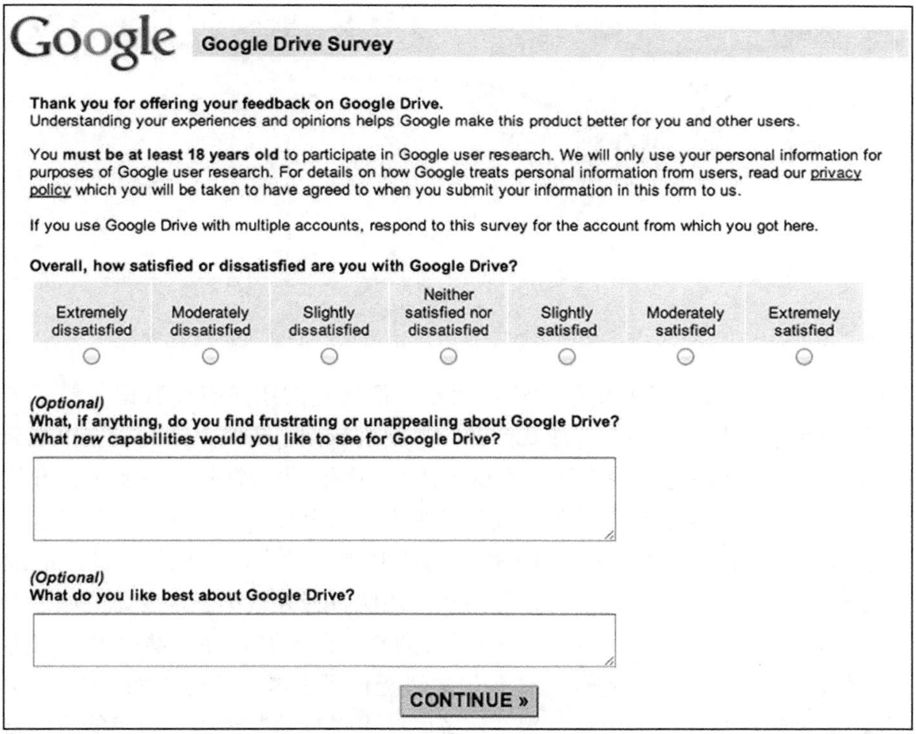
Google Google Drive Survey

Thank you for offering your feedback on Google Drive.
Understanding your experiences and opinions helps Google make this product better for you and other users.

You **must be at least 18 years old** to participate in Google user research. We will only use your personal information for purposes of Google user research. For details on how Google treats personal information from users, read our privacy policy which you will be taken to have agreed to when you submit your information in this form to us.

If you use Google Drive with multiple accounts, respond to this survey for the account from which you got here.

Overall, how satisfied or dissatisfied are you with Google Drive?

Extremely dissatisfied	Moderately dissatisfied	Slightly dissatisfied	Neither satisfied nor dissatisfied	Slightly satisfied	Moderately satisfied	Extremely satisfied
○	○	○	○	○	○	○

(Optional)
What, if anything, do you find frustrating or unappealing about Google Drive?
What *new* capabilities would you like to see for Google Drive?

(Optional)
What do you like best about Google Drive?

CONTINUE »

图 10.9　Google Drive-HaTS 首页问题：总体满意度、对产品的讨厌之处和喜欢之处

次案例研究主要聚焦 HaTS 的首页问题，实际上 HaTS 问卷包含多页。第二页问题与产品通用功能和具体任务相关；第三页针对回复者的个人特征进行提问；第四页和最后一页是更多的特设问题。

应用和洞见

HaTS 被 Google Drive 以多种方式应用在了促进产品研发和改善用户体验上。其中一个成功的应用是利用 HaTS 观察 UI 变化在短期及长期对用户态度的影响，也就是“厌恶改善”

现象（Sedley & Müller, 2013）。针对 Google Drive 首页的一次界面改版，我们比较了数周内不同版本的用户平均满意度水平，基于用户首次使用改版产品的体验评估了用户态度变化的强度、持续时间和决策情况。确认用户对界面改版的负面反应程度，以此为依据帮助产品团队改善页面投放策略，排除自然调整期的作用，确认用户体验的降低是否确实是由产品的此次改版造成。图 10.10 展示了两次主要产品改版前后用户满意度的变化趋势。确认并评估用户的态度变动水平有利于产品团队为下一次新版本的投放和用户体验改善提供依据（Sedley & Müller, 2013）。

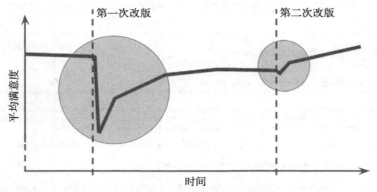

图 10.10　Google Drive 两次主要改版前后用户满意度的变化趋势

　　虽然追踪用户满意度是极有价值的调研活动，但孤立的用户态度数据所能带来的启发是有限的。要将满意度数据与两个开放式问题的答案进行耦合研究，从而发掘出现象背后的本质。HaTS 中的开放式问题为用户体验提供了清晰、可量化的视角，事实上，开放式问题所获取的数据是最具启发性和可行性的。我们通常人工为上百个用户回复进行编码，按照出现频率对内容进行分类，按照优先级列出用户讨厌和喜欢的功能。比如大的产品改版上线后，我们会分析用户态度变化水平数据，并向产品团队解释导致满意度变化的原因。用户指出的产品最讨厌的地方最具改善可行性，最喜欢的地方说明了产品团队的某些努力特别奏效。这些意见为功能部署和功能迭代的任务优先级提供了参考。除此之外，HaTS 中开放式问题的回复还能影响产品团队的决策过程。传统的"发送反馈"链接一般只能吸引特别乐于反馈问题或拥有不良产品体验的用户。与之相比，HaTS 的样本对象覆盖面更广，更具代表性，回复内容也更丰富。通过这些问卷收集的数据和获得的启发促使我们不断调整 Google Drive 的产品策略和功能优先级。

结论

　　如本案例所示，HaTS 被充分地应用于 Google Drive 产品改进的方方面面，诸如，通过产品升级改善用户的产品态度，理解用户最喜欢和最讨厌的地方并据此调整产品策略。我们还使用 HaTS 调研用户对不同版本产品的态度差异，对特定产品功能的觉察程度，评估用户态度变化和使用习惯之间的关系。HaTS 在评估、追踪和比较用户态度方面极具可行性。

　　不管是在谷歌内部还是外部，想更好地理解用户态度和体验的人都可以使用 HaTS，进而通过调查结论改进产品。我们建议改变现有问卷调查方法，改为定期随机收集用户样本数据，并进行数据分析。为了提高收集数据的信度和效度，我们建议将问卷调查融入到产品使用过程中，只需要在产品内插入问卷跳转链接，点击后跳转到常用的问卷调查平台即可。

　　虽然 HaTS 拥有坚实的理论基础，并且未来还会不断被改进，但目前仍然存在一些弊端。比如人工分析大量开放式问题非常耗时，我们急需开发出一种半自动或全自动的分析工具。其次虽然 HaTS 是基于活跃用户随机抽样，但用户的自我选择倾向会导致潜在的无应答偏倚，这部分自选样本会加大结果误差。

第 11 章

卡 片 分 类

11.1 概述

卡片分类法揭示的是人们如何对内容进行组织和命名，经常用于解决产品的信息架构（information architecture）。信息架构是指对产品的结构、内容、标签和信息类目进行组织，对导航和搜索系统进行设计。也可以指软件或网站或某种物理组织本身（例如，汽车仪表盘、市场里在售的水果等）。好的架构可以帮助用户便捷地找到信息，并完成相关任务。卡片分类法可以帮助研究人员理解用户心理模型，获取用户认可的产品信息组织和导航方式。信息架构始终"有关三件事：（1）待组织的内容或对象；（2）清晰地描述它们；（3）为他人提供获取它们的方法"（Spencer, 2010, p. 4）。

卡片分类法的操作方法是在卡片上写下与产品相关的对象（例如，酒店预订、租车协议等），然后让用户按自己的逻辑对这些卡片进行分类。这里的对象可以是产品里包含的某些信息或任务。研究人员希望了解用户心中这些信息或任务应该具有的组织方式。这里的分类无所谓对错，只是引出用户大脑中已经存在的见解。分类结果可以应用到产品当中，通过这样的方式能让产品更加简单易用。

本章将讨论卡片分类法的用途、准备方法及研究结果的分析、展示。最后通过 Jenny Shirey 提供的案例分析一次成功的卡片分类活动。

要点速览：
➢ 注意事项
➢ 研究准备
➢ 研究执行
➢ 数据分析和说明
➢ 结果沟通

11.2　注意事项

开始卡片分类活动前，需要考虑这些问题。比如，是采用开放式卡片分类法还是封闭式卡片分类法？采用纸质卡片还是使用卡片分类软件？如果使用卡片分类程序，是采取远程（参与者自行选择地点，在线参与活动）还是面对面（在研究人员指定的地点开展活动，比如，公司的用研活动室）的方式开展活动？如果是面对面开展活动，是采取个体卡片分类（每次仅有一人参与活动）还是小组卡片分类（多人同时参与活动）？

11.2.1　开放式与封闭式

开放式卡片分类法指参与者可以对信息进行任意分类，并对分类命名。封闭式卡片分类法指参与者只能按照既定目录对卡片进行分类。开放式分类的两个主要优点是：（1）参与者能按照自己的想法更为灵活地进行分类，研究结果更准确、直观地反映了参与者的真实心理模型；（2）参与者可以对分类进行命名，通过命名可以了解参与者的语言习惯。综上所述，开放式分类适用于创建产品信息结构（参考 11.3.1 节的具体描述）。而封闭式分类则更适用于完善产品已有的信息架构。开放式分类的执行和数据分析更为耗时，原因在于参与者自主空间大（例如，对分类进行命名），数据分析步骤也更为复杂。

11.2.2　纸质卡片或卡片分类软件

现今有很多虚拟卡片分类软件可供选择。利用计算机软件开展卡片分类活动在数据分析阶段可以节省时间，因为分类数据自动以设置的格式存储。另一个优点在于用户可以在计算机上同时看到所有卡片，但纸质卡片则不然，除非拥有足够的物理空间，否则无法放置所有的卡片。使用卡片分类软件也有固有的缺点。首先，需要对软件使用进行一个简单培训，即便如此，有些用户可能仍对软件的操作摸不着头脑。其次，如果是多人同时参与活动，则需要同时提供多台计算机，这意味着配套的技术支持和费用。

11.2.3　远程在线或面对面

有些卡片分类软件提供远程在线功能（参考 11.4.3 节的具体描述）。远程在线指的是参与者可以使用自己的计算机在任意地点参与卡片分类。这样做的优点是不用出差就可以收集数据，研究人员只需提前选定不同地区的活动参与者即可。这种形式可以实现多人同时在线开展活动，不需要研究人员人工参与，可以短时间内完成对大量参与者的数据收集工作。缺点是用户在有困难时无法和研究人员进行互动，因此可能降低数据质量，而且无法面对面与参与者交流和讨论分类结果。

> **提示**
>
> 开展远程卡片分类时要注意参与者和公司的隐私保护问题。很多远程工具都在服务条款里明确说明无法保证隐私数据的绝对安全。即便有所承诺，也不能排除服务器被他人入侵而造成数据泄露。因此如果产品信息需要保密或收集的数据涉及用户敏感信息，最好选择面对面进行卡片分类活动，这样对数据的存储和保护有控制权。

11.2.4 个体卡片分类或小组卡片分类

选择面对面进行卡片分类活动后，需要进一步决定采取个体卡片分类还是小组卡片分类。我们通常采取小组卡片分类，也就是多人同时参与活动，这样可以在短时间内获取大量数据。在有足够空间的前提下，可以尽可能容纳更多的人参与卡片分类。要注意的是，尽管是同一时间同一地点，每个参与者也要独立完成分类任务。

小组卡片分类的缺点是无法收集参与者的出声思维数据（参考 7.4.2 节的具体描述），因此无法得知参与者这样分组的原因，但仍可以从参与者对每个分类的具体描述中充分获取相关信息。从这个角度来说，小组卡片分类的利大于弊。

有些研究人员不喜欢小组卡片分类，他们感觉参与者会彼此竞争。从实际经验来看，这种现象的存在对活动过程影响不大。我们会鼓励参与者慢慢来，给他们充足的时间。

如果研究时间充裕，采取混合模式更好：收集完一组参与者的数据后，收集其中一两名参与者的出声思维数据。这部分附加数据能让研究人员更好地理解这组参与者的心理模型。

11.3 研究准备

上一节描述了不同形式卡片分类法的利弊，本节将讨论卡片分类的准备工作。

> **要点速览：**
> ➢ 选定内容和定义
> ➢ 活动材料
> ➢ 收集的主要数据
> ➢ 收集的其他数据

> ➢ 活动参与者
> ➢ 观察员邀请

11.3.1 选定内容和定义

获取分类对象（即需要分类的信息和任务）和定义的方式很多，选择哪种方式主要取决于产品所处的阶段，是已有产品还是处于概念阶段的产品。

已有产品

如果是针对已有产品，并且公司里有信息架构师或内容策划师，则可以直接咨询是否已经有可供参考的内容库。如果目标是重构现有架构且没有可参考的内容库，则需要团队确定需要重构的范围及范围内包含的所有对象。如果下一版本产品中删除了某些对象，则需要将这部分对象移出。反之，如果增加了某些对象，则需要将这类对象移入。

确定对象和定义最常用的方法是与开发团队合作。开发团队可能已经对某些版块或功能进行了定义说明，考虑到确定对象和定义极其耗费时间，可以直接使用开发团队的这部分工作成果。这里需要对功能的定义和描述进行适当加工，便于参与者更好地理解。只有准确定义才能保证参与者和研究人员以同样的角度认知和理解产品。

提示

卡片的命名方式会影响参与者的分组行为。在最近一次卡片分类活动中，Kelly 希望了解患者怎样对医疗信息的潜在受益者（例如，保险公司、医生、家庭成员）进行分类，而研究结果令人吃惊。我们预测患者会将"健康教育者"和"营养师"分在一组，因为这两种从业者都为改善患者的健康情况提供咨询和建议。但实际情况是患者经常将"健康教育者"和"医学教育研究者"分在一起。"医学教育研究者"是指那些从事科学研究，并在医学领域贡献研究成果的科学家，他们并不经常为患者提供诊断或医疗服务。我们意识到患者之所以这样分类，是因为这两个分类对象中都包含了"教育"这个词干。基于出声思维数据和参与者对卡片组的命名情况，我们了解到命名方式对参与者分组行为的影响，并在数据分析时将此因素考虑在内。

概念阶段产品

还处于概念阶段的产品内容和任务可能还未成型。除了保持和开发团队的合作外，还需要从市场营销部门和竞品分析处获取补充信息（参考 2.3 节的具体描述）。可以通过访谈或问卷调查的方式了解用户偏好，他们对产品内容或任务有哪些潜在偏好，他们会使用哪些词汇描述偏好。需要准确理解用户提到的每一项内容，确保定义的概括性。

自由列举

还可以让参与者在指定范围内自由列举所有相关条目，以此作为参考（即参与者写下与特定主体、领域相关的短语或词汇）。在自由列举（free-listing）过程中，要求参与者命名指定领域内能想到的所有"条目"，不局限于与产品或系统有关的功能或特性。以旅游网站为例，我们希望参与者列举出所有与旅行预订相关的信息，并对每一条信息命名。可能的回复有：飞机票、租车、酒店房间、确认号以及累计里程，等等。自由列举的最大优点是能获取用户的常用词汇，因为用户会使用自己的语言进行表述。

需要多少卡片

需要分类的对象数量最好控制在 90 个以内。但已有公开研究表明，有研究者成功对 90 张以上的卡片进行分类，有一项研究甚至使用了 500 张卡片（Tullis, 1985）！除非执行人是卡片分类专家或有合理的理由，否则不建议这么做。要牢记，卡片越多，分类时间越长，参与者感觉厌倦或疲劳的风险也随之增加，而且还需要相当长的时间进行数据分析。

> **提示**
>
> 如果计划使用卡片分类程序，并且使用专业软件或在线工具分析数据，请提前核实这类软件是否存在卡片或用户数量的处理上限。通常来说，是有上限的，可以在"版本说明"或"已知问题"里找到这类信息。

在敲定最终内容前，建议挑选部分词汇进行预测试。通过测试可以发现是否存在拼写错误或难以理解的内容。此外，还能对完成分类所需的时间做到心里有数，并对内容进行查漏补缺。

11.3.2 活动材料

开展面对面的卡片分类活动需要准备以下材料：
- 3×5 规格的索引卡（不同颜色最佳）
- 便利贴（可选）
- 订书机
- 橡皮筋
- 信封
- 足够的活动空间

在计算机上开展卡片分类活动时需要做以下准备：
- 提前购置在线卡片分类服务或软件，或能够托管自有卡片分类软件的 Web 服务器。
- 确保参与者有计算机和上网权限。

准备卡片

准备卡片时，需要在卡片或便利贴上写上需要分类的对象名称和定义，留出一定的空白区域（见图 11.1）。如果词组较为抽象，还可以列举实例，这样有助于用户理解词组含义。

确保使用的字体大小至少为 12 磅。更便捷的方法是先将所有对象名称输入电脑,打印出来之后贴在卡片上。还可以直接购买可打印式的穿孔索引卡,直接将内容打印到卡片上,但市面上目前只能找到白色的穿孔索引卡。

Airplane	Yacht
A fixed-wing aircraft that flies in the air; commercial flights.	A large, usually luxurious, vessel that travels in water.
Bicycle	**Taxi**
A two-wheeled, self-propelled vehicle for use on ground.	A hired automobile with a driver.

图 11.1　卡片范例

所需卡片数量(C)的计算公式是待分类的对象数量乘以计划招募的参与者数量(P):

$$C = O \times P$$

所以,如果有 50 个待分类对象和 10 名活动参与者,就需要准备 500 张卡片。建议给每位参与者提供 20 张空白卡片备用,有时参与者可能需要增加分类对象或记录分组相关信息。

> **提示**
>
> 为了节省数据收集时间,可以采用小组卡片分类的方式开展活动。这时需要使用三种不同颜色的卡片,因为相邻的参与者可能将自己的卡片与对方的混在一起。这是研究人员最不愿面对的情况。发放卡片时,确保相邻的两位参与者使用不同颜色的卡片。

11.3.3　收集的主要数据

执行卡片分类(不管是开放式还是封闭式)的主要目的是了解用户怎样对条目进行分类。在封闭式卡片分类中,由于类目是既定的,研究人员只能了解参与者将哪些卡片归类到哪个类目下。但在开放式卡片分类中,参与者可以自己创建类目。研究人员不仅可以了解参与者的类目创建思路,还能了解他们的类目命名方式和分类方式。通过这些数据可以获知参与者的心理模型,他们在头脑中如何组织内容,以及会使用哪些与内容相关联的词汇。

11.3.4　收集的其他数据

进行卡片分类时,参与者可以有以下五类行为:
- 删除分类对象。
- 增加分类对象。
- 重命名分类对象。
- 更改对象定义。
- 将一个对象放到多组中。

在使用卡片分类软件时,某些软件并不具备上述功能。需要人工对上述变更行为进行分析(参考 11.5.6 节的具体描述)。允许参与者做出这些变更意味着能收集更多的信息,相应也要付出更多的劳动,在准备阶段要将这些问题纳入考量。

删除分类对象

如果参与者认为某个分类对象不属于某领域，可以将这个对象删除。比如旅行应用类目中出现了"校车"，参与者可能希望移除这张卡片。基于日常经验，旅行应用中永远不会出现"校车"这类选项。

允许参与者移除某些卡片说明某些内容或任务是多余的，从用户角度来说，这些会成为产品使用时的"噪音"。同时还说明研究人员（或开发团队）对于某个领域的认知是错误的（例如，将校车与旅行应用联系在一起）。有时出于某些商业原因，产品内容必须大而全。这种情况下，就不要给参与者删除分类对象的机会。另外，有些卡片分类软件没有卡片删除功能。

增加分类对象

随着参与者对卡片内容不断熟悉，他们对于产品所支持的功能或任务有了更深入的认知和理解。从用户角度看会发现卡片中缺少某些分类对象，投射到产品中则意味着缺乏相应的功能。以旅行应用为例，参与者注意到缺少"机场代码"这一词组，需要在分类中增加。省略"机场代码"的原因可能是开发团队认为有机场全称已经足够，不必要再加上机场代码。参与者增加分类对象的行为可以投射出他们的心理预期。允许参与者增加对象的同时，还应让他们给出相应的定义和增加理由。再一次提示，有些卡片分类软件可能没有对象增加功能。

重命名分类对象

之前提过使用卡片分类可以收集参与者常用的词汇信息。参与者可能对分类对象很熟悉，认为研究者提供的命名和定义与实际情况不符。有时不同公司、不同地区对同一个功能使用不同的技术行话或缩略语命名，用户也可能有自己习惯使用的术语。允许参与者重命名分类对象，可以收集到以前未使用过的新词，从而可扩充词汇量。

更改对象定义

使用定义可以确保每个人对相关术语的理解一致。清晰定义分类对象非常重要，如果每个人对分类对象的理解都不同，那卡片分类结果只会是自说自话，无法达成共识。有时给出的定义可能不完整或不准确，因此应允许参与者对定义内容进行补充、删改。

将一个对象放到多组中

参与者有时想将一个对象放到多组中，这需要参与者对卡片内容进行复制。复制卡片的出现会增加数据分析的复杂度，但参与者的这类行为非常有研究价值（参考 11.5 节的具体描述）。如果想了解分类对象最适合的组，请参与者将原始卡片放在他们认为最合适的组下，复制卡片放到较合适的其他组下。要注意的是，需要单独分析复制卡片中的数据。

11.3.5　活动参与者

在面对面卡片分类中，除了用户之外，还需要其他人员参与活动。本节将讨论相关活动参与者。

参与者

很多时候用户的心理模型并不完美（Nielsen & Sano，1994）。基于有缺陷的心理模型设计产品或系统显然会损害产品性能。基于这个原因，应该避免招募对研究领域毫无经验或只有一点经验的用户。没有经验的用户与有经验的用户相比心理模型不够完善，甚至出错。

招募的所有参与者应当符合用户画像（user profile）的描述（参考 2.4 节的具体描述）。将不同类型的用户混合在一起开展研究是不可取的。不同类型的用户会采用不同的分类方式，根据大相径庭的分类结果设计产品界面，最终将导致产品无法成型。如果确实需要比较不同类型用户的分类结果（比如入门级用户与专家级用户），建议先从每类用户中选取 6～8 名参与者进行分类，分析数据。然后逐步增加人数，观察结果的变化情况。最后决定是否需要增加更多参与者。更多内容请参考 6.4 节的具体描述。

需要多少参与者

收集大约 15 名用户的卡片分类数据就能实现统计学意义的有效结果。一项有 168 人参与的研究表明一次 15～20 人参与的卡片分类活动的数据相关系数为 0.90（Tullis & Wood，2004），也就是说，通过这 15 名参与者的数据，能大概推测出其他 150 名参与者的卡片分类方式。这项研究还表明当参与者超过 30 人时，会产生信息递减效应。也就是说，相对于所花费的时间和精力，获得的信息量减少了。卡片分类应用于学术研究时所需的参与者人数约为 30 人，应用具体行业领域时，会在同一用户类型里选取 10～12 名参与者，一组进行或分为两组。如果时间和预算有限，则选取 6～8 名参与者，并分析数据。然后逐步增加参与者人数，观测新增参与者是否给出新的分类结果（如果会，这是收集他们出声思维数据的好时机）。如果分组结果大体没有变化，则不需要继续增加新的参与者。

开展自由列举活动时需要多少参与者呢？答案是根据实际情况灵活决定。最合理的方式是先让 5～6 名参与者参与分类，统计最终结果，然后增加 1 或 2 名参与者，观察结果是否出现大的波动。如果结果稳定，则不需要增加更多参与者。

主持人

开展面对面卡片分类活动时，需要一位活动主持人。进行小组卡片分类活动时也需要更多同事参与活动组织，但可根据实际条件灵活调整。活动主持人的主要职责是说明活动规则、分发材料、全程回答问题、回收材料。在进行小组卡片分类时，大部分时间主持人都是静坐一旁，有时回答参与者问题，并维持现场秩序，确保参与者不会相互比较分类结果。进行个体卡片分类时，要求主持人熟练掌握出声思维技巧，并能对参与者进行指导（参考 7.4.2 节的具体描述）。除此之外，还需要记录参与者陈述，录制出声思维环节，为后续的结果分析提供更多的事实细节记录。

摄影师

进行小组卡片分类时，想要录制下整个过程几乎不可能。但如果是个体卡片分类，则录制下参与者整个出声思维的过程对整个研究非常有利。更多有关活动录制优点和注意事项的内容请参考 7.5 节的具体描述。录制工作需要专人负责，理想情况下有专人全程监控设备的工作状态，条件缺乏时，只能祈祷机器运转顺利。摄影机的最佳拍摄角度需要高于参与者肩膀，从高处往下俯拍，这样可以详细记录下活动全过程。

11.3.6 观察员邀请

小组卡片分类或远程卡片分类可供旁观的内容并不多。但在个体卡片分类过程中，产品利益相关者会很有兴趣倾听参与者阐述自己的分类理由（更多内容请参考 7.2 节的具体描述）。

11.4 研究执行

准备工作完成后进入活动执行阶段。表 11.1 展示了卡片分类执行阶段的详细时间表。

11.4.1 活动时间表

表 11.1 里的活动时长基于个人经验估算，这里仅作为参考。最终的总时长取决于卡片数量和是否进行出声思维环节。不运用出声思维时，参与者在 1 小时内通常能完成 50～70 张卡片的分类。对于远程卡片分类，建议将分类时间限制在 30 分钟内，也就是说，需要控制待分类的卡片数量。

表 11.1   执行阶段时间表

预 估 时 长	步 骤
3 分钟	欢迎参与者（自我介绍、表格填写）
5 分钟	分类练习
3 分钟	活动说明
30～100 分钟	活动执行
5 分钟	结束（感谢参与者，并护送他们离开）

不管是面对面还是远程卡片分类，活动的核心步骤一致。基本流程是提供待分类的卡片（纸质卡片或虚拟卡片），并让用户按照自己的理解对卡片分类。开放式卡片分类中，还需要用户对类别命名。面对面进行纸质卡片分类的活动流程是最标准的，可以作为标准流程，其他类型的卡片分类在此基础上省略或修改某些步骤。比如进行远程卡片分类时，不需要迎接参与者及提供小零食，但需要创建活动说明页面，范例请见 11.4.2 节。11.4.3 节对远

程卡片分类的执行步骤进行了具体说明。

11.4.2　面对面卡片分类

要点速览：
➤ 欢迎参与者
➤ 分类练习
➤ 卡片审查和分类
➤ 组别命名

欢迎参与者

图 11.2 展示了欢迎参与者时的场景，请他们吃点小零食，填写一些表格，引导他们热身并逐步进入状态。本阶段的执行请参考 7.3 节的具体描述。

图 11.2　活动开始！如图所示，参与者并不需要很大的空间

分类练习

向在场参与者说明本次活动的目的，以便他们理解卡片分类的活动原理和操作方式。然后进行现场演示，参与者能更直观地观察整个操作过程（见图 11.3）。在白板上写下 12～15 种动物（例如，灰熊、猿、北极熊、猴子等），让参与者喊出他们认为同组的动物（例如，灰熊和北极熊），圈出这些动物，然后让参与者给这个组别命名（例如，熊类）。

卡片审查和分类

确认参与者理解操作方法后，向他们分发卡片及活动说明。以下是说明范例：

我们正在设计＜插入产品描述＞功能，需要了解用户心中产品＜内容或任务＞的最佳组织方式。以便用户使用产品时能更便捷地找到所需信息。

　　　每张卡片上都有一些产品相关的<内容或任务>，以及相应的描述。请通读卡片内容确保完全理解所有术语和定义。如果存在无法理解的术语或定义，请直接在卡片上进行修改。在空白区域写下你认为更合理的术语名称或定义。请明确标注出所修改的部分。完成所有卡片内容的审查后，你可以开始分类。分类方式没有对错之分。如果你认为存在多种分类可能，请选取你觉得最好的一种。

图 11.3　卡片分类练习演示

　　　如果你发现某些卡片无法归类（或你不想使用这张卡片，对卡片内容不理解，等等），可以将这类卡片放在一边。如果发现缺少某些内容，可以直接使用空白卡片添加。如果你确实认为某张卡片可以同时分类到多个组里，请将这张卡片的原始版本放在你认为最合适的组里。使用空白卡片复制这张卡片的内容并放在其他组里。完成分类后，请使用空白卡片对每个类别命名。

如果希望告知参与者预期的组别数量，请参考以下陈述：

　　　我们希望最后的分组数量为 7～11 组，此数字仅作为参考。实际分组数量可以更多或更少。

如果一个房间里有多名参与者，请加上以下说明：

　　　请独立完成整个分类活动。我们想了解的是每个个人的想法，而不是团队的想法，因此不要参考他人的分类结果。

如果是个体卡片分类，请参考以下陈述：

　　　希望随时了解你的分类决策理由。卡片分类过程中请告诉我你的所思所想，我会督促你进行回复。

我们强烈建议参与者在想更改卡片内容时告知我们。这样可以帮助我们更好地理解更改理由。在小组卡片分类时，可以与组内所有参与者讨论更改原因。可以像下面这样发问：

　　　Spencer 刚提出了一个很好的建议。他提议将"旅行预约"更改为"旅行预订"。还有其他人持相同意见吗？

或者

　　　Keisha 注意到卡片中缺少"情侣酒店"，在座还有其他人会预订"情侣酒店"吗？

如果有人点头表示同意，我们会和他们进一步讨论，逐步扩展到所有持有相同意见的参与者。有些参与者可能没有意识到自己的想法或不想显得"与众不同"，因此应该鼓励大家参与讨论，以确定更改卡片内容的想法仅仅限于个人还是覆盖整个群体。

在开始正式分类活动前，参与者有权在审查过程中修改卡片，移除卡片，增加卡片。

组别命名

在开放式卡片分类中允许参与者对每个组别命名。以下是说明范例：

> 现在请你对每个组别命名。具体而言，就是你想怎样描述每组卡片，你可以使用单词、短语或句子。请在空白卡片上写下每个组别的命名并放在所有卡片的最上方，然后用订书机将每组卡片钉在一起，如果卡片数量过多，请使用橡皮筋绕成一捆。最后将所有归类好的卡片放入指定信封。

提示

将卡片钉在一起可以避免卡片掉出，如果参与者的卡片混在了一起，则收集的数据无效。因此要确保每位参与者的卡片独立放置！开始数据分析前每位参与者放置卡片的信封都处于密封状态，避免卡片混淆。除此之外，还可以将参与者的卡片分类结果第一时间拍照留存。这样做的好处是完成数据录入后不需要保存原始卡片。有时参与者会相互参考对方的分组方式，并更改自己的分组结果（例如，更改为和对方非常类似或完全不同），这种情况下可以通过查看存档照片的方式查证结果。

11.4.3　卡片分类程序

使用哪种卡片分类程序，是面对面还是远程进行，这些多少会影响程序的参数设置。需要设置的常规参数包括参与人数、开放式分类或封闭式分类、卡片文本、活动说明文本。每种卡片分类程序都会提供设置说明和使用说明。

卡片分类程序汇总

针对不同类型的卡片分类活动，有各种免费或收费的卡片分类程序可供选择。例如：

- *UXSORT*（免费）

  (https://sites.google.com/a/uxsort.com/uxsort/home)

- Optimal Workshop's *OptimalSort*（增值服务收费）

  (http://www.optimalworkshop.com/optimalsort.htm)

- NIST's *WebCAT*®（免费）

  (http://zing.ncsl.nist.gov/WebTools/WebCAT/overview.html)

- *uzCardSort*（免费、开源）

  http://uzilla.mozdev.org/cardsort.html

- *xSort*（免费）

  http://www.xsortapp.com/

- UserZoom（需要订阅；2015 年收费标准：1000 美元 / 每 2 个月；9000 美元 / 全年）
  http://www.userzoom.com

　　Tom Tullis 汇总了最新的卡片分类数据分析工具列表，网址是：http://measuringuserex-perience.com/CardSorting/index.htm。

11.5　数据分析和说明

　　分析卡片分类结果的方式有很多，例如，简单总结、聚类分析、因子分析、多维尺度分析以及路径分析。分析目标是研究分类对象之间的相似性，确定对象间的最佳分类方式。

11.5.1　人工汇总

　　当参与者人数（等于或少于 4 名）和卡片数量较小时，可以直接进行人工汇总，甚至只用眼睛扫描就可估算出结果。当参与者人数增加时，人工统计会出现误差，统计过程会迅速失控。所以人工汇总的适用前提是：预测试、参与者及卡片数量很小，数据分析时间极其有限。

　　比如，对于如图 11.4 所示的卡片分类结果，用肉眼就可以总结出活动结果。

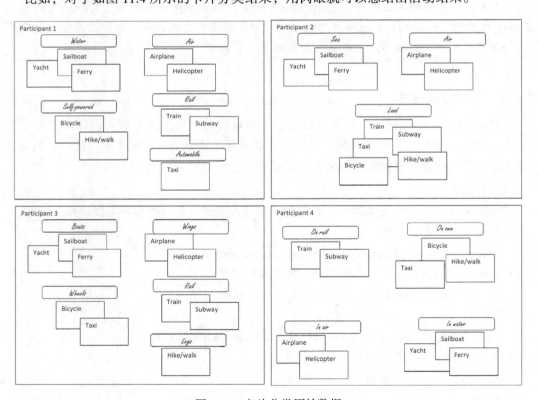

图 11.4　卡片分类原始数据

1. 创立了 5 种类别的参与者 2 名，4 种类别的参与者 1 名，3 种类别的参与者 1 名。
2. 所有参与者都将以下条目分在了一组：
   a. 海 / 水 / 船
      i. 游艇
      ii. 帆船
      iii. 轮渡
   b. 空气 / 翅膀
      i. 飞机
      ii. 直升机
3. 参与者对以下条目的分类结果不同：
   a. 出租车

这种非正式分析法有助于快速找出结果中需要注意或深入调查的条目。上面的例子说明对"出租车"这个条目需要重点研究，因为参与者对它的分类归属具有争议。

11.5.2　相似性矩阵

相似性矩阵也称距离矩阵，指从参与者角度评估每两个数据点间的相似程度。如图 11.5 所示，通过观察可以推测"飞机"和"直升机"在参与者眼中属于相似概念，而"游艇"和"徒步 / 步行"则属于不同概念。

	飞机	自行车	帆船	轮渡	徒步 / 步行	直升机	地铁	火车	出租车	游艇
飞机	–	0	0	0	0	1	0	0	0	0
自行车		–	0	0	1	0	0	0	0	0
帆船			–	1	0	0	0	0	0	1
轮渡				–	0	0	0	0	0	1
徒步 / 步行					–	0	0	0	0	0
直升机						–	0	0	0	0
地铁							–	1	0	0
火车								–	0	0
出租车									–	0
游艇										–

图 11.5　参与者 1 的相似性矩阵图

对相似性矩阵进行定量分析前，需要建立单纯矩阵。创建一份表格（可通过 Excel、OpenOffice Calc 或 Google Drive 创建，从本书配套网站 [booksite.elsevier.com/9780128002322] 下载范例样表）：

● 创建每位参与者的单纯矩阵表和一份数据汇总表。

- 在 X 轴列出所有分类条目。
- 在 Y 轴以同样的顺序重复列出所有分类条目。
- 如果参与者没有把 X、Y 轴里对应的分类条目分类在一起，则在相交单元格里填入数字"0"。
  - 例如参与者 1 的数据，"飞机"和"自行车"相交的单元格里填写了"0"，说明他没有将这两个条目分在一组（请见图 11.5）。
- 如果参与者把 X、Y 轴里对应的分类条目分类在一起，则在相交单元格里填入数字"1"。
  - 例如参与者 1 的数据，"飞机"和"直升机"相交的单元格里填写了"1"，说明他将这两个条目分在了一组（请见图 11.5）。
- 在汇总表中将每个参与者表格中的数据相加。
  - 例如参与者 1、2 和 4 都将"徒步 / 步行"和"自行车"分在了一组，而参与者 3 没有。所以"徒步 / 步行"和"自行车"相交单元格的汇总结果是 1（参与者 1）+1（参与者 2）+0（参与者 3）+1（参与者 4）=3（请见图 11.6）。

	飞机	自行车	帆船	轮渡	徒步 / 步行	直升机	地铁	火车	出租车	游艇
飞机	–	0	0	0		4	0	0	0	0
自行车		–	0	0	3		1	1	3	0
帆船			–	4	0		0	0	0	4
轮渡				–	0		0	0	0	4
徒步 / 步行					–		0	1	1	2	0
直升机						–	0	0	0	0
地铁							–	4	1	0
火车								–	1	0
出租车									–	0
游艇										–

图 11.6　相似矩阵汇总图（所有 4 名参与者）

将所有数据进行量化，并汇总后，可以清晰地看到各条目之间的分组情况。哪些条目最常被分在一组（条目间相交表格里的数字更大），哪些则极少被分在一组（数字更小）。这些单元格里的数字可以反映出参与者的分组结果。在聚类分析、卡片分析程序、统计程序或表格程序中也可以使用这些数据。

11.5.3　聚类分析

聚类分析基于两组卡片组合在一起的频率，分析两张卡片之间的关系强度，进而量化卡片分类所收集的数据。换句话说，通过聚类分析可以弄清：哪些条目经常被分在一起，从而说明它们所具有的相似性；而哪些条目鲜少被分在一起，从而说明它们之间的差异性（或"距离"）。聚类分析的结果通常为树图或树状图（dendrogram），如图 11.7 所示。

所有分类条目在树状图中都垂直排列，结果一目了然。排列顺序反映了条目间的相似度。垂直靠得越近则相似度越高，反之相似度越低。通过从每个条目延伸出的水平线可以看出类别之间的层级和包含关系。以图 11.7 为例，"徒步 / 步行"和"自行车"分在了一个小组，而"出租车"与这一小组分在了一个大组。

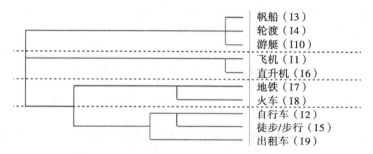

图 11.7　使用 SynCaps 得出的树状图范例

使用不同程序进行聚类分析时的实际运算方法可能略有不同，但大多数程序使用的是"合并"法。首先将每个条目分别视作里面只有一个对象的组，然后分别计算每个条目之间的差异性得分（将条目视为两两成对），最终形成相似性矩阵（请见 11.5.3 节的具体描述）。差异性得分最小的条目分为一组。两个条目被分在一组的次数越多，则它们之间的距离越短（相似性越大）。

不同软件提供了不同的合并（联系）规则，可以根据需要自行选择。单联法又称"最短距离法"，因为它的操作方法是分别找出两个类别中两个条目间的最短距离，并定义为两个类之间的距离。单联法聚焦条目之间的相似性，只要相似性高，就认为两个类别是紧密靠拢的，因此类的紧凑性可能被破坏。完全联接法（或"最长距离法"）则与之相反，类与类之间的距离为它们中两个条目间的最远距离。完全联接法倾向于产生小直径的紧凑类。对于大部分研究，推荐使用平均联接法，平均联接法是对上述两种方法的平衡，类别距离等于条目间的平均距离。

进一步阅读资源

更多有关聚类分析和因子分析的内容，请参考以下书籍：

- Capra, M. G. (2005). Factor analysis of card sort data: An alternative to hierarchical cluster analysis. *Proceedings of the human factors and ergonomics society 49th annual meeting*, 691-695.

- Romesburg, C. H. (1984). *Cluster analysis for researchers*. Belmont, CA: Lifetime Learning Publications (Wadsworth).

卡片分类数据分析程序

无论数据收集是通过人工还是程序，都建议使用程序进行数据分析。研究表明程序分析比人工分析更快捷高效（Zavod, Rickert, & Brown, 2002）。实际经验也表明专业的卡片分类分析程序比统计软件（例如，R 语言、SPSS）或电子表格（例如，Excel）的使用都更加简便。程序的价格和可用情况变化较大，以下是目前已发布的可免费使用的两款程序：

- Syntagm's *SynCaps*

  (http://www.syntagm.co.uk/design/cardsortdl.shtml)
- NIST's *WebCAT*®

  (http://zing.ncsl.nist.gov/WebTools/WebCAT/overview.html)

有些卡片分类程序也具有数据分析功能（参考 11.4.3 节的具体描述）。比如 UXSORT 可以将所收集的数据输出为树状图。

范例：使用 SynCaps 分析开放式卡片分类数据

假设进行了面对面的开放式卡片分类活动，并收集了如图 11.4 所示的数据，最终想通过这些数据获得聚类分析树状图。

数据准备

SynCaps 只能处理 txt 格式的文件。因此新建一个 txt 文件，并如图 11.8 所示录入数据。

- 条目——列出所有条目，并在条目前加上字母"I"。
- 参与者——参与者用字母"P"表示，并给每位参与者一个数字编号。
- 类别——列出参与者创建的每个分类，并在类别前加上字母"G"。
- 条目编号——为所有已被参与者分组的条目编号（例如，I2、I4）。

图 11.8 展示了数据录入格式。

数据分析

接下来打开 SynCaps，导入创建好的 txt 文件，确保导入数据与实际数据内容完全相符（见图 11.9）。

完成数据导入后，SynCaps 将生成一张树状图（见图 11.7），相似度高的条目距离近，反之则距离远。深入分析该树状图，靠近最右边元素的连接点连接的元素，通常会被归为同类，而越靠近左边的连接点连接的元素，则不太可能被

```
IAirplane (I1)
IBicycle (I2)
ISailboat (I3)
IFerry (I4)
IHike/Walk (I5)
IHelicopter (I6)
ISubway (I7)
ITrain (I8)
ITaxi (I9)
IYacht (I10)
P1
G1Water
I3
I10
I4
G2Air
I1
I6
G3Self-powered
I2
I5
G3Rail
I8
I6
G4Automobile
I9
...
```

图 11.8 SynCaps 数据导入步骤一：
参与者 1 数据录入 / 准备

归为同类。默认情况下，SynCaps 会自动生成元素分组及分割点。在本范例中，SynCaps 将数据分为了四类：（1）帆船、轮渡、游艇；（2）飞机和直升机；（3）地铁和火车；和（4）自行车、出租车及徒步 / 步行 (请见图 11.7)。可以通过更改类别编号的方式调整类别的上下位置。计算参与者创建类别数的平均数，据此判断软件生成的类别数。本范例中参与者将条目分为了 5 类、3 类、5 类和 4 类，因此平均数为 4.25，四舍五入后为 4。

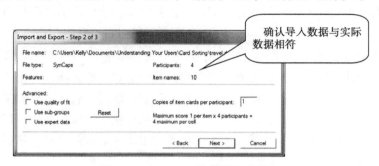

图 11.9　SynCaps 数据导入步骤二

本范例中的分析流程同样适用于分析封闭式卡片分类数据。

11.5.4　统计软件

分析卡片分类数据时，统计软件（R 语言、SAS、SPSS 及 STATISTICA）不如专业数据分析软件好用。如果你能熟练使用软件或者数据量特别大时，可以考虑使用统计软件进行层次聚类分析、多维尺度分析或路径分析。Alan Salmoni 的文章对于综合运用 Excel 和 R 语言分析开放式卡片分类数据做了很好的说明，访问下面网址获取详细内容：http://www.uxbooth.com/articles/open-card-sort-analysis-101/。

11.5.5　电子表格

在分析卡片分类数据时，电子表格和统计软件的境遇相同。实在没有预算购买商业软件或免费软件也无法使用时，可以考虑使用电子表格。用电子表格进行数据分析的详细步骤解析请见以下网址：http://boxesandarrows.com/analyzing-card-sort-results-with-a-spreadsheet-template/（网址镜像：http://www.joelamantia.com/html/projects/card_sort_template_ba.xls and rosenfeldmedia.com/blogs/card-sorting/card-sort-analysis-spreadsheet/）。

11.5.6　程序无法处理的数据

收集的数据中也存在程序无法处理的部分，下文列举了实际操作中程序无法处理的情况。虽然这部分数据的分析工作比较麻烦，但数据本身极具价值，值得收集。

增加或重命名的对象

使用程序进行聚类分析的前提是所有参与者使用的卡片数量和名称完全相同。如果参与者重命名或增加了某些对象,这部分数据是不能录入程序的,需要单独分析每位参与者的数据。即便增加或重命名的对象数量很小,也需要对它们进行汇总整理。记录每一处改动,并标注上进行这类改动的参与者人数。最终得到的列表包含这些内容:增加和重命名的对象以及对应的参与者人数。根据每处变化所对应的人数多少,可以评估其重要程度。

类别名称

参与者命名的类别名称也无法直接使用程序分析。需要人工把类别名称与软件生成的分类一一配对。方法一是先统计每个参与者创建的类别名称,汇总相同或相似的名称。有多少参与者创建了"船"组?又有多少创建了"空气"组?然后与软件生成的树状图中的分类一一对应。当参与者人数很多时,可以采取另一种更系统化的方法。使用词频分析工具统计词汇与每个类别的关联情况。一个词在一个给定类别里出现的次数越多,它就越适合作为这个类别的名称。

重复对象

之前讨论过,有时参与者认为某张卡片可以同时分类到多个组。但计算机程序只允许同一张卡片使用一次,并且每个参与者使用的卡片数量必须相等。计算机可以分析原始卡片,但参与者复制的卡片需要由人工审核并记录。

已删除对象

很多程序无法处理已被删除的卡片。如果允许参与者放弃某些无法归类的卡片,那么在数据录入时需要对这部分卡片做出相应处理,将每张卡片单独作为一个组录入程序,比如参与者认为"出租车"和"自行车"无法归类,则在录入时将"出租车"单独作为一个组,"自行车"单独作为另外一个组,每个组里只有一个对象。

11.5.7　结果说明

从树状图显示的分类结果可以看出参与者的分类意愿。所有分类对象在树状图中垂直排列,排列顺序反应了对象间的相似程度。但参与者对卡片做出的更改行为会影响树状图的结果解读。比如无法归类的对象自成一个分支或与某个实际不属于的类产生弱关联。另外如果参与者将一个对象分类到多个组,可能出现分类失败的情况,软件无法判断该对象最适合的归属类,结果是这个对象自成一个分支或与某个实际不属于的类产生弱关联。出现上述情况时需要运用专业知识或工具对结果进行调整,比如参与者新增的对象、类别名称、词汇修改情况和出声思维数据,结合这些附加数据解读研究结果。

现在来分析图 11.7 所示的树状图结果,使用相关领域知识和参与者给出的类别名称,首先对树状图中的每个类别进行命名(请见图 11.10)。四个类别的命名分别为"海洋"、"空气"、"轨道交通"和"地面交通"。

要注意的是，从卡片分类结果中无法获得信息应对应的结构类型（例如，标签、菜单），这个需要由专业的设计人员决定。树状图提供的是参与者所希望的信息组织方式，以手机应用为例，树状图可以提供的是内容参考，比如标签名称和标签相关联的条目。

标签名	标签关联条目
海洋	帆船 轮渡 游艇
空气	飞机 直升机
轨道交通	地铁 火车
地面交通	出租车 徒步/步行 自行车

图 11.10　类别命名建议表

然后需要审核参与者做出变更的部分（例如，重命名卡片、新增卡片等），确定参与者的行为是否具有某种共性。

- 参与者认为缺少哪些对象？
- 参与者认为哪些对象无法归类？
- 参与者更改了哪些词汇？
- 参与者更改了哪些定义？
- 参与者认为哪些对象有多种分类方式？

根据信息确定是否需要添加或移除某些产品功能，以便产品更好地适应用户需求。根据参与者增加的对象内容，建议团队进行竞品分析（如果他们还没开始），确定其他同类产品是否已经支持这些功能。同样，根据参与者删除的对象内容审视某些产品功能是否还有必要保留。

参与者对词汇的更改同样重要。不同公司、地区或个人的词汇使用习惯和表达方式都不同，通过每处词汇变更，可以发掘是否存在共性的标准表达方式。

最后需要审查参与者的定义修改情况。如果改动很小或只是对某个问题进行补充说明，那么对于产品的影响不大，反之则需要引起重视。这可能说明产品开发团队对于产品所涉领域的内涵把握不准，或者团队内部就产品的某项功能定义没有达成一致。

11.6　结果沟通

提供给产品团队的研究结果通常是由程序生成的树状图（类似图 11.7 所示）和一张简单的分类结果表（请见图 11.10）。除此之外还会展示参与者的表格更改情况（增加对象、删除对象、更改用词和定义），以及对产品设计有参考价值的草稿（参考 15.4 节的具体描述）。

进一步阅读资源

更多有关卡片分类的内容，请参考以下书籍：

- Spencer, D. (2009). *Card sorting designing usable categories*. ISBN 1-933820-02-0.

11.7　本章小结

本章讨论了什么是卡片分类，何时使用、使用时的注意事项、准备和执行步骤以及参与者在活动中可能出现的行为方式。演示了相应的数据分析方法，结合范例讲解了研究结果的展示和解读。

案例研究：在公司内部进行卡片分类——创造最符合需求的实践方法

——Jenny Shirey，Citrix ⊖首席产品设计师

本案例描述了 Citrix 内的某团队组合如何使用定量和定性卡片分类法对公司局域网进行信息架构改造。项目的成功经验值得借鉴，团队在已有基础上对卡片分类法进行了改造，使之更符合自身的实际情况和研究需求，对于有类似需求的团队很有启发。

项目

2012 年 Citrix 公司 CEO 要求客户体验小组领导公司局域网的改造项目。项目愿景是以用户为中心进行设计，将局域网打造成 Citrix 的线上心脏。

15 人的核心团队从相关职能部门抽调组成，同时也包括 IT、设备管理和人力资源等周边支持部门。团队成员经验丰富，视角各异，但如何最大化发挥这个团队的作用，存在很大的管理挑战，要求突破时间和空间的束缚，有效整合各部门的工作流程。团队内部分享后认为产品的设计不仅仅以功能为驱动，更应该基于 Citrix 员工真实的需求和愿望。

挑战

通过对公司局域网的调研，我们发现 Citrix 面临和其他公司类似的问题。局域网缺乏整体设计，不能与时俱进地满足公司员工的需要。现有的信息架构（IA）即为公司的部门组织架构，而不是以用户正常的信息搜索流程为导向。

对局域网进行启发式评估后发现，利用现有的导航菜单很难找到需要的内容。比如导航菜单栏现有栏目过多，仅主导航栏就有 35 个一级菜单。为了帮助用户更便捷地获取信息，在网站主页右侧创建了快捷链接列表，这个功能的设计初衷是好的，但列表链接数量高达 50 个，列表因此变得过长。而一些最有用的信息，比如员工福利、季度通知或放假安排等内容，要么隐藏在导航栏的二级菜单里，要么分散在好几个页面中。

综合上述原因，我们确定必须重新设计网站 IA。为了确保新的信息架构能够完全符合用户的心理模型，我们决定采用卡片分类法测试新的信息架构。

方法

研究方法

开放式卡片分类法的实践效果最好，参与者可以对信息进行任意分类，并对分类命名（Spencer, 2009）。但因为项目时间和预算有限，我们提前设计了信息架构中一级类目和二级

⊖　美国思杰公司（Citrix），是一家致力于云计算虚拟化、虚拟桌面和远程接入技术领域的高科技企业。——译者注

类目的雏形。设计宗旨是让用户能便捷地找到最需要的核心信息和任务，数据来源于以往用户在访谈中提到的内容（参考 11.8 节的具体描述）。另外在命名类目时还参考了有关局域网信息架构建设实践的相关研究内容（Nielsen Norman Group，2014）。

在完成信息架构的雏形设计后，用户体验设计师和用户研究员组织了封闭式卡片分类活动，邀请了大量公司员工参与，以此测试设计是否真正符合用户需求。

研究目标

主要研究目标是确定员工能否在类目中快速找到所需信息。另外还想确认类目名称的互斥性，也就是名称足够明确具体，用户查找某个信息时不会对类目名称产生疑惑，能直奔主题。IA 准确度的检测标准是将卡片准确分类到特定类目的用户占比，比如当 10 名参与者里的 9 名都将"退休和养老金计划"归类到"福利和薪酬"时，视为准确度达到 90%。

创建类目的过程中，我们尽可能避免过大的信息量。因此我们比较了单词版本和多词版本的类目名称所达到的效果。另外我们还计划将新设计的信息架构与原有架构进行对比，评估改进效果。三次卡片分类活动的汇总结果包括：一次基准测试、两次不同版本类目名称测试（请见图 11.11）。

信息架构（IA）	一 级 类 目
IA 基准测试	● 业务资源 ● 公司信息 ● 员工资源 ● 政策 & 流程 ● 我的技术支持
IA 1	● 福利 ● 职业 ● 支持 ● 差旅 ● 办公
IA 2	● 福利 & 薪酬 ● 职业发展 & 培训 ● 公司 & 大学 ● 支持 ● 差旅 & 报销
IA 3（这个版本的类目也用于面对面卡片分类）	● 福利 & 薪酬 ● 职业发展 & 培训 ● 公司 & 大学 ● 技术支持

图 11.11　卡片分类中使用的类目。基准测试、IA1 和 IA2 测试同时进行，IA3（IA2 的轻微改良版）在之后单独进行

研究过程

我们计划让大量用户参与到卡片分类中，确保获得最具说服力的研究结果。当时 Citrix 有近 9000 名员工，我们希望参与人数达到总人数的 1%，或保证每次至少有 100 名用户参与分类活动。因为目标用户是异地分布，我们使用 OptimalSort 工具创建了在线卡片分类。OptimalSort 具有生成报表功能，还能在卡片上显示浮动文字提示⊖。

为了达成卡片数量可控的目的，我们要求用户合并了某些类别，比如，我们将医疗保险、牙科保险和眼科保险合并成了一张卡片。这种方法有时被称为"按主题分类"，与之相对的是按内容细节分类（Spencer, 118）。我们同时还为每张卡片设置了浮动的文字提示，为卡片内容提供了更多细节解释。

最后我们和几名员工一起进行了预测试，确保软件正确运行，数据收集方案没有疏漏。根据预测试结果和员工反馈，我们调整了某些卡片的内容，比如我们将"内部转岗"改为了"员工安置信息"。

第一轮测试与迭代

约 130 名员工参加了第一轮测试。平均每个分类活动有 100 名参与者完成了分类任务。我们使用了发送邮件的邀请方式，邮件内容为三次测试的页面链接，目标人群涵盖了公司各地区、各职能部门的员工。我们鼓励参与者完成所有三次分类测试，并且不告知他们分类对应的活动代号。每次分类的卡片内容相同，但类目不同（三次卡片分类指 IA 基准测试、IA1 和 IA2）。我们在分类中还设置了一个小型的地域信息问卷，确保样本能够有效代表公司的所有员工。完成每次卡片分类后，参与者有机会发表自己的意见。

通过对比三次分类结果，我们发现新的信息架构比基准架构效果好，描述性类目名称带来了 76% 的总体准确度（请见图 11.12～图 11.14）。我们还发现"支持"一词互斥性不足，因此我们将这个类目重命名为"技术支持"，并且通过最后一次卡片分类（IA3）向一组新的参与者确认了重命名后的效果。

定性测试

除定量研究外，我们还请一些员工测试了更改后的最终版 IA，以便更好地理解参与者的分类行为模式。由 1 名主持人分别对 8 名参与者进行测试，使用 OptimalSort 在计算机上完成了分类，并收集了出声思维数据。

面对面的卡片分类活动使我们对参与者解读卡片的方式有了更深层的理解。比如当参与者有无法分类的卡片时，他们会把这张卡片放到"公司 & 大学"类目下，这个条目被当成一个通用型概念。一般的参与者还建议"公司 & 大学"应该下设子分类，比如"设备"或"政策"。这些现象说明我们还需要进一步研究这个类目，寻找更好的措词方式。

⊖　http://www.optimalworkshop.com/optimalsort.htm，此链接为原书作者提供——译者注

	业务资源	公司信息	员工资源	政策 & 流程	我的技术支持
文档模板 & 填写说明	42%	12%	19%	22%	4%
办公设备	38%	29%	14%	8%	11%
大楼 & 办公区域保养	37%	25%	12%	11%	14%
办公地点	7%	87%	5%	1%	
部门列表	16%	79%	5%		
组织结构图	14%	78%	8%		
全球员工调查	13%	59%	20%	8%	
全球影响力日（GDI）	7%	47%	36%	10%	1%
办公室礼仪	16%	46%	31%	5%	2%
职业生涯规划	8%	3%	89%	1%	
退休 & 养老金计划	3%	1%	88%	8%	
员工家庭	1%	1%	86%	12%	
大事记	2%	3%	86%	10%	
健康与保健	2%	6%	86%	7%	
医疗、牙科、眼科保险	1%	2%	84%	14%	
人寿 & 伤残保险	3%	1%	83%	13%	
业务辅导	10%		82%	8%	
薪酬 & 赔偿	6%	5%	81%	8%	
员工股票购买计划（ESPP）	5%	3%	79%	13%	
教育 & 培训	19%	2%	75%	3%	1%
工作证明	10%	3%	75%	13%	
助学金	5%	1%	75%	19%	
休假 & 假期	3%	11%	64%	22%	
员工安置信息	8%	4%	64%	23%	1%
法律援助和移民服务	14%	3%	64%	19%	
工作表彰	8%	24%	57%	9%	3%
金融服务	25%	5%	54%	14%	2%
内部招聘	11%	35%	53%	1%	1%
差旅申请及须知	23%	3%	15%	58%	
公司指导方针	8%	42%	1%	50%	
采购 & 供应商管理	32%	6%	6%	46%	10%
使用个人设备办公（BYOD）	6%	1%	17%	38%	38%
费用报销	34%	3%	26%	36%	1%
任意地点办公 & 轮班	19%	11%	30%	35%	6%
硬件 / 软件 & 系统协助	2%			1%	97%
软件下载	3%	1%			96%

图 11.12　IA 基准测试结果（118 名参与者）。注意：基准测试的类目名称直接使用了当时网站实际的菜单名称。单元格里的数字表示每种分类方式的参与者人数占比。蓝色单元格表示占比最高的分类方式

图片来源于 OptimalSort 生成的报表

	福利	职业	支持	差旅	办公
员工股票购买计划（ESPP）	97%	1%	1%		1%
医疗、牙科、眼科保险	96%		2%		1%
人寿 & 伤残保险	96%	1%	1%	1%	1%
退休 & 养老金计划	92%	5%	1%	1%	1%
员工家庭	86%	2%	10%	1%	1%
健康与保健	83%	1%	3%	2%	11%
休假 & 假期	80%	4%	1%	3%	11%
助学金	76%	19%	5%		1%
金融服务	73%	1%	19%	1%	5%
薪酬 & 赔偿	67%	24%	1%	1%	6%
大事记	67%	12%	12%	2%	7%
法律援助和移民服务	61%	4%	27%	4%	5%
员工安置信息	33%	21%	21%	11%	13%
职业生涯规划	1%	97%	1%		1%
内部招聘	1%	88%	1%		9%
业务辅导	1%	87%	4%		7%
教育 & 培训	13%	73%	7%		7%
工作证明	25%	39%	26%		10%
工作表彰	36%	37%	7%	1%	19%
硬件 / 软件 & 系统协助			94%	1%	5%
软件下载	1%		82%		17%
采购 & 供应商管理	1%		55%	4%	39%
文档模板 & 填写说明	1%	14%	44%		41%
差旅申请及须知	1%		3%	93%	2%
费用报销	1%	3%	13%	61%	21%
办公地点	1%		11%	7%	81%
办公室礼仪	17%	1%	3%		79%
公司指导方针	4%	5%	13%	1%	78%
部门列表		7%	17%		76%
组织结构图		18%	10%		72%
全球员工调查	4%	16%	10%		70%
任意地点办公 & 轮班	25%	4%	5%	2%	64%
全球影响力日（GDI）	32%	1%	3%		64%
大楼 & 办公区域保养	1%		37%		61%
办公设备	4%		44%		53%
使用个人设备办公（BYOD）	29%	1%	32%	1%	37%

图 11.13　IA1 测试结果（135 名参与者）

我们还关注被归类到多个类目下的卡片，比如"助学金"、"工作表彰"和"工作证明"（请见图 11.14）。这些参与者认为可以分类到不同类目下的条目，可能会在实际应用时重复出现在多个菜单里。

总体而言，面对面的卡片分类活动巩固了定量卡片分类的研究成果，为之后信息架构的重构提供了参考信息。

研究结果

我们对最后的研究结果非常满意，经过修改的 IA 一级菜单的总体准确度为 84%（基准测试时仅为 60%）。而最为核心的日常任务类目的准确度更高，达到了 97%（请见图 11.15）。虽然总体类目情况不错，但我们发现单个词的概括性类目名称效果不如多个词的描述性类目名称。其中"办公"和"职业"两个类目的边界尤其模糊（来自在线问卷调查的参与者反馈）。实践证明将词汇组合使用效果更好，比如"公司 & 大学"类目的表述虽然不够完美，但比"办公"要好得多，参与者会猜测这个条目与公司信息和某些地点有关。"支持"这个词所指也不够具体，修改为"技术支持"后含义就清晰很多。

经验教训

回顾整个研究过程，如果重来一次，我们在某些方面可能会采取不同的方法。这里将我们的经验汇总成建议，提供给其他计划使用卡片分类的团队。

问题之一是选择哪种卡片分类活动，应该提前设置好类目执行封闭式卡片分类，还是先同小部分用户进行开放式卡片分类。我们所实施的封闭式卡片分类显然不适用于所有网站产品的重构，但对于我们非常奏效，主要原因是：第一，团队成员组成丰富多样，视角各异，能够集思广益，确保类目内容的代表性；第二，我们本身也是 Citrix 的员工，自身的体验也能作为用户体验的一部分。

根据自身经验，任何类似项目的项目成员都应由不同背景的人员组成。尤其是公司局域网重构，网站的架构设计者最能同时兼任内容编写者。这样可以避免落入 IA 设计中的常见陷阱——网站的信息架构等同于公司的部门组织结构。

我们还积累了很多开展在线卡片分类活动的经验。出乎意料的是，大部分参与者都会忽略 OptimalSort 里的浮动文字框，在之后的活动中我们会谨慎选用该功能。

另外，定量研究结果的可靠性与参与者人数之间的关系值得注意。我们对数据结果进行了持续观察，发现用户人数超出 50 人后，结果并没有显著变化。对于向参与者提供激励或预算有限的团队来说，也可以观测结果变化趋势，如果曲线逐渐平缓，则可以选择结束活动。使用在线卡片分类工具可以很容易获取这类数据报表。

最后我们强烈建议进行面对面的线下卡片分类活动，这样可以深度发掘"是什么"背后的"为什么"，仅仅靠问卷无法获取完整信息。以我们自身为例，通过这种形式我们获取了非常有价值的洞见，听取参与者描述哪些卡片难以分类对于研究非常有益。

	福利 & 薪酬	职业发展 & 培训	公司 & 大学	支持	差旅 & 报销
员工股票购买计划（ESPP）	99%	1%			
医疗、牙科、眼科保险	98%	1%	1%	1%	
人寿 & 伤残保险	96%	1%	2%	1%	1%
退休 & 养老金计划	94%	3%	1%	2%	
薪酬 & 赔偿	91%	6%	3%		
健康与保健	84%	2%	11%	2%	
员工家庭	84%	1%	2%	11%	2%
休假 & 假期	81%	3%	7%	2%	6%
大事记	72%	10%	4%	12%	2%
法律援助和移民服务	67%	2%	5%	19%	7%
助学金	64%	31%	1%	4%	
金融服务	63%		7%	17%	13%
员工安置信息	42%	14%	24%	11%	9%
工作表彰	39%	35%	21%	4%	
工作证明	36%	31%	11%	20%	1%
职业生涯规划	1%	99%			
教育 & 培训	3%	93%	2%	1%	
业务辅导	5%	90%	3%	2%	
内部招聘		85%	12%	2%	
办公地点			97%	2%	1%
部门列表		2%	94%	4%	
组织结构图		7%	90%	2%	
公司指导方针	1%	7%	87%	6%	
全球员工调查	4%	10%	83%	3%	
办公室礼仪	14%		80%	6%	
大楼 & 办公区域保养	1%		64%	35%	
全球影响力日（GDI）	29%		63%	6%	2%
任意地点办公 & 轮班	25%	6%	56%	11%	2%
办公设备	2%		55%	43%	
文档模板 & 填写说明		27%	38%	35%	
硬件 / 软件 & 系统协助			4%	96%	
软件下载	1%	2%	6%	92%	
采购 & 供应商管理	2%	1%	27%	45%	25%
使用个人设备办公（BYOD）	34%	2%	22%	41%	1%
差旅申请及须知	2%		2%	2%	94%
费用报销	4%	2%	3%	2%	89%

图 11.14 IA2 测试结果（122 参与者）

	福利＆薪酬	职业发展＆培训	公司＆大学	技术支持	差旅＆报销
★ 医疗、牙科、眼科保险	100%				
★ 薪酬＆赔偿	100%				
人寿＆伤残保险	100%				
退休＆养老金计划	100%				
员工股票购买计划（ESPP）	96%		1%		3%
员工家庭	93%	5%			1%
大事记	92%	7%			1%
★ 休假＆假期	88%		12%		
金融服务	84%	1%	5%		10%
健康与保健	79%	5%	15%		
法律援助和移民服务	77%	15%	8%		
助学金	66%	33%			1%
工作表彰	44%	29%	25%	3%	
员工安置信息	42%	21%	26%		11%
★ 职业生涯规划		100%			
★ 教育＆培训	3%	97%			
★ 业务辅导	1%	96%	3%		
内部招聘		89%	11%		
工作证明	40%	47%	14%		
办公地点			100%		
部门列表		1%	99%		
公司指导方针		4%	96%		
★ 组织结构图		5%	95%		
全球员工调查	1%	11%	88%		
大楼＆办公区域保养			86%	10%	4%
办公设备			86%	12%	1%
办公室礼仪	12%		85%	1%	1%
全球影响力日（GDI）	25%	4%	70%		1%
文档模板＆填写说明		34%	63%	3%	
任意地点办公＆轮班	30%	5%	53%	11%	
采购＆供应商管理	3%	1%	47%	10%	40%
★ 硬件／软件＆系统协助			1%	99%	
软件下载			4%	96%	
使用个人设备办公（BYOD）	8%	4%	15%	73%	
★ 差旅申请及须知					100%
★ 费用报销	3%		1%		96%

图 11.15　IA3 测试（97 名参与者）。注意：星号标注的是员工在局域网里最常搜索的内容，
来源于核心任务列表

　　通过本次研究我们认识没有所谓的"正确"卡片分类执行方法。网站功能、项目团队、参与者不同，适合的方法和最终的结果也就不同，因此各类实验、测试和迭代是必要的。不仅是卡片分类，在所有用户研究活动中，最重要的是对用户观点保持好奇和开放的心态，并根据实际情况灵活调整研究方法。

附录

核心任务列表

　　以下是员工在 Citrix 局域网上最常进行的日常活动，数据来源于与局域网用户和相关利益部门进行的访谈：

- 查看组织结构图。
- 学习医保政策或参与医保。
- 阅读公司新闻。
- 获取 IT 服务，比如在线填写支持请求单。
- 填写季度业绩目标。
- 查看放假安排。
- 参加产品培训课程。
- 提交出差申请。
- 提交费用报销单据。

第 12 章

焦 点 小 组

12.1　概述

　　焦点小组是对 5～10 人（最好是 6～8 人）进行的访谈活动，由经验丰富的主持人主持，创造开放、客观的讨论氛围。主持人引入话题，围绕话题，大家说出自己的经验和意见。调研通常持续 1～2 个小时，这有利于快速获得用户对特定主题或概念的看法。焦点小组应用于不同的领域，包括社会科学研究（自 20 世纪 30 年代开始）和市场营销研究。依据经验，正确使用焦点小组时，它是一个有价值的方法。焦点小组的优点有：团队可以一起提出你可能从来没有想过的问题，小组的协同作用可以激发新的想法，并鼓励参与者讨论，讨论的事情可能在单独采访时没有想到。与单独访谈相比，参与者在焦点小组中往往更坦率地讨论他们的经验，并用自己喜欢的语言与同伴交谈。另外，焦点小组方法也有缺点：参与者可能更容易受到同伴的影响，并默许特别有影响力成员的意见（Schindler，1992）。

　　本章介绍执行焦点小组访谈的常用方法，以及对焦点小组方法的一些修订版本（参见12.4 节相关描述）。最后，结合我们的经验，将讨论如何展示数据。在本章末尾，我们提供了 Peter McNally 的案例研究，展示如何应用焦点小组。

要点速览：
➢ 焦点小组准备

> ➢ 焦点小组执行
> ➢ 焦点小组修订版本
> ➢ 数据分析与处理
> ➢ 结果沟通
> ➢ 经验教训

12.2　焦点小组准备

　　焦点小组的准备工作包括生成和提炼问题，确定小组成员的特征，招募参与者，邀请观察员，形成活动材料。因为焦点小组访谈是特殊的访谈，在规划焦点小组前，我们建议你先读第 9 章。

要点速览：
> ➢ 编写讨论话题 / 提纲
> ➢ 参与活动的人员
> ➢ 邀请观察员
> ➢ 活动材料

12.2.1　编写话题 / 讨论提纲

　　主持人可以参考焦点小组的话题 / 讨论提纲，让调研活动按计划进行（见表 12.1）。提纲包含关键话题和具体问题。讨论提纲仅起指导作用，不能照本宣科，因此主持人可以偏离它，根据参与者的兴趣和谈话内容转移话题。主持人参考讨论提纲还能保持小组间讨论的一致性。

　　编写讨论提纲，需要先确定哪些问题需要回答，然后产生、提炼和限定讨论的话题和问题，最后矫正每一个问题的具体措辞。

表 12.1　讨论提纲

支持人：			
时间：			
调研：			
话　　题	**问　　题**	**持续时间**	**目　　标**
介绍（接龙发言方式）	请介绍你的名字和来自哪里。	<2 分钟	让参与者说话；参与者互相认识，帮助参与者放松自己
热身练习	请说出你对（要讨论的话题）的理解。	~5 分钟	过渡到要讨论的话题；测评参与者的理解能力

（续）

话 题	问 题	持续时间	目 标
主话题 1：典型的旅游地	去年你去过哪些旅游地？	10～15 分钟	获得 #1 问题的回答
主话题 2：对旅游 App 的看法 / 有用的和缺少的功能	如果你想向朋友介绍该旅游 App，你会怎么说？	10～15 分钟	获得 #2 问题的回答
主话题 3：使用 App 的障碍 / 不用它的原因	告诉我你停止使用该旅游 App 的原因。	10～15 分钟	获得 #3 问题的回答
小结	我们讨论的这些话题，对你来说，哪个最重要？（Krueger, 1998）	约 5 分钟	让参与者回忆讨论 / 经验；结束讨论
总结	总结包含了所有讨论的内容了吗？	约 5 分钟	让参与者验证 / 反驳的主要结论
还缺少什么？	还有哪些事应该知道而没有讨论？	约 5 分钟	确定参与者感兴趣但没有讨论的话题

明确你想回答的问题

DILBERT © 2003 Scott Adams，由 UNIVERSAL UCLICK 授权使用。版权所有，翻印必究

这样，对问题有了基本了解，并确定了回答问题的合适方法。还要跟相关方（产品团队成员、用户体验组成员、市场人员）进行头脑风暴，讨论哪些问题是最重要的。可能还有一些问题超出本次活动或者在其他活动中得到解答（例如，行为问题）。可能也面临更多问题，这些问题不能在单一的焦点小组中体现。如果是这样的话，将需要进行多次调研，或者每次调研时减少问题的数量，以适应单一调研。

提示

如果有必要，1 个小时的焦点小组调研可以延长至两个小时。我们不建议超过两个小时，但也有例外情况，如果提供定期的休息和保持调研有趣的话，敬业的参与者或客户可能愿意进行长时间的调研。

编写焦点小组问题

焦点小组特别适合回答这些问题：与态度、感受和信仰有关的话题；探索切入点；回答有关定量或行为原因的问题；收集谈论话题时使用的词汇；产生新想法；从小组中而不是个人获得答案。焦点小组的问题应该是开放式的、措辞明确的、公正的（例如，不是领导），切中目标的。

正如在表 12.1 中所看到的（也可以参考表 9.3），我们列出了 6 种类型的问题：介绍、热身、关键、小结、总结和缺少什么？这些关键问题包含了大量的信息，活动中需要回答这些关键问题。

下面我们列举了一些关键问题：

- 回顾用户"典型"的一天或最近一天所发生的行为（例如，在工作中、在家里或根据情景决定）。
- 列举问题。例如列出用户执行的任务以及是如何完成的。
- 常规的行业问题（例如，术语、标准程序、行业准则）。
- 用户的好恶或优点或缺点。
- 用户期望的结果或目标。
- 用户对新产品 / 新概念的反应、意见、疑问或态度。
- 对新产品或新功能的预期。

Krueger (1998) 列举了一些有益于焦点小组的问题：

- 完成句子。
- 创建比喻。
- 运用幻想和白日梦。
- 运用拟人法。

让参与者讨论"典型"的一天，可以从较高的层面了解参与者常规的工作或活动方式。让参与者告诉你具体事例，如最近一天内，他们在某个场景下（例如，在工作中）完成哪些任务。还可以从更高的层面理解如何完成某些任务、面临的挑战，以及喜欢的事情。让参与者回想具体的例子比憧憬未来更有效。

同样，应该谨慎，避免问"why"问题。"why"问题可能会鼓励参与者产生虚假的因果关系话题，并可能使参与者忧虑，他们将不得不证明自己的答案。应该选择"How"问题（Krueger，1998）。

焦点小组也提供了这样的机会，如了解行业术语、指导方针和行业惯例。参与者可以在活动或目标中，额外描述预期的结果。最后，你可以观测用户对新产品或新功能概念和头脑风暴结果的反应。

我们强烈建议先阅读第 9 章，第 9 章对编写关键问题提供了详细的指导（具体参见9.2.4 节）。

> **设计问题实例**
>
> 针对线上旅行 App 的例子，设计一些焦点小组问题。你知道，大学生们有时会参加与专业相关的会议。你也知道，大学生通常没多少钱。你的公司想通过 App 提供"房间共享"信息。有兴趣共享酒店房间的人可以注册 App，并指定偏好（例如，仅限女性，低于 50 美元 / 晚，不超过三个室友，不吸烟）。因为不确定是否有其他旅行 App 提供这个，你想了解更多人对注册 app 共享酒店房间的态度。获得人们对此的态度、意见和想法，似乎焦点小组是最好的方法。接下来将进行焦点小组调研，并把消息发送给几百个当前和潜在客户，以招募参与者。1 个小时的焦点小组讨论和 10 名参与者，只覆盖约 5 或 6 个问题。你可能会问一些开放式问题，如下：
>
> - 您对住宿酒店的满意程度如何？
> - 你愿意和认识的人分享酒店房间吗？这样会降低费用，并能住更好的房间。
> - 你愿意和不认识的人分享酒店房间吗？这样会降低费用，并能住更好的房间。
> - 若你同别人住一个房间，你想知道室友哪些方面的信息？
> - 什么最有可能促使你和不认识的人分享房间？

探索、提示、停顿和检查

探索、提示、停顿和检查这四种策略可以让参与者对感兴趣的话题说得更多。当你想要参与者说更多的事情时，可以选择其中一种策略。我们发现这些策略非常有用。

- 探索
  - 对它您能多谈一谈吗（给我一点更多的细节）？
  - 能告诉我您的意思吗？
  - 不能确定我理解了。
  - 谁还有好主意？
  - 还有其他方式查看这个吗？
  - 能举个例子吗？
- 提示
  - 说"嗯"或点头鼓励参与者继续讨论。当你不同意参与者所说时，一定注意不要提供任何负面的反馈，否则参与者可能会感知到你的态度。
  - 重复参与者的问题。
  - 用问题的形式重复参与者所说。
- 停顿
  - 保持安静——当你为参与者腾出地方让他们讲话时，他们通常会这样。
- 检查
  - 这样做正确吗？

○ 所以，如果我理解正确的话…（总结）…

要避免的问题类型

敏感或私人问题

不要在焦点小组中讨论政治、性别、道德等极其敏感的或私人的话题。这些话题有时会让人不舒服，或者导致朋友和家人之间进行激烈的讨论。在陌生人面前，并且还要录制现场，让参与者讨论这些话题是不合适的。此外，如果你问了这些问题，参与者不愿意告诉你，这可能会浪费大家的时间。

预测性问题

研究发现，参与者并不善于预测实践中有用的产品特性（Gray, Barfield, Haselkorn, Spyridakis, & Conquest, 1990; Karlin & Klemmer, 1989; Root & Draper, 1983）。这就是为什么我们不建议问参与者他们没有经历过的假设性问题。例如，你可以问一个人："你在工作中面临的最大问题是什么？"用户回答后，接着问"什么会让你的工作变得更容易些？"你不是在要求参与者假装做某份工作，假装可能每天都会遇到问题。可以肯定的是，参与者曾想过很多类型的问题，或者这些问题应该得到解决。回到前一章举过的旅行 App 的例子，旅行社可能会说，她最大的挑战是，当人们打电话预订旅游时，从来没有提供所需的信息，如最大的预算、旅行的日期和想要去地方。

另外，你不应该问旅行社，她是否愿意使用语音输入，如果旅行社之前从未见过或使用过这样的系统。当你描述它时，她可能觉得这个概念听起来真的很酷，但是一旦开始使用，她就讨厌它，因为使用语音，周围隔间里每个人都能听到她犯的每一个错误。

测试你的话题 / 问题

测试你的话题 / 问题很重要。在使用话题 / 讨论提纲前，预先测试这些话题和问题。先发给团队成员，让他们预览。大声说出问题，这些问题听起来像对话吗？理想的情况下，你应该从目标群体中找人审查这些问题，并让他们提供反馈。这些问题会问出团队正在寻找的信息吗？问题使用的是本土语言吗？如果没有，你需要修改或创建新的问题。

给问题排序

一般而言，问题应该从概括到具体。这种顺序是有益的，有两点原因：首先，对参与者来说，这种顺序是很自然的。随着参与者的热身，其他参与者提出了相关的话题，这样更容易记住更多的细节。随着活动推进，参与者也变得更加放松，并愿意透露更多信息。其次，会话也是从概括性问题自然流转到更具体的问题。理想的情况下，焦点小组讨论就像会话，从一个话题自然流转到下一个话题。焦点小组活动进行得很好的话，参与者在没有看过提纲内容的前提下，会主动提出讨论提纲的下一话题，而不需要主持人引导。

12.2.2　参与活动的人员

当然，你需要具有代表性的参与者参与调研，但组织成功的焦点小组还需要另外的三个角色：主持人、记录员和录像师。

参与者

因为焦点小组是小组活动，除了考虑谁是你的参与者，还必须考虑每个小组要进行多少次访谈，以及如何组织该活动。

参与者的数量

观测小组的动态是焦点小组的重要组成部分，我们推荐每个焦点小组有 6～8 名参与者。然而，少到 4 个人也能提供有价值的信息（Krueger & Casey, 2000，73-74 页建议 4～12 个人）。超过 10 名参与者就难以管理，人多的情况下，让每个人都有机会发言，是不可能的。这可能看起来和有两个额外的参与者不会有很大的不同，但当你试图获得多个问题的多个角度时，人多就会有问题。

> **提示**
> 每个焦点小组调研招募 10 名参与者。这样，当一个或两个参与者不能参加时，你仍然有理想的人数！

焦点小组的数量

参与焦点小组的每种类型的参与者推荐数量是 3～4 人（Krueger & Casey，2000，26-27 页）。如果参与者的数量固定，且人员较多，那么组织多个较小的小组，而不是把所有的参与者放在一个大组。例如，有 10 个参与者，运行 2 组，每组 5 人，而不是 1 组 10 个人。这是因为团体动态可因个人而改变，你不希望有一个主导参与者影响到所有参与者。此外，可以从第一个焦点小组获得新问题，从第二个焦点小组获得这些问题的答复。如果把所有的参与者都放在一个大组里，就失去了修正问题的机会。当然，如果在多个调研中改变了问题，就不能在小组间比较答案，但可以覆盖更多的信息。

混合不同类型的参与者

在单一焦点小组中，参与者类型通常与你研究的问题相匹配。例如，如果你对新手和专家用户的输入感兴趣，你可能要把新手和专家分成独立的两组。与高效用户或专家用户访谈，可以获得更丰富的想法，因为这些领先用户经常是创新的源泉。然而，你也应该招募新手和普通用户，因为对大多数用户来说，专家用户要求的功能或服务过于复杂。通过与每种类型的用户访谈，可以很快地了解目标人群的需求和问题。

不应该把某些类型的用户放在同一组，要不然可能造成负面影响。例如，不应该把管理者和他们的下属放在一组，因为下属可能不诚实或可能遵从管理者。管理者可能会觉得在下属面前有必要"管控"整个调研，并发挥主导作用或专家作用，这样会保存颜面。当把不同类型的用户混合在同一组中时，产生的问题是相似的，即使你没有把管理者和下属混在一起（例如，医生和护士）。参考 12.7 节，混合不同用户类型，导致了问题的出现。

主持人

每个调研的主持人应推进活动（见 12.3 节以及第 7 章有关有效主持人的详细信息）。主持人的工作是从小组中获得有意义的回复，管理团队动态（例如，让安静的参与者讲话），检查每个答案，确保已经了解参与者的真实想法，然后复述一下，确保已经理解了参与者的每一个陈述。最后，主持人需要知道什么时候可以偏离提纲，进入有价值的话题，并从毫无结果的讨论中回到正轨。

为了有效地进行，主持人需要有足够的领域知识，知道哪些讨论有价值，哪些讨论浪费时间。主持人也需要知道后续问哪些问题，实时关注细节，团队需要这些细节做出产品决策（见 12.7 节）。最后，主持人应该营造一种自由发言的氛围，并让参与者感到轻松自在。主持人保持公平、透明，以鼓励和尊重的心态让参与者放松。同样重要的是，主持人鼓励所有参与者保持这种心态。参与者不应该批判别人的想法。

如果你从未组织过焦点小组，我们建议你通过参与（不是主持）几个不同的焦点小组活动获得经验。你可以去网上社区或搜索招聘列表，寻找正在招募焦点小组参与者的公司。同时，观察不同的主持人，学习需要做哪些工作和避免哪些问题。还可以确定你想模仿的某种风格。一旦成为参与者，观察其他主持人，首要学习如何主持焦点小组讨论，而不是不假思索地匆匆投入。要抓住重点，有目的地学习。

图 12.1 是主持人的检查清单。对主持这门艺术的详细讨论，请参阅第 7 章关于主持活动的内容。

☐ **保持个性**。有风度，平易近人。还有，记得微笑！

☐ **提问问题**。收集不懂的数据是没有意义的。提问问题，并贯穿调研始终。应该搞懂所听到的，并思考用户的反应以获得更多细节。

☐ **保持专注**。尽量不要偏离主题，如果相关，可以适当讨论，但要快速回到正轨。在调研开始时，要求参与者关掉手机，并花费时间让他们专注于手头的活动。

☐ **你不是参与者**。提问并让参与者回答问题。此外，不要提供你的意见，否则会影响参与者的反应。

☐ **保持活动向前推进**。你需要控制活动的方向、参与者提供资料的详细程度，否则活动永远不会结束。

☐ **激发和鼓励参与者**。一点点鼓励可以让参与者坚持下来。要注意参与者的精神状态。

☐ **没有批判**。作为主持人，不要批判参与者所说。参与者之间有异议是允许的，但要提醒每个人，没有错误的想法，只是经验和观点不同而已。

☐ **每个人都应该参加**。在小组活动中，让沉默的参与者发言是要耗费很大的精力的，但这很重要。让他们发言的方法有：可以通过喊某个人的名字和眼神接触，或通过接龙的方式询问问题。

☐ **没有人是主导者**。当你注意到某个参与者开始主导这个小组时，试着号召其他人发言，以平衡活动，并用身体语言让主导者安静下来（例如，背向他，不进行眼神接触）。如果情况没有改善，温和地制止霸道的参与者。在最坏的情况下，让他退出活动。

图 12.1 主持人的检查清单

记录员

主持人需要一名记录员的帮助。主持人工作量很大，不应该再拿出精力记笔记。记录员的唯一工作就是记录调研笔记。记录员有相关领域知识是很重要的，这样可以捕捉重点，排除不必要的评论，以及确保笔记有意义（见 12.7 节的内容，阅读更多关于领域知识的重要性）。第 7 章详细讨论了记笔记的技巧和策略。

记的笔记可以展示给小组成员看（包括该主持人）。可以在笔记本电脑上放映图片，或直接在挂图上记录笔记。显然，用笔记本电脑展示，阅读起来更清晰，若是记录员不能快速或准确地打字，可选择手写笔记。在电脑上打字有一个明显的优点，调研之后可以立即把笔记发给相关方。

展示笔记给小组成员有几个优缺点。优点：它可以帮助参与者避免讨论重复的信息，并表示参与者的意见已经记录下来（否则，参与者可能还在侃侃而谈已经记录下来的内容）。如果记录员记录错误，参与者可以立即纠正。最后，主持人在跟进某一特定评论时，可以参考做过的笔记，或指导小组进行不同的讨论。

缺点：展示给所有的组员看，可能无法使用大量的速记，因为大家可能不理解。此外，记录员不应记录设计思路，不应该对参与者、访谈或调研进行评论。

不管是否要展示笔记给组员看，记录笔记最大好处是在后续的数据分析时，可以避免看整个焦点小组的录制文件。当调研结束时，可以分析手头的数据。如果主持人觉得某些地方不合适，可以只看这部分的录制文件。这可以显著减少分析数据的时间。最后，记录员可以帮助你分析数据。由于记录员参与了整个调研活动，他和你一样了解调研数据，让另一个人跟踪调研是有帮助的，可以从不同的角度分析数据。

一些焦点小组的主持人喜欢把录制的视频 / 音频转录成文档。在高度管制的领域（例如，FDA 监管的制药行业），任何用户研究活动可能需要有精确的文档，因为调研获取的信息可以给产品设计决策提供数据支持。转录是非常耗时和昂贵的。转录 1 个小时的录制文件要花费 6 个小时。如果涉及多个声音，如焦点小组，它可能需要更长的时间。转录服务费是每分钟 1～4 美元。周期越短往往花费更高。

摄像师

只要有可能，就要录制调研活动现场视频。此记录可用于数据分析，并能提供给无法参加调研的相关方查看。你需要录像师负责录制。在大多数情况下，录像师只管开始和停止记录，并随时关注出现的任何技术问题。录像师可以兼任记录员。更多录制的相关内容，请参阅第 7 章相关内容。

12.2.3　邀请观察员

如果让相关方作为观察员身份参与调研是非常有益的（见第 4 章）。通过观察，相关方可以了解用户对当前产品或竞争产品的喜恶点，明白他们遇到什么困难，想要什么，以及为什么想要这样。

如果调研期间有中场休息，可以询问观察员，他们是否有问题要问或有哪些细节需要深入挖掘。虽然不能保证能够解决这些疑问，但如果时间和机会允许，问些额外的问题也是好的。如果观察员的问题很显然有偏见或让焦点小组的讨论脱离正规，则可以拒绝这些问题，并这样对观察员说："我们会在另一个活动中考虑提问这些问题。"

12.2.4　活动材料

最基本的焦点小组需要的材料很少，如下：

- 笔记本电脑 / 电脑或白板或挂图。
- 电脑投影仪和屏幕（如果使用笔记本电脑 / 电脑）。
- 蓝色或黑色 marker 笔（如果使用白板或挂图）。
- 创造力练习材料。
- 参与者做笔记用的纸和笔。
- 讨论需要依据的原型或其他产物（可选）。
- 有利于小组活动的大房间。
- 名牌或用户标签。
- 录制设备。

我们更喜欢使用笔记本电脑，并使用投影仪显示每个问题（见图 12.2）。这看起来很专业，也很容易阅读问题。白板或挂图也同样好用，使用蓝色或黑色 marker 笔记录，为了让每个人都看清楚，一定要字迹清晰，字号大一些。

图 12.2　幻灯片播放焦点小组的问题

为参与者提供纸和笔是很有必要的。如果多人想同时发言，每次只能一人发言，而其他人要等待一下。有时，听别人发言后，人们会忘记他们想说的话。如果丢失好的想法，这对你和参与者来说都是令人沮丧的。在纸上速记可以帮助参与者记住那些不错的想法。

最后，展示原型、竞争对手的产品或视频（如果合适的话）可以激发讨论和集中大家的注意力。你不想影响参与者的回答，但讨论时展示产品模型（你的或竞争对手的）是有帮助的。当展示时，确保所有的参与者都能很容易地看到。

12.3　焦点小组执行

现在你已经为焦点小组做好了准备。在这一节中，我们将一步步地带领你进行焦点小组访谈。

12.3.1　活动时间表

表 12.2 是焦点小组活动的时间表，它包含了所有事件的顺序和时间，是基于 1～2 个小时的调研活动编制的，若你的调研时间过长或过短，则需要调整这个表。这些时间都是根据我们的经验预估的，仅作为指导。

现在你对开展焦点小组访谈所涉及的步骤有了更深层次的了解，下面我们将详细讨论每一个步骤。

表 12.2　焦点小组活动时间表

持 续 时 间	步 骤
5 分钟	欢迎参与者（活动介绍和填写表格）
5 分钟	创意性练习 / 参与者介绍
45～100 分钟	讨论
5 分钟	总结（感谢参与者和护送他们离开）

要点速览：
➤ 欢迎参与者
➤ 介绍规则
➤ 焦点小组讨论

12.3.2　欢迎参与者

在这段时间里，你要迎接参与者，让他们吃点零食，填写文件，并参与热身练习。从一些创意性热身练习开始是有帮助的，如设计名牌。或者可以讨论对当前系统或竞品有哪些喜欢的地方和不喜欢的地方。更多细节已经在第 7 章中有描述。

12.3.3　介绍规则

当参与者填完所有的表格，介绍完毕，完成热身练习后，下一步应该介绍讨论的规则。规则很简单，即所有的想法都是有用的，每次只说一个。重点是告诉参与者每个人的经历可能不同，应该表达这些差异，不应该批评对方的想法或看法。在挂图上写上这些规则："所有的想法都是正确的"和"每次只说一个想法"，并保证在整个调研期间都可以看到这些规则。这将有助于告诉参与者，你对每个人的想法都感兴趣，参与者应该尊重小组其他成员的想法和表达方式。如果有人违反了规则，主持人可以礼貌地提醒一下。本阶段很适合告诉参与者将录制现场，并告诉他们调研会持续多久。

12.3.4　焦点小组讨论

焦点小组调研是自由发展和相对非固定的。在调研期间，可以展示讨论 / 话题提纲和问题列表，但有趣的见解可能在意想不到的话题中出现。群体互动是焦点小组的关键点，所以允许新话题是非常重要的，允许谈话内容自由发展，否则，就会变成一系列的个人访谈。如果用幻灯片展示问题（见图 12.3），也并不意味着按照固定的顺序锁定问题。若话题未按顺序进行，只要确保能回到正轨，所有问题都得到回答，就允许自由发展。准备几张挂图，如果谈论的话题超出预定范围。你可以在挂图上记录下来，并说明如果时间允许，调研完成后，再回来讨论它们。

图 12.3　正在进行的焦点小组活动。投影展示问题，每个人都能容易看见。桌子是"U"形的，方便大家互动和主持

每个人都应该参加，没有人是主导者

主持人应该鼓励所有的参与者参与讨论，要控制专横的参与者少说话，引导安静的参与者多说话。主持人需要很大的精力才能让安静的成员踊跃起来，但这是值得的。如果有 10 人参与焦点小组，只有 5 人积极参与，这基本上把参与者规模削减了一半。你必须让每个人都参与其中，越早做这件事越好。叫安静成员的名字，并问他们的想法："Jane，接下来你通常会做什么呢？"如果局面没有改善，可以尝试接龙的方式询问问题（即，每个人都参与）。可能整个活动不需要都采用接龙方式，只来几轮，帮助大家能积极发言。

专横的参与者主导整个小组活动，并破坏了小组的动态，处理专横的参与者需要大量的技巧。当你发现某个参与者开始占据主导地位时，号召该组的其他成员发言，以达到平衡。使用肢体语言阻止主导用户，鼓励安静成员。背对专横参与者，不再关注他，并转向安静参与者，注意力集中在安静的参与者身上。如果情况没有改善，礼貌地感谢专横参与者的发言，让他知道现在需要其他参与者发言。如果这行不通，你可以要求参与者在发言前先举手，并让助手注意发言的次数，以确保最终每个人都参与。

如果明显发现参与者之间不合作，暂停活动，休息一下。把专横参与者叫到一旁，提醒他，这是小组活动，每个人都应该参加。另外，你可以感谢该用户，并礼貌地让他退出。当然这是例外，只能在其他方法无效时使用（例如，参与者是粗鲁或无礼的），保证调研按计划进行是首要的。

我们注意到经过训练或懂技术的用户往往具有更多的主导倾向。如果你要组织专家用户进行焦点小组活动，可以事先与同事模拟练习，加强主持技能。考虑让同事协助你，因为两个人处理专横的参与者可能更有效。

12.4　焦点小组修订版本

因为焦点小组已经被使用了很多年，有很多不同的修订版本，你可以尝试使用。许多涉及用不同的方式向用户展示正在开发的产品或概念，让用户从中获取经验。

12.4.1　包含个体活动

开展焦点小组活动的目的是获得群组的观点，这并不排除收集个人数据。例如，可以单独要求参与者进行等级选择，或者要求参与者按照自己的喜好投票。要求大家在纸上投票，而不是举手表决（冒集体审议（groupthink）或评价恐惧（evaluation apprehension）的风险）。预先打印好问题，每次发放一个问题进行投票。这能有效防止用户提前回答所有问题，而不关注小组讨论。你也可以事前进行调查或跟踪焦点小组的活动，以解决那些在焦点小组活动中由于时间紧迫而没有解决的问题。

你可能会问封闭式问题。这些问题有限制性选项（例如，是 / 否，同意 / 不同意，选项 a、b 或 c），参与者从一系列选项中选择，或为最佳选项投票。你也可以调查参与者（即，确定有多少人同意）。通过焦点小组方式，收集这种类型的数据的好处是，你可以和参与者讨论他们为什么做出了这样的选择，而通过调查（典型的数据收集方法）却不能。事实上，这是思考支持率和投票结果的最好方式，其提供了讨论的机会，而不仅仅衡量偏好或态度。现场投票允许你问封闭式问题，并可以用短信、智能手机 App 或其他手持输入设备（例如，遥控器）收集实时结果。这些结果可以很快地展示在大家面前，不需要主持人统计。

12.4.2　任务型焦点小组

在任务型焦点小组中，分配给参与者任务（或情景），并要求他们使用原型或产品完成任务。如果产品是软件或网络应用程序，这显然需要准备几台计算机。在参与者完成任务后，召集他们到一起，讨论完成任务的经验。

最好给参与者相同的核心任务，这样他们可以分享共同的经验。例如，在一项研究中，要求参与者在用户手册中查找信息，并描述他们给出正确答案时的感受（Hackos & Redish，1998）。类似的焦点小组已经组织过，例如在车主手册、设备手册和电话账单中寻找信息（Dumas & Redish，1999）。然而，要记住，焦点小组并不是可用性测试的替代。

同样，在单一焦点小组中，可以向参与者展示多个活动或产物。从简短的小组讨论开始，之后的大部分活动要对个人进行调研。此时需要大量的引导员。每个引导员对应一名参与者，完成不同的活动（例如，头脑风暴解决问题，查看原型）。理想情况下，所有参与者都将完成活动。在所有活动完成后，召集大家一起讨论参与活动的经验。

列举一个很好的使用该方法的例子（Dolan, Wiklund, Logan, & Augaitis, 1995）。有 5 个参与者参与焦点小组，每个参与者在开始时拿着手机拍摄，以评估这种新的拍照方式。然后，根据人体工程学和喜欢程度（使用每一个手机后），参与者对 6 个常规设计的手机和 6 个改进设计的手机进行排序。最后，参与者根据个人喜好评论手机的设计，并创建理想的手机模型。让参与者接触到更多潜在产品或领域产物，并使用它们，这样参与者无需想象产品将是什么样的。可以对使用经验进行讨论，并确定产品是否满足他们的需求。这些活动也能激发你的新思路。

可以在任务型和非任务型焦点小组中提问同样类型的问题。任务型焦点小组的好处是，参与者有机会使用产品，从而使后续的讨论更为丰富，而非任务型焦点小组需要参与者简单地想象或回忆最后使用产品的情况。以任务开始，参与者可以参考他们刚完成的任务，提供具体的例子，或者任务可能触发对产品的使用经验。

使用任务型焦点小组，必须准备几套参与者来使用产品。你还需要几个引导员的帮助，并计划好时间，该类型焦点小组要比传统的焦点小组耗时，因为需要创建一些活动的材料，所以费用要贵一些。然而让参与者接触产品，完成任务，并获得相关经验，这样得到的好处是值得付出的，如果可能，应该使用这种方法！

12.4.3　生活中的一天

你可以拍摄一个"生活中的一天"这样的视频来演示如何使用你的产品，然后让参与者讨论所看到的。播放这样的视频可以让参与者看到产品是什么样的，而不用去想象它们。如果不能让参与者直接接触到产品或产业（例如，需要培训、有安全问题、财政上不可行），这种方法可以完美解决该问题。

向参与者展示实际可用的产品（毫不保留）是很重要的，因为提供理想化的图像不会使参与者产生有效的用户印象。展示实际可用的产品，让用户有机会确定他们所看到的产品是否将满足他们的需求。创建视频需要额外的时间，如果产品不存在，甚至可能需要开发产品原型。让所有参与者关注相同的产品，并让他们对此讨论，所获得的好处是值得这样做的！

12.4.4　迭代焦点小组

在迭代焦点小组中，首先向参与者展示原型，并获得反馈，这些反馈可能是具体的设计建议或只是一般印象。一旦根据反馈更改了原型，招回上次的参与者参加第二次焦点小组。向他们展示新原型，并收集额外的反馈。你可以反复进行这个过程，只要参与者能召回，直到你觉得设计无需更改，或直到费用用完。

迭代焦点小组的好处是可以看到产品是否在正确的道路上，并了解参与者的需求。因为每次不必寻找新的参与者，这会花费更少的时间。另一方面，如果有足够的信息建立原型，并有时间和资源做出常规变更和进行额外的焦点小组活动，这种方法是很有用的。缺点是修改原型需要时间和资源，并要组织额外的调研。

12.4.5　焦点团

"焦点团"是焦点小组发展过程中的一个有趣的转折（Sato & Salvador，1999）。UX 成员或开发人员，甚至参与者，表演戏剧小品来演示新产品、功能或使用的概念（参与者将跟随剧本）。该剧应该展示产品的影响、操作和预期效果。之后，焦点团成员开始讨论。

参与者可以通过该方法列举的内容获得产品或产业的经验，这将限制他们"假装"无经验，当他们反馈对产品意见和其他建议时，会考虑"使用"产品的具体情景。使用这种方法的额外成本是需要耗费时间写剧本，需要附加额外的人员。但是，如果无法创建产品原型进行任务型焦点小组，焦点团是最好的选择。

12.4.6　在线或电话焦点小组

可以通过视频聊天、网络电话或手机来进行小规模的焦点小组（即 6 个或更少的人）活动。这对参与者来说会更方便，可以招募其他地区的人。这种焦点小组节省费用，因为参与者通常会较少，他们不必离开家庭或办公室，在自己熟悉的地方会更自在。然而，你需要配备视频会议系统或电话系统，允许多人同时说话，并能清楚地听到每个人的发言。

这种类型的焦点小组有几个缺点。社会惰化（Social loafing，即在一个小组中，有的人会对所有的工作袖手旁观，把所有的工作都丢给队友）可能会很严重，因为参与者不积极参与，其他组员和主持人不会追究责任。没有人监督参与者浏览网页或文本。用接龙发言方式可以改善这种情况，因为每个人都知道他们将被指名，并回答问题，所以他们不太可能松懈下来。在回答之前，让参与者说出自己的名字也是有帮助的。在这种情况下会更明显：在一个小时的焦点小组讨论中，你没有听到 Riteannounce 报名字，若那样，你可以直接喊 Ritee，让他回答。

另一个问题是主持人不能看到参与者的肢体语言。没有办法知道参与者是因不同意而保持沉默，还是厌烦回答，或者因为他没有什么可补充的。专横的参与者插队也是一个问题。很难知道谁在发言（即使你要求他们发言前先报名字），也很难知道谁想发言，因为想发言的人插不进话！

图 9.1 可以帮助你进一步确定是否进行面对面调研或电话调研。总体而言，当你有异地用户，不需要演示产品，资源紧张和具备高品质电话会议系统时，我们建议使用这种类型的焦点小组。

12.4.7　头脑风暴和需求分析

头脑风暴经常在焦点小组中出现。需求（W&N）分析是一个极其快速和相对便宜的头脑风暴方法，用来同时从多个用户那里收集用户需求数据。与用户进行头脑风暴是 W&N 分析的关键步骤，与单纯的头脑风暴相比，W&N 分析具有更多的优点，因为它结合了优先级排序，可以从整个需求池中确定哪些是最重要的需求。

当你想确定下一个（或第一个）产品版本的功能或信息范围时，选择这种方法是不错的，能够找到该产品的用户需求。最后，通过优先级列表添加功能，这样可以防止功能蔓延（feature creep，即不断增加功能的倾向）。

你的目标是了解用户对产品的需求，而不是让参与者们随便讨论，鉴于此，询问问题会更有效，这样可以把目标锁定在产品的内容、任务或特性上。基于这样假设，可以用三种不同形式提问 W&N 问题：

- 信息。你可以通过提问该类问题，获得用户需求信息或系统信息。一个典型的问题可能是这样的："在理想系统中，你想从在线旅游 App 中获得什么样的信息？"这样问，可能会得到答案，例如在特定地区的酒店、酒店的价格、飞机离开和到达时间等。
- 任务。你可以通过提问该类问题，获得用户期望或系统支持的活动或行动。一个典型的任务型的问题可能是："在理想系统中，你想用什么样的任务来完成酒店预订？"得到的答案可能是：预订酒店，比较酒店之间的住宿条件，创建旅游简介等。
- 特征。你可以通过提问该类问题，获得系统需要支持哪些特性来满足用户需求。例如，"在理想系统中，什么特性会让你在网上预订旅行？"你可能得到的回应是"可靠的"、"快速的"和"安全的"。

提出的问题应该提到"理想系统"，因为你不希望参与者因考虑技术而限制了思维。你想让参与者思考产品"蓝图"。

但是，应该注意下面的问题：

- 人们并不总是知道他们真正想要什么，并不善于评估对单一选择的喜欢程度。
- 有些变数，人总是考虑不到。
- 人们说的和做的可能不一样。

这就是为什么你不应该问用户如下问题：

- 不明确的问题（例如，广泛的或不清楚的问题）。
- 复杂的情绪（例如，憎恶）。
- 用户没有经验的事情。

在 W&N 分析中，向用户询问他们想要什么或者需要什么，对于有经验的用户，这些问题就很好回答。

重要的是要注意，W&N 分析只是开始，不是结束。它只是一个起点，而不是唯一的信息来源。

12.4.8 介绍活动和头脑风暴规则

热身练习后，需要简短地概述活动的目标和程序。可以这样说：

目前我们正在设计 <产品描述>，在本产品中，我们需要了解您想要什么，和需要怎样的 <信息、任务或特性>。这将有助于我们确保产品的设计满足您的需求。本次调研分两个部分。在第一部分，我们将讨论理想系统的＜信息、任务或特征＞；在第二部分，我们会让您对头脑风暴的结果进行优先级排列。

简短地概述后，向参与者提出头脑风暴所需要遵守的规则。我们总是把这些写在挂图上，在整个调研期间都能看到。如果有人违反了规则，主持人可以指指规则，有礼貌地提醒一下。

头脑风暴规则如下：

1. 这是一个理想系统，所以所有的想法都是正确和有用的。不要改变自己或他人的真实想法。
2. 没有设计，所以无需尝试设计系统。
3. 主持人可以询问重复问题。
4. 记录员仅记录主持人解释的部分。

规则 1：理想的系统，没有错误答案

在头脑风暴阶段，我们希望每个人都思考一个理想的系统。有时，用户不知道系统是怎样的。鼓励他们创新，并提醒他们，我们正在讨论理想系统。因为这是理想系统，所以所有的想法都是正确的。一些用户可能觉得某些事情是理想的，而其他用户不这么认为，这没有关系。不必担心不切实际的想法，因为在优先级排列阶段它们会被淘汰。

规则 2：这不是设计

有些用户沉浸在新技术中，并在整个调研期间设计完美的产品。用户不是很好的图形或导航设计师，所以无需要求他们设计产品。

规则 3：主持人可以询问重复问题

主持人的另一个工作是检查重复问题。有时用户忘记了已经有人提出了相同的建议。当你向他们指出时，用户会回答已经忘了或没有看到。然而，有时用户问的不是完全一样的问题，它们只是听起来很像。你必须探索更多的细节，并了解这两个建议是如何不同的，这样就可以捕捉到用户真正的需求。告诉参与者这个规则很重要，这样他们不会认为你在挑战他们的想法——你只是想了解，为什么它与另一个想法不同。

规则 4：记录员仅记录主持人解释的部分

设置参与者的期望很重要。参与者可能不理解为什么记录员不是逐字记录他们所说的。不是因为记录员是无礼的，不在乎参与者所说，记录员仅记录主持人解释的部分。因为主持人针对每一个建议，必须弄懂参与者真正想要什么。参与者最初说的可能不是他们真正想要的。记录员在记录之前，需要给主持人思考的时间，确定参与者的真正需求是什么。一旦参与者明白这一点，他们会理解记录员并不是无礼的，只是在等待"最后的答案"。

头脑风暴

大约 40 分钟左右的头脑风暴结束后，你会注意到建议的数量和质量都会减少。当你要

求提出更多建议时，可能看见大家茫然的凝视。这时，让每个人阅读建议列表，确保没有人掉队。如果大家仍然保持沉默，则结束该阶段，并进入优先级排序阶段。

12.4.9　优先级排序

在优先级排序阶段，用户花费约 15 分钟从头脑风暴需求池中选出最想要的项目。问他们："如果只能从头脑风暴需求池中选择 5 项，你会选哪些项目？"要求选择 5 条，是因为我们发现这会选出最优秀的部分。我们也喜欢让参与者选择 5 项，因为在 2 个小时调研期间，我们经常会问两个 W&N 问题。例如，在第一个小时内，我们可能会问在理想的系统里所需要的信息；在第二小时内，我们可以询问在同样的理想系统里所需要的任务。在头脑风暴结束后，要求参与者从需求池中选择优先级排列最前的 5 项，这样整个活动在晚上进行 2 小时，参与者不会觉得累。进行优先级选择对参与者来说是一个很累的过程，所以要选的项目越多，就会耗费更多的时间和精力。

参与者在" Top 5 小册子"上填写答案。小册子要求用户对他们选择的项目进行命名，描述该项目，并说明这些项目为何如此重要（见图 12.4）。我们要求参与者提供这些额外的信息，以确保捕捉到用户的真实需求。参与者可能选的项目一致，但对项目的解释完全不同。在数据分析阶段，这些对项目的描述和为什么是重要的解释将有助于你检测到这些差异。为用户提供简单的指导：

- 每张纸只写一项。如果每张纸上有 2 个以上的答案，则第二个答案将被丢弃。
- 用挂图显示所选项目数。
- Top 5 排名不分先后，具有相同的等级。
- 不允许重复。如果选择同一项目超过一次，则第二次选择将被丢弃。
- 提供项目的描述。
- 说明为什么它很重要。

在理想的酒店预订系统中，请确定您想做的 Top5 任务。

观点：＿＿＿＿＿

观点的名字：＿＿＿＿＿＿＿＿＿＿＿＿＿＿＿＿＿＿＿＿＿＿＿＿

请描述观点：＿＿＿＿＿＿＿＿＿＿＿＿＿＿＿＿＿＿＿＿＿＿＿＿

＿＿＿＿＿＿＿＿＿＿＿＿＿＿＿＿＿＿＿＿＿＿＿＿＿＿＿＿＿＿＿

＿＿＿＿＿＿＿＿＿＿＿＿＿＿＿＿＿＿＿＿＿＿＿＿＿＿＿＿＿＿＿

为什么重要？＿＿＿＿＿＿＿＿＿＿＿＿＿＿＿＿＿＿＿＿＿＿＿＿

＿＿＿＿＿＿＿＿＿＿＿＿＿＿＿＿＿＿＿＿＿＿＿＿＿＿＿＿＿＿＿

＿＿＿＿＿＿＿＿＿＿＿＿＿＿＿＿＿＿＿＿＿＿＿＿＿＿＿＿＿＿＿

图 12.4　用户需求册的典型一页

头脑风暴提示

最有效的头脑风暴调研遵循一些关键的建议。我们已经采用了一些策略，这些策略被许多人用于用户研究和市场调查研究（Kelly，2001）。

精炼问题

对问题进行挖掘和微调。与产品团队合作挖掘问题，这些问题是总结性的，并专注于头脑风暴。

热身：放松

与其他小组活动一样，热身是非常重要的。尤其是小组成员之前没有一起参与活动，并且大部分成员没有太多的头脑风暴经验。创意性练习可以在第 7 章相关章节中找到。

没有限制

调研期间鼓励大家有创意。让参与者思考蓝图——他们想要的任何东西！不要担心，优先级排列阶段将确保哪些需求可行。

对想法进行捕捉和编号

在纸上记录参与者的想法，并对它们进行编号，这样引用起来会很容易。在第二阶段，参与者进行优先级选择时也很方便。编号后，会大约知道调研期间产生了多少想法。作为近似值，1 小时产生 100 个想法，这个速度可以作为头脑风暴的速度准则。

保持势头

需要保持头脑风暴的活力，有两种方法可以帮助建立和跳转问题。一种方法是主持人帮助参与者建立想法。当你认为还需要更多想法时，可以通过这种方法进一步探索参与者。例如，如果我们正在讨论一个理想的航空旅行网站的功能，有人可能会说他们希望能够通过价格搜索。好吧，有很多人可能会想要搜索，所以你应该尝试建立这个想法，并问："你认为还可能需要寻找什么？"

相反，你也要能跳转话题。如果人们继续关注某个问题，开始埋在细节里，这时候你要跳到另一个话题。若参与者陷入了搜索困境，这是转换话题的好机会，可以这样说："好吧，我们明白搜索对你来说是很重要的，但现在让我们想想什么功能将有助于决定购买机票。"立刻想到没有争议的问题是很难的，最好和团队成员一起讨论，并提供可参考的信息。一旦有了参考列表，可以记录跳转的问题，调研期间若有需要，再讨论它们。

命运多舛的头脑风暴

组织有效的头脑风暴会有很多方式，同样组织无效的头脑风暴也有很多方式。作为主持人，下面的事情不能做（Kelly, 2001）。

不要太严肃

是的，一天结束后的工作汇报应该是严肃的，但头脑风暴不应该用这种情绪。你需要让参与者有创造力。你想让他们思考理想系统。不要批判他们的想法是愚蠢的或不可能的，这会扼杀他们的创造力，并带来严重后果。让大家玩得开心。所有的想法都是好主意，平等对待它们！有些想法现在可能无法实现，但不能保证未来不能。

无需记录每一个细节

记录每一个细节不会让你获得更多。它会影响调研的速度。你需要学会总结兴趣点，然后继续前进。参与者不需要记任何笔记，这是记录员的工作。参与者应该集中精神产生不错的想法，而不是记录它们。

不要局限于调研专家用户

专家们可以做出巨大的贡献，但不一定要限制参与者必须是专家用户。让不熟悉某一领域或没有经验，但对它们有兴趣的用户参与头脑风暴调研。有时招募参与者，第一个想到的是专家，但应该记住还有普通用户，对谁会使用你的产品保持清醒。有的用户每周都旅行？他将成为产品的主要用户。有些用户每年旅行一次或两次？他将成为普通用户。如果你认为专家和新手都会使用产品，那应该考虑招募具有不同经验的人或根据不同经验标准，进行多个调研。

避免过多的限制

是的，你想鼓励每个人都参与进来，但不要过于限制讨论。例如，要让房间里的每个人发言（例如，接龙发言方式）会限制头脑风暴。接龙方法适用于活动开始时，想让每个人都活跃起来（或者在其他的活动中，如焦点小组），但是真正的头脑风暴，参与者的想法是自发产生的。Jim 说了一件事，Sarah 听了后，想到有关的事情（synergy，协同）。如果你让 Sarah 等到轮到她，她的想法可能会被另一个人影响，或者想法可能会丢失（production blocking，生产阻塞）。鼓励那些安静的人说话，并让说得太多的人安静下来——但不要强迫。如果把头脑风暴想法写在纸上，则可以用接龙发言方式。

驯服主导者

专横的参与者一直在发言，并喜欢打断别人，这肯定会毁了你的调研。你需要快速地控制这个人（见第 7 章相关章节，那里描述了如何处理棘手问题）。

12.5 数据分析与处理

焦点小组的数据分析和处理与其他类型访谈的数据分析方法类似。因此，更多信息可参考第 9 章相关介绍。

12.5.1 汇总

调研结束后立即进行数据分析，这是最理想的，若不能，一定要在 24 个小时内分析。我们建议你和记录员一起（和参加过调研的其他团队成员）开一个汇总会。回顾问过的问题，并指出调研的关键点。有意想不到的结果吗？每一个观察员在调研中记录的侧重点是什么？是否有趋势可以确定这一点？趁记忆清晰，补充那些记录不明确的地方。你还应该决定是否需要使用相同类型的用户进行另一场用户调研。如果是的话，那么确定是否要更换问题，这些问题要参考上次调研的结果。

12.5.2 焦点小组的数据种类

焦点小组的数据主要包括记录的笔记、录音和录像。具体可以参考下面的种类进行数据分析：

- 记录员记录的笔记。
- 观察员记录的笔记（对参与者的意见会有不同的见解）。
- 在汇总会上的笔记。
- 调研录制的音频/视频。
- 音频/视频的转录文件（如果可用）。
- 会议期间，参与者可能记录的笔记。

12.5.3 亲和图

日本人类学家 Jiro Kawakita，发明了一种数据分析方法，该方法基于数据产生的主题，把大量的数据合成为可管理的模块，被称为"KJ 法"。遵循日本习俗，简称中把姓放在前面。KJ 法已成为日本使用最广泛的管理和规划工具之一。

在西方，有一个非常相似的方法被称为"亲和图"，它是基于 KJ 法演变而来的。亲和关系图是一个相对快速和有用的方法，其用于分析定性数据，包括参与者对开放式问题的回答，该方法适用于焦点小组、日记研究、访谈调研和实地调研。如果创建人物角色，它也可以用来组织群体特征（见第 2 章），或用于可用性测试的结果分析。

要创建亲和图，研究人员需要汇总每个参与者的数据，找出关键点（例如，参与者的意见、观察言论、问题、设计想法），并把每一条单独写在索引卡或便条上。卡片要放在墙壁或白板上，避免任何预先设定的顺序。相似的结果或概念卡片组在一起（在墙壁或白板上），从而提供视觉线索，让研究人员确定主题或数据的趋势。图 12.5 显示了一个进行中的大规模亲和图。

要以开放的心态分析数据，不要预先设定好类别。数据的结构和关系将从数据中获取。一旦获取到，应该把每一组贴上标签。这些评论有什么共同之处？为什么它们被分在一起？

图 12.5   进行中的大规模亲和图练习

什么时候使用亲和图

有很多情景可以使用亲和图：

- 作为调研的一部分，向相关方分享你的调研结果，此时亲和图是一个不错的方法。他们通过看亲和图的物理分区查看发展趋势，以及个别数据。一旦调研完成，可以使用亲和图快速地进行数据分析（见步骤 7）。
- 亲和图可以给大的或复杂的问题添加结构。可以将一个复杂的问题分解成更为广泛的类别或者更具体、集中的类别。
- 亲和图可以帮助你确定跨多个分区的问题，因为这些问题属于多个组。它也可以帮你确定缺少信息的分区和需要解决问题的分区。
- 使用亲和图时，你可以看到，设计／产品的想法是直接根据用户数据产生的。如果推荐方案 A，则可以在亲和图上指出支持该方案的数据点（每一个关联参与者 ID）。
- 因为个别争议、要求或问题可以归类到更广的主题下，从而团队可以在更广的主题下归类，而不是试图解决每一个。要整体解决，而不是零碎地解决。
- 亲和图可以帮助创新，因为不是预先设定好类别，而是从数据中产生新的想法。
- 和团队一起进行原始数据分析，在争议点上要达成一致。亲和图也可以帮助团队统一意见，因为产品开发团队可以与调研负责人一起参与分析。

使用亲和图时要考虑的事情

使用亲和图需要有开放的思想，并保持创新性。分组时，没有参考的类别，有些人会感到不舒服。这往往导致试图事先创建类别（即，在排序前），这是错误的。要确保团队成员在开始分析前了解亲和图的目的和它的好处。

创建亲和图

下面是创建亲和图的步骤。如果你从来没有使用过亲和图，这个过程可能会很慢。每进行一次亲和图调研分析，团队的速度会变快一些。

步骤 1：准备亲和图空间

可以在办公室、实验室或会议室的墙壁或白板上创建亲和图。显然，所需的空间取决于所收集的数据量。因为有可能会持续一段时间，所以确保亲和图在安全的位置，同事或清洁工作人员不会毁掉你的辛勤工作结果。

步骤 2：召集团队成员

每个用户调研活动结束后，召集参与调研的团队成员（例如，主持人、记录员、摄影师等）进行数据分析。我们强烈建议趁大脑中的数据还清晰的时候，立即完成亲和图，然而，如果这不可能，一旦完成所有用户调研活动，就要尽快完成亲和图。

与 KJ 法一起，亲和图是一个很好的团队数据分析方法。你的记录员、摄影师同领域研究伙伴应该参加这个活动。如果产品团队成员是调研的一部分，一定要让他们参与亲和图创建，这样不仅会加速数据分析，还对附加观点有帮助。需要从多个角度进行讨论和检查，并构成假设。过程中，应该鼓励创新，不要批判别人的想法或假设。

创建亲和图的基本规则

1. 人人平等，没有领导者。
2. 没有批判——任何想法都有价值。
3. 没有预设的类别——类别从数据中产生。
4. 小的卡片组可以合并成大的卡片组，大的卡片组可以适当地被划分成小卡片组。
5. 如果需要，一张卡片的内容可以重复出现在多个卡片组中。
6. 如有必要，可移动卡片或卡片组。卡片不会被锁定在一个地方。

提示

把创建亲和图的基本原则写在展板上。确保每个人都了解并同意这些原则。如果有人破坏了原则，你可以简单地指出，并让触犯人遵守这些规则。这可以避免大量的争论。

步骤 3：创建卡片

团队成员要把信息关键点写在索引卡或便签纸上。这些关键点包括参与者的引述、观察言论、假设、问题、设计思路、痛点，等等。可以使用颜色分类数据，为每个参与者或每一种类型的数据分配不同颜色的卡片或便签纸（例如，引述是绿色的，假设是蓝色的，问题是粉色的）。根据用户调研的长度和参与者的数量，可以创建 50～100 张卡片，或更多。可以在卡片上注明其他的事情，如与数据点关联的参与者数量、任务或网站（实地调研的情况下）。

步骤 4：卡片分类

创建完卡片后，混合所有的卡片，并分配给团队成员。把每张卡片贴在墙上，小组成员大声说出卡片上的内容。把类似的卡片放一组时，不必说明为什么把它们放一起。这可能是一种直觉。不要试图预先标记好类别。如果你发现有相同的（或相似的）争议、问题、请求或引述，把卡片堆叠起来，压在相似问题顶部。这样可以一眼看出，卡片较厚表明这些问题反复出现。如果你觉得它们属于不同的组，可以复制卡片。并指出一个问题或数据点分配在多个组中（因此影响多个区域），可以在不同颜色的索引卡或便签卡上记录重复问题。这样可以突出重复问题。

步骤 5：标记卡片组

经过约三个调研活动后（例如，访谈、焦点小组、实地调研），类别就会出现。这时，你可以给每个卡片组贴上暂定的标题或描述。

步骤 6：重组

当分类多个调研数据时，要寻找重复的卡片组。如果有大量的数据，有时创建的卡片组会重复，把它们归到一个大组，同时还隶属于各自较小的卡片组。它们是否属于更大的卡片组？可能不会，但把它们归类到一个更广范围的大卡片组中是有益的。相反，更大的卡片组可能需要被分解成更有意义的子组。

步骤 7：走查亲和图

在所有的调研活动结束后，团队成员应该一起讨论并走查亲和图。你可能需要录制讨论现场，或让记录员记录笔记，因为记录讨论结果是有用的。小组成员应该一起尝试确定高级别卡片组，并将大卡片组分解成更多有意义的子组。对每个小组的描述应该达成一致。小组成员可以随意增加卡片，描述产品信息、新见解、设计思路和下一步调研需要问的问题。

提示

给卡片分类限定好时间（例如，1 小时）可以防止团队成员过度分析所需放置的位置。你可以稍后移动卡片或卡片组。把卡片放在自己的地方，靠近另一张卡片，或者带着一张卡片，快速移到下一张卡片上。

提示

亲和图完成后，要拍照记录，可以向相关方展示，也可以说明亲和图是如何组合在一起的。将亲和图放置在报告中，可以更好地描述如何分析数据。很多产品开发人员和高管不熟悉亲和图，若以图片的形式展现最终结果会更有说服力。即使他们无法阅读所有的细节，亲和图也可以让他们知道你做过的工作。

图 12.6 是根据一系列虚构的 TravelMyWay 焦点小组调研结果产生的亲和图。展示这张图的目的是让你了解亲和图是怎样的。因此，我们没有关注每一张卡片上的内容。方框中的便签记录了参与者的回答。不同的颜色代表不同的参与者。当相同的参与者做了类似的评论时，便签被堆叠在彼此的顶部，而不是放置在正框中的不同位置。你会注意到一些便签穿过类别分组线，这意味着该评论属于多个类别，并说明争议是相关的。实际的亲和图可以在任何绘图程序上重新绘制，这样它可以直观地显示在报告中。可以在图 12.6 中添加更多的细节，并把结果展示给相关方查看。

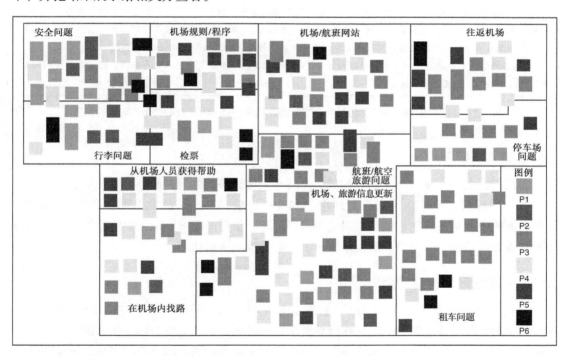

图 12.6　虚构的 TravelMyWay APP 焦点小组亲和图

12.6　结果沟通

根据所收集的数据的复杂程度，可以创建一个简单的信息列表，这些信息是从焦点小组活动中总结出来的，例如比较两个或更多不同类型用户的答案，或是对用户回答每一个问题的总结。图 12.7 是报告的部分样例。

提问的问题：

什么促使你分享酒店的房间？

最初介绍理念时，参与者表示不愿意与陌生人共享酒店房间。一旦参与者开始讨论共享房间可能的优点时，他们的态度变得积极起来。不管哪种类型的用户，都认为省钱是最明显的优点。此外，所有参与者都要求让有信誉的机构负责匹配客人。"危险"或"可疑"的客人将被筛选出去，同时匹配相似兴趣和习惯的人（例如，吸烟与非吸烟），这样他们会感到舒适。

一般情况下，女人表达了自然社交的好处。这包括有人陪同做某些事情，如去吃饭、观光、分享共同的经验。女性参与者表示，旅行的目的之一是观看和了解一个新的城市，但很少得到满足，因为她们不喜欢独自观光。她们还提到增加安全性是另一个好处。大多数女性参与者说，如果晚上有人陪同，她们将更有可能探索新城市。最后，大多数的女性参与者明确表示，只有兴趣与女性共享一个房间。

另一方面，成年男性参与者讨论了在网上寻找同伴共享房间的好处，特别是如果他们都出差，做相关业务（例如，参加同样的会议）时。男大学生表示，有人陪同逛街会很"酷"，但社交方面并不是最重要的。没有男性参与者提到共享房间会增加安全性这个可能的好处（或结果）。男性参与者也没有提到会关注性别。这并不意味着男性顾客不关注客人的性别，只是在决定共享房间时，性别并不是他们首要关心的问题。

总体而言，对于共享房间，大学的参与者（男性和女性）比那些非大学的人更有兴趣，因为共享房间可以省钱，这是他们首要关注的事情。

图 12.7　报告的部分样例，总结了多次调研和多种类型的用户对同一问题的回答

12.7　经验教训

下面三条是关于焦点小组用户构成、主持和记笔记方面的经验教训。

我们不建议过早地将不同级别的用户混合在一组。第一条经验说明了为什么。此外，正如前面所说，主持人和记录员在跟进用户评论时有很好的领域知识是很重要的。主持人还需要知道如何处理刁蛮用户，甚至让用户出局来拯救调研活动。

12.7.1　混合多种类型的用户

进行一系列焦点小组调研，以了解护士和医生对病人问题列表（PPL）的使用。建立PPL的目的是能迅速了解病人的医疗保健情况或医疗病史，无需审查病人所有的病历。医生和护士都使用它。所以开发团队希望在同一个调研中结合这两个用户类型来减少所需调研的次数，并能听到不同的视角的讨论。因为医生和护士的工作内容是不同的，他们之间的关系可能是对立的，所以我们坚持把这两种类型的用户分开进行调研。

在一次与医生的调研活动中，参与者开始批判护士做的文书和笔记。一个开发人员碰巧是注册护士，她正在另一个房间观看，听到医生的评论后，她几乎想跳过单向镜！将两种类型的用户合并在一起，可能会表现很好，但我们将得不到诚实的意见。调研时发生医生谩骂护士的行为，似乎显得医生心胸狭窄。但有一点是明确的，护士做的笔记（发现工作中的价值）不能满足医生的需求。产品开发团队的每个人都意识到，在未来的调研中要把两种类

型的用户分开调研，这样会更安全和更具启发性，即使这意味着要组织更多的调研。

12.7.2 让刁蛮的参与者离开

依然拿第一条经验中医疗焦点小组作为例子，每一次调研提出了 10 个有趣的问题。每个问题都用投影展示，然后用接龙回答的方式，让每一个参与者都有足够的时间发言。回答完后，进行自由讨论。护士组的焦点小组完成得非常好。给他们讲解了基本的参与规则后，整个活动期间，没有再提及。

医生组的焦点小组比较难主持。参与者没有坚持接龙发言方式，经常打断对方，不同意对方，并在调研结束后大声地说话。主持人经常提醒基本规则。一位强势的医生批判了另一位温和医生的意见和想法。尽管强调"每个人都是正确的"和"不能批判别人的思想"，强势的医生依然我行我素，而温和医生停止讲话。消极的气氛感染了其他参与者，他们开始互相批判。

我们意识到，即使有大量的主持经验，也很容易失去控制。一旦让一个负面或强势的参与者主导了小组谈话，该组的其他成员就会效仿（例如，批判对方）或集体退出活动。有时幽默和礼貌地提醒也不起作用。让调研回到正轨需要强硬的力量。在这种情况下，把强势的参与者叫到一边，要求他不能批评别人，否则离开。这是不舒服的，但为了其他参与者，并收集良好的数据，一旦意识到强势的参与者影响了整个调研，就要制止他。

有关主持的更多提示和信息，请参见第 7 章相关内容。

进一步阅读资源

对于焦点小组初级研究者，我们推荐以下书籍，它们涵盖了从计划、执行到最后的数据分析：

- Krueger, R., & Casey, M. A. (2008). Focus groups: A practical guide for applied research (4th ed.). London: Sage Publications.

下一本书包含了很多短案例研究。每个章节都涉及如何使用焦点小组来解决特定的需求（例如，市场研究、参与式设计、基于情景的讨论等）：

- Langford, J., & McDonagh, D. (Eds.), (2003). Focus groups: Supporting effective product development. London: Taylor & Francis.

可以从这两个网站上找到有关焦点小组的资料：

- www.groupsplus.com/pages/articles.htm. This site also includes an overview of the focus group process, organized as a calendar of events.
- http://www.stcsig.org/usability/topics/focusgroups.html.

12.8 本章小结

在这一章中，我们讨论了什么是焦点小组，什么时候使用焦点小组，使用时应该注意的事情。我们还讨论了如何准备和进行焦点小组活动。在下面的案例研究中，Peter McNally讨论了在金融服务行业中如何使用焦点小组，以获得更好的用户体验。

案例研究：设计理念焦点小组

——Peter McNally，本特利大学用户体验中心

概述

本案例研究着重介绍一个系列的焦点小组调研，共三个，目的是对美国金融服务公司设计的几个在线理念收集反馈。将讨论初期计划，包括招募参与者、后勤工作及编写讨论提纲。将详细讨论开展焦点小组的步骤和技巧，包括打破沉默的技巧，让每个人都参与进来，以及把用户体验技术带入到营销管理方法论中。

背景

金融服务客户在2013年走进宾利大学的用户体验中心，寻求与退休规划相关的几个设计理念方面的反馈。最初我们以为客户会一直跟进设计过程，并能够为他们的设计理念提供线框图。所以刚开始，我们考虑使用可用性测试方法。当知道每一个设计理念只有一张图表或模型，主要研究目的是确定客户是否会接受这些设计理念时，我们建议使用焦点小组方法。此外，客户是在寻找关于这些设计理念是否有用的意见，不是对原型进行可用性测试。鉴于此，个人的单一反馈调研，如可用性测试，将不合适，且成本高，因为这会花一个多星期的时间听相同数量的参与者的反馈。而本项目从开始调研到最后的总结汇报，工期历时约四周。

初步规划

我们与客户项目经理、创意总监、用户体验设计师和客户设计机构的其他人员一起开了项目启动会议，确定了项目目标、时间表，并确定了招募人员和评估设计理念的一般方法。第一步是招募参与者。

招募参与者

客户希望得到三种不同用户群对5个设计理念的反馈：理财规划师、接近退休的消费者和刚工作的消费者。

三个用户组将看到相同的设计理念。在理想情况下，最好是每个用户组至少举行两次焦点小组调研，以防止调研偏差。然而，因为三个用户组将看到相同的设计理念，并在规定的预算和时间内完成项目，所以我们认为每个用户组进行 1 次焦点小组调研，仍然可以获得有价值的数据。

招募过程类似于可用性测试的招募。我们为每个焦点小组设置筛查员，并聘请猎头公司招募参与者。每个焦点小组招募了 10 名参与者，原因有两点：首先，超过 10 个人不利于讨论；其次，如果 1～2 个参与者缺席，则 8～9 个参与者依然能很好地讨论。

编制讨论提纲

随着招募参与者的进行，在超过两周时间内，我们与客户组织了几次会议，制定了讨论提纲。讨论提纲的关键部分是要了解客户想得到什么反馈。客户和设计机构给我们提供设计理念。开始用文字粗略地列出开展焦点小组活动的流程。最后，为便于演示，讨论提纲被转成三个独立的 PowerPoint 文件。

管理

在焦点小组的第一部分，我们介绍了主持人 / 参与者，设置了基本规则和期望，并签署了知情同意书。接下来，我们做了介绍。作为介绍的一部分，我要求参与者说一个他们认为好用的、有趣的或者娱乐性的网站或 App。该网站或 App 可以是任意的，不必与退休规划有关。大家的回应有 Twitter、Instagram 和 Words with Friends。打破沉默的好处是，参与者可以继续讨论，他们正在与你分享你不知道的经验。接下来，我们将解释焦点小组是怎样进行的。最后，我们提出具体的规则，以确保调研顺利运行：

- 我会提问很多问题！
- 回答没有正确或错误之分。
- 欣赏诚实的参与者。
- 希望听到每个人的发言。
- 由于时间原因，我会礼貌地打断你！
- 所有的想法都是好的。但我们期待不同意见。同意和不同意彼此是自由的。
- 提供有建设性的反馈。

焦点小组加入 UX

我们展示了几个设计理念，每一个理念花费大约 15 分钟，用一张幻灯片展示特征列表，用一个或多个幻灯片展示高层次的设计或提供视觉表现的图形。另外，我们提供了场景，设置用例或问题，而不是直接跳到设计理念的功能上。提供场景可以让参与者了解项目，并把重点放在目标或问题上。例如，对一个退休储蓄计算员，我们使用了以下方案：

你需要为退休储蓄更多的钱，但还有很多开销，如租金 / 抵押贷款、汽车付款和其他费用。你听到每个人都说，你要多储蓄些退休金，但对你来说，比较现实的数字是多少呢？

当参与者看到设计理念，他们在讨论中会提到场景。此外，对于有用户界面的设计理念，我们让参与者进行了可用性测试，有的是单独进行，有的是小组一起进行。例如，一个设计理念有两个界面，第一个显示主菜单，第二个屏幕显示扩展菜单。展示第一个界面时，我们请一位参与者描述每一个主菜单下他所期望看到的内容。我们也让其他参与者描述他们的期望。我们问退休储蓄计算员他们希望输入什么样的具体信息。之后，我们讨论了输入的信息，得到他们的反馈，并知道哪些达到预期或者哪些没有达到预期。虽然这种方法不会像可用性测试一样提供详细的数据，但可以避免设计发生偏离。通过结合一些基于场景的活动，帮助参与者浏览设计理念，让设计理念变得多少真实一些。让客户参与了调研过程，这可以帮助客户意识到用户研究的重要性。

后勤工作

在三天里，我们举办了 3 个 90 分钟的焦点小组。我们把焦点小组安排在晚上，尽量让参与者都参加。为焦点小组的参与者提供了一百美元的奖励和一顿晚餐。为了给参与者足够的时间到达、吃饭和准备，我们要求参与者提前 20～30 分钟到达。即使焦点小组活动的实际时间为 90 分钟，我们计划调研将需要 2 小时。

我们使用了带三个房间的实验室，该实验室用于可用性测试和焦点小组。进行焦点小组活动时，参与者围坐在一张桌子旁，主持人站在一头。有一个记录员协助主持人。图 12.8 展示了参与者们在 UXC 参与者房间。

在投影仪上展示设计理念和其他材料。我们还打印了相关材料，便于参与者阅读。

图 12.8   在本特利大学用户体验中心进行的焦点小组讨论

分析和报告

焦点小组调研结束后，我们花了好几天的时间来回顾我们的记录，并分析数据。在分析中，寻找每个设计理念中的趋势和模式。完成全部调研和分析后，制作 PPT 格式的报告。作为焦点小组的快照，通过一个表格总结了用户组对每个设计理念的整体印象，让客户对调研结果一目了然（见表 12.3）。

表 12.3　设计理念快照

理　念	接近退休的消费者	刚工作的消费者	理财规划师
设计理念 1	好	好	好
设计理念 2	很好	很好	很好
设计理念 3	一般	好	差
设计理念 4	差	一般	差
设计理念 5	好	好	差

设计理念 4 表现得最差。我们建议，应该重新审视该设计理念。报告的其他部分详细地讲述了每一个设计理念。对于每一个设计理念，我们用一张幻灯片重点描述焦点（用户）小组对它们的整体印象（例如，它们有用或没用的主要理由）。例如，对于某个设计理念，参与者认为是好的，但还需要规划师的意见。基于参与者的反馈，针对提高设计理念，我们也提出了一些建议。最后，我们以收获和建议结束了报告。抛开设计稿，我们也为每个用户群的设计提供了总体建议。

焦点小组的主要收获

UX 专业人员，大多采用一对一的调研方法，如可用性测试和访谈，似乎焦点小组有些令人畏惧；然而，一旦参与者参与进来，并开始讨论，你会发现对于早期调研和头脑风暴，这是一个很好的方法。我建议在下面的情况下使用焦点小组：

- 在设计前验证设计理念。你可能知道需要调整设计理念，或改变设计理念的方向。
- 为了开发新想法 / 理念，与用户进行头脑风暴。有时需要跟用户、客户或潜在客户讨论，了解假设性问题。

当然，如果有可以交互的原型，我建议使用可用性测试。

招募与组织工作

- 确保设备正常运作。
- 如果使用外部的猎头公司，确定是否对参与者隐藏焦点小组的客户 / 赞助商（例如，如果要求保密）。

- 询问饮食禁忌。避免选择吃起来能发声的零食，如薯片，因为这可能分散焦点小组成员的注意力。

手段

- 可以与少量的同事练习调研，至少进行一次，且走完整个过程，练习互动技巧。在第一个焦点小组开始前，我们组织了试点焦点小组，帮助我们改进技术，把握好时间和增加自信。
  - 在练习焦点小组期间，检验所有的录制设备。
- 关注焦点小组的最佳实践，特别要鼓励每个人都要参与，不让某个参与者占主导地位。
  - 提前说明一般规则——确认每个人都把手机调为振动状态。
  - 使用姓名牌，便于叫出参与者的名字。
  - 如果焦点小组活动超过 1 小时，中途休息 5 分钟，便于参与者去洗手间等。
- 在需要的地方选择合适的互动活动。这是打破焦点小组或混合其他活动的好方法。包括以下例子：
  - 协同可用性测试或认知走查，将基于任务的可用性技术应用于传统营销方法论。
  - 有 2 个或 3 个参与者参与的小规模卡片分类活动是另一个不错的活动，参与者必须对项目或概念进行分组和命名。可用于早期的信息架构调研。每个小组完成调研后，有人总结活动。这可能会导致一些大的群体讨论。在本次焦点小组中，我们没有做这项活动，但在合适的时候，它是有价值的。

分析与报告

- 提供概要，让客户快速浏览调研结果。
- 围绕客户、顾客或商业赞助的目标组织报告。
- 引述用户的言论以支持重要发现或建议。

结语

知道什么时候使用焦点小组。正如之前讨论的，基于任务的技术，如协同可用性测试，可以增加焦点小组，但主要目的是收集用户意见。一些客户或顾客认为焦点小组和可用性测试的目的相同，但实际上不同。如果你需要了解用户是否可以成功地与原型或系统进行交互，选择可用性测试比较合适。

第 13 章

实 地 调 研

13.1　概述

实地调研是指在用户环境中收集数据，过程中涉及许多数据收集技术包括观察、见习和面试。在实地环境中（即，在用户的环境中）收集数据有时也被称为"现场勘查"，但是，现场勘查包含的更广，没有必要收集数据时（例如，进行销售演示），可以与客户进行互动。在用户环境中收集数据又被称为"民族志研究"、"情境调查"和"实地研究"。

进行实地调研，访问用户环境的次数可以为一次、几次或多次，地点可以选任何用户生活环境，如工作、通勤、度假、休闲、出访、锻炼、就餐、逛街等。 通常在用户的家中或办公室进行实地调研，但正确的实地调研地点是用户最终使用产品的地方。例如，为农业环境开发计算系统，调研员在葡萄园观察用户（Brooke & Burrell，2003）。这听起来很有趣！

根据目标、资源和具体研究方法的不同，实地调研持续的时间也不同，有的持续几分钟、几小时，有的持续数天或数周。实地调研最大的好处是，可以在用户环境中观察用户完成任务的情况。可以直接观察他们的工作流程、低效率局面和存在的问题，以及令人愉快的事情。这些信息帮助你发现用户语言，了解未满足用户的需求，并观察如何让产品适应用户环境。

你会注意到这一章与其他章节有些不同。在前面的章节中，我们针对某一特定用户调研方法提供主要的方案，然后补充一些修订。而实地调研没有最好的方式，这取决于调研目标和访问的用户。因此，我们将提供一些可供选择的方法。在本章中，我们讨论不同类型的实地调研，帮助你进入用户环境收集数据。还将讨论如何选择最佳的方法来回答问题，特别是，如何分析收集的数据，以及怎样把结果呈现给相关方。最后，通过一个案例研究表明"实地"调研的价值。

要点速览
- ➤ 注意事项
- ➤ 方法选择
- ➤ 调研准备
- ➤ 调研执行
- ➤ 数据分析及处理
- ➤ 结果沟通

13.2 注意事项

不管是提议使用实地调研，还是执行实地调研，都会面临挑战。当决定进行实地调研时，要注意下面的问题。

13.2.1 获得相关方支持

说服他人在有限的时间和预算内同意实地调研，这是很难的。因为产品开发有严格的预算和时间限制，而实地调研周期长，需要到现场勘察，所以得到他们的支持很难。说服产品团队或管理人员同意访谈或可用性测试，这是比较容易的，因为所需要的材料少，并能在短时间内提供调研结果。

然而，要了解用户的工作情景，短期的、基于实验室的调研不如到用户实际环境中观察用户。写一份详细的提案，演示你想收集的信息和什么时间开始。此外，提案还包括预估成本、直接和长远的利益。可能还要展示有缺陷的产品用例，可能通过实地调研可以解决。更好地了解用户也可以提供竞争优势。当时间是最大问题时，可以指出加班赶进度，并指出实地调研可以获得长远收益。即便不能及时影响即将发布的产品，获得的数据在未来版本也能用。你希望能尽快用上数据，但不要让时间限制你收集数据。最后，你很可能需要说服并指导相关方进行实地调研，并说明现场收集的数据与实验室获得的数据是如何不同的，以及实地调研收集的数据如何更具有竞争优势。

13.2.2 其他注意事项

说服相关方进行实地调研后，在设计和执行实地调研时，仍然需要记住一些事情。

偏见的类型

在执行实地调研时，主要注意两种类型的偏见。一种是由调研员或主持人引起的，另一种是由参与者引起的。

如果调研员是新手，在观察专家用户时，可能会有倾向，在概念上简化专家用户解决问题的策略。当然这不是故意的，但是调研员没有专家的复杂心智模型，所以出现简化偏差（simplification bias）的结果。例如，如果调研员正在调研数据库管理员，他不理解数据库，他可能认为数据库仅仅是一个大的电子表格，并曲解（即简化）数据库管理员的解释或证明。一定要注意这种偏见。减少这种偏见的方法是，在调研之前，与专家进行交谈，他可以帮助你理解访谈的话题。另一种减少这种偏见的方法是要求用户或专家审查你的笔记或观察结果。他可以指出哪些地方过于简单，或哪些地方有错误。

其他类型的偏见被称为"表达偏见"（Translation bias）。专家用户会向调研员传达他们的知识以帮助调研员更好地理解。传达的内容越多，简化或歪曲知识、技能或其他的可能性就越大。避免这种问题的方法是调研之前，请专家对你进行培训或与他交流。如果缺乏必要的背景知识，就不能试探性提问用户，或者不能与专家（SME）交流。所以在访问前尽可能多地了解一些背景知识和领域词汇，这会是你的优势。学习领域知识要充满热情，并让自己精通，带上"可用性"的帽子，找机会提高自己。这不同于先入为主的观念。有良好的知识背景，但尽量不考虑解决方案。

被观察的效应

被观察时，参与者的行为会发生改变，这被称为霍桑效应（Hawthorne effect，Landsberger，1958）。改变后的行为很可能是他们的最佳行为（例如，按照标准程序操作，而不是使用捷径）。让用户感觉自在，并露出真正的行为，需要花费一些时间。用户的假象无法维持很长时间，所以你可以期待霍桑效应会随着时间的增长而减少；时间越长，关系越融洽，这种影响将越小。

更具挑战性的后勤工作

如果只是纯粹地观察用户，实地调研很简单，所需要的仅是笔和纸。有些观察地点（例如，公共场地），你甚至不需要得到任何人的许可。

然而，大多数实地调研是比较复杂的，因为你不仅在观察，还要与人（例如，招聘人员、销售人员、现场联系人、其他观察员、参与者、法律部门等）互动，而且更糟的是可能会在现场出错（例如，设备毁坏、缺少表单、迟到、电池没电）。由于这些原因，与其他方法比起来，实地调研更具挑战性（但也更有价值）。在实验室里即使设备出问题，也可以找到替代品或修复它，但在陌生的环境，可能无法解决。每一件设备都不可能准备两套。此外，陌生的环境会带来压力。一定要注重细节，提前准备周全的计划，避免一切可避免的问题，但调研的路上总是会有一些意外。

13.3　方法选择

　　实地调研应用于许多不同学科领域，从生物学到经济学。实地调研方法来源于人类学，并广泛应用于用户研究界，有时被称为"民族志研究"。然而，即使在用户研究界，关于民族志研究与实地调研也存在争议。关于争议，参见"实地调研与民族志研究"部分的内容。一般来说，典型的民族志实践需要调研人员有开放的心态、非自我的视角，没有先入为主的观念和偏见，并且不关注解决方案。在制定第一个问题或调研目标前，先观察用户、任务和环境。

实地调研与民族志研究

　　如果你参加了用户体验研究社区，你可能会听到同事们激烈地争论某研究是否适合称为"民族志研究"。民族志是什么？具有人类学博士学位的人是人类学家吗？如果你使用定量的方法来研究，会受到民族志俱乐部的阻碍吗？实地调研与民族志研究是从什么时候开始的？

　　Dumas and Salzman（2006）定义了民族志是实地调研的一种形式，并描述了它们主要的区别。实地调研是产品团队驱动目标和话题，而民族志是参与者驱动所需数据。由于性质不同，他们认为，"民族志研究是用于探索目的的最好方法，以帮助确定需求，并激发设计思路。"其他类型的实地调研更适合回答某产品的具体问题。

　　Kirah, Fuson, Grudin, and Feldman（2005）讲述了在软件行业使用民族志的历史（例如，从 PARC 到 Intel）。他们说，"软件公司使用民族志的目的是从用户的角度而非软件公司角度去体验世界技术。人类学家在用户环境里观察用户，这些环境对参与者的日常生活有意义和有直接影响。产品设计和开发会参考调研的结果，因此产品和功能是有意义的，并能吸引目标用户，这就是关键点。从本质上讲，人类学家把客户的声音带入到产品开发中（参见 13.6 节的介绍）。

　　他们还说，"民族志是定性研究的一种形式，在自然环境中完成。观察参与者和访谈是民族志方法的核心，最好的描述是参与其中，并尽可能多地观察参与者的日常生活。"

　　最后，他们说，"民族志数据收集的重要方面是理解参与者本人的观点，而不强加自己的想法、参考框架或概念框架"（参见 13.6 节的介绍）。

　　在这里，我们看到了必备技能的重要性，需要大量的训练，保持谨慎和坚持实践。正如在定量方法中，从业人员必须注意潜在的设计问题，以及注意参与者和调研者的偏见。实践民族志，坚持这些标准，需要大量的培训和努力。对这项任务的任职要求可能是要具有人类学、社会学或其他社会科学或领域经验方面的知识。

　　Stokes Jones——摩托罗拉移动公司首席调研员，贴切地指出，"正确的民族志研究倾向于'发现'，而不是强烈验证事先想好的'事实'观点，这和人性因素或可用性研究是相同的。"

　　总结一下，在用户研究界，什么是民族志和什么不是民族志存在争议。民族志研究和实地调研总是在用户环境中进行的，一些潜在的区别如下：

民 族 志	实 地 调 研
倾向于发现	倾向于回答目标问题
探索	引导
自然发生的	推理的
获得设计灵感	回答产品的特定问题
参与者驱动话题或结果	产品团队成员驱动话题或结果
整体性和数据驱动	目标或问题驱动
视角：参与者	视角：产品团队
时间长（例如，3 个月～6 年以上）	时间短（例如，1 天～6 周）

因为有争论，一些调研员已经停止使用"民族志"。Ken Anderson，英特尔公司的人类学家提出，"民族志是人们想要它是什么就是什么。它没有版权保护。对我来说，民族志是结果，不是方法。作为结果的民族志描述了生活方式。因此，毕业的学生主要局限于人类学和社会学。人们经常说的'民族志'通常仅指'观察参与者'。我强烈感觉到'学术民族志'和'非学术民族志'这种错误的区分危害了从业者和学者。它会产生什么，为谁产生和怎样产生，这是关键区分——也是读者的事情。"

在准备进行实地调查之前，需要了解可行的方法。这些方法包括从纯粹观察到成为用户自己。表 13.1 比较了这些方法的不同。

因为没有标准方法，我们会考虑一系列的技术。每个方法的目标是相同的：观察用户和收集信息，这些信息包括用户完成的任务和工作环境。每个方法的成本也非常相似（例如，收集和分析数据的时间、记录设备、潜在的招募费用和奖励）。不同点在于收集数据的方式和可以收集的信息。

表 13.1   实地调研方法的比较

方 法	摘 要	优 势	努 力 程 度	
纯粹观察	当不能或不想与用户进行互动时，可以隔开一段距离观察	● 灵活 ● 占用资源少	● 最小的 ● 处在良好的位置上，观察尽可能多的用户、网站或任务 ● 直到觉得足够了解了领域知识或重点领域知识，才进行现场调研	纯粹观察
沉浸式观察	该方法类似于纯粹观察法，但提出了要观察的重点领域和事情，使结构更加固化	结构更加固化，因此可以更深入地分析数据，并比较多个调研的数据	● 适中的 ● 因为结构更加固化，所以比单纯观察要花费更多精力 ● 一直在跟进，这可能是很累的 ● 让自己成为用户（如果可能的话），这是很有价值的，并收集记录项	

（续）

	方　　法	摘　　要	优　　势	努　力　程　度
与用户互动	情景调查	采访，当学徒，并与用户一起理解所产生的数据	● 情景调查比前两种方法更为集中，更具情景依赖性 ● 最后，带着可行的记录离去	● 高的 ● 努力程度要比纯粹观察高。必须编写观察指导，观察用户，成为学徒，并与他们讨论
	流程分析	捕捉流程中的任务顺序，这些流程可能跨越数天	比情景调查更集中、更快	● 适中的 ● 集中精力观察当前流程，让用户帮助你走完感兴趣的流程
	精简民族志访谈	使用半结构化访谈来指导观察	与这里描述的其他一些方法相比，需要更少的时间，它限定了观察范围，但也限制了数据收集	● 适中的 ● 要比纯粹观察法工作量大，因为需要制订计划、组织访谈、观察用户和收集记录项
方法补充	工具走查	收集参与者使用的所有记录项，为什么使用，什么时候使用和用来干什么	快速、容易执行	● 最小的 ● 观察参与者使用记录项情况，并收集记录项，努力程度较低
	事件日志	收集用户记录的工作表或收集持续更新的数据，而不是记录一次行为或选择	无需观察。与实验室观察和单次访谈相比，能了解更多细节	● 适中的 ● 创建和分发日志需要的努力程度较低 ● 分析多个日志的数据需要中等努力。分发日记和收到数据之间会有时间差 ● 依赖于参与者的坚持
	拍照	用相机记录使用记录项情况和工作环境	很容易，对数据分析和结果展示很有帮助	● 最小的 ● 只要参与者不介意拍照，会很快并容易地完成
	缺席观察	当地域、时间或其他制约条件阻止你亲自到场时，录制用户活动中的行为	如果你有多个录像机，可以同时录制多个用户	● 适中的 ● 设置镜头和录制需要很少的努力 ● 与用户再次约见并观看录像需要中等努力 ● 对行为进行分类和做索引需要中等努力

　　这里描述的方法分为三大类：只观察、与用户交互和方法的补充。在设计实地调研时，一定要记住保持灵活性。选择最能实现目标的方法，并且有资源实现该方法。收集不同类型的数据（例如，笔记、音频、视频、图片、记录项、速写、日记等），以获得更丰富的数据集。最后，不管选择哪种方法，事先或数据采集过程中，不要专注于解决方案。否则可能会误导观察和限制信息收集。你可以进行后续访问，调查假设性问题，但至少在最初访问时，关注点在数据收集上，并保持开放的心态。

要点速览
➤ 只观察
- 纯粹观察
- 沉浸式观察
➤ 和用户互动
- 情景调查
- 流程分析
- 精简民族志访谈
➤ 方法补充
- 记录项走查
- 拍照
- 不在场观察

13.3.1 只观察

当参与者进行非常重要的任务时（例如，医生在动手术，股票交易员在交易），不能与他们互动，否则会影响参与者的注意力，这时选择不与参与者互动的方法是合适的。只观察方法会限制信息收集，但它占用很少的资源。

纯粹观察

当你不能与用户进行交互时，纯粹观察技术是有价值的。因为隐私或法律的原因（例如，医院的病人），或在不能分散用户注意力的环境下（例如，急诊室），也许你不能跟最终用户交谈。在纯粹的观察研究中，用户可能知道或可能不知道他们正在被观察。如果想观察机场里人们对自助服务亭的最初反应，你可以安静地坐在合适位置的桌子旁，记录下经过，并记录查看和使用服务亭的人数。你还可以捕捉到这样的信息，如面部表情和听到的评论。如果在公共场地，不需要照片或视频录像，不一定要让参与者知道你的存在，这在法律上是允许的。然而，在大多数情况下，需要让他们知道你在观察他们（例如，办公室）。关于知情同意和与参与者的适当互动参见第 3 章。

显然，使用此技术，不需要与参与者互动。不需要分发调查问卷、采访用户或收集用户的记录项。将自己沉浸在环境中，并发现过程中的问题，这就是简单的纯粹观察。看到这里，你可以回到产品团队，建议用该方法追加重点领域的调研。

如果你是新手，要考虑下面的事情：

- 参与者使用什么语言和术语？
- 如果你观察现有系统的使用，用户真正使用了多少系统、软件或功能？
- 用户遇到什么障碍或停止点？

- 如果你对专注于任务感兴趣:
  - 用户需要多少时间来完成任务?
  - 用户会问什么问题来完成任务?
  - 用户借助什么工具来完成任务?

旅行的例子

Travelmyway.com 已经决定要开发一个手机 App, 允许用户查看旅游行程上的酒店、出租车并预订机票; 登记电子票; 并提供在线帮助。在公司投入资金前, 你想更好地了解旅客的需求, 以及他们在机场的行为。这时你不知道需要寻找什么, 但你知道, 在该 App 使用环境下, 观察用户, 这是明智的。

你已经在机场花了一周的时间, 观察人们迷路, 被接走, 办行李手续, 背起行李, 向服务台问路, 通过安全检查点, 并使用各航空公司提供的手机 App。在这段时间里, 你观察到几个人在安全线附近花了几分钟看他们的手机, 但之后走向登记站办理登机手续。在不同公司的登记站之间, 这似乎是一个趋势。你不知道为什么他们放弃使用 App, 而使用登记站来办理登机手续, 这显然是后续研究的问题。使用 App 几分钟后, 是什么让用户使用登记站办理登机手续, 你的公司如何才能避免这个问题?

因为在纯粹观察过程中没有与参与者进行互动, 所以得到的信息是有限的。你不能向参与者提问感兴趣的问题, 这些问题可能会帮助你理解为什么参与者会有某种行为。如果不了解该领域, 你可能不了解你所看到的, 这特别具有挑战性。此外, 不能影响事件, 只能获得表面展示的, 可能会错过重要的事件。因此, 有一个良好的抽样计划是必要的。抽样计划应包括可以预期的发生关键事件 (例如, 在感恩节前一天或在机场时有恶劣天气) 的天数或次数和 "正常" 的日子。然而, 不管抽样计划有多好, 仍然会错过罕见但重要的事件 (例如, 在机场时突然天气转好, 或在急诊遇到多发创伤)。尽管如此, 得到的信息是有价值的, 让你进一步理解了用户、任务和环境。Yogi Berra 说过, "通过观察, 你会发现很多。"

"我准备好了一些抽样计划"

作者: Abi Jones

沉浸式观察

一种更为结构化的观察方法被称为"沉浸式观察",沉浸式观察和纯粹观察的关键区别有:(1)沉浸式观察时,你要成为用户;(2)沉浸式观察有正式结构来组织观察的过程。英特尔调研员运用人类学技术开发了这一方法(Teague & Bell, 2001),应用于实地调研。他们的方法包括结构化观察、收集记录项和成为用户(即,在旅行的例子中,你会真正旅行和使用 app)。然而你不采访参与者、分发调查表或提供设计思路。

为了管理数据收集,系统或环境被分为十个要点领域,见表 13.2。目的是帮助你思考不同的环境。因为这些要点是标准化的,可以在多个场景以结构化的方式比较数据(稍后详细说明)。

当首次学习领域知识时,广度是重要的,即使损失深度。表 13.2 的要点是提醒你把重点放在大的领域,而不只是专注于小(易于收集)领域。这个列表对新手特别有帮助,了解所有需要观察的领域,并知道深度并不重要。

该表的另一个重要应用是帮助那些调研中的团队能更好地发现信息。很多时候,4~5人一组出去调研,每个人都独立观察,但大家的发现非常相似。这可能让参与的人都很沮丧,会导致相关方怀疑这么多人参与调研的价值,甚至怀疑调研的价值。使用该清单,给每个人一个特定的要点领域,有助于团队审查多个领域。此外,它还给个人指明方向和所有权,并让他们的洞察力对团队有独特贡献。

表 13.2 沉浸式观察的要点(Teague & Bell, 2001)

要点领域	问 题
家庭和孩子	观察家庭吗?有几个孩子?年龄范围是多大?孩子之间的互动活动是什么?父母和孩子之间的互动活动是什么?他们穿着怎么样?设计的场景支持家庭 / 儿童吗(例如,特别活动、特别地点等)?
食物和饮料	有食物和饮料吗?提供什么服务或消费?在哪里提供服务或消费?什么时候服务?有特别的位置吗?吃东西时,人们做其他事情吗?服务是什么样的?只是某些人消费食物和饮料吗?
创造环境	空间布局如何?它看起来像什么?尺寸、形状、装饰和陈设品是怎样的?有主题吗?是否有任何时间或空间的线索(例如,墙壁和窗户上的时钟显示时间,或指向外面的方向指示)?
物品	有人携带物品吗?人们使用物品的频率?人们是如何携带它们的?用它们做了什么?人们获得了什么?
媒体消费	人们阅读、观看和聆听什么?是人们自己携带的,还是在哪里买的?他们在哪里和什么时候进行媒体消费?当媒体消费时,他们做什么?
工具和技术	使用了什么内置技术?它是如何工作的?是为客户服务,还是为公司服务?这种技术明显吗?
人口特征	环境中人们的人口特征是什么?他们是否以团体形式存在(例如,家庭、旅行团)?他们穿着怎么样?他们如何互动?他们如何表现?

（续）

要点领域	问　　题
交通信息	该地方的交通流量如何？它是这样设计的吗？交通情况如何（例如，人、汽车、高尔夫球车）？哪些地区是交通高流量区或低流量区？为什么这些地区是交通高流量区或低流量区？人们在哪里逗留？
信息和通信接入	信息和通信接入点是什么（例如，付费电话、ATM、计算机终端、信息亭、地图、标志、提纲、目录和信息台）？人们使用它们吗？使用的频率如何？人们如何使用它们？它们位于何处（例如，立即可见，难以访问）？它们看起来怎么样？
总体体验	不要为了一棵树，放弃整个森林。整体环境是什么样的？你注意到的第一件事和最后一件事是什么？它们是怎样的？与相似的环境的相似程度如何？是否有任何标准的行为、规则或仪式？（从高水平和全面的视角思考，而不是集中于细节）

　　英特尔的许多调研表明，无论调研系统、用户或环境，这十个要点代表了该领域，并支持有价值的数据收集。该技术是灵活的。收集数据时，要点的最小数量不受限制，观察每个要点领域的时间也不受限制。然而，即使某个特殊的要点领域似乎并不适合你的调研，仍然应该尝试收集这些信息，这些信息可能对你有启发！例如，当你在办公环境中调研用户时，把"家庭和孩子"作为要点是不合适的。谁会带着家人一起工作呢？但是，你可以观察到参与者不断地接到配偶的电话和孩子的短信。也许，他们会抱怨因为参与调研而不能回家，或不能准时出席女儿的独奏会。这也许意味着参与者的工作很忙，家庭生活中的问题波及工作，反之亦然。即使你并不认为某个特定的要点适用于你的调研，也用开放的心态接受它，并期待着惊喜。

　　和纯粹观察一样，我们建议在一天和一周的不同时间段收集数据。例如，你可能在下面三个时间段观察到不同的事情：星期一早上 8 点、星期六早上 8 点、星期三晚上6 点。

　　沉浸式观察强调你始终在观察。使用早期旅行的例子，从出发到机场，开始进入观察状态。不只是进入机场后再观察，从一开始就观察。注意停车位和接人指示标志。目的是获得对系统或环境的整体认识，这超越了情景调查（参见 13.3.2 节）。

　　当你观察用户和环境时，创建地图（见图 13.1）。标出哪里发生哪些行为。如果重点是家庭和孩子，标出家庭或孩子（例如，儿童攀登架、家庭浴室）的位置。家人往往会在哪里逗留？除了创建地图，收集创建地图需要的其他记录项。收集每一个可以拿到手的记录项（例如，物品或项目，用户使用它们完成任务或任务的产物）。如果允许，拍摄照片或视频，一定要记住得到允许后才能拍摄。

　　最后，让自己成为用户。如果有兴趣设计在机场使用的移动 app，使用每个可用的移动app 办理登机手续，但不要误解为自己是真的最终用户。深入这个过程，有助于你了解用户经历了什么，但并不意味着你就是最终用户。

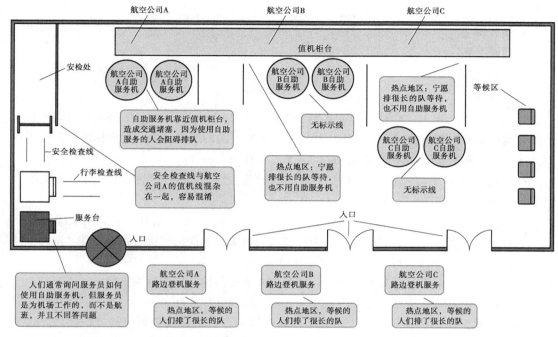

图 13.1　机场信息服务亭调研地图——标注出了热点地区和存在的问题

提示

当执行纯粹观察和沉浸式观察时，要注意以下事项：

- 保持低调。不要宣布你的存在和你正在做什么。远离每个人，保持安静。
- 像其他人一样行动——或者仅仅观察他们。你可以浸入其中（例如，穿着、行为和语言），也可以站出来观察人们的反应。如果你不观察他们，他们会怎么做（例如，穿着不当）？也许，直到你观察他们，才知道某些禁忌并非真正的禁忌。
- 找到合适的记笔记方法。记录别人的行为时，你不想让他们注意到你正在观察他们。找到一种方法，既可以记录笔记，又不明显。比较简单的方法是携带袖珍记事本，或者找一个孤立的角落，口录笔记（第 9 章讨论了记笔记的方法）。
- 想想"大画面"，不要只想着某个有趣发现的解决方案。要对环境、用户和任务有一个全面的了解。
- 注意标志牌。张贴标志牌是有原因的。它们要传达什么重要事情，为什么？

13.3.2　和用户互动

对于真正的产品开发（不只是了解某领域或准备另一个用户调研活动），与用户互动比仅观察要好。单独观察时，你不会得到足够的设计信息。你需要经常跟进有互动的观察，或两者结合。一些方法可帮助你完成这些，包括：

- 情景调查
- 流程分析
- 精简民族志访谈

情景调查

Beyer 和 Holtzblatt（1998）写了本关于情景调查（CI）和情景设计的书。情景调查是一个非常流行和有用的方法，在本章中，我们介绍了本方法的基本知识。如果你经常会使用到该方法，我们强烈建议你读这本书。情景调查主要有四个部分：

- 情境。你必须去用户的环境中了解他的行为。独自观察或没有情景的访谈是不充分的。
- 合作。为了更好地理解用户、任务和环境，你应该与参与者建立和谐的关系。让自己沉浸于参与者的工作中，做他做的事情。显然，不能同时进行多种工作（例如，外科医生、战斗机飞行员），所以必须保持灵活。
- 解释。观察员必须给参与者解释，让参与者验证假设和结论是否正确。
- 专注。创建观察提纲，保证专注于感兴趣且需调查的主题。

与纯粹观察不同，在情景调查中，用户知道你的存在，并成为调研的合作伙伴。这个过程可以很快，只花几个小时或一天。在结束时，走查可执行的项目，开始设计产品，准备下一个用户调研活动（例如，可用性测试、调查问卷），或准备领域的创新和未来的研究。

情景调研是从编制观察提纲开始的（见图 13.2）。这个列表包含了常规的关注点或问题，以指导观察。但该列表不包含具体的问题。可以参考表 13.2 所列的要点，建立观察提纲。我们使用移动旅游 App 的观察作为例子，寻找的痛点可能是用户挫折的来源。指出哪些原因可以让旅客使用该 App，而不是使用自助检票亭或航空公司的代理。指出哪些原因让旅客放弃使用 App，和使用该 App 的时长。调研目标和想要了解什么会显著影响观察提纲。

> ○ 观察提纲：收集旅游App
> ○ 问题：
> 　■ 一起旅游的人的交互行为（例如，把包递给另一个人拿着）
> 　■ 旅游团之间的交互行为（例如，排队等候时寻求信息）
> 　■ 使用手机App的时间长度
> 　　● 寻找预定
> 　　● 值机
> 　　● 注意行李，如果有的话
> 　■ 个人交互类型
> 　　● 值机失败导致的问题
> 　　● 检查行李
> 　　● 在安全线处
> 　■ 忙碌和缓慢阶段（即，匆忙和等待）

图 13.2　旅游 App 观察提纲的部分内容

下一步，要仔细挑选有代表性的用户。Beyer 和 Holtzblatt 建议是 15～20 个用户，但依据经验，在工业实践中 4～5 人更常见。参与者的数量应该取决于要回答的问题。问题越集中（窄），用户、任务和环境越一致，参与者的数量会越少。例如，如果调研某一机场的频飞旅客，而不是所有机场的所有旅客，你可以观察较少的参与者，这样对于结果的可靠性更有信心（参见 13.4.2 节的介绍）。

情景

与单个参与者一起，从观察他的行为作为开始。目标是收集正在进行的和单独的数据点，不对参与者的工作方式进行总结或抽象描述。最好有两个调研人员，一个记录，另一个访谈，并且能够快速互换角色，这样可以提高数据收集的质量。通常，参与者与调研员心有灵犀。你可以要求参与者使用出声思维法（见 7.4.1 节的介绍），或者可以让参与者回答问题，甚至可以在参与者完成任务后再提问问题。你的选择应该取决于环境、任务、目标和用户。

例如，旅客通过机场安检时，可能无法使用出声思维法。由于安检区限制他人存在和禁止使用录音设备，这时也很难观察他们。最好等旅客完成安全检查后再问他们问题。在安检区回答的问题可能包括，"你如何确定使用哪一条线？""你为什么要问保安人员是否可以穿着鞋子？"和"你是如何使用该 App 来确定安全线等待时间的？"

合作

一旦参与者和你建立了和谐的关系（参见第 9 章相关内容，了解如何与参与者发展友好关系），就可以建立师徒关系。要事先考虑潜在的伦理和法律问题（见 3.2 节），只要公司允许，让参与者成为老师，教导你（学徒）如何完成任务。尽管某些环境有限制（例如，可能不允许进入飞机的驾驶舱），参与者也可以针对活动的某些方面指导你（例如，可能允许与飞行员一起坐在飞行模拟器中）。

在这段时间内，很容易发展和谐关系。但是要避免下面的三种关系，因为它们不利于公正地收集数据：

- 专家—新手。因为你营造了一个专家的环境，用户可能认为你是专家。这样提醒参与者很重要：他是专家，你是新手。
- 采访者—被采访者。参与者可能认为这是一个访谈，如果你不提问问题，他认为你已经明白了一切。告诉参与者，你是该领域的新手，作为新的雇员，需要他的指导才能开始工作。他无需等待你的问题，可以直接告诉你相关信息，并进行指导。
- 客人—主人。你是用户的合作伙伴，应该参与他们的工作。用户不应该像对待客人一样招待你（冲咖啡），而你不应该侵入用户的个人空间。在用户一旁，了解用户知道的。

提示

这可能听起来很痛苦，但记得要自己携带水和零食。不要让肚子的咕咕叫声打扰到访谈。提前准备好咖啡和喝咖啡时间。安排好就餐计划，若得到参与者的许可，可以与他一起吃午餐，这样可以充分体验参与者的一天。在私人时间里，不要打扰参与者。

解释

情景调研的一个关键方面是向参与者解释你的理解，并让他们验证理解是否正确。你不必担心用户为了迎合你，而同意不正确的解释。当你们建立了牢固的师徒关系后，用户会指导你了解整个过程，并将纠正任何误解。他会经常补充解释，扩展你观察不到的知识和认识。

记住老师说过的话："唯一愚蠢的问题是你不提问。"不要害怕提问问题，即便问题很简单，正确地表述它们即可（见 7.4 节相关内容和表 7.3）。除了增加自己的知识储备外，你可以让参与者更多地思考标准的做法或"这就是我们一直做的方式"的心态，以帮助你理解（见 9.3.3 节相关内容，关于与用户沟通及让用户提供有效信息的提示）。

专注

在整个过程中，要保证调研集中在感兴趣的领域内。从编制观察提纲开始（参见图 13.2）。在整个过程中参考这个提纲。由于参与者是老师，他将引导谈话，指出有趣的事情。接受参与者发现的重要事情，这很重要，但要批判地对待获得的数据以引导设计、下一个用户调研活动或创新。用户可能觉得在更高水平上涵盖所有的话题会很有趣，但你的重点是挖掘感兴趣的领域细节。请记住，魔鬼在细节中，如果你没有挖掘到细节，那你对数据的解析将不足以引导设计、下一个用户的研究活动或创新（参见 9.3.3 节相关内容，以了解更多如何引导与参与者会话的知识）。

流程分析

流程分析是一种主要的实地调研方法，目的是了解工作过程中的任务顺序，这个过程可能会跨越几天。它与情景调查类似，不同点是，我们会带着一系列的问题开始流程分析，并且不需要与用户建立师徒关系。在流程分析结束时，要绘制流程图，可视化演示流程中的步骤（图 13.3 即是一个旅行者使用手机 app 的简单流程）。因为流程分析比情景调查更为集中，所以可以更快地进行。

下面是流程分析时需要回答的问题：

- 什么时候开始流程分析的第一个任务？
- 什么触发它？
- 谁做？
- 任务开始时，需要什么信息？
- 任务中的主要步骤是什么？
- 会有什么信息表现出来呢？
- 谁是流程链的下一个人？

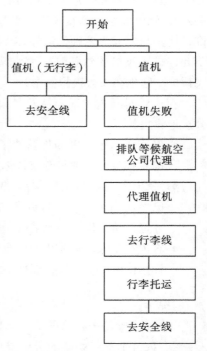

图 13.3　旅行者办理登机手续的流程图

- 下一个任务何时发生？（在流程中重复的每一项任务）
- 你怎么知道什么时候流程结束？
- 这个流程关联其他流程吗？
- 这个流程曾经重新开始过吗，如果是，那么在什么情况下发生？
- 会发生什么错误？有多严重？发生的频率如何？
- 高效工作的主要障碍是什么？

精简民族志访谈

基于专家公认的认知科学模型，精简民族志访谈采用其标准，并着重于半结构化访谈（semi-structured interview，见 9.2 节）。询问首次接受采访的用户，如何完成一项任务，以及围绕工作产生的其他信息。之后观察用户如何进行任务，使用哪些流程和记录项。收集记录项（artifacts），并讨论。调查人员使用一组标准的问题，而不是一般的观察提纲，专门针对感兴趣的问题设计，以指导访问，但保持问题的灵活度。

这种方法与情景调查的"自下而上"形成对比，它的特点是"自上而下"，因为访谈形成了一个总体框架，观察范围来源于访谈提纲。这一技术花费的时间比上面所描述的其他技术要少得多，但也限制了数据收集，因为访谈框架限定了观察范围。

进一步阅读资源

下面的书籍提供了不错的精简民族志访谈案例：

- Dewalt, K & Dewalt, B (2011). Participant observation: A guide for fieldworkers, 2nd Edition. Plymouth, UK AltaMitra Press.
- Bauersfeld, K. & Halgren, S. (1996). You've got three days! Case studies in field techniques for the time-challenged. In D. R. Wixon & J. Ramey (eds), Field methods casebook for software design, pp. 177-195. New York: John Wiley & Sons.
- Wood, L. (1996). The ethnographic interview in user-centered work/task analysis. In D. R. Wixon & J. Ramey (eds), Field methods casebook for software design, pp. 35-56. New York: John Wiley & Sons.

13.3.3 方法补充

下面的 4 个活动可以和上述方法一起使用，也可以单独使用：记录项走查、拍照、缺席观察和事件日志。在图 13.4 中给出了事件日志的示例。更多关于日记研究的内容见第 8 章。其他补充方法将在下文讨论。

记录项走查

记录项走查是一个方便快捷的方法，但要提供必要的数据。记录项走查从确认参与者完成特定任务使用的记录项开始。记录项包含一些物件或项目，用户用它们来完成任务，或者记录项是任务的结果。可以包括以下几类：

- 官方文件（如手册、表格、清单、标准操作程序等）。
- 手写笔记。
- 根据需要打印出的文件，然后被丢弃。
- 通信（例如，办公备忘录、电子邮件、信件等）。
- 任务的输出物（例如，从旅游预订中确认号码）。
- 短信。

规划你的假期

ID：P1

日期：＿＿＿＿＿＿＿＿

描述你的目的：＿＿＿＿＿＿＿＿＿＿＿＿＿＿＿＿＿
＿＿＿＿＿＿＿＿＿＿＿＿＿＿＿＿＿＿＿＿＿＿＿＿＿

你访问了哪些网站？请提供网站地址。
＿＿＿＿＿＿＿＿＿＿＿＿＿＿＿＿＿＿＿＿＿＿＿＿＿

你的目的达到了吗？＿＿＿ 是 ＿＿＿否

请说明理由：＿＿＿＿＿＿＿＿＿＿＿＿＿＿＿＿＿
＿＿＿＿＿＿＿＿＿＿＿＿＿＿＿＿＿＿＿＿＿＿＿＿＿

请描述你遇到的困难或你希望能改进的地方。＿＿＿＿
＿＿＿＿＿＿＿＿＿＿＿＿＿＿＿＿＿＿＿＿＿＿＿＿＿
＿＿＿＿＿＿＿＿＿＿＿＿＿＿＿＿＿＿＿＿＿＿＿＿＿

其他意见或看法：＿＿＿＿＿＿＿＿＿＿＿＿＿＿＿＿
＿＿＿＿＿＿＿＿＿＿＿＿＿＿＿＿＿＿＿＿＿＿＿＿＿
＿＿＿＿＿＿＿＿＿＿＿＿＿＿＿＿＿＿＿＿＿＿＿＿＿
＿＿＿＿＿＿＿＿＿＿＿＿＿＿＿＿＿＿＿＿＿＿＿＿＿

图 13.4   事件日志示例

接下来，让参与者演示如何使用这些记录项。了解什么促使他们使用这些记录项：什么时候使用？用来干什么？只要有可能，得到每个记录项的照片或副本。如果有敏感或私人信息的问题（例如，病人信息、信用卡号码），在原件副本上划掉敏感数据，并收集该副本。这需要额外的时间，但大多数参与者都愿意帮助你，并感谢你保护他们的隐私。还可以签署公司的保密协议，来保证对所有数据保密（参见 3.2 节）。如果你想分析记录项，那么有必要进行记录项走查获得相关数据（参见 13.6 节）。

拍照

另一个有效的补充方法是对记录项（如打印、名片、笔记、每日安排等）和环境进行拍照。这种方法通常用于折扣用户观察法（DUO；Laakso, Laakso, & Page, 2001）。使用该方法，需要 2 名调研人员帮助收集数据。一名是记录员，在访谈时负责记录详细的、带时间戳的笔记（见图 13.5），并确认弄懂不理解的问题。另一名是摄影师。由于数字相机能自动记录时间，我们发现，用拍摄的照片核对笔记上的时间很有效，而且还能提供用户的工作时间表。进行数据分析后，将汇总的结果展示给用户，让他们验证和修正（参见 13.6 节），这样可以理解复杂的相关任务、障碍物和重复部分（即，两个动作同时发生），而不必花费大量的时间转录、观看视频或对原始数据进行推论和解释。

```
        .......
1:35  开始用手机app寻找预订
1:36  手机app找不到预订
1:37  因不能预订而沮丧，用户关掉app，重新开始
1:38  重新寻找预订；没有成功
1:40  寻找代理，人工值机
1:50  航空公司代理值机
        .......
```

图 13.5 带时间戳的笔记

不在场观察

即使不在现场，也可以设置视频摄像机来录制用户的行为。这种方式能很好地了解用户完成任务的详细步骤，特别是在小环境中，观察员不想打断或分散用户。例如，如果你想学习驾驶员和乘客在旅途中如何与仪表盘进行交互，你不想打扰他们，可以设置摄像机记录他们的活动，之后再查看录像。调研员已经在使用这种技术形成问题并安排再次回访，一起查看录像，让参与者发表意见（称为"回顾性思维"或"刺激回忆"；Ramey, Rowberg, & Robinson, 1996）。这种技术又被称为"行为流记录"，在这种技术中，采访人员会随时插入问题，并分析数据，对特定行为进行分类，并做索引。

13.4 调研准备

现在，你已经熟悉了一些实地调研的技术，下面开始计划和准备实地调研活动了。虽然有些细节可能要稍微依赖于数据收集技术，但在调研准备、参与者和材料方面保持常规做法。

要点速览

➤ 确定调研类型

➤ 参与活动的人员

➤ 培训参与活动的人

➤ 编写调研方案

➤ 安排访问

➤ 活性材料

➤ 总结

13.4.1 确定调研类型

确定调研类型需要使用决策图，见图 13.6。

你可能没有时间去了解所有感兴趣的事情和地点，为调研限定适当的范围。认真规划对调研的成功来说至关重要。调研活动包含确定调研地点、招募用户、收集数据和分析数据，为这些活动制定可行的时间表。活动后面依然会有问题（通常在数据分析阶段）。如果可能，为后续访谈预留足够的时间。没有什么比时间不够和不能分析数据更令人沮丧的了！记住，耗费的时间总比预期的多，所以预留足够的时间防止意外情况发生。

编写调研计划（参见 6.2 节相关内容），确定调研目标、用户和地点资料、时间安排、所需资源（例如，预算、材料、联系方式和客户），并确定从谁那里获取信息，及如何获取才会有益于公司、产品和设计。

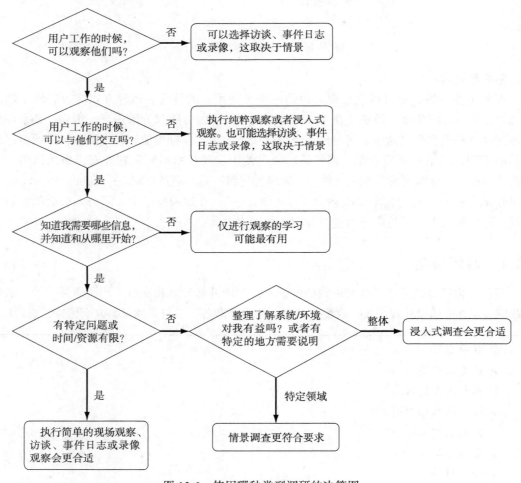

图 13.6 使用哪种类型调研的决策图

13.4.2　活动的参与人员

除了参与者之外，还有其他人员参与活动，下面描述每一种类型的人员。

参与者

一旦确定下调研类型，需要确定调研的用户类型（参见 2.4 节相关内容）。正如本书所描述的其他技术一样，收集的数据质量依赖于招募的参与者。

让筛选员招募参与者（参见 6.6 节相关内容），在开始招募前，确保每个参与者都签署同意协议书。

参与者的数量

需要观察的用户和场地没有固定的数目。你可以一直观察，直到觉得了解了用户、任务或环境，不能从用户或场地获得新的思路。一些调研员建议观察 15～20 个用户（例如，情景调查），由于时间和成本的限制，在工业实践中常见的是 4～6 人（每种用户类型）。在学术环境中，参与者的数量取决于是否计划进行统计测试（参见 5.4.6 节相关内容）。其他要注意的因素是保证用户和场地的多样性。

用户和场地的多样性

用户和场地具有广泛代表性，包括行业、公司规模、新的使用者和长期客户，以及地理位置、年龄、种族和性别的多样性。在每个场地访问多名用户，他们可能会做同样的任务，但每个人做的方式不同，他们会有不同的想法、挑战、工作环境等。你也要配合专家和新手。公司有可能给你介绍他们"最好"的员工。向他们解释你需要专家和新手用户，这样才有观察价值。最后，政策和人们的意愿可能会决定要观察哪些场地和用户。尽一切可能确保参与者和场地符合你的需要。利益相关方经常会有人脉，可以帮助你确定场地和用户，所以让他们参与进来。这样会帮助你和相关方认可整个过程。

进行小规模的招募；不要招募多于计划的用户或场地。如果第一次访谈很成功，可以根据它，增加调研范围。此外，由于预算原因，可能会从当地场地开始，如果调研成功，可考虑其他地区。

调研员

先要确定观察员的人选，能真正收集数据，而不仅仅是好奇的旁观者。你可能会惊讶地发现有很多人想参与实地调研，在纯粹观察或沉浸式观察时，这不是大问题，欢迎他人帮助收集数据，这样可以加快进程，并对数据分析带来新的视角。期待和鼓励他人参与，但要注意没有经验的调研员带来的问题。

建立基本规则，任何在场的人都必须遵循基本规则，并参与数据收集（参见 13.4.3 节相关内容）。必须建立自己的专家权威，并坚持每个人都尊重你的专业知识。有时还需要些手段，让利益相关方不能参与某个特别的访问，而不破坏你和他的关系。

一旦有调研人员的预备名单，寻找那些注重细节和善于倾听的人。如果调研涉及互动，建议使用两名调研人员，这样不会手忙脚乱。每个团队包含一名调研员、一名记录员和一名录像师／摄影师。由于摄像机通常设置好后，不用再去管它，所以调研员或记录员可以兼任摄影师。如果参与者在某一性别的人面前感觉更好，那么男女搭配的团队可以解决这种问题。出于安全考虑，我们不建议在别人家或其他私人空间进行实地调研。

调研员要与参与者建立融洽的关系，如果可行，对其进行访谈并成为他的学徒。在两人团队小组中调研员是"领导"。如果缺乏大量的领域知识，可能不知道需要观察什么，询问用户什么问题，可能需要开发人员或产品经理的帮助。你可以询问参与者每一个问题，但让专家跟进更详细的问题。确保有一个人记录数据！或者，你可以让一名"翻译官"陪同。这名翻译官可能是现场的用户或你公司的专家，参与者工作的时候，他可以解说。当参与者不能提供出声思维（think-aloud）的数据，不能被问题打断时，这是理想的解决方式。在一个医疗保健领域的调研中，我们让一名曾经是注册护士的产品团队的成员当我们的翻译官，她观察到了一些我们没有注意的事情，还解释了用户没有讨论到的不同记录项的用途。她的帮助是无价的！

如果有很多潜在调研员，可以安排不同的调研员到不同的地点进行调研，这可以降低评价者间信度（Interrater reliability，即两个或两个以上的观察员将同一等级或标签标注某行为的统一程度），也避免了调研员没有时间去做一系列的访问。保证某个人参加所有的访问（即，你自己）可以确保连续性，并能看到模式或趋势。每隔几次访问，让新的调研员参与，以提供全新的思路和不同的视角，这也避免了工作满负荷。让更多的人参与调研，表明你在分享知识，重要的是让利益相关方不觉得自己被排除在外。

如果时间有限，组建多个调研团队可能是明智的，这样可以一次从多个场地收集数据，但需要培训他们，并制定调研人员必须遵循的调研方案（参见 13.4.4 节相关内容）。每个调研团队包括一名经验丰富的用户体验师和一名新手调研员。拥有多个调研团队意味着你会失去调研的一致性，但如果时间紧张，还得调研多个场地，这样做是值得的。

记录员

除了调研员，记录员也是必需的。调研员的关注点应该是提问问题和成为用户的学徒（如果可行），而不是记录详细笔记。7.5.1 节详细讨论了录制和记笔记的技巧和策略。记录员也是计时员，如果时间也是你想收集的信息。你可能还希望记录员兼职摄像师／摄影师（参见 13.4.3 节）。最后，同样重要的是要有额外的人员现场调理装备，记录员也能担当此任务。如果没有记录员，那选择录制整个调研，然后，调研员在研究结束后根据录像做笔记。然而，我们并不推荐这种方法。

> **提示**
> 数据分析时，让记录员参加是非常有益的。可以征询他的意见，并多了解另外的视角，这是宝贵的！

录像师 / 摄影师

只要被允许，一定要录制实地调研视频。7.5.1 节详细讨论了录制视频的技巧和好处。大多数情况下，录像师只需要开始和停止记录，插入新的媒介（例如，SD 卡），并随时关注出现的技术问题。

可能还需要有人拍照。（同样，记录员可以兼职录像师和摄影师的角色）。捕捉用户的环境、记录项和任务，这是非常有价值的。可以帮助你记住观察要点，也有助于让未参与调研的利益相关方认同数据。即使你不打算在报告或演示中展示参与者的照片，它们可以帮助你区分参与者。最好使用带有屏幕的数码相机，因为如果用户对照像感到紧张，你可以把每一个照片展示给他看，获得同意，再保存起来。对于用户不满意的照片，要证明已经删掉。

客户经理

客户经理（account manager）或销售代表可能会坚持跟随你，直到他觉得你做的事情很安全。因为他们要经常维护与客户的销售关系，并且调研完毕后，他们还得继续服务客户，所以你需要尊重他们的意见。只要确保让客户经理明白，这不是销售演示，只是数据收集。我们发现，客户经理如此忙碌，他们往往在一个小时或更短的时间内就会离开。

13.4.3　培训参与人员

实地调研意味着你会进入用户的个人空间，对于某些用户来说，这可能比去实验室更有压力。实地调研过程中会用到多个技能，比如面试、调查、观察和管理群组人员。如果以前没有进行过实地调研，建议你阅读 7.3.7 节的内容，了解主持的基础知识。你可能还想参加专业组织举办的培训会，注册他们的教程，以获得特殊的技术培训。（PIC、UPA、ACM SIGCHI 和 HFI 经常提供由专家组织的实地调研，专家们有 usan Dray、David Siegel 和 Kate Gomoll 等）。还可以跟随有经验的用户调研员，但这种方法更难，因为主要调研员将要减少观察员数量，以保人数最少。

即使收集数据的参与人员都受过用户调研的专业训练，也要确保所有人都赞同相同的规则，所以制订计划和进行培训是必不可少的。首先确定人选和设定预期。如果需要其他调研员的帮助（例如，复印同意书，质量保证），确保他理解这项任务的重要性。谁也不想到现场才发现因误解或其他调研员不想成为你的助理而没有准备文件。同时，确保每个人都熟悉调研方案内容（参见 6.6 节相关内容）。

如果你在现场观察参与者使用产品，确保所有的调研员不要"帮助"参与者。人的本性是帮助有困难的人，但所有的调研员需要记住，调研时不要帮助用户。一个幽默的用户体验同事，随身携带一卷胶带，在访问前展示给同伴看，并告诉他们，如果调研时他们提供了不适当的帮助或评论，他会毫不犹豫地使用胶带封住他的嘴。这个笑话帮助同事记住了这一点。

若进行持续的实地调研（不是一次性访问），有必要让没有经验的调查人员阅读本章，参加研讨会，在模拟调研中不断练习或观看以前的实地调研视频。制定标准化材料（参见13.4.6 节相关内容），并与所有调研员一起回顾。此外，每个人都应该知道如何使用每一件设备和如何解决设备问题。练习快速搭建和包装设备。在设备上标记便于识别的标签，以便快速搭建。最后，确定速记的规则，速记的内容要容易理解并能快速记录。

13.4.4   编写调研方案

到现在为止，你已经选择了将要进行哪种类型的实地调研。现在，需要确定执行计划或调研方案计划。这与观察提纲不同（问题列表或要观察的地方）。调研方案（protocol）要包括如何与用户进行互动（观察提纲只是它的一部分），打算花多少时间去观察每个用户 / 区域，以及给予用户的指导（例如，出声思维法），如果你与他们互动的话。你还应该确定你希望其他调查人员参与的活动。这些和其他问题的答案需要在调研方案中说明（参见 6.6 节相关内容）。没有调研方案，就没有参照，每个人会按自己的想法行事。即使你也独立参与调研，数据的收集依然面临非标准化风险，因为每一次调研可能不同，有些会去掉一些问题，而有些会随意增加其他问题。调研方案让大家以最高效、最可靠的方式收集数据。它也可以让你集中注意力收集数据，而不是试图想起忘记的部分。

13.4.5   安排访问

选择完调研员后，获得他们的反馈，包括对调度的意见。调研员必须同意参加安排好的访问和愿意接受培训。如果没有时间做这些，那么最好换其他人。

下面是安排访问需要考虑的事情。这些问题似乎很明显，但是当你进行日程安排的时候，会忘记很多明显的细节。

- 访问的场地在哪里？到那里需要多长时间？如果有明显的驾驶和交通问题，你不能安排早晨的预约。
- 已经联系过联络人或用户的经理，或把拜访他们作为访问的一部分吗？
- 计划每天访问多个场地吗？它们相距多远？会不会交通拥堵？如果你在其他场地的进度落后了，怎么办？如果你每天必须访问多个场地，为转换地方预留时间。
- 包括用户之间，或者场地之间的暂停时间。这个时间可以用来查看笔记、休息、吃零食、检查信息等。不能让咕咕叫的肚子打扰到安静的观察。
- 确保每一次访问时精力充沛。如果不能早起，不要安排在清晨。或者一天结束后会精力耗尽，那么在上午安排访问，下午可以收发邮件。在访谈时，不能让用户看到打哈欠。
- 考虑用户的安排：
  - 对用户来说，午餐时间可能很好，也可能不行。找出他们喜欢的时间，在这个时间里，他们的工作量如何（见下一点）。

- ○ 一些用户希望工作少的时候观察他们，这样不会打扰他们。当事情忙的时候你想在那里！确保他允许你在该时间内观察。
- ○ 考虑工作的周期性。有些任务只在一年中的某个时期完成。如果你有兴趣观察，可以通过限制窗口观察。
- ○ 每周有几天会比较糟糕（例如，星期一和星期五）。作为一般规则，避免星期一早晨和星期五下午。同时，找出用户是否有标准的"在家办公"的日子。
- ○ 准备妥协。用户为生活而生活，你的调研可能优先级比较低。可能不得不改变原来的计划或时间安排，但保持开放的心态和感激的心情，有数据总比没有好。
- 别忘了其他调研员。询问他们是否能参加。看他们在早晨，还是晚上有精力。记录员打哈欠也是不允许的。
- 如果不想邮寄文件，找出如何复印或打印它们。是否可以使用用户的设施，或者你必须找到一家当地的复印店吗？
- 最后考虑职业要求的安排（例如，外科医生、飞行员）。他们可能同意你参加，但你不能观察某些活动。活动一开始，你被叫走，然后等待很长一段时间。这段时间里，可以做其他工作，或者列出不需要互动的观察。还有，准备利用突来的机会。

> **提示**
> 获得每一个场地的详细路线，并得到参与者确认。不要简单地相信手机地图 app 或 GPS 指明的方向。我们的一些调研员在东京做实地调研时发现，他们的地图程序推荐了错误方向。不幸的是，没有一个方向是正确的，他们完全迷路了。他们求助于参与者，让他们指明路线。让参与者提醒你通常的交通情况或公共交通条件，告诉你最好的路线或捷径，并提醒你有哪些弯路，让参与者帮忙是个好主意。

最后，要注意工作倦怠。工作倦怠对扩展调研来说是一种不利因素。实地调研是一种紧张的活动，必须时刻跟进。每次访问和数据分析都要耗费很多时间和精力，还要忍受信息过载。所有的场地或用户往往会在一段时间后变得模糊。旅行也充满压力。在安排访问和确定数据分析时间时考虑"疲劳因素"。不幸的是，你可能必须在六天内访问三个场地，没有办法解决这种处境。与同事互换记录员和访谈者的角色可以给你休息时间，并帮助更多新手团队成员获得技能。至少，你不必跟进每一个参与者（例如，鼓励参与者出声思维，跟进问题和成为学徒）。这样仍然会筋疲力尽，但会得到一小会的休息。

> **提示**
> 找出合适的着装风格。你不能想当然地认为大多数地方都和硅谷初创企业的着装风格一样。如果调研的地方相当保守，你穿着卡其裤出现，人们可能不会认真对待你。另一方面，如果在一个极其随意的环境，你穿着西装，打着领带，人们可能会害怕与你接近

或跟你说话。如果拿不准，打扮得好一些总是好的，但穿上舒服的鞋子。检查你的队友，确保你们有相同的着装风格。

13.4.6 活动材料

你可能需要带很多材料到调研地，这取决于调研类型和现场的规定。下面是大多数调研所需的材料列表，依据它确定自己的调研材料，并列举更详细的内容。这是最好的方式保持调研的有组织性，并保证调研从一个地点顺利转移到下一个地点。没有调研清单，你可能每次至少会忘记一件事。

所需材料和设备的清单：

- 每个参与者的联系信息。
- 路线和地图。
- 知情同意书和保密协议。
- 调研方案。
- 观察提纲。
- 访问总结模板。
- 进度安排。
- 记笔记方法（录音机或纸和铅笔）。
- 配件（如电池、SD 卡、延长线、电源板）。
- 收集记录项的方法（例如，文件夹、笔记本、打孔机）。
- 携带所有设备的方法（例如，小箱子、行李车）。
- 感谢参与者的礼物。
- 名片，参与者后续通过它可以联系到你，询问问题或提供额外的信息。
- 录像机或照相机和录音机（如果允许录制）。

提示

- 每次访问前，检查设备。电池好用吗？把所有的电源线都带回来了吗？一切顺利吗？练习如何使用设备和需要设置哪些东西。不要到达现场后才发现录像机的电池没电了，或者没有带来合适的电源线。
- 标记所有的电线，确保它们是正确的。许多黑色的电线看起来像是一样的，但不可以互换。
- 使用调研清单！

建议为参与者提供奖励（参见 6.4.1 节的介绍）。还建议准备一个小礼物，给帮助你安排访问的人（例如，客户经理 / 产品经理）。他可能花了很多时间寻找与用户特征匹配的人，

或帮助你安排访问。表达感谢永远不会受到伤害，如果你需要再次访问该地点，它是对你有帮助的。在选择礼物时，要记住必须容易随身携带。你不想带着几件不同尺码的衬衣、易碎的咖啡杯。相反，选择轻、小、通用的礼物，如带有公司 logo 的 U 盘。

> **提示**
> 如果你从一个地点坐飞机到另一个地点，时间比较充足，可以把材料邮寄到酒店，这样可以节省力气，省心一些。谁也不想发生把 30 磅重的录音设备带到飞机上，发现飞机上没有地方放它的事情。看到行李管理员把你昂贵的设备扔到飞机上，这可能会破坏你的整个飞行（和访问！）。当你托运设备时，可以购买额外的保险。这样如果对设备造成任何伤害，麻烦会小些，大多数航空公司会赔付你。确保你有追踪号码，这样就可以跟踪出货进度。15 年来，我们的货物从未丢失、损坏或晚到过。虽然花费更多，但这是值得的！

正如我们前面所提到的，编写观察提纲是很重要的（参见图 13.2）。这将有助于你明确每个调研目标。下一步，参考观察提纲编写访问总结模板（见图 13.7）。这是一个标准化的调查或工作表，在每次访问结束后分发给调查员，趁记忆犹新，让他们完成，这有助于得到每个人的想法，还能加快数据分析，避免只报告奇怪或有趣的轶事数据。渴望立竿见影的利益相关方可以阅读汇总表和知道每个访问的关键点。他们喜欢保持消息灵通，如果觉得你及时提供了信息，他们不太可能坚持到现场。

> **提示**
> 你真的需要所有的东西吗？如果在 5 天内到 6 个不同的城市，你不可能每次转换城市时都邮寄所有的东西。我们希望装备精良，但也要轻装上阵。到达了现场，在调研地购买礼品或奖励可以减轻负担。用云盘或 E-mail 存储文件，然后在当地一家复印店、商业中心或打印电子版本中心打印成纸质文件，这将进一步减轻你的负担。如果不能把东西装在一个袋子里，带着它舒服地绕办公室 10 分钟，你怎么会带着它从一个地点转到另一个地点呢？

虽然总结模板上的信息令人深思，也让相关方能了解用户，但它不是报告的唯一数据。模板应该足够灵活，以便记录没有预料到的数据，避免失去重要见解。当你进行多次调研后，还可以进一步优化模板。但要确保每个人都能看明白从单个数据点汇总的数据。但不能根据数据的解释开始建立产品或改变现有的产品。

> **提示**
> 如果你要到国外调研，了解海关和海关限制的携带品或运输品。一些物品可能被海关没收或是被征税，而另一些则可能让你有不好的遭遇。例如，一位同事最近在印度旅

行，被要求贿赂官员，才能拿到摄像机。在某个时候，贿赂的要求比设备的成本要大，所以同事决定在本地购买一个视频摄像机，而不去贿赂。不幸的是，这些磁带不能在美国设备上运行，所以需要付费将视频转换成可用的格式。在另一种情况下，当 Kelly 在卢旺达调研的时候，她带着一大袋子的设备乘坐当地的公共交通工具。当她把包放在公共车上时，司机让她付了一个额外座位的费用，因为袋子占据了一个人的空间。对于这些情况，关键是要认识到意想不到的事情总会发生，提前准备，并灵活处理，做到你可以接受这些差异，并从中获得经验。

手机旅游app调研总结

地点：＿＿＿＿＿＿＿＿＿＿＿＿＿＿＿＿＿＿＿＿＿＿
参与者ID：＿＿＿＿＿＿＿＿＿＿＿＿＿＿＿＿＿＿
日期：＿＿＿＿＿＿＿＿＿＿＿＿＿＿＿＿＿＿＿＿
调研员：＿＿＿＿＿＿＿＿＿＿＿＿＿＿＿＿＿＿＿

观察的区域：＿＿ 路边登机服务 ＿＿ 售票台 ＿＿ 行李托运处 ＿＿ 登机口

主要观察：＿＿＿＿＿＿＿＿＿＿＿＿＿＿＿＿＿＿＿＿＿
＿＿＿＿＿＿＿＿＿＿＿＿＿＿＿＿＿＿＿＿＿＿＿＿＿＿＿＿
＿＿＿＿＿＿＿＿＿＿＿＿＿＿＿＿＿＿＿＿＿＿＿＿＿＿＿＿
＿＿＿＿＿＿＿＿＿＿＿＿＿＿＿＿＿＿＿＿＿＿＿＿＿＿＿＿

参与者职位：＿＿＿＿＿＿＿＿＿＿＿＿＿＿＿＿＿＿＿＿
经验年限：＿＿＿＿＿＿＿＿＿＿＿＿＿＿＿＿＿＿＿＿＿

参与者访谈要点综述：＿＿＿＿＿＿＿＿＿＿＿＿＿＿＿＿
＿＿＿＿＿＿＿＿＿＿＿＿＿＿＿＿＿＿＿＿＿＿＿＿＿＿＿＿
＿＿＿＿＿＿＿＿＿＿＿＿＿＿＿＿＿＿＿＿＿＿＿＿＿＿＿＿
＿＿＿＿＿＿＿＿＿＿＿＿＿＿＿＿＿＿＿＿＿＿＿＿＿＿＿＿
＿＿＿＿＿＿＿＿＿＿＿＿＿＿＿＿＿＿＿＿＿＿＿＿＿＿＿＿

记录项收集：＿＿ 访谈录音　　＿＿ 现场照片　　＿＿ 录制的视频
　　　　　　＿＿ 截图说明　　＿＿ 用户提供的文档

列出收集的任何文档/笔记/记录项：
＿＿＿＿＿＿＿＿＿＿＿＿＿＿＿＿＿＿＿＿＿＿＿＿＿＿＿＿
＿＿＿＿＿＿＿＿＿＿＿＿＿＿＿＿＿＿＿＿＿＿＿＿＿＿＿＿
＿＿＿＿＿＿＿＿＿＿＿＿＿＿＿＿＿＿＿＿＿＿＿＿＿＿＿＿
＿＿＿＿＿＿＿＿＿＿＿＿＿＿＿＿＿＿＿＿＿＿＿＿＿＿＿＿

下一次访问/教训的建议：
＿＿＿＿＿＿＿＿＿＿＿＿＿＿＿＿＿＿＿＿＿＿＿＿＿＿＿＿
＿＿＿＿＿＿＿＿＿＿＿＿＿＿＿＿＿＿＿＿＿＿＿＿＿＿＿＿
＿＿＿＿＿＿＿＿＿＿＿＿＿＿＿＿＿＿＿＿＿＿＿＿＿＿＿＿
＿＿＿＿＿＿＿＿＿＿＿＿＿＿＿＿＿＿＿＿＿＿＿＿＿＿＿＿

图 13.7　访问总结模板

创建调研可能需要的事件日志、调查单、原型或访谈表单。在访问之前可以发送任何预访问材料，以帮助你编写观察提纲（例如，提前用邮件进行调查）。事件日志是另一个有用的工具，在访问之前发送出去。如果与每位参与者的调研时间有限，提前调查和发送日志将是非常有用的。

> **提示**
>
> 准备备用活动。在事件中没有任何可观察信息时（例如，没有客户的电话，在急诊室没有紧急情况）时，你会想进行另外的活动，如即兴采访。如果当场没有访谈的提纲，使用沉浸式观察的问题列表或进行记录项走查。在等待重要事件发生前，不要浪费宝贵的时间。

13.4.7　总结

前面已经提供了很多信息来帮助你准备实地调研。图 13.8 是要点总结。在准备调研时可使用此清单。

- 创建调研方案，确定调研目标，确定用户和地点的资料、时间安排、所需的资源及从哪获得资源，并确定调研的优点。
- 调研多种类型的用户和场地。
- 进行小规模的招募，根据成功的调研，增加调研范围。
- 在访问客户前获得相关方的帮助。
- 为加快数据收集，至少多增加一名调研员，获得新的视角。
- 和相关方一起确定场地、用户、联系方式，以及进行数据收集。这样他们也参与调研，并知道部分进度。
- 如果缺乏相关领域知识，让一名产品团队人员跟进后续问题，或者让翻译官进行补充。
- 训练所有的调研员，以保证使用相同的方法收集数据，包括如何操作所有的设备。
- 为所有调研员制定标准化的材料，这样在跨团队、用户和场地时，收集的数据是类似的。
- 制定详细的调研方案，包括调研提纲。
- 制定备选活动，如果没有什么可观察的。
- 进行模拟调研，以演习调研方案和时间安排，并演习数据分析。
- 安排访问时，要考虑这些因素，如交通、距离、个人休息、疲劳因素、用户的日程安排、假期和其他调研员的时间安排。
- 创建所需材料清单，在访问每一个场地前检查一遍。
- 尽可能使用照相机 / 录像机。
- 在离开前检查所有的设备都能正常运作，并让每个人都练习使用设备。
- 为每个调研员制定总结模板，并将总结内容发给相关方，告知他们调研进展。
- 带着备用表格、电池、磁带和其他材料，防止丢失或损坏的情况发生。
- 如果需要，用笔记本电脑、存储盘和云盘存储备份文件。

图 13.8　准备实地调研的建议

13.5　执行调研

实地调研的具体程序取决于调研的类型。不管哪种类型的调研，都需要完成下面这些高级别的任务。请记住保持灵活。

要点速览
- ➤ 井井有条
- ➤ 迎接参与者
- ➤ 开始收集数据
- ➤ 结束调研
- ➤ 整理数据
- ➤ 总结

13.5.1　井井有条

如果已经安排了访问（即，这不是公众场地），到达后，迎接场地联系人。熟悉周围的环境，卫生间、厨房、复印机等在哪里？在哪里可以得到食物（如果还没有计划好）？如果场地联系人在整个访问期间不能陪同，如何获得下一次预约，如此等等？如果有多个调查小组，决定何时何地再见面。第一次预约至少提前15分钟到达，以便考虑这些细节。多预留一些额外的迎接和准备时间，你可能需要向联系人和用户的老板打招呼，这也需要时间。

13.5.2　迎接参与者

再次说明，如果已经安排了访问，第一次预约要准时。介绍自己和随行的其他调研员或观察员。所有参与者都应该了解自己的权利，所以在开始时要求他们签署一份同意书（consent form）。如果他们想要，不要忘记给用户一份副本（更多信息参见3.2节的相关内容）。

说明你将做什么和时间安排。此外，清楚表述参与者是专家，你不是。提醒参加者，不会以任何方式评价他们。当你正在签署文件和解释这些要点的时候，其他调研员应该准备设备。如果必须占用同事的空间，请得到允许，并以对待参与者的态度同样尊重你的同事。这可能听起来很简单，但当你准备设备和试图记住很多事时，很容易忽略礼节。这时候调研方案将派上用场。

提示

如果可能，最好事先签署所有法律文件。这样可以节省时间，并避免到达后参与者无法在表格上签名的可怕情况出现。

下一步，熟悉用户的环境（例如，拍照、绘制地图、记录便签笔记，注意照明、设备、背景声音、布局、软件使用）。如果记录员做这些工作，访谈者开始与用户建立和谐关系。给参与者时间，消化你的产品或他的工作上遇到的任何困难。如果用户具有特定的问题或增强请求，告诉他们你会记录这些问题，并带给产品团队，但不要试图回答这些问题。参与者会对你和调研的目的很好奇。他们也可能寻求帮助。说明你不能给出建议，在这里只是观察。在调研结束时，你可以向用户提供帮助，既要回报用户，也要了解用户第一次需要帮助的原因。自始至终，要有礼貌和热情。你的热情会让参与者感觉更舒服。

如果你打算使用录音设备录制几个小时，应该与参与者一起审查同意书，并讨论，以确保参与者是舒适的。你可能认为与用户建立融洽的关系是没有必要的，但是如果你想让参与者表现得很自然，他需要了解调研的目的，并有机会提出问题。热情是很重要的，即使只在那里待 10 分钟。

13.5.3　数据收集

现在，开始选择数据收集技术了。使用合适的记笔记的方法。如果你不想让别人注意到你，选择一个不显眼的方法（例如，一个小记事本）。如果没有必要隐藏你的行为，一台笔记本电脑和数字录音机可能会更好。

> **进一步阅读**
>
> Biobserve（www.biobserve.com）提供了一些观察用户和行为的工具。虽然我们没有使用它们，Spectator（一种可以记录很多事件的软件，跟踪用户的运动和行为，并记录成 .mpg 或 .avi 文件）和 Spectator Go!（Spectator 的移动版）提供很多潜在的记录工具。

知道观察和推论的区别

了解观察和推论的区别是非常重要的。观察是基于你所看到或听到的进行客观记录，而推论是基于原因的结论。例如，观察可能是乘务员对客户服务时总是面带微笑，非常高兴和令人愉快的。这是需要记录的好信息，但不能推论出乘务员热爱他的工作，他可能会感到非常劳累，但已经学会用微笑来掩饰。除非已经让参与者验证了你的解释，否则把你的假设当事实来记录。

13.5.4　结束调研

一旦完成了数据收集，或者时间用完，就要结束调研。确保在结束时预留时间以提供之前承诺的任何帮助，回答参与者可能有的其他问题。当调研员感谢参与者并回答问题时，记录员应整理所有的材料和设备。你可能希望离开后还能进行后续调查或事件记录。这时可以安排后续访问事宜。你会经常发现在数据分析中，还有没有答案的问题，需要第二次访问。

> **提示**
>
> 　　当回到办公室时，向所有参与者表示简单的感谢。感谢他们付出的时间和劳动。这样如果需要回访同一批用户，他们会更容易欢迎你，因为他们知道你真的很感激他们的努力。

13.5.5　整理数据

　　调研结束后，你会发现与其他调研员比较笔记、思想和见解是有用的。现在应该把所有的东西都放在纸上或用录音机记录讨论结果。可以单独或大家一起完成访问汇总模板。你可能在调研结束后感到很累，只想继续下一个预约或结束一天的工作，但一定要留出时间与团队汇报一下，并立即把观察结果写到文件里。这样做可以快速提供中期报告，使数据分析更容易。

　　现在应该把所有的数据（例如，数字录音、调查、记录项）标记上参与者 ID(为了保密，不使用他的名字）、日期、时间和调研组名。如果想保存纸质副本，可能需要大的马尼拉信封，保证把参与者的材料分开存放。回到办公室，不知道是哪个用户提供了一组记录项或谁完成了某项调查，这是一种可怕的事情。

　　当回到办公室，扫描记录项、笔记和照片。除了发送访问汇总报告外，还可以将电子文件或记录项的副本发送给相关方，这样不必担心丢失原件。然而，如果有大量的记录项，这是很耗时的（我们在医疗保健领域的调研中收集了近 200 份文件）。

13.5.6　总结

　　我们给出了很多建议，指导大家如何组织成功的实地调研。为方便查阅，总结了图 13.9 所示的几条。

> - 自备零食和饮料。
> - 至少有音频记录。
> - 保持低调。
> - 选择适当的记笔记方法。
> - 思考蓝图，整体理解环境、用户和任务。
> - 注意标志和注意事项。为获得更丰富的数据集，收集多种类型的数据。
> - 到达现场时，与场地联系人碰面。
> - 熟悉环境（如卫生间、厨房、复印机）。
> - 如果有多个调查小组，决定何时何处碰面。
> - 在深入观察和访谈前与参与者发展和谐关系。
> - 以尊重参与者的态度同样对待参与者的同事们。

图 13.9　实地调研的建议

- 如果参与者请求帮助，等到调研结束时帮助他们，以避免对调研造成偏见。
- 对参与者的工作表示热情和感兴趣。
- 知道观察和推论的区别。
- 在需要时尊重参与者隐私。
- 结束时留点时间，让参与者提问，从而结束活动（例如，分发奖励、包装设备）。
- 调研结束后向参与者道谢。
- 每次访问后立即整理数据。
- 扫描记录项，与所有利益相关方分享电子文件。

图 13.9 （续）

13.6 数据分析及处理

至此，你已经有一堆的访问总结表、笔记和记录项。数据处理的任务似乎令人畏惧。下面，我们提出了几种不同的数据分析方法。没有一种完美的方法，必须选择最能支持数据和目标的方法。使用数据分析技术的目标是编译你的数据，并提取关键发现。可以通过组织和分类参与者之间的数据来实现。在开始数据分析前，有几个关键点要记住：

- **所有的数据都是好的**。有些观点似乎没有道理，或者很难组织到一起，但是花费更多的时间进行分析，会获得更多的信息。换句话说，第一印象并不总是最终印象。
- **要灵活**。如果你打算用定性数据分析记录项，但没有行得通，请考虑关系图或定量分析。
- **不要展示原始数据**。每次访问获得详细数据，并将其转化为可操作的建议展示给产品团队，这是相当有挑战性的。然而，无论是设计师还是产品开发人员都不想看过多的原始数据。你需要编译信息，确定什么是真正重要的，并向听众强调它。
- **优先顺序**。你可能会有大量的数据，没有时间或资源去分析它们。分析数据，首先根据调研目标分析数据，然后重新分析，寻找其他的见解和想法。
- **经常出现的并不意味着是重要的**。用户经常完成一个任务，这并不意味着它对用户来说是至关重要的。在分析过程中，要考虑情景和用户行为的目的。

家庭访问的建议

在家庭环境中访问用户和在工作中访问是同等重要的。注意，不向他们推销任何东西，并提供你的联系方式，这样他们可以联系你，问额外的问题或验证你的合法性。此外，坦诚提供所有活动信息，以便他们做出明智的决定。

家庭访问时，最好知道他们什么时候就餐。应该避免这些时间，或给每个人带来食物。这可以促进你与用户的交往和建立良好关系（只需确保每个人都喜欢你带来的食物）。自由地讨论，并允许参与者提出问题（前提是不会对调研造成偏见）。发展和谐关系，而不是采访参与者。因为此时你不收集数据，吃饭期间不要录制谈话，否则会破坏悠闲的气氛。

发展友好关系，并让用户信任你，最初的几分钟是至关重要的。从介绍自己开始，并说明访问的目的，即使在招募过程中已经说明。说些共同的话题是有帮助的（例如，宠物、孩子的年龄、房子内的收藏品等）。审查同意书和保密协议（如有必要）。最后，询问是否允许录制调研过程，并向参与者明确表示，他们可以随时要求停止录制。如果他们因客厅里的混乱状况而感到尴尬，不希望被拍照，尊重他们的愿望。如果客厅里的混乱状况对你的调研很重要，请解释为什么这样的照片对你的调研是有价值的。如果他们仍然反对，不要继续请求，否则会破坏已建立的关系。

如果调研涉及整个家庭，首先与孩子进行谈话或观察他们。用他们的热情和好奇心带动保守的父母。父母会尊重你对孩子的关注。当你和父母说话时，为孩子们安排其他的活动（例如，画一架来自未来的飞机）。因为大多数孩子都喜欢成为被关注的焦点，你可能难以结束与孩子的互动去收集来自父母的数据。为孩子安排活动，可以让他们忙碌起来，并防止他们影响后续的调研。

最后，如果你打算持续跟进这个家庭，寄一封感谢信是有益的。在每次访问结束时，拍一张家庭照片，连同感谢卡片一起寄给他们，这是一个很好的做法。

要点速览：
- ➤ 选择数据分析方法
- ➤ 亲和图
- ➤ 分析沉浸式观察数据
- ➤ 分析情景调查 / 设计数据
- ➤ 扎根理论
- ➤ 定性分析工具

13.6.1 选择数据分析方法

选择何种排列或组织数据的方法取决于调研的目标和如何收集数据。不管使用哪种数据收集技术（例如，情景调查），实地调研的数据收集和其他调研方法的数据收集是相似的。因此，可以使用其他章节描述的分析技术（例如，亲和图、定性数据编码）。选择最适合数据或目标的分析方法。在这里我们简要介绍了一些最常见的分析方法。

13.6.2 亲和图

亲和图是分析定性数据最常用的方法之一。把类似的结果或概念组合在一起，以确定数据的主题或趋势，让你看到相应关系。12.5.3 节完整讨论了亲和图。

13.6.3　分析沉浸式观察数据

环绕整个房间，要求每个人针对关注的重点提供一句话总结（参见表 13.2）。在分析数据时，提问以下问题：

- 最大 / 最重要的发现是什么？
- 直接的印象是什么？
- 最突出或者真正抓住你的是什么？
- 有主题 / 模式 / 一致性？
- 有什么故事？ 哪些是重要信息？
- 什么让你惊讶和什么不令你惊讶？
- 有哪些破坏性或挑战性的信息？
- 如果能回到过去，你还会做什么或哪些事会做得不同？
- 哪些部分是你希望更多关注的？
- 如果多人研究相同的重点领域或观察相同用户，他们发现的异同点有哪些？
- 哪些方面算是正常的？（因此，什么样的模式或行为被视为不正常？）

在回答这些问题时，可以开始整理数据了。

13.6.4　分析情景调查 / 设计数据

如果已经进行了情景调查，并为另一用户调研活动做准备（例如，确定调查的问题），以更好地了解领域知识或作为创新性练习，则可以选择最适合你的数据的数据分析技术。但是，如果你进行了情景调研，并报告了你的设计决策，就可以准备好进入情景设计了。情景设计是复杂的，超出了本书的范围。我们建议参考 Beyer 和 Holtzblatt（1998）的著作，以获取更多情景设计的信息。

13.6.5　扎根理论

扎根理论（Grounded theory）不仅是一种数据分析方式，而且还是一种调查方法。其目标是基于用户（参与者）的视角推导出交互理论。使用这种方法，在数据收集的过程中，调研员不断地进行比较，包括编码、备忘和推理，而不是等所有数据收集完毕后再检查。它强调的是基于数据发现分类和理论，而不是用理论推导出假设，然后在实证调研中测试。对扎根理论的完整讨论超出了本书的范围。我们建议参照 Creswell（2003）及 Strauss 及 Corbin（1990）的相关著作，以获取更多信息。

13.6.6　定性分析工具

当需要一个比亲和图更具系统性和重复性的分析方法时，其结果可能取决于参与者是谁，不同的指示等。在你需要做严谨分析时，我们推荐采用定性分析工具，并使用检测评分者信度的工具，如 Cohen's kappa，检查编码值的可靠性（见 9.4.6 节的相关内容）。有多种工具可以用来编码定性数据，如 nVivo 和 maxQDA。参见 8.2 节，了解每个工具的描述，以及这些工具的优缺点。

13.7　结果沟通

　　因为实地调研收集的数据是非常丰富的，可以有各种各样的方式来呈现数据。例如，数据可以用于创建人物角色，创建信息架构，或对项目提出需求。利用下面的几项技术将帮助相关方更接近数据，让他们对调研感兴趣。调研的结果没有正确或错误之分，这一切都取决于调研目标和展示数据的方法。最后，一个良好的报告会照亮所有相关数据，提供连贯的故事，并告诉相关方下一步做什么。展示数据的一种方法是使用时间轴（见图 13.10）。下面，我们提供了另外的一些演示技术，特别是展示实地调研数据。对需求方法的标准化演示技术的讨论参见第 15 章。

地点	时间	事件
路边登机服务	2:15	由机场接送
机场大厅	2:19	放下包，寻找手机
机场大厅	2:20	打开移动 App 值机
机场大厅	2:21	收起手机，办理值机
自助服务	2:25	使用电子机票自助机值机
行李检查	2:35	向代理出示文件和包裹
安全线	2:50	等待安检
登机口	3:15	等待登机

任务 1：到达登机口

大多数乘客的活动发生在到达登机口的途中。在前往圣胡安期间，Elisa 放弃使用航空公司提供的移动 App 进行值机，因为她无法找到预订。

虽然 Elisa 以前用过该 App，而且成功值机，但还是没有使用。Elisa 选择使用航空公司提供的自助服务。

Elisa 在机场

Elisa 本来希望早点到达登机口，这样可以早点坐飞机了，但是由于自助值机多花了点时间，所以错过了早的航班，现在必须等下一航班。在剩余的时间里，她不再打开手机 App。但无论如何，她到达圣胡安的时间很合适。

图 13.10　用时间轴展示和在机场中观察到某旅客的具体事件的描述

展现和组织数据最常用的两种方法是记录项笔记本和故事板。

- **记录项笔记本**。收集的记录项不是保存在文件柜中，不让他人看到，而是创建记录项笔记本。插入收集的每一个记录项，描述如何使用这些记录项，使用的目的及对设计的影响。把笔记本放在容易拿到的位置。可以创建多个，作为培训产品开发团队的材料。

- **故事板**。通过故事板，你能举例说明特定任务或用户的"一日生活"（使用有代表性的图像来说明一个任务、场景或故事）。合并用户间的数据，创建通用的、有代表性的陈述。这在视觉方面将吸引相关方，并能更快地说明你的观点。

Hackos 和 Redish（1998）总结了一些组织和呈现实地调研数据的方法，并整理成表格，表 13.3 是一个改进版本。

表 13.3　展示 / 组织数据的方法（Hackos & Redish, 1998）

分析方法	简　　介
用户列表	检查调研确定的用户类型和范围，包括在总用户群中的百分比，以及每个人的简要描述
环境列表	检查调研确定的环境类型和范围，包括每个环境的简要描述
任务分层级	任务分层级，以显示它们之间的相互关系，特别是不按照特定序列执行的任务
用户 / 任务矩阵	用矩阵来说明每个用户类型和他执行的任务之间的关系
流程分析	按步骤描述任务，包括对象、动作和决定
任务流程图	某项任务的细节图，包括目标、行动和决定
洞察表	实地调研时发现的问题列表，以及对问题的见解，这些见解可能会影响设计决策
记录项分析	所收集的记录项的功能说明、用途及对设计的影响 / 想法

13.8　经验教训

在过去几年里做实地调研的过程中，我们得到了一些惨痛的教训。在这里描述两条，希望你能避免。

13.8.1　意外的客人

几年前，Kathy 和另一位同事与亚特兰大地区的几家客户进行了现场调研。花了近三个月的时间安排访问。开始时，邀请产品团队参加实地考察，但被拒绝了。后来我们了解到，在亚特兰大进行实地调研时，他们正与客户在东海岸进行自己的"实地考察"。

幸运的是，我们公司的亚特兰大客户服务的客户经理支持我们的调研，但很显然，她对于我们的到访感到有点紧张。听到只有 2 个人访问时，她就松了一口气。在到达第一个地点时，客户经理向我们走来，怒斥道，"你说过，只有你们两个！"

我们惊呆了，不明白她在说什么。她回答说，你们团队的其他四名成员已经到来，并在等待。当我们走到拐角处时，四个产品经理向我们打招呼。不用说，我们很惊讶。因为距离近，他们决定飞来加入我们团队。因为我们已经向产品团队发送了所有文件（包括我们的议程），所以他们知道确切的地点，并知道和谁联系。不幸的是，他们觉得没有必要告诉我们他们的计划发生了变化。

因为我们没有期待额外的客人，所以没有进行任何调研培训，甚至没有讨论合适的调研方案。我们预定的活动是与 8 个数据库管理员进行焦点小组调研。我们知道不能深入每个问题，只想得到一个整体的印象。然后，进行个别访谈，了解更多焦点小组产生的重要问题。不幸的是，产品经理们不和我们在同一起点，他们钻入了令人痛苦的细节上，两个用户都退出了调研。然后，我们决定分开进行个别访谈。我们建议，产品经理访谈一个用户，而我们访谈另一个。允许产品经理参与，但在采访过程中，不允许他们影响我们收集的数据。产品经理收集的数据并没有纳入我们的数据分析中，因为他们问的问题是面向功能的，与我们的不同。

更令人震惊的是，他们不认为自己行为不当。从这里学到的教训是，为任何事情做好准备！准备备选计划，应对突发情况。当时，我们分开行动，这样双方都可以与参与者进行访谈。虽然影响了客户经理对我们的信任，但得到了所需要的数据，也没有恶化与产品团队的关系。

13.8.2 失踪的用户

在亚特兰大的另一个地点，我们寻找参与者时遇到了困难。安排了雇员的主管告诉我们他家里有紧急情况，不得不提前离开。不幸的是，没有人知道他安排了哪位雇员与我们访谈。我们走在地板上，询问大家是否要参加我们的调研。最后只发现一位参与者。现在我们知道，要坚持得到所有参与者的名字和联系信息，哪怕只有一个人，他将带你找到其他参与者。

13.9 本章小结

在这一章中，我们讨论了如何更好地执行实地调研，以及执行时要注意的事情。本章提出了很多收集、分析和展示数据的技术。考虑到实地调研的复杂性，在整个过程中穿插了很多提示和建议。最后，惨痛的经验教训提醒大家避免犯相同的错误。

进一步阅读

第一本书详细讨论了如何说服产品团队实地调研具有巨大的价值，以及如何准备、执行及数据分析。整本书贯穿成功的案例和面对的挑战：

- Hackos, J. T. & Redish, J. C. (1998). User and task analysis for interface design. New York: JohnWiley & Sons.

第二本书提供了 14 个详细的案例研究，以说明从业者如何使用实地调研方法来满足他们的需求：

- Wixon, D. R. & Ramey, J. (eds) (1996). Field methods casebook for software design. New York: John Wiley & Sons.

这些书从人类学和民族志的角度来看实地调研：

- Sunderland, P.L. (2010). Doing znthropology in consumer research. Left Coast Press.
- LeCompte, M.D. & Schensul, J.J. (2012). Analysis and interpretation of ethnographic data: A mixed methods approach, 2nd Edition. AltaMira Press.

这本书很好地讲述了如何进行民族志研究：

- Emerson, R. M., Fretz, R. I., & Shaw, L. L. (2011) Writing ethnographic fieldnotes. University of Chicago Press.

案例研究：实地调研——移动银行的整体调研

——Pamela Walshe AnswerLab 公司 People & Client Experience

John Cheng AnswerLab 公司 UX 研究总裁

一个大型的国有银行委托 AnswerLab 帮助他们了解客户跨平台的手机银行体验。许多利益相关方和业务部门参与了这项工作，因为银行想收集客户对移动网站、银行 app 和 text 银行的意见。我们不仅执行了这项调研，还重点完成了具有说服力和所有权的调研报告。关键的利益相关方作为观察员参与了调研，这非常有助于确保团队内部意见的一致性，而且其对未来产品的决策和移动化策略产生了深远影响。

研究目标和方法

我们与客户合作，确定了四个调研目标：

1. 在更广的环境中深入了解整体手机使用 / 行为。
2. 观察和分析不同类型的银行移动用户。
3. 确定未满足的银行客户需求。
4. 找出改善现有产品的机会。

只在家里进行访谈，不会了解全部的用户使用移动设备的真实情况，以及用户在移动设备上的实际行动。如果实地调研的目的是观察和理解用户在自然环境和情景下的行为，单一访谈不会了解全面。通过定义，移动情景是动态的、不断变化的。AnswerLab 推荐了一个解决方案，该方案将混合更多纵向、整体反馈，以获得更完整的用户体验画面，以及他们的环境和生活如何影响手机使用。

AnswerLab 如何实现调研目标

调研设计。为清晰地了解整体移动客户体验画面，AnswerLab 设计了两部分的调研。

第一阶段：日记研究。按时间轴安排活动，不仅了解移动客户的常见任务和日常工作，还综合了解了移动行为。我们进行了连续四周的日记跟踪，获得了 30 天财务周期的纵向数据（薪水存款、支付账单等）。我们要求参与者通过离线、在线和移动渠道记录他们所有的财务行为。

第二阶段：家庭访谈。为了解用户对移动设备和传统的台式电脑的偏好，我们在用户家里访谈了两个地区的参与者（San Francisco, CA 和 Charlotte, NC）。我们使用日记作为访谈的起点，并要求参与者回顾过去的经验，重点说说痛点或非凡的经验。我们还探讨了跨平台的银行经验，并讨论了什么时候用户可能会选择这个平台，而不是其他的。

调研对象。我们招募了 30 名参与者，他们来自两个地区（San Francisco, CA 和 Charlotte, NC）。为了访谈，对 20 位客户进行了 4 周的日记跟踪。请注意，在第一部分，为防止人员流失，我们特意安排了大量的用户参与日志研究，并为家庭访谈的人选提供了更多选择。因为客户基础多样化，跨越多个社会经济领域，具有不同的技术技能，所以我们选择了不同类型的参与者、主要类型的移动设备（包括功能手机）。我们还确保所有的客户都在网上银行和移动银行完成一系列任务。相对于广泛的客户群，虽然最初的 20 名参与者似乎是一个小的数目，但我们认为对于调研目标这是足够的，因为仍然能够捕捉到各种各样的移动使用情况，为整体了解移动行为提供了关键起点。传统的定性可用性测试中，捕捉 4~8 个用户的问题、态度和行为，可能会投射到更广泛的用户基础。

数据采集与分析。家庭访谈可以捕捉丰富的数据和记录项，但这对产品团队来说也有挑战，包括整理和组织笔记，展示数据和记录项，如照片或收集的文件。将这些杂乱无章的材料整理成有条理的资料是至关重要的，便于数据分析。AnswerLab 团队使用 Evernote 实现这个目标，Evernote 允许我们为每个参与者创建笔记本，包含日志数据、记录项（照片、草图）和现场记录。因为客户试图初步确定移动银行的人物角色，我们围绕三个变量来聚类参与者：技术经验、金融的复杂程度和使用手机银行的经验水平。我们选择这三个维度，因为通过研究，它们最能影响欲望、需求和使用手机银行的能力。在这些分组中，我们列举了最常见的任务、日常行为、相关痛点和领域的机会。此外，我们确定了让客户在移动渠道更积极的动机和障碍。通过我们的数据收集方法，AnswerLab 提供了一组用户资料，概括了不同模式的移动框架，在用户使用它们时，直接影响他们的移动行为；以及提供了一些具体的战术建议来改善现有的移动产品。

主要经验 / 意外情况。民族志研究的主要好处是，为发现意外情况提供了最好的机会，这些意外情况可能是经验空白、痛点或与以往不同的新观念。机会往往存在于意外情况中。在对移动银行的实地调研中，发现了如下意外情况：

- **"方便"的新定义。**我们见证了一个临界点，当使用电脑不方便时，手机变成首选渠道。我们在 2010 年调研时，客户的移动银行渠道仍然是相当新的，具有相对较少的活跃客户。在调研之前，我们认为移动银行只是一个辅助渠道，当用户离开电脑时，移动银行提供紧急情况和临时请求的服务。在现实中，当用户在厨房做饭时，坐公交车时，看电视时，早上起床时，甚至去厕所时，他们都在检查账户余额和支付账单。他们希望或预期在一天的任何时间和任何地点都能使用手机银行，即便可以使用电脑。最终影响客户生活的是，手机操作方便，并能提醒用户做出良好的决策，而在过去不被人接受，或者不容易实现。例如，在商店购买货物前，可以查看个人账户余额，以确保不会透支费用和承担风险。这意味着银行有更大的机会，在移动端发展强大的银行功能，这超越了简单的自动取款机。此外，为了"方便"，似乎忽略了早期关注的安全问题。这意味着，虽然它仍然有点神秘，对有些用户来说有些恐怖，但能够快速转账或支付账单是值得的。

- **金融复杂性——不是科技迷——推动移动应用。** 在调研之前，我们假设懂技术的客户将是手机银行的主要目标用户。但我们发现，与金融的复杂程度（跟踪多个账户和交易的需求）有关，若手机银行提供这些功能，用户会喜欢使用。这种观点直接影响到银行确定谁作为它的目标受众。

- **人们用意想不到的方式使用他们的设备。** 在自然环境中，观察人们如何使用移动设备，会让你大开眼界，理解外部因素影响整体行为和对易用性的看法。例如，某个顾客有一个习惯，在早上做的第一件事是边遛狗，边检查几个网站，包括他的银行余额。他指出，这些网站具有最好的用户体验，他能用一只手与网站进行互动（因为他的另一只手牵着狗）。这强调了简单的菜单设计和整体网站架构的重要性。

哪些做法行之有效

调研成功的三个关键因素：（1）获得正确的数据；（2）让参与者保持热情；（3）让利益相关方认同。下面是 AnswerLab 成功解决关键因素的方法：

根据准备工作的需要获取正确的数据。 当参与者提前做好一定程度的准备工作时，家庭访谈会更有效。前期的这个任务可以像家庭作业一样简单，如总结常见的或每周的任务，当不能使用日记研究时，调研者通过准备工作提前了解参与者情况，并准备有针对性的问题，并在一起讨论作业时，建立融洽关系。这也有助于理解参与者的经验，以便在实际访谈时，更深入探讨问题，无需从零开始。这样获得的数据更丰富，更完整，还能分析影响人们行为的细微差别，这是至关重要的。

让参与者保持热情。 可以通过预测疲劳、重复反馈和中途简要的访谈以振奋他们。我们知道，让一个人在 30 天内每天记录银行和手机活动，对他来说时间有些长。此外，日常银行业务中遇到的问题可能会重复。为了防止这些因素影响用户反馈的质量，进入日记阶段的两周后，我们对每个参与者安排了一个简短的中途访谈。在这 30 分钟的通话过程中，主持人会回答参与者的任何问题，提供鼓励，如果必要的话，"唠叨"一下不让他们重复记录日常活动中相同的问题和行为。例如，一个参与者经常抱怨不得不在手机上反复输入登录信息，她希望能更方便地查看账户余额。在中途访谈中，主持人鼓励她学习 text 银行，并报告她记录的内容，从而避免了另外 2 周继续抱怨手机登录问题。

通过参与实地调研，让利益相关方认同你。 因为基础性研究的目的是向银行报告方案，促使利益相关方参与现场调研，这对整体调研的成功、组织能力、调研行动及对结果的认同是很关键的。在 Answerlab，所有利益相关方和调研团队一起调研，并在调研前对他们进行预备培训。这保证了观察者知道需要什么，在调研时遵循哪些行为准则，并获得相关经验。通过分享一些基本的民族志研究原则，帮助他们成为有效的观察员。鼓励利益相关方参与的另一个重要好处是，参与调研的相关方感到自己是主力军，当他们返回团队时，会向其他人分享自己的观察经历。

挑战和策略

实地调研最大的挑战之一是组织工作的复杂性，包括旅游规划和协调内部调研团队（在我们的例子中，包括两个调研员，一个摄影师，和一个客户观察员）。我们将重点强调两点：详细规划以避免现场手忙脚乱和仔细考虑应急方案。不要认为规划阶段所需要的时间会少，假如要去国内的其他城市，给自己至少两个星期的时间选择、安排和协调家庭访谈。

除了组织工作，每一项调研都面临不同的问题。在这里列出几个，并描述成功克服这些问题的策略：

1. 隐私限制使我们无法直接观察安全银行会议，所以我们用草图和截图作为讨论的工具。由于个人银行和客户隐私政策的敏感性，我们无法直接观察到任何手机银行的任务，也不能通过客户数据库来跟踪他们的银行行为。相反，我们必须依靠来自参与者自我报告的经历。虽然一手的观察是理想的，但与参与者进行个人访谈，并通过一些访谈技能，仍然能够得到相当详细的描述。

（1）草图。我们会经常要求参与者勾勒出他们已经完成的过程或任务。虽然这些草图可能在技术上不准确，但以参与者的角度展现了经历。

（2）使用截图作为提纲。我们能够显示参与者的截图，作为视觉辅助，方便访谈，并确保我们理解了参与者试图描述的内容。

2. 参与者有不同的喜好和技能水平，这取决于他们登录什么设备和平台，所以我们提供了一系列的反馈渠道。

在本调研的日记部分，我们希望参与者能够使用最方便和自然的通信渠道，所以我们选择电子邮件、短信和语音邮件，并从中捕获反馈信息。这确保了不太精通技术或很少使用手机的用户能够方便地提供反馈。总体而言，大多数参与者选择使用电子邮件进行日记反馈，而少数人会间歇性使用语音邮件和短信。

3. 金融活动发生周期性的变化，所以我们在家庭访谈之前增加 30 天的日记研究，以捕捉一个标准结算周期内的金融日常行为和习惯。

由于银行想了解客户如何使用手机网站和应用程序，与电脑网站相比较有何不同，故日记研究是非常重要的，它帮助我们了解用户常见行为和什么类型的任务最适合用电脑或手机完成。如果我们完全依赖于采访，就不会看到重复性任务的频率，以及失去对某些痛点的情感性挫折的洞察。

调研结果如何用于决策

研究结果通过三个关键的方法来驱动业务的决策：

1. 重新调整了客户的移动端规划。 随着发现和建议的最终报告，Answerlab 领导了一个互动主题会，让客户移动团队和关键利益相关方重新观看了移动端规划。通过这次工作会议，团队决定加快一些在行项目的进度，并对在行项目进行了优先级排列。例如，我们从参与者那里了解到，对更多的交易能力有强烈需求（例如，转账、支付账单），而不是在移动端简单地浏览账户信息。这有助于团队说服更多的机构，加快发展更复杂的任务，而不是之前假设的只有很少一部分技术控才有此需求。

2. 对现有的移动体验进行了重新设计。 自从知道大多数用户选择使用谷歌地图寻找最近的 ATM，而不是移动银行 App 后，产品团队快速简化了 ATM 的经验，包括减少操作步骤，并更有效地整合了本地的 GPS 功能。

3. 确定了主要移动人物角色 / 早期的客户群，并使营销策略更有针对性。 Answerlab 确定了移动银行用户的主要资料和用户属性，使移动团队对用户的概念更具体，为用户角色和用户细分奠定了未来发展的基础。客户洞察团队使用这些观点以建立人物角色和移动任务模型，这成为以用户为中心的设计的常用工具，设计团队则将它们不断地应用于所面对的设计挑战。

4. 随着理解我们发现了移动"模式"，设计了与这些模式一致的移动体验。 该调研强调了这样的事实，用户往往以不同的"模式"进行操作，这些"模式"直接影响行为。例如，两种截然不同的模式，包括被动地使用处在"待机"状态的手机（例如，警告反应或屏幕通知），并对比了在某些情况、问题和日常生活事件中，主动使用手机以帮助他们的情况。这一洞察使设计团队能够考虑最有效的方式，创造与这些模式一致的体验。因此，在设计端到端体验时，当某客户余额不足或透支账户时，团队意识到需要使用推送通知，使消费者关注到该情况并提供改善现状的途径，如交易转账或找到 ATM 进行存款。

经验教训

在本次调研中，通过管理和分析数据，获得了一些经验教训。若在未来发生类似的情况，能够改进方法：

1. 在日记阶段，为参与者提供多个反馈渠道（语音邮件、电子邮件和短信），增加了数据采集的复杂度，但收集到很多没有价值的数据，因此在未来简化反馈渠道。

我们发现通过三个独立的渠道来监控、解码并整理 30 名受访者 30 天内的记录项，比起获得的价值，增加了更多的工作复杂度。在随后的研究中，我们已经简化了这个过程，只通过电子邮件。另外，我们使用 Evernote 自动导入和分类意见。这样调研员能够花更多的时间分析数据，以及用更少的时间管理和组织数据。

　　2. 参与者提交日记反馈时有重复，所以在以后的调研中，我们调整了奖励结构，鼓励多样性。

　　类似的银行活动成为客户的日常行为和生活的部分，日记反馈也纳入参与者的日常工作。在这种特殊的情况下，鼓励参与者提交针对开放问题的回答和有关经历的照片，或捕捉他们的环境。对于用户的贡献，其每一天会收到一个小的奖励。结果，一些参与者倾向于只提供一种反馈。在未来的调研中，照片和电子邮件的反馈是独立的，如果两者在同一天提交，会得到额外的奖励。

　　3. 在日记研究阶段，损耗比预期要高，能充分参与且高质量的参与者比预期要少，导致我们使用"三分法"。

　　持续时间较长（30天），个人财务和银行的敏感性可能导致更多的用户流失，或者他们响应质量比其他的日记研究要低。一般情况下，对于这种性质的调研，分成三个日记研究小组，每个小组有大致相等的参与者。其中一组的人员流失和贡献很少。另一组人员能满足参与要求，但他们的贡献很少或重复，不会为调研目标提出更多的建议。最后一组人员将从事整个日记研究，提供周到、全面的响应，超出参与要求。因为这些原因，我们建议招募所需人数的三倍，以选择最有趣的和能清晰表达的参与者。

总结

　　实地调研要直接面对用户，这意味着时间和金钱的投入，但通过这种方法获得的数据无法通过其他方法获取。最重要的发现来自自然环境，观察用户，发现未满足的需求和痛点，基于真实行为调整内部的想法和假设。

　　由于家庭访谈和实地调研的焦点是发现行为、习惯和信仰，这些见解能影响未来很多年。举例来说，虽然人们管理财务的方式会改变，会使用新的工具和技术，但控制账户透支和避免逾期还款带来的负面影响仍在继续。该案例的基础性发现在若干年后依然适用，他们甚至使用本调研建立人物角色和框架，继续了解新的思路和细微差别。

第 14 章

评估方法

可用性评估一般可以分为形成性评估（formative evaluations）和总结性评估（summative evaluations）。形成性评估在产品开发生命周期早期进行，发现产品思路，并为设计指明方向，通常包含可用性检查方法或对低保真原型进行的可用性测试。总结性评估，通常是在产品开发生命周期后期进行，对高保真原型或实际的最终产品进行一组数据的评估（例如，完成任务的时间、成功率等）。可以通过面对面、远程可用性测试或现场调查进行评估。表 14.1 列出了几种形成性评估和总结性评估方法。本章中提到的每种方法都可以独立成章，专门讨论它的起源、可选性和复杂性。由于篇幅限制，这里只进行了概述，并提供了解更多信息的途径。

表 14.1　评估方法的比较

方　　法	形成性或总结性	产品阶段	目　　标	需要的资源
启发式评估	形成性	由低保真到高保真原型	是否违反可用性规范	低
认知走查	形成性	由低保真到高保真原型	在早期是否有低级错误	低
面对面可用性测试	看情况	任何阶段	是否有可用性问题	中等
眼动跟踪	总结性	高保真原型	确定用户在哪找到功能 / 信息	高
快速迭代测试评估	形成性	任何阶段	快速迭代设计	高
合意性测试	总结性	高保真原型	测量情绪反应	中等

（续）

方 法	形成性或总结性	产品阶段	目 标	需要的资源
远程测试	总结性	高保真原型	从大量样本中找到可用性问题	由低到高
现场调查	总结性	产品发布	与大量真实用户一起测量产品的变化	高

14.1　概述

就像本书中描述的其他调研方法一样，没有一种方法是完美的，不同的方法存在不同的问题，应配合使用以达到理想的用户体验。

> **要点速览：**
> ➢ 执行评估时的注意事项
> ➢ 评估方法的选择
> ➢ 评估准备
> ➢ 数据分析与处理
> ➢ 结果沟通

14.2　执行评估时的注意事项

由第三方进行评估是理想的（例如，第三方没有直接参与产品或服务设计），因为可以减少偏见。但有时不用第三方，无论是谁进行评估，必须保持中立。这意味着评估人员必须：

- 招募具有代表性的参与者，不仅仅是公司 / 产品的粉丝和评论家。
- 使用一系列具有代表性的任务，不仅仅是产品 / 服务最好或最差的地方。
- 使用中性语言和非语言暗示，避免告诉参与者哪些是"正确"的，或是你想听到的；不引导参与者，或者对产品提供你的意见。
- 是真实的数据，不是评估人员认为的参与者的想法。

"不，不要点击它"
"我不是这样开发的"

由 Abi Jones 提供插图

14.3　评估方法的选择

根据产品开发周期、需要调研的问题及预算，可以选择不同的评估方法（见表 14.1，各方法的比较）。无论使用故事板、纸上原型、低 / 高保真交互原型或发布的产品进行评估，都应该尽早开始，并经常评估。

14.3.1　可用性检查方法

可用性检查方法（Usability inspection methods）是专家（例如，有可用性 / 用户研究经验的人、主题专家），而不是最终用户，利用一组特定的标准评估产品或服务。在整个产品开发周期，该方法能快速、低成本地实现目标或找到明显的可用性问题。如果考虑时间或预算，这些方法能满足最低标准。然而，要知道，专家可能会错过某些问题，而用户参与将揭示这些问题。对最终用户知道哪些或想要什么，系统专家可能做出不正确的假设。

启发式评估

Jakob Nielsen 和 Rolf Molich 引入启发式评估作为"折扣"的可用性检查方法（Nielsen & Molich，1990）。"折扣可用性工程"指在标准实验室进行可用性调研，以节省时间和金钱（Nielsen，1989）。他们认为，产品应遵循 10 个启发式评估原则，以保持良好的用户体验（Nielsen，1994）。3～5 名 UX 专家（或经过启发式训练的新手）——不是最终用户或主题专家（SME），单独评估产品，走查一组核心任务，并找出任何违反启发式原则的地方。之后，评估人员聚到一起，结合所有的评估形成一个总结报告，阐述发现的问题。请注意，在一个产品中，每个元素都坚持所有 10 个启发式原则是困难的，因为这些原则有时也存在矛盾。此外，坚持所有 10 个启发式原则的产品不能保证满足用户的需求，但该产品的设计不会很差。Nielsen 的启发式原则如下：

1. **系统状态的可见性**。让用户了解系统的状态，并在合理的时间内给他们反馈。

2. **系统与现实世界的匹配**。使用用户熟悉的术语和概念，避免技术术语。按逻辑顺序展示信息，并遵循现实世界的惯例。

3. **用户控制和自由度**。允许用户控制系统中发生的事情，并能够返回到以前的状态（例如，撤消、重做）。

4. **一致性和标准**。产品要保持一致性（例如，术语、布局、行动）。遵循已知的标准和惯例。

5. **错误预防**。最大程度地避免用户出错，出错后，让用户很容易看到错误（即错误检查），并给用户机会来解决他们之前提交的动作（例如，确认对话框）。

6. **识别而不是记忆**。不要强迫用户依靠自己的记忆来使用系统。必要时，让选项和信息（例如，提示）可见或者容易获取。

7. **使用灵活和高效**。专家用户可以使用快捷操作，但对新手隐藏。允许用户自定义系统常用功能。

8. **美学和简约设计**。避免不相关的信息，并隐藏不经常需要的信息。保持设计的最小化，以避免分散用户的注意力。

9. **帮助用户识别、诊断和恢复错误**。虽然系统应该首要防止错误发生，当发生时，应该准确表达错误信息（不要用代码），表明问题，以及指出如何恢复。

10. **帮助和文档**。使用系统不需要文档是最好的，但是有必要提供帮助和文档。帮助或文档一定要简短，容易找到，且能专注于手头的任务，并描述清晰。

我们提供了一个工作表（http://tinyurl.com/understandingyourusers），帮助你进行启发式评估。

认知走查法

认知走查法（Cognitive walkthroughs）是一种形成性可用性检查方法（Lewis, Polson, Wharton, & Rieman, 1990; Polson, Lewis, Rieman, & Wharton, 1992; Nielsen, 1994）。启发式评估是从整体上看产品或系统，而认知走查是基于特定任务的。它是基于这样的信念，人们试图通过完成任务来了解系统，而不是先阅读操作说明。对产品来说这是理想的，意味着可以走查和使用它（即，没有培训需要）。

在 3～6 人的小组中，把同事或 SME 放到预期用户组，并走查任务。为了提高有效性和可靠性，Jacobsen 和 John（2000）建议，参与者要有各种各样背景，要超越预期用户范围，以增加捕获问题的可能性，并创建任务，以覆盖系统的全部功能。在预期用户组的同事要考虑整个小组情况（例如，比较用户自己预订机票和他人预定机票）。向参与者清晰陈述他们希望实现的目标（例如，预订一个航班、办登机手续），并确保每个人都明白。主持人介绍任务，然后给大家展示屏幕（例如，移动 app、航空公司信息亭屏幕），每次一个画面。展示屏幕时，要求每个人写下下面 4 个问题的答案：

1. 这是你期望看到的吗？
2. 你正在向目标靠近吗？
3. 你的下一步行动是什么？
4. 你预计下一步会看到什么？

评估员要求房间内的每个人陈述自己的答案，并提供任何相关的想法。例如，如果他们觉得没有向目标靠近，说明为什么。记录员应确定任何违背预期的地方和其他可用性问题。

进行 2～3 个小组调研，确保覆盖了所有情景，并确定问题的范围。当检查个别问题时，应该考虑这些问题是否更普遍地适用于整个产品（Jacobsen & John, 2000）。例如，你的同事可能已经注意到，当他们预订航班时，想与客户服务代理在线聊天。你应该考虑是否有用户在其他时间想与代理在线聊天，因此，这样考虑后，该功能会得到更广泛的应用。理想情况下，你会反复地设计和进行新一轮调研，以确保解决了所有的问题。

14.3.2 可用性测试

可用性测试（Usability testing）指最终用户在有代表性的场景里尝试使用产品完成一个或一系列任务，调研人员对上述过程进行系统性观察。在调研中，参与者边与产品（例如，纸质原型、低或高保真的原型、发布的产品）互动，边使用出声思维法（参见 7.4.2 节相关内容）。对用户的行为参照这些指标进行评估：是否完成任务、做任务的时间和转换率（例如，参与者是否购买东西）。给参与者展示相同的产品，并要求完成相同的任务，以尽可能多地确定可用性问题。

可用性评估需要的参与者数量还存在争议（见 Borsci 等（2013）的学术评价和 Sauro（2010）对样本大小的辩论）。Nielsen 和 Landauer（1993）发现，如果进行多轮测试，投资回报率会更高；然而，每轮只需要 5 名参与者。换句话说，与使用 15 名参与者进行一轮测试相比，使用 5 名参与者进行三轮测试，能找到更多的可用性问题，尤其两轮之间进行了产品迭代（例如，基于每一轮反馈，对原型或产品进行更改或增加功能）。如果有多个不同用户类型，则每种用户类型选 3～4 名参与者参与测试。

可用性测试有一些可选变量，可以根据调研问题、可用空间、参与的用户和预算进行选择。

实验室调研

将用户带到你的公司、大学或供应商场所的专用测试空间内进行测试。如果公司没有正式的实验室进行可用性研究，可以利用会议室、笔记本电脑、录屏软件和（可选）视频相机创建临时实验室。参见 4.2 节，了解更多内容。学术或企业实验室环境可能不同于用户真实环境，它可能有高端设备，网速很快，看起来像办公室，没有任何干扰（例如，没有同事、配偶或孩子们制造噪音和打扰你）。虽然实验室环境可能缺乏生态效度（ecological validity，即模仿真实世界的环境），但为每个人提供了一致的经历，并允许参与者专注于评估你的产品。

进一步阅读资源

下面的书详细说明了如何准备、执行和分析可用性测试：

- Barnum, C. M. (2010). *Usability testing essentials*: *ready, set … test!*. Elsevier.
- Dumas, J. S., & Loring, B. A. (2008). *Moderating usability tests*: *Principles and practices for interacting*. Morgan Kaufmann.

眼动跟踪

在实验室调研中，可以使用被称为眼动追踪仪的特殊设备。虽然大多数眼动仪用于台式机，也有移动的眼动仪用于实地调研（例如，在商店进行购物的调研，在汽车里进行汽车调研）。眼动跟踪（Eye tracking）首次用于认知心理学（Rayner，1998）；然而，HCI 行业使用它研究人们在哪里寻找（或不寻找）信息或功能，及用了多长时间。图 14.1 和图 14.2 展示了桌面和移动跟踪装置。通过记录参与者注视点和扫视点（即在两个注视点之间快速眼球运动），可以创建热力图（见图 14.3）。参与者的目光停留在某个点上的时间越长，表明该地区越"热"，用红色表示。当较少的参与者看一个区域或看的时间越短，表明该区域越冷，转换成蓝色。没有人看的地方是黑色的。通过了解人们在哪寻找信息或功能，可以了解参与者是否发现和处理某个项目。如果参与者的眼睛不在界面的某个区域停留，则说明他们不关注那个区域。这些信息可以帮助你决定是否需要改变设计，让事情更容易被发现。

图 14.1   Tobil X 1 light 眼动跟踪仪

图 14.2   在购物调研时使用的 Tobil 眼动跟踪眼镜

图 14.3   眼动跟踪热力图

眼动追踪调研是一种评估方法，当参与者与产品互动时，你不希望他们用出声思维法（think aloud），因为与评估员讲话或回忆过去的言论会改变眼睛注视点（Kim, Dong, Kim, & Lee, 2007），这将打乱眼睛跟踪数据，应避免这种情况。一种解决方法被称为回溯性出声思维法（retrospective think-aloud），该方法向参与者显示他们的调研视频，并向主持人说明当时的想法（Russell & Chi, 2014）。一项研究发现，在使用回溯性出声思维法时，向参加者展示眼动轨迹或眼动视频提示，能获得更高的识别可用性问题（Tobii Technology, 2009）率。该方法将增加调研时长，所以大多数的调研人员使用这种方法进行 1/2 的任务，以保证整个调研在 1 小时内完成。

进一步阅读资源

Bojko, A. (2013). *Eye tracking the user experience: A practical guide to research*. New York: Rosenfeld Media.

快速迭代测试评估

在 2002 年，微软游戏部门开发了快速迭代测试评估法（RITE），以迅速解决游戏中遇到的问题，并评估剩余的功能（Medlock, Wixon, Terrano, Romero, & Fulton, 2002）。它是一种形成性评估方法，不同于传统的可用性测试，旨在发现尽可能多的可用性问题，并衡量产品问题的严重性。RITE 的目的是迅速确定重大的可用性问题，这些问题阻止用户完成任务或产品不能满足其既定的目标。RITE 调研应该在开发周期的早期用原型进行。开发团队必须观察所有的可用性调研，跟进发现可用性问题，并在解决方案上达成一致。然后更新原型，并进行下一次调研，以查看该方案是否解决了问题。如果团队不能在问题的严重性上达成一致，在做出任何更改前，可以进行额外的调研。快速迭代测试，如此循环多轮，直至不再发现可用性问题。传统的可用性测试安排 5 个或更多的参与者看到相同的设计，而 RITE，在大多数情况下，两个参与者在迭代之前看到相同的设计。

与 5~8 名参与者参与的传统可用性调研相比，RITE 通常需要更多的调研和更多的参与者。此外，由于该方法需要开发团队观察所有的调研，并且每个调研通过头脑风暴找出解决方法，有人快速更新原型，如此重复，它是一个资源密集型的方法。总的来说，可以认为它是一个危险的方法，因为在早期产品还不太成型，就投入很多资源。然而，在开发周期的早期进行，可以增加团队的信心，使团队认为正在创建一个没有可用性问题的产品。

咖啡馆研究

在谷歌，当需要迅速决定采取哪些设计方向时，可以与客人在咖啡馆中边吃午餐，边进行 5~10 分钟的调研。使用这种形成性评估方法，仅需几个小时，就可以从 10 个或更多参与者那得到反馈。虽然参与者可以是谷歌人的朋友或家庭成员，但在技能、人口统计资料和对谷歌产品的熟悉度方面仍然需要多样化，这样可以在很短的时间内收集到足够的数据来告知产品方向和识别重要的可用性问题、容易混淆的术语等。你可以在任何咖啡馆、杂货店前、商场等进行调研。当然，还需要得到该店的经理或经营者的许可。

提示
从将进行咖啡馆研究的店里购买礼品卡，并送给参与者作为奖励，使你的研究对每个人都是有益的。

现场调查

可以在用户环境中进行评估，以提高调研的生态效度（ecological validity）。这样会更加了解人们在"现实世界"如何使用产品。如果在家里使用产品，可以在参与者的家里进行调研。参见第 13 章了解更多实地调研技巧。可以在产品开发生命周期早期或者晚期进行，这取决于你的目标（即，确定产品机会，并告知产品方向或按照一组指标测试产品）。

合意性测试

成功的产品仅满足可用性是不够的（即，用户可以通过产品完成特定的任务），必须易用和渴望被使用。Don Norman（2004）认为，美观的产品实际上是更有效的。在 2002 年，微软游戏部门向我们介绍了另一种新的方法，这一次他们关注人的情绪，而不是可用性问题（Benedek & Miner, 2002）。合意性测试指评估产品是否让用户产生预期的情绪反应。经常用发布的产品（或竞争对手的产品）进行测试，看参与者对它的感觉。基于市场研究和自己的研究，微软的研究人员确定了 118 个积极的、消极的和中性的形容词（例如，非传统的、有吸引力的、不一致的、专业的、激励的、吓人的等）。当然，描述用户使用产品时的感觉（或感觉不到），你可能有其他的形容词。可以把它们添加到列表中，但是要注意保持正面和负面形容词的平衡。

进行合意性测试之前要创建一组情绪索引卡片，每张卡片放置一个单一的形容词。与产品交互后，也许按照你的标准进行可用性研究，将一堆卡片交给参与者。要求他们选择任意位置的 5～10 张卡片，来描述对产品的感觉。然后，让参与者告诉你为什么选择了这些卡片。研究人员建议，每个用户类型选 25 名参与者进行测试。此时，可以使用亲和图分析参与者强调的主题。如果你的产品没有得到希望的情绪，可以根据需要进行更改（如添加 / 删除功能，改变消息语气，添加不同的视觉效果），然后再次测试。

远程测试

有时若不进行远程测试，则可能会导致偏差。例如，你基于某国家的高科技地区，仅在公司周边进行面对面评估会导致抽样偏差（sampling bias）。也可能错过特定地区的用户问题（例如，其他时区的客户服务时间不友好）。远程测试可以帮助你从其他区域收集数据。远程测试的另一个好处是，可以在较短的时间内收集大量的反馈，并且对实验室设施没有要求。遗憾的是，如果你在硬件设备或高度保密的产品上进行测试，可能仍然需要当面调研。

远程测试有两种方式：

1. 使用在线供应商或服务进行评估（例如，UserZoom、UserTesting.com 等）。

2. 当你在实验室或办公室时，使用像 GoToMeeting、WebEx 或 Hangouts 的服务，远程连接用户环境中的参与者（例如，家里、办公室）。需要用电话或电子邮件指导参与者如何用他的电脑连接你的电脑，以共享屏幕。可能需要通过电话一步一步指导他们操作。一旦完成，可以向参与者展示原型，并像在实验室那样对参与者进行调研。或者，可以让参与者展示他的电脑，使用网络摄像头展示他的环境、移动设备等。在调研末尾，需要预留时间指导参与者卸载应用程序。

提示

要注意，在参与者电脑上安装东西，不是所有人都会接受，所以在招聘阶段需要通知参与者，要求他们安装。他们可以问问题，并在决定参加时，完全了解这些情况。在调研开始时，不要让参与者处在尴尬境地，从而不得不说"我不舒服"。如果应用程序导致他的电脑出现问题，应该帮助他排除技术故障。不要让参与者因为参加调研而被困在电脑问题上！这可能意味着要电话联系该应用程序所属公司的信息技术部门或客户支持，以确保参与者的问题得到解决。

14.3.3 现场试验

从人机交互的角度来看，现场试验（Live experiments）是一个总结性评估方法，包括比较两个或更多的设计（现场网站），看哪一个性能更好（例如，更高的点击率、转化率高）。为了避免偏见，通常不告诉参与用户他们是试验的一部分。但是，在学术界，知情同意往往是必需的。在 A/B 测试中，一部分用户看见版本（"A"），另一部分用户看见版本（"B"），并通过日志分析，对性能进行比较。A 和 B 可以是对现有产品的改进（通常是你的产品的当前版本），也可以是两个全新的设计。参见图 14.4 的说明。多个版本测试遵循相同的原则，但在这种情况下，比较多个版本，检查这些版本的变化如何相互作用产生理想的组合。对所有版本都必须进行并行测试，以控制无关的变量影响你的试验（例如，网站中断、服务费发生改变等）。

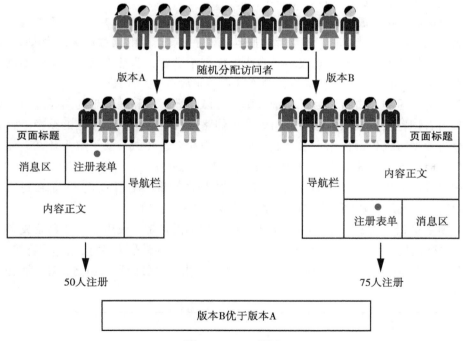

图 14.4　A/B 测试

为了统计分析，发现任何显著的差异，你将需要足够大的样本，但是，多版本测试比简单的 A / B 测试需要更大的样本，因为要考虑组合的数量。

有一些免费的工具和几个收费的在线服务，可以让你进行现场试验。为"网站优化"简单地做一个网站搜索，或者进行"A / B 测试"，你会发现有数个供应商和工具会帮助你。

进一步阅读资源

设计成功的试验不是一件容易的事。我们推荐两本书。第一本介绍了如何设计成功的试验，第二本介绍了用户研究的统计信息，其在你分析数据时将非常有用。

- Siroker, D., & Koomen, P. (2013). A/B testing: The most powerful way to turn clicks into customers. John Wiley & Sons.
- Sauro, J., & Lewis, J. R. (2012). Quantifying the user experience: Practical statistics for user research. Elsevier.

14.4　数据分析与处理

除了确定可用性问题外，可以考虑下面几个指标，并将其收集在总结性评价里：

- **任务完成时间**。完成某个任务的时间。
- **错误的数量**。完成任务或在调研中犯的错误。
- **完成率**。成功完成任务的人数。
- **满意度**。在调研结束时，参与者从整体上对任务或产品的满意程度，（例如，"总的来说，对你的经历感到满意或不满意吗？极其不满意，非常不满意，中等不满意，稍有不满，没有想法，稍稍满意，中度满意，非常满意，极其满意。"）
- **页面浏览量和点击数**。为了衡量效率，可以与最有效和最理想的路径进行比较，看参与者浏览页面或点击数量。当然，最佳路径可能不是用户首选的路径。收集网站分析数据可以告诉你用户做什么，但不是为什么这样做。要了解为什么，你必须进行其他类型的调研（例如，实验室研究、实地调研）。
- **转化率**。通常在现场试验中进行测量，这是在衡量参与者（用户）是否进行了"转化"，或者成功地完成预期任务（即，登录，进行购买）。

在一项基准研究（benchmarking study）中，把你的产品（或服务）与竞品或者业内最好的案例进行比较研究。记住，样本量要小（例如，面对面调研），对数据不进行统计测试，该数据不代表全部目标用户。然而，比较多轮测试的指标，可以看出当前设计是否正在改善用户体验。

进一步阅读资源

Albert, W., and Tullis, T. (2013). *Measuring the user experience: collecting, analyzing, and presenting usability metrics*. Morgan Kaufman.

14.5 结果沟通

对于所有的评估方法，应该记录是如何评估的，以避免在以后的版本中重复相同的错误。方法很简单，包括在幻灯片中放置截图或在原型中维护对照版本，这样能容易地看到参与者经历了什么。

在小样本或非正式的调研中（例如，认知走查、咖啡馆研究、RITE 等），一个简单的问题和建议列表通常足以让你与利益相关方进行沟通。简要描述参与者是重要的，如果有特别说明，必须让相关方知道（例如，由于保密的原因，只有公司员工参加）。这些都意味着快速、轻量级的方法不需要准备冗长的文档，避免拖慢调研进程。

对于更大或更复杂的调研（例如，眼动跟踪、现场试验），需要记录方法的描述、参与者的人口统计资料、图表（例如，热力图、点击路径）和任何统计分析资料。不同的利益相关方通常需要不同的演示文稿。例如，工程师或设计师不会关心方法或统计分析的细节，但其他研究人员关心。对大多数利益相关方来说，最好用简洁的 PPT 显示问题和建议，但我们建议创建另一份报告，包含上面提到的所有细节，这样如果出现问题，可以很容易地回答（或捍卫）你的结果。

14.6 本章小结

在本章中，我们讨论了几种评估产品或服务的方法。在产品生命周期、每一个计划或预算中，都有一种方法可以使用。评估产品不意味着产品生命周期的结束。你将需要继续其他形式的用户研究，不断了解用户需求，以及如何更好地满足用户。

案例研究：认知走查法在医疗设备用户界面设计上的应用

——Arathi Sethumadhavan, Manager, Connectivity Systems Engineering, Medtronic, Inc.

Medtronic 公司是世界上最大的医疗技术公司。作为 Medtronic 的人因科学家，我的目标是主动了解用户的作用和产品使用环境，设计的产品尽量减少用户使用错误，避免对用户或病人造成伤害，并通过提升易学性和易用性，最大限度地提高临床效率和产品竞争力。我一直在 Medtronic 的心律与疾病管理（CRDM）部门进行人因研究，这是 Medtronic 最大和最有资历的业务部门。在本案例中，描述了怎样使用人因用户研究方法（一个轻量级的认知走查法）研究心衰项目。

心力衰竭是指心脏不能泵出足够的血液满足身体需要的情况。根据美国心脏衰竭协会数据统计，有 500 万美国人患有心脏衰竭疾病，每年诊断出 400 000～700 000 名新发病例。心脏再同步治疗（CRT）是对心脏衰竭的治疗方法。CRT 通过克服电传导延迟，恢复并协调心脏泵血室。这是由 CRT 起搏器完成的，其中包括右心房、右心室和左心室的导线。这些导线连接到一个脉冲发生器上，被放置在病人的上胸部。心脏起搏器和导线保持协调上部和下部心室，以及左、右心室。导线位置和起搏时间是再同步成功的重要因素。由于心室跳动过快，充血性心脏衰竭患者会面对死亡的危险，含有除颤器的 CRT 起搏器可以用于治疗该类疾病。

The Attain Performa® quadripolar lead 是 Medtronic 新的左心室（LV）领先产品，它给医生提供了更多选择优化 CRT 传递。The lead 提供 16 个左起搏装置，如果在植入或恢复时有问题（例如，膈神经刺激、高阈值），不需要手术，允许电子重新定位。虽然在植入和长期的治疗过程中，The lead 提供了几个编程选项，增加的 16 个起搏装置潜在增加了临床医生的工作量。为了减少工作量，加快临床医生的临床效率，Medtronic 创造了 VectorExpress TM，这是一个聪明的解决方案，通过点击按钮，可以取代原来的 15～30 分钟手动测试 16 个起搏装置。VectorExpress TM 在 2～3 分钟内完成测试，提供电子数据，临床医生可以用以确定最佳的起搏装置。该功能是区别于其他竞品的最大不同点。

医学领域的唯一性

在医疗器械行业，人因工作更需要谨慎，因为监管机构很关注产品是否能减少因用户犯错和不合格医疗设备的可用性问题造成的危害。人因工程的国际标准规定了医疗设备制造商应遵循的过程，该过程说明你要采用严格的可用性工程过程并且用户或病人的安全风险得到缓解。这意味着分析技术（例如，任务分析、访谈、焦点小组、启发式分析）以及形成性评估（例如，认知走查、可用性测试）和验证测试，需要从每种用户组中至少选择 15 名参与者，优化医疗设备的设计。要遵守的标准以及维护记录显示可用性工程工作已经开始。虽然采用各种用户反馈技术，本案例研究将集中在领域专家对轻量级认知走查的运用上，对全功能原型进行严格的可用性测试之前，收集用户早期反馈。认知走查是发现用户对产品早期概念有何反应的伟大技术，可以确定我们的产品方向是否正确。

准备认知走查

认知走查的材料包括：

- Attain Performa quadripolar lead 的介绍和访谈调研的目标。
- 用微软 PowerPoint 展示用户界面设计的快照。用图形表达概念，更容易沟通想法，并衡量用户的反应。
- 临床场景将有助于评估功能的实用性。具体来说，参与者参与场景：①植入场景，一名病人植入 CRT 装置；②术后随访，一名病人到诊所抱怨膈神经刺激（即打嗝）。数据收集表格如下：对于每一个场景，创建问题表格，列举"在场景中被问的问题"（例如，"什么时候进行测试？""在植入时，您将等待多久运行自动测试？""在什么情况下，你想指定方向来运行测试？""如何使用表中的信息来编程方向？"），并用"用户注释"作为标题。每一个问题都有自己的表格条目，可以录入相应信息。

执行认知走查

在 Medtronic's Mounds View、Minnesota、campus 与医生进行了认知走查。共进行了三个认知走查（CWS）。在诊所或医院，医生很难在忙碌的一天里找时间跟我们聊聊，调研的潜在中断率很高。不同于诊所或医院，在 Medtronic 做调研，遵循时间表，医生专门拿出时间参与调研。虽然三个 CWS 看起来像一个小的样本，重要的是，随后会对高保真、交互原型进行多轮可用性测试。

每一个 CW 调研都有一位人因科学家和一位研究科学家参与。研究科学家参与的目的是领域专家能够描述 vectorexpress TM algorithm 的细节。让项目团队参与调研，也是很好的做法，因为这有助于第一手了解用户的需求和动机。两个采访人员都准备了介绍材料和数据收集表格。用户界面设计通过 PowerPoint 幻灯片投影在会议室的大屏幕。

调研开始时，人因科学家给医生概述了 Medtronic 正在考虑的功能，并描述了会议的目的。接着，研究科学家概述了 vectorexpress TM algorithm 是如何工作的，换句话说，描述了 algorithm 是如何能够测量所有 LV 起搏装置的。然后，使用植入和术后随访的场景，人因科学家提出设计理念，并问参与者他们设想的功能是怎样的。这是一个"轻量级"的CW，意味着我们没有向参与者问 Polson 等人推荐的 4 个标准问题（1992）。参与者的时间是非常有限的，因此，为了得到尽可能多的设计理念反馈，让大家集中在每个屏幕上，深入访谈参与者。面试官在数据收集表格中记录笔记。

认知走查分析

人因科学家在数据收集表格中输入 CW 调研产生的问题答案和每个 CW 调研产生的"要点"。然后把文档发送给研究科学家，进行审查和编辑。每个 CW 调研产生的报告要提交给跨职能团队（即，系统工程、软件工程和营销）。注意，在一对一的 CW 调研之后，我们与电生理学家进行了焦点小组谈话，收集了更多的数据。在所有调研结束后，跨职能团队聚到一起，基于对 CW 和焦点小组的理解，确定用户界面设计的要点和意义。

下一步

- 从 CW 得到的反馈帮助我们得出结论，总的来说，我们走在正确的方向上，我们能够了解用户在 CRT 装置植入和术后回访中如何使用建议的功能。CW 还对特定用户界面元素的设计提供思路。
- 在准备形成性测试时，我们开发了高保真原型，并制定了测试计划，该计划包含了代表性场景下的可用性目标和成功的标准。我们与 Medtronic 现场员工合作，招募有代表性的用户进行形成性测试。

- 我们还在提议的用户界面上进行了用户错误分析，以评估潜在的用户错误和任何相关的危害。
  - 制定的形成性测试计划包含了代表性场景下可用性目标和成功的标准。
  - 我们与 Medtronic 现场员工合作，招募有代表性的用户进行形成性测试。

需要记住的事情

- 进行任何调研时，包括 CW，灵活很重要。对决策领导进行调研，很少遵循既定的日程安排。对高技能用户进行调研，如电生理学家，涉及很多的讨论。对医生进行调研，他们会问很多深入的技术问题，你要提前预测技术问题，并做好准备。过去我创建了一系列潜在问题表，并附上答案，最好让技术专家给出答案。
- 在用户调研过程中，会涉及跨职能的合作伙伴，如项目系统工程师或研究科学家（领域专家）。他们更深入地了解系统，与人因工程师形成互补。
- 大多数调研都会面临用户表面所说是否有价值的问题。重要的是在下结论前，要深入了解用户需求背后的动机。此外，可通过其他技术多方面测量数据，如行为观察和形成性测试。

第四部分
收　尾

Part 4

第 15 章

结果处理

15.1　概述

前面的章节已经描述了多种用户调研方法。用户调研活动之后，必须将收集到的有效信息传递给利益相关方（stakeholder），以便改进产品。如果调研结果不明确或者不成功，那就浪费了时间。没有什么比放在架子上永远不阅读的报告更糟糕的了。本章将告诉你如何排序和演示调研结果，怎样向利益相关方呈现调研结果，并确保调研结果被采纳。

要点速览：

➤ 调研结果的优先级排序

➤ 演示调研结果

➤ 汇报调研结果

➤ 确保调研结果被采用

15.2　调研结果的优先级排序

很显然，不能给利益相关方一个有 400 个用户需求的列表，这样会导致他们不知道从哪里开始。必须对调研结果进行优先级排序，然后根据优先级提出建议。优先级表达了对调研结果有影响的建议。此外，应该由产品团队决定调研结果的优先展示顺序。

一定要注意，并不是所有的用户调研都适合可用性（usability）优先级排序。比如卡片分类法。调研结果应该是一个整体而不是个别推荐。例如，如果你借助卡片分类来了解产品的架构（参见 11.2 节），通常，对团队的建议是整体架构。因此整个对象（体系架构）具有很高的优先级。另一方面，其他方法通常会产生有利于优先排序的数据。例如，如果你对产品进行评估，从术语到任务的可发现性等方面都会遇到问题。可以帮助团队了解哪些结果是最重要的，而不只是把结果列表交给产品组，这样他们才能有效地分配资源。本章将讨论如何做到这一点。我们讨论如何区分可用性优先级排序和业务优先级排序。如何排序没有正确的答案。这里会着重列举按优先级排序的活动，这些活动分两个阶段处理优先次序问题，这是一个有效的方法，但是有很强理解能力、组织严密的团队只需要一个阶段就能完成优化。两个阶段的处理过程见图 15.1。

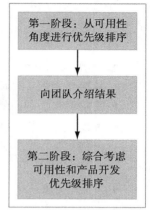

图 15.1 优先级顺序

DILBERT © 2003 Scott Adams，由 UNIVERSAL UCLICK 授权使用。版权所有，翻印必究

15.2.1 第一阶段：从可用性角度进行优先级排序

对建议进行优先级排序时，要考虑两个关键指标（从可用性角度来看）：影响和数字。

- **影响**是指对用户可用性分析时的影响。结果和频率用来确定影响。例如，如果产品不能满足某特定的用户需求，用户将无法完成他们的工作，显然，这个需求应该被评为高优先级。
- **数字**是指确定问题和提出特定要求的用户数量。例如，20 个参与者中有两个喜欢（不是必需的）产品的某个功能，那么该需求属于低优先级。理想情况下。也要评估这个功能将对多少真正用户产生影响。即使只有几个用户提到它，它仍然可能会影响很多用户。

优先级排序是一门艺术而不是一门科学。我们尽可能使用指南来确定这些优先级。它将帮助我们如何确定某功能的优先级是"高""中"还是"低"。向利益相关方和读者说明某功能优先级评定的原因。需求的描述应该包含对调研结果的评价（例如，"这个问题是重要或经常性的"，或"要求的功能并不是一个真正的需求"）和提及该问题的参与者的数量（例如，25 个参与者中有 20 个）。

"高"、"中" 和 "低" 优先级的评定准则如下（请记住，可能并不适用于每一个活动的结果）：

高

- 发现 / 需求是极端的，如果不处理它，大多数用户使用产品时操作困难，并有可能导致操作失败（例如，数据丢失）。
- 需求将加强用户的工作——突破现有思维。
- 发现 / 需求影响很大，频繁出现。
- 发现 / 需求范围很广，有依赖关系或者有底层基础架构问题的症状。

中

- 发现 / 需求适中，如果不处理它，某些用户使用产品时操作困难。
- 发现 / 需求是一个创新，将帮助用户更好地完成他们的任务。
- 如果没有所需的功能，大多数的参与者完成工作时会感到沮丧和困惑（但不是不能完成工作）。
- 这个需求范围并不很广泛，若没有似乎影响其他任务。

低

- 如果没有这个需求，少数的参与者会感觉操作困难。
- 这个需求影响力很小。
- 需求范围小，如果没有它，不会影响其他任务。
- 它是不是用户的真正需求。

如果某需求符合多个优先级评定级别，那么它通常被指定为最高级别。

当然，当使用这些评定准则时，还需要考虑领域。如果你在某领域（例如，核电、医院）工作，任何错误都可能导致生命危险或紧急情况，你可能需要修改这些准则，使它们更严格。

15.2.2 第二阶段：综合考虑可用性和产品开发进行优先级排序

前一节介绍了如何从可用性角度对用户调研活动的建议进行优先级排序。当然，这种排序的要点是，怎么让每一个发现影响用户。在理想状态下，我们希望产品开发团队首先处理高优先级的问题，然后是中优先级，最后是低优先级的问题，通过这种顺序来改善产品。然而，一些现实因素（如预算、合同规定、资源的可用性、技术的限制、市场的压力和产品交付的最后期限等）经常阻碍产品开发团队执行你的建议。他们可能真的想要实现你的所有建议，但无法真正做到。用户调研人员无法深入了解实现某个建议要花费的真正成本。了解实施建议的价值和限制产品开发团队的成本，这样不仅确保必要的建议被采纳，还可以在团队中获得盟友。

通常当你向开发部门展示调研结果以后，开始该阶段的优先级排序。在演示会后（稍后介绍），应该安排第二次会议讨论排序结果。如果时间允许，在会议上直接处理它，但是我们发现最好安排另一个单独的会议。在第二次会议中，你可以确定这些优先事项，也可以确定每一个建议的状态（例如，接受、拒绝或者调研中）。下面是有关建议状态的详细讨论（参见 15.5 节相关介绍）。

让产品团队考虑你的优先级建议，并纳入成本中，这是很重要的一步。比较优先级建议和实现成本，从而产生成本效益图。在你提出用户需求或问题列表以及它们对产品开发过程的影响后，要求产品团队给出实现每一个变更所需要的成本。因为开发者对产品很熟悉，他们通常能很快作出评估。

图 15.2 中的问题用来帮助开发团队确定成本。其来源于 MAYA Design 创建的问题（McQuaid，2002）。

调研结果（问题 / 要求）的普遍或广泛程度：						
无						很好的主意
1	2	3	4	5	6	7
这个需求需要更多的调研或需要很大的结构调整（信息架构、硬件、系统架构）：						
无						很好的主意
1	2	3	4	5	6	7
产品开发团队有足够的资源可以满足这个需求：						
无						很好的主意
1	2	3	4	5	6	7
关键的企业利益相关方对这个需求感兴趣：						
非常						一点也不
1	2	3	4	5	6	7
关键的产品管理利益相关方对这个需求感兴趣：						
非常						一点也不
1	2	3	4	5	6	7
关键的营销利益相关方对这个需求感兴趣：						
非常						一点也不
1	2	3	4	5	6	7

图 15.2 帮助排序的问题（McQuaid，2002）

利益相关方给每一个用户调研结果 / 需求进行评分，然后取评分的平均值。平均值越接近 7，需求成本越高。依据清单中每一项的"成本"分配，并综合你提供的优先级，可以确定最终的优先级。下面将描述该方法。

在图 15.3 中，X 轴代表从可用性的角度来看调研结果的重要性（高、中、低），而 Y 轴代表产品团队的困难或成本（1 和 7 之间的等级）。越靠右，对用户来说越重要。越向上，这个建议实施的难度就越大。这个图表详细显示了焦点小组旅行的成本效益图表。

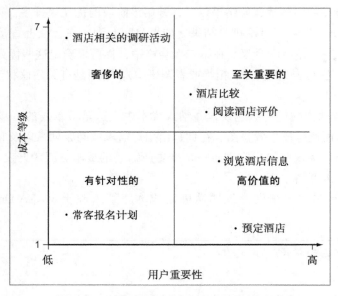

图 15.3 来自焦点小组的成本效益图样例

四分象限图

可以把建议放到四个象限中：

- **高价值的**。该象限包含高影响的问题／建议，成本最低很容易实现。在这一象限的建议提供了最大的投资回报，应首先实施。
- **至关重要的**。该象限包含高影响问题／建议，实现起来比较困难。虽然需要重要的资源，但对产品和用户的影响很高，团队应该接下来解决该部分问题／建议。
- **有针对性的**。该象限包含影响较小的问题／建议，实现成本较低。这可能称为"容易获得的果实"。由于实现成本低，对产品开发团队很有吸引力。影响较低，但往往容易开发，所以在解决上面两类建议时，顺带解决掉。
- **奢侈的**。该象限包含低影响的问题／建议，实现比较困难。这个象限提供最低的投资回报，只有完成其他三个象限的问题／建议后，才能解决这些问题。

与产品团队一起努力来创建这个图表，这给他们提供了一个可行的计划。另外，开发团队将感激你与他们合作，在设计中考虑他们的观点。

15.3 演示调研结果

现在你收集了数据，并进行了分析，接下来需要向所有的利益相关方演示结果。通常会在优先级排序之前展示结果（即，将进行可行性优先级排序，但不包含在产品团队的优先事项中）。事实上，写完用户调研报告，发布在小组网页上，并用电子邮件把网址发出去，这是不够的。用户调研报告要满足重要的需求（例如，记录你的发现和归档详细数据，方便将来参考），撰写时要认真对待相关数据，但在演示时也必须能熟练地表达出来。

需要开会讨论调研结果。这个会议很可能要花一个小时。如果是深入调研，如实地调研，可能需要更多的时间。理想状态下，你要亲自参加会议，这样可以看到大家对调研结果的反应。他们看起来明白你说的吗？是以微笑和点头回应，还是皱眉和摇头回应？如果不能开现场会议，也可以召开网络会议。

> **提示**
>
> 如果你是外聘顾问（即，不是公司的全职员工），很可能会依赖于远程会议以确定会议的范围。请确保参会的人明确会议安排。此外，会议室很重要，作为顾问，你可能无法控制会议室布置，甚至不知道它在哪里，所以早点到那里很重要。按照你的想法布置，并找出调试设备的方法。

> **要点速览：**
> ➤ 为什么口头陈述很重要
> ➤ 参会人员
> ➤ 创建成功的演示文稿
> ➤ 成功演示

15.3.1　为什么口头陈述很重要

因为你和利益相关方的时间都是宝贵的，重要的是，让大家了解会议上演示的调研结果和建议为什么是很关键的。没有人希望参加不必要的会议。如果你不认为会议是必要的，那么利益相关方也会认为不必要。下面列举了开会的原因，并说明了为什么要尽快安排会议。当你安排会议的时候，一定要有明确的日程安排以及期望达到的目标。

> **提示**
>
> 如果有时间，在会议之前，应该和产品团队的重要成员商讨一下所有的建议，以确保这些建议是可以做到的。否则，由于你不理解这些调研结果或其复杂性，可能导致会议超出预期，有可能变成讨论为什么不能实现这些建议。会议前商讨也能让产品团队感受到会议的优先级高于其他。

尽快处理问题

产品团队都很忙。他们通常时间紧迫，要处理多个来源的信息。为了你和他们的利益，尽快让产品团队关注你的发现。对于你来说，趁记忆犹新，尽快讨论调研活动和结果。对于产品团队来说，越早知道基于调研结果要实现什么，越对会议感兴趣。

确保正确理解调研结果和建议

你可能已经花了大量的时间和精力进行调研、收集和分析数据，并为团队提出建议。最后你要防止团队曲解你的发现和结论，最好的方式是开会讨论调研结果，确保大家有相同的理解。确保调查结果的表述容易理解，为什么对利益相关方是重要的也很明确。现实是，许多问题太复杂了，不能用文字表述清楚，所以面对面的演示很关键，通过图表、故事和其他辅助形式加强团队的理解是非常有帮助的。

处理修改建议

你可能发现一个或多个建议是不恰当的。这会经常发生，因为你不知道技术方面的限制。有时用户的需求在技术上是不可能实现的。知道需求的约束并把它们归档。有时，因为关键客户或合同协议的要求，产品会以某种方式实现该需求。通过与利益相关方的讨论，通过头脑风暴找出新的解决方案，以满足用户的需求，并突破在技术方面的限制。或者，利益相关方可能会提供更好的建议。必须承认，我们并不总是有最好的解决方案，因此与所有的利益相关方开会，会产生更好的建议，并能确保每个人都同意。

15.3.2　参会人员

请所有的利益相关方参与调研结果演示会议。参会人员通常是关键人物，是调研结果的受益人或决策人。不要依靠某个人传递信息，因为信息在转述过程中会丢失。此外，不邀请利益相关方，他们可能会觉得被冷落，而你不想在这一点上失去盟友。我们通常会邀请产品经理、工程师（们），有时会是业务分析师。产品经理可以解决任何与你的建议有关的功能性问题、进度和预算问题，而开发经理可以解决有关技术可行性和实施所需的时间和精力的问题。你可能需要与个别工程师举行后续会议，以制定出实施建议的技术方案。要确保结果演示集中在参会人员的需求上。

15.3.3　创建成功的演示文稿

及时演示调研结果是最重要的。我们已经看到太多的调研人员需要几个星期的时间才把数据递交给利益相关方，这会让数据变得过时。在这一点上，没有得到调研结果的团队可能已经作出决定。调研时间过长是有用的，但有时也面临失去价值的风险。作为调研的一部分，如果不是后继跟进项目，可以先不安排调研，这样可以尽快地给开发团队提供调研结果。在某些情况下，如大的领域调研，这大概不可能，在这种情况下，你可以通过博客或视频空间，定期给利益相关方发送最新的项目进展。最重要的是，应该在1～3天内尽快整理好调研结果。

演示格式和样式与正在试图传递的内容一样重要。需要以一种易于理解的方式传达建议的重要性。不要指望利益相关方能理解调研结果隐含的内容。实际情况是，产品团队的需求和要求来源很广，如市场、销售和客户，用户调研只是其中的一个来源。你需要让他们相信你的调研结果对产品的发展有重要的意义。有很多简单方法可以帮助你做到这一点。

其中一个重要的方法是从创建到交付的过程中要全面考虑。图 15.4 很好地描述了需要提前考虑的因素，帮你整理思路。

演示文稿的生命周期

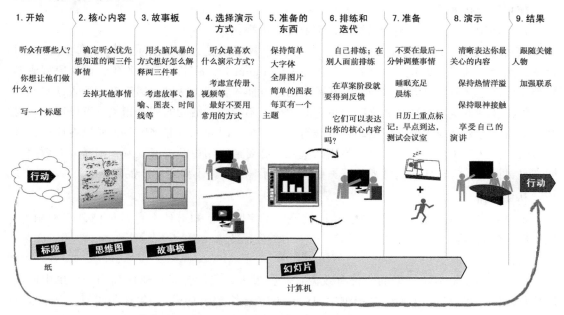

图 15.4 演示文稿的生命周期（Jake Knapp, Jenny Gove, & Paul Adams, Google Inc.）

Chip Heath 和 Dan Heath 推广了"粘性思维"这个术语，其指那些被理解、被记住且改变某些东西的想法。他俩认为所有的粘性思维有 6 个共同点。我们很喜欢他们的界定，并希望与你分享（Heath & Heath, 2007）。

1. **简单的**。简单不是肤浅；是高优先级在前。（Southwest will be the low-fare airline.）信息的核心是什么？能用比喻或容易理解的方式交流吗？

2. **意外的**。想得到关注，就得避免常规套路。（The Nordie who ironed a shirt …）保持注意力，吸引大家的好奇心。（What are Saturn's rings made of?）在信息可以引人注目之前，让听众期待它。

3. **具体的**。是具体的，使用感觉语言的。（Think Aesop's fables.）画一幅大脑中的图像。（"A man on the moon..."）记得魔术贴记忆理论——试图勾起多种类型的回忆。

4. **可信的**。通过大规模统计或生动的细节，从外部（权威或非权威）或内部展示信息的可信度。让人们在买之前"试一试"（Where's the beef?）。

5. **情感的**。人们只关心人，而不是数字。（Remember Rokia.）别忘了 WIIFY（这对你有什么好处）。但身份诉求往往能战胜自身利益。（"Don't mess with Texas" spoke to Bubba's identity.）

6. **富有故事性**。通过模拟的故事推动行动（做什么）和激励（做它的动机）。Jared 跳板故事（见 Denning 的世界银行故事）帮助人们看到如何改变存在的问题。

使用可视化效果

不管使用什么工具呈现调研结果，都要让它可视化。

可视化效果可以帮助你传达观点，并被大家易于接受，这是演示文稿最重要的方面。截图、照片、结果（如卡片排序的树状图（dendrogram））、故事、人物角色、设计原型或架构都是可视化材料，可以拿来使用，在需要的地方插入它们，帮助传递信息。插入这些元素会让你的故事更生动。视频和音频剪辑更有效。不能参与活动的利益相关方可以通过观看视频或听录音来感受你的调研活动。可能需要花不少的时间和资源来准备，所以在使用这些元素时要仔细考虑。例如，如果产品团队坚持自己对最终用户的错误理解，则需要有数据证明它是错误的，没有什么比可视化证据更适合的了（当然，不要得罪产品团队）。

传输介质

你选择的演示方式可能会影响展示效果。了解听众，知道什么将对他们最有影响力。我们经常使用各种各样的格式，包括下面的一些或全部。

幻灯片

PowerPoint 是传达结果的一种有效方式。在过去，我们曾经在建议和调查结果中使用图片复印件。问题是，人们经常很难集中注意力讨论当前的问题。如果环顾四周，会发现有人在看其他问题。这不是你想要的。可以在每张幻灯片上放置一个调研结果，通过幻灯片把大家注意力集中在当前的调研结果上。是你控制幻灯片，所以没有人看其他的问题。有些像 Prezi 的工具可以进行更多的互动演示，PowerPoint 只能按既定的顺序进行。

海报

海报是一个经久不衰的好工具，可以得到利益相关方的关注，并快速传达重要的概念。你可以为每种类型的用户、调研活动、主要的调研结果、故事板、设计原则等创建不同的海报。如何选择显然取决于调研目标和你想让利益相关方知道哪些信息。海报可以包含照片拼贴、用户语录、记录项、活动的成果（例如，如卡片排序的树状图、调查图表）和基于调研的建议（见图 15.5）。在产品团队工作的走廊张贴海报，这样大家会停下来阅读，这种方式可以确保每个人都知道你的调研结果。

身临其境的体验

在某些情况下，创造丰富的身临其境的体验会很有价值。一个大型健康保险公司面临着成千上万的员工吸纳潜在客户的挑战。保险公司进行了用户调研，并建立了一个创新的、基于移动人物角色的房间和其他创造性的学习体验环境，以帮助员工"设身处地"地考虑他们的客户。以此种方式展示不同的场所，获得了巨大的成功。

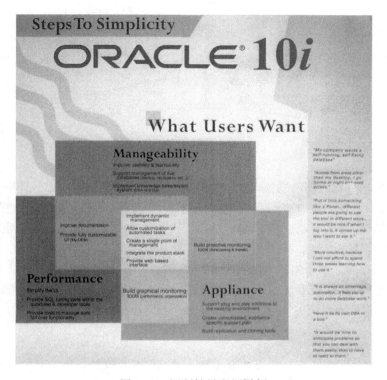

图 15.5　调研结果海报样例

15.3.4　如何进行成功的演示

你已经完成了杰作并准备去演示。在演示文稿时注意下面的事情。

> **要点速览：**
> ➢ 保持演示的重点
> ➢ 从好的事情开始
> ➢ 重点内容安排在前面
> ➢ 避免讨论具体实施
> ➢ 避免使用术语

保持重点

通常与开发团队的会议维持在 1 个小时之内，所以要着重介绍重点。如果超过 1 个小时，就可能讨论了太多的细节。如果有必要的话，再安排一次会议，而不是进行一个数小时的会议（1 小时后人会变得疲倦、烦躁和没有精力）。

"第 387 页图表显示，在第 4 个小时的测试中，参与者热情急剧减退。"

由 Abi Jones 提供插图

你可能没有时间讨论所有的细节，但没问题，因为用户调研报告已经详细描述了（后面进行讨论）。要展示的内容取决于谁出席会议和你希望要达到什么效果。希望产品团队从一开始就参与（参考 1.2 节），所以你应该全力以赴开展工作和钻研调查结果和建议（演示的精华部分）。团队应该了解调研活动的目的、都有谁参加及调研方式。最后要总结一下会议内容，并预留提问时间。如果团队早期没有参与，你需要提供一些相关背景知识。提供"行动纲要"，包含做了什么，谁参加了，及调研目标。这些信息为你的调研结果提供了重要参考信息。

> **提示**
>
> 注意要议讨论焦点内容！在会上会有很多的材料需要讨论，没有时间讨论细枝末节。如果有人转移焦点（例如，讨论详细的技术实现如何满足需求），告诉他将在后续的会议进行讨论。

从好的事情开始

以积极的议题开始会议，以积极的调研结果开始你的报告。你不想被认为是来传达坏消息的人（例如，本产品糟透了或初始功能规范不正确）。你的用户调研要经常发现"好消息"，并把它传达给产品团队。

例如，你进行了一个卡片分类活动以确定现有的旅游网站是否需要重组。如果发现一些网站的架构符合用户的期望，则不需要改变，然而其他方面需要调整，你可以从保持不变的部分开始你的讨论。团队听到后会很高兴，因为不需要全盘修改！此外，他们工作很辛苦，应该得到小小的赞同。很显然，让团队保持好的情绪，可以帮助减轻即将到来的打击。

参加会议的人必须讲一些每个人都喜欢听的积极的事情，所以当你要着重称赞一个产品时，一定要在会议的开始时提及。

> **提示**
>
> 如果你创建视频或音频剪辑的时间太紧张，一定要包括一些来自用户的引用，以强调调查结果。

重点内容安排在前面

开会前，最好从可用性的角度对问题进行优先级排序（参见 15.2.1 节）。这可能听起来很明显，但演讲一开始就应该讲述高优先级问题。最好的处理方式就是先解决重要问题，因为这是给产品团队传达最关键的信息，也往往是最有趣的信息。如果会议时间到了，要确保最重要的信息已经被彻底讨论了。

避免讨论具体方案

本次会议的目的是介绍你的调研结果。基于这一点，不要讨论什么可以做和什么不能做。这是一个很重要的问题，必须告知大家。一般情况下，演示会根本没有足够的时间。可以安排后续会议讨论每个建议的情况（稍后讨论）。如果团队说，"不，我们不能这样做。"让他们知道你想知道为什么，但会在后续会议讨论。提醒他们，你的调研结果不会取代其他来源的数据（例如，市场和销售），它们是相互补充的，会在后续会议讨论如何将这些数据结合在一起。关于后续会议对建议的讨论，可以在下面找到（参见 15.5 节）。

避免使用术语

这个规则听起来非常简单，但很容易违反。人们很容易忘记我们日常使用的术语和缩略词的含义，因为不是其他人的常用词汇（例如，"UCD"、"出声思维法"、"转化或培训"）。没有什么比用专业术语演示更糟的了，房间里没有人能理解。如果你犯了这样的错误，别人会认为你很傲慢和居高临下。当完成演示时，再检查一遍，以确保术语适合观众。如果必须使用术语，该术语对听众来说是新的，应该立即详细描述它的含义。

接下来要做的事情

一定要确定下一步要做的事情。不能没有分享深刻见解就直接走开。下一步可能会有各种各样的事情，要视情况而定。例如，可能会根据调研结果制作原型；可能对后续活动提建议，如迭代设计；或可能是后续会议，基于调研结果确定下一个版本的产品需求。不管下一步是什么，要明确下来。趁着当前势头，确保调查结果得到恰当地使用。

进一步阅读资源

- Duarte, N. (2010). Resonate: Present visual stories that transform audiences. Wiley.
- Heath, C., & Heath, D. (2010). Switch: How to change things when change is hard. Crown Business.
- Heath, C., & Heath, D. (2007). Made to stick. Random House.
- Reynolds, G. (2008). Presentation Zen: Simple ideas on presentation design and delivery. New Riders

---

15.4 汇报调研结果

到目前为止，已经执行了调研，分析了调研结果，并向团队提出建议，现在，需要归档你的工作。以书面形式针对调研结果进行交流和存档是非常重要的。可能是一个线性报告，如果有很多材料提供给利益相关方（例如，视频、照片、文字评论、海报），把它们上传到网站上。该网站应该易于访问。不能强迫大家联系你获取报告或其他交付物，或者寻找在哪可以得到它们。该网站应该是大家熟知的，越容易访问，大家就越喜欢浏览。除了能在网上访问，建议给所有利益相关方发送电子邮件，内容包含行动纲要（下面讨论）和交付物的链接。

15.4.1　报告格式

报告的格式应基于听众的需要。你的经理、产品开发团队和管理人员对不同的数据感兴趣。给他们需要的东西，这一点是非常重要的。此外，可以选择不同的方式传达这些信息（例如，网络、电子邮件、纸）。为了使信息得到利用，必须考虑信息内容和交付方式。有三种主要类型的报告：

- 完整的报告。
- 建议报告。
- 行动纲要。

完整的报告是最详细的，包含用户的信息、方法、结果、建议和行动纲要。其他的"报告"通过不同的或更简短的方法提供相同的信息。报告还可以包括培训材料和海报，作为补充。这些问题在 15.3.3 节讨论过。

15.4.2　完整的报告

理想情况下，每个用户调研活动都需要提供完整报告。这是最详细的报告，应该全面地描述活动的所有方面（例如，招聘、方法、数据分析、建议、结论等）。

要点速览：
- ➤ 完整报告的价值
- ➤ 完整报告的关键部分
- ➤ 完整报告模板

完整报告的价值

事实上，不是每个人都会创建完整报告。有些因素会导致创建完整报告不是一个合理的或有用的任务，如对用户调研的理解、公司的文化和工作的进度。很多公司认为成果展示文稿是最后的报告。

一个完整的报告可以发挥一些重要的功能。此外，受管制的行业（例如，药品生产商）由于法律的限制需要记录一切情况，并证明建议是可行的。我们会提供一些额外的理由，说明完整报告的重要性，由你来决定是否创建。报告模板见附录。

如果有了报告模板（稍后讨论），不需要太多额外的工作就能完成报告。此外，调研方案提供了报告所需的信息（参见 6.2 节）。

存档的价值

存档完整报告非常重要。如果你要开始某个产品的工作，阅读详细报告，能帮助你了解过去对产品做过什么。不止你一个人问过这样的问题：什么调研活动？谁参与了？调研结果是什么？产品团队实现了调研结果吗？产品经理、你的经理或其他成员可能需要这些答案。在一份报告中记录所有的信息，是快速找到答案的关键。

另一个好处是防止错误重复发生。随着时间的推移，利益相关方发生变化，新人会认为有些设计或功能是不必要的或对用户产生危害。更改前浏览这些报告可以防止出现不必要的错误。

归档的报告也对那些从未进行过特定用户调研活动的人有帮助。通过阅读某个特定类型活动的报告，可以了解如何进行类似的活动。如果他们想采用你的方法，这个报告是非常重要的参考。

提示

把报告存在可检索的数据库中。可以通过功能／问题检索到它，还可以找到含特定关键词的所有调研／报告，也可以查看某个功能／问题是否是某个调研活动的主题。

某些团队想要了解细节

如果产品团队想了解调研方法的细节和所做的工作，则可以查看完整的报告。如果他们没有参加任何会议，没有查看录像，一份完整的报告就显得特别重要。如果不同意你的调查结果或建议，他们可能也希望了解这些细节。

咨询

在咨询公司工作的用户调研员已经有经验，明白制作一份详细的、完整报告是必须的。客户希望得到与付出成正比的回报。提供一份详细报告是专业的做法。

完整报告的关键部分

一份完整报告应至少包含以下部分。

行动纲要

在这个纲要中，读者应该能明白你做的事情和最重要的发现。尽量不超过 1 页或 2 页。试着回答一位经理的简单问题："告诉我，我需要知道你做了什么和发现了什么。"这是报告中最重要的部分，是独立的一部分。关键要素包括：

- 描述执行的方法。
- 调研目的。
- 你的调研旨在影响的产品和版本号（如果适用）。

- 对参与者的高度概括（例如，参与者的数量、工作角色）。
- 最重要的是，用 1 或 2 页对调查结果进行高度总结。

背景

本节应提供有关产品或相关领域的背景资料。

- 为什么执行产品调研？或你在调查什么领域 / 用户类型 / 问题？
- 产品的用途是什么？
- 在过去对该产品执行过调研吗？谁什么时候进行的？有谁参加？
- 这项活动的目标是什么？

方法

详细描述调研的细节：如何执行的？都有谁参加？

- **参与者**。谁参与了调研？有多少参与者？是如何招募到他们的？他们的职称是什么？个人必须有什么技能或要求才能满足参与要求？支付参与者薪水了吗？哪些公司员工在活动中做出了贡献？
- **材料**。使用什么材料来进行调研（例如，调查问卷、卡片）？
- **程序**。详细描述了调研的步骤。调研在哪里举行？多长时间？如何收集数据？重要的是要披露任何调研的缺点。你的 12 个参与者中只有 8 个出现吗？由于无法预料的时间限制，调研没有完成吗？正面面对和坦诚有助于提高你和团队之间的信任程度。

> **提示**
>
> 不要透露参与者的名字，因为这是私人信息。不应该透露参与者的身份，给参与者指定唯一的 ID（例如，用户 1，P1，用户姓名的首字母）。

结果

该部分应该深入探讨调研结果和建议的细节。最好以总结性段落开始——用几个段落总结调研发现，像是一个"迷你"摘要。

- 用什么工具分析数据？如果适用（如树状图）的话，展示可视化数据结果。
- 包括参与者语录。语录对产品团队产生重要的影响。如果产品经理看到像"我已经访问过 TravelMyWay.com，再也不访问了"或"这是我最不喜欢的旅游网站"，你会吃惊地发现他是如何起来的，并开始注意他。
- 为所有调研结果和建议提供一个详细列表或表格。细节的程度和类型取决于调研类型。例如，可用性测试会有一个优先级和详细建议的问题列表，而实地调研可以设计人物角色作为最终的交付物。如果合适的话，使用状态栏列来跟踪团队已经同意的和优先级高的问题。记录团队同意的和拒绝的建议。如果可能，要记录采纳的建议的预期效果（例如，通过提高点击率，增加了在线时间，减少了任务的时间，并在随后的可用性测试减少了可用性错误）。当你能说出预期效果时，会增加可信度。

> **提示**
>
> 　　和演示文稿一样，在报告中突出积极的调研结果。通常，我们只考虑发送需要改变或修改的细节清单。

结论

为读者提供调研的总结并指出下一步要做什么：

- 这种信息有助于产品吗？
- 你希望团队使用数据做什么？
- 有后续会议的计划或建议吗？
- 对数据的使用有限制吗？

附录

在这里，包含调研过程中使用的文档（例如，参与者筛选表、调研方案，任何调查问卷等）。

15.4.3　建议报告

　　此种类型的报告着重于调研的结果和建议，对调研来说这是理想的，产生战略建议，如可用性测试或卡片分类。该报告对观众来说是理想的，尤其是对产品经理或开发经理，他们将实施调研结果。以我们的经验，开发人员对我们使用的方法细节不是特别感兴趣。他们想要一个行动列表，告诉他们结果是什么和需要做什么（即，问题和建议）。为了满足这一需求，我们只需将完整报告的结果部分（上面讨论的）发给他们，并将其保存为单独的文档。

　　我们发现，可视化文件，如截图或提议的架构流程，对于沟通建议很重要。一张图真的值一千个字。我们发现，开发人员愿意我们把重要的信息放在一个单独的文件里，这样他们没必要浏览一个 50 页的报告，节省时间。同样，信息越容易获得，就越有可能被浏览和使用。还应该给开发人员提供一份完整的报告，以防他们对细节感兴趣。

15.4.4　行动纲要报告

　　本报告的读者通常是执行副总裁和高级管理层（你的上司可能希望看到你的完整报告）。事实上，高管们没有时间去读正式的用户调研报告，但是，我们确实希望让他们知道已经执行了产品调研，并获得了关键调查结果。最好方法是提供行动纲要。我们通常将行动纲要插入到电子邮件中与完整报告一起发送给相关管理人员。（事实上，你的主管们可能没有时间阅读完整报告，但重要的是把报告提供给他们。）当你的建议有显著的变化时，这是特别重要的参考。复制一份电子邮件，保留传达信息的记录。最后一件想到的事是一个产品总裁过来问你："为什么我不知道这件事？"你已经保存记录，可以说，"其实，在 6 月 10 日已经发送给你。"

15.4.5　报告补充

可以制作其他材料以补充报告内容。不同的人会用不同的方式消化信息，所以想想对听众来说，什么是最好的。培训材料和海报（如上所述）有助于传达调研结果。通常不会为每一项调研制作附加的内容，但是它对新的团队或者企业关键项目是有利的。

15.5　确保调研结果被采用

你已经把调研结果交给了利益相关方，现在你想做的事是确保这些发现能够被使用。你要确保数据被纳入用户配置文件、角色、功能文档，以及最终的产品中。在上一节讲过，呈现调研结果，不是简单地发送电子邮件，而是确保你的调研结果被理解和正确地执行。你可以做一些关键的事情，以帮助调查结果被采纳使用。包括保持利益相关方始终参与，成为团队的一员，成为高层的朋友，并跟踪结果。

要点速览：
➢ 利益相关方的参与
➢ 成为团队的虚拟成员
➢ 获得每个建议的状态
➢ 确保产品团队存档调研结果
➢ 跟踪结果

15.5.1　利益相关方的参与

本书的主题是让利益相关方从一开始就参与调研，并持续参与整个过程（参见 1.2 节）。在建议阶段，他们的参与将有最大的回报。因为他们的参与，会理解调研需要什么，使用的方法和被招募的用户。此外，他们参加了调研，不会对调研结果感到惊讶。产品团队从一开始就参与，已经看到和听到了用户的要求，这会让他们觉得好像和你一起进行了用户调研。没有参与规划和收集过程的团队可能会觉得你提供了不可信的数据。让他们相信你的数据，有时是一个艰难的过程。如果团队还没有参与到用户调研中，最好从现在开始让他们加入！与他们一起工作，确定调研结果的优先顺序（参见 15.2 节），并继续下去，直到调研结果被实施。此外，一定要让他们参与策划未来的活动。

15.5.2　成为团队的虚拟成员

正如本书中早先提到的，如果你不是开发团队成员，要把自己想象成为一个虚拟的成员。从你被分配到该项目时，争取成为一个积极的、被认可的产品团队成员（参见 1.2 节）。花点时间熟悉产品和产品团队、计划、预算和关注点。需要尽最大的努力去理解这些。你应该意识到，可用性数据是团队在决定产品目标和方向时必须考虑的因素（参见 1.4 节）。

认识到此时的投资会让产品团队信任你，并承认你是一个熟悉他们产品和发展问题的人。不仅能使你获得尊重，还可以让你做出易于实施的明智建议，因为你熟悉影响产品开发过程的所有因素。团队会认为你能提出切实的建议来改进产品。相比之下，如果你看起来像是一个局外人，如"必须实现所有的用户需求和任何不被喜欢的事情"，你将不会做得长久。

15.5.3 获得每个建议的状态

记录团队对建议的反应（例如，接受、拒绝、需要进一步调查）。见附录 B，报告模板。这说明你对用户调研很认真，并不是简单地提出建议。我们喜欢在所有建议表中包含一个"状态"栏。在调研结果演示会后（上面讨论过），我们想举行第二次会议，根据开发优先顺序确定优先考虑的调研结果（参见 15.2.2 节）和每个建议的状态。如果团队同意实施这一建议，我们将建议设置为"接受"；如果对这一建议悬而未决，因为产品团队需要做进一步的调研（例如，资源的可用性、技术限制），我们标注状态为"为什么"。不管你怎么努力，产品开发团队会拒绝或不实施某些建议。你应该明白不是所有的需求都对业务有意义或是可行的。在这种情况下，我们对需求标记上拒绝，并写明为什么没被采用。也许他们不同意这项调研结果，或者他们没有时间来实现你的需求。不管他们的理由是什么，客观地记录一下，然后转移到下一条建议。我们喜欢跟进团队直至产品发布，并对建议的状态栏做变更。提前让他们知道，我们会继续跟进调研结果是如何被实施的。他们实现了他们同意的建议吗？如果没有，为什么？一定要记录你在后续发现的问题。

15.5.4 确保产品团队存档调研结果

正如 1.4 节提到的，会有各种不同的产品需求（例如，市场、企业、用户调研）。通常，产品团队中的某个人负责创建文档，跟踪所有的需求。确保你的用户调研结果已被纳入到该文档中。否则，他们可能会遗忘。

作为本书的读者，你可能不是一个产品经理，但在团队内养成良好的习惯，可以让你的工作更容易。产品团队应该说明每一个需求的理由、信息源以及收集的日期。此信息是决定产品方向的关键，所以要有文件来整理记录这一决定是很重要的。如果某些用户调研结果被拒绝或推迟到稍后发布或迭代，这也应该在文档中显示。调研结果记录在文档中，可以确保用户调研是被认可的——如果没有被采纳，将知道为什么。这与跟踪每一个建议的状态的文档相似，但是产品团队成员将拥有这个文档，其包括所有的产品需求，而不仅仅是用户需求。如果团队使用正式的增强需求的系统，确保调研结果被输入到系统中。

15.5.5 跟踪结果

正如上面所讨论的，应该跟踪产品开发团队已经同意实施的建议。如果你是一个外部顾问，可能因为合同结束而无法做到这一点，但如果你是一个内部员工，这是很重要的。我们使用"用户调研记分卡"跟踪信息，图15.6显示了记分卡中所包含的信息。

产品 / 版本号	活动	风险	建议			产品总监	备注
			考虑	接受	实施		
TravelMyWay.com v1–hotel UI	卡片分类	高	38	10	5	John Adams	团队感觉用户要求不符合产品市场需要
TravelMyWay.com v1–airline reservation UI	访谈	中	35	25	22	Karen McGuire	无
TravelMyWay.com v2–airline reservation UI	焦点小组	中	50	33	33	Karen McGuire	正在技术调查，评估未解决的问题
TravelMyWay.com v2–car rental UI	访谈	低	42	40	39	Jennifer Crosbie	无

图 15.6 可用性记分卡

用户调研记分卡

我们为信息设置一个有意义的数字。如果产品被内部或客户抱怨可用性，并且我们已经与团队合作过，我们喜欢提跟踪文件，以确定他们是否实施了我们的建议。在某些情况下，他们没有实施，所以信息是很宝贵的。管理人员可能会问为什么调研小组（或你）没有提供支持或为什么你的支持失败。跟踪文件可以让你或你的小组摆脱责任。如果产品开发团队已经实施了建议，那我们需要确定出什么问题了。跟踪文件有助于让产品团队和我们更加负责。

我们还发现通过查看跟踪文件，高管们对产品的可用性状态一目了然。其可以帮助他们回答问题，如"谁获得了用户调研支持？""什么时候，频率如何？"和"团队对调研结果做了怎样的处理？"基于已经实施了多少建议，对每一个活动分配一个"风险"标记。当总裁看到红色标记（表示高风险）时，他或她迅速拿起电话，并打给产品经理，以了解为什么会有风险。获得关注是一种策略，但很有用。

重要的是要注意这种跟踪可以在许多公司内适用。然而，你需要了解你的公司文化。它可能不适合你。例如，如果是一个小公司或新成立的公司，这样的细节和跟踪可能不重要，因为团队小的话，速度才是重要的。

15.6 本章小结

在本章，我们描述了完成用户调研和分析数据之后要做哪些事情。你可能已经执行了几个调研活动或只有一个，不管在何种情况下，都要根据对用户的影响和产品开发成本，对调研结果和建议进行优先级排序，以便其被采纳。此外，描述了多种方法来展示数据，呈现调研结果，并记录数据。仅收集数据和分析用户调研结果是不够的，必须进行沟通和归档，这样你的调研在活动结束后才能有更长的生命期。祝你调研顺利！

第五部分

附　录

Part 5

附录 A

参与者招募数据库

数据库的创建不是一日而成的，创建并维护数据库需要做很多工作。如果你想创建参与者数据库来招募参与者，应该注意几件事情。

A.1 为潜在参与者制定调查问卷

向参与者数据库添加成员有很多途径。首先考虑收集参与者信息的道德及法律影响（参见 3.2 节），然后制作一份调查问卷让潜在参与者完成。问卷的信息将会被录入数据库，并且可以查询（见 10.2 节）。

问卷中的基本信息如下：

- 姓名
- 地址
- 邮箱地址
- 电话号码（手机、家庭电话、工作电话）
- 职位
- 年龄
- 性别
- 公司名称

- 公司规模
- 行业领域
- 技术经验
- 人们是怎样发现这份调查问卷的（这会帮助你快速找到人来完成问卷）

其余的细节取决于招募参与者时，你想知道什么信息了（表 A.1）。

表 A.1　调查问卷

用户调研参与问卷

　　如果有兴趣参与我们的用户体验项目，请拿出大概 5 分钟时间完成这份调查问卷。所有的信息都将保密，并不会出售给任何第三方。感谢您的参与，如有任何问题，请发邮件至 usability@travelmyway.com，或拨打电话 (800) 999-2222.

联系方式

名：＿＿＿＿＿＿＿＿＿＿＿＿＿＿＿＿＿＿＿＿＿＿＿＿＿＿＿＿＿＿＿＿＿＿＿

姓：＿＿＿＿＿＿＿＿＿＿＿＿＿＿＿＿＿＿＿＿＿＿＿＿＿＿＿＿＿＿＿＿＿＿＿

通信地址：

　　街道或邮政信箱：＿＿＿＿＿＿＿＿＿＿＿＿＿＿＿＿＿＿＿＿＿＿＿＿＿＿＿

　　城市：　　　　＿＿＿＿＿＿＿＿＿＿＿＿＿＿＿＿＿＿＿＿＿＿＿＿＿＿＿

　　国家：　　　　＿＿＿＿＿＿＿＿＿＿＿＿＿＿＿＿＿＿＿＿＿＿＿＿＿＿＿

　　邮编：　　　　＿＿＿＿＿＿＿＿＿＿＿＿＿＿＿＿＿＿＿＿＿＿＿＿＿＿＿

电话号码：

　　日间 #　　　　（　　）＿＿＿＿＿＿＿＿分机＿＿＿＿＿＿＿＿

　　夜间 #　　　　（　　）＿＿＿＿＿＿＿＿分机＿＿＿＿＿＿＿＿

邮箱地址：　　　＿＿＿＿＿＿＿＿＿＿＿＿＿＿＿＿＿＿＿＿＿＿＿＿＿＿＿

背景资料

最高学历（请选择一项）：

　　○ 高中或高中以下

　　○ 中专

　　○ 大专

　　○ 大学本科

　　○ 研究生

年龄组：

　　○ 18 以下

　　○ 18～29

　　○ 30～44

　　○ 45～60

　　○ 60 以上

性别：

　　○ 男

　　○ 女

　　○ 保密

（续）

你有手机吗？
　　○ 有　　○ 无
如果有，手机能上网吗？
　　○ 能　　○ 不能
职业信息
　　领域（请选择一项）：
　　○ 广告 / 营销 / 公共关系　　　　　　○ 互联网供应商
　　○ 航空航天　　　　　　　　　　　　○ 法律
　　○ 建筑　　　　　　　　　　　　　　○ 工业设计：计算机 / 通信设备
　　○ 生物技术　　　　　　　　　　　　○ 工业设计：软件 /
　　○ 化工 / 石油 / 矿山 / 木材 / 农业　　○ 工业设计：其他
　　○ 教育　　　　　　　　　　　　　　○ 非营利组织
　　○ 娱乐 / 传媒 / 电影　　　　　　　　○ 制药
　　○ 金融 / 银行 / 会计　　　　　　　　○ 不动产
　　○ 政府服务　　　　　　　　　　　　○ 零售
　　○ 健康 / 医疗　　　　　　　　　　　○ 服务：业务（非计算机）
　　○ 保险　　　　　　　　　　　　　　○ 服务：数据处理 / 计算机
　　○ 系统整合　　　　　　　　　　　　○ 公共事业 / 能源相关
　　○ 电信　　　　　　　　　　　　　　○ 经销联盟 / 分销商 / 其他经销商
　　○ 交通 / 运输 / 航运　　　　　　　　○ 批发
　　○ 旅游　　　　　　　　　　　　　　○ 其他_____

　　公司名称：_____

　　公司规模：
　　○ 小型（1～49 人）　　　○ 中型（50～500 人）　　　○ 大型（500 人以上）
　　工作职能（请选择一项）：
　　○ 主管 / 高管　　　　　　　　　　　○ 运营主管
　　○ 人力资源 / 人事 / 职工福利　　　　○ 设备主管
　　○ 财务 / 会计　　　　　　　　　　　○ 制造业
　　○ 行政 / 文员　　　　　　　　　　　○ 采购
　　○ 收发货　　　　　　　　　　　　　○ 咨询
　　○ 市场营销 / 销售 / 公关　　　　　　○ 其他_____
　　你是一个管理人员吗?
　　　　○ 是　　　　○ 否
　　职位：_____

　　工作描述：_____
　　_____

　　工作经历（年限）：_____

　　就业状况（请选择一项）：
　　　　○ 全职
　　　　○ 兼职
　　　　○ 个体经营者
　　　　○ 临时工 / 合同工
　　　　○ 失业
感谢您付出的宝贵时间！

A.2　分发调查问卷

现在有了自己的调查问卷，需要分发给潜在参与者。如下是一些分发方法的描述。

A.2.1　参加展会或会议

在展会或会议上，会有更多的机会与终端用户交流，并发出调查问卷。例如，如果你在寻找苹果笔记本电脑用户，那就去苹果专区。如果你在寻找电子产品用户，那就去消费电子展。理想的情况是设一个展位，如果有人注册了，给注册的人一些小礼物，或者把他们的名字放入奖池中抽奖。

A.2.2　去用户闲逛的地方

一些商家，如咖啡馆或杂货店，会允许你在人行道上设一张桌子并发放传单。如果可能，带一台笔记本或平板电脑到现场，可以方便用户登记。甚至可以将注册工作和现场调研（如快速采访，9.2.1 节）及可用性评估（参见 14.3.1 节）结合在一起。这样会让用户了解他们注册的是什么，并且可以获得即时奖励。农贸市场和社区中心也是让各种各样的人注册的好地方。在任何情况下，都要保证已经获得这些地方的老板或管理者的允许及使用许可。

A.2.3　在公司网站上放问卷链接

在公司网站和产品内放一个在线调查问卷的链接。最佳位置是介绍公司用户调研项目的网页和公司主页。

A.2.4　在电子社区公告栏上放问卷链接

像其他特定活动招人一样，做广告邀请人注册到参与者数据库中。费用视做广告的地方而异，但这样可以得到很多的回应。

A.2.5　招募参与者

如果活动中的参与者有的不是来自数据库，那邀请他们加入到数据库中（如果参与者通过招聘机构招募而来，那他们已经加入到数据库中了，关于这方面内容参见 6.4.6 节）。可以在调研结束后将他加入数据库，在调研结束后给他们发感谢信并邀请他们注册。

A.2.6　与跟社团有关系的学术中心合作

如果你是学术研究人员，你工作的单位很有可能已经与你感兴趣的社团有关系。例如，Clemson 的研究所为老年人举办讲习班、研讨会。当 Kelly 考虑进行老年用户调研时，她得到了研究所主任的帮助。

A.3　参与者数据库的技术要求

设计参与者数据库时要考虑一些技术要求。像可用性实验室一样，可以构建一个经济型的，也可以构建一个理想型的。就像任何其他事情一样，每个选择都有利弊。

A.3.1　经济型数据库

一些公司提供在线表格数据库（如 Knack、Zoho Creator、Google Forms），可以使用它们创建简单的调查问卷。

优点：

- 免费的或相对便宜。
- 可以很容易地在几分钟内创建调查问卷和数据库。
- 因为是在线的，如果有多人使用数据库，版本管理不是问题。
- 可以快捷简单地搜索特定条件的参与者。

缺点：

- 在别人的服务器上保护参与者的数据，意味着你必须要知道他们的安全措施、隐私条款以及数据是如何处理的。
- 鉴于选择的工具的局限性，数据库的大小也会受限。

A.3.2　较大较贵的数据库

可以用 Microsoft Excel、Access? 或其他开源产品去创建非常简单的参与者数据库。这些工具都很容易获得，但要知道其中的局限性。

优点：

- 比企业数据库便宜。

缺点：

- 如果团队中有多人使用参与者数据库，那版本管理可能是个问题。
- 需要根据特定标准，为参与者编写宏进行搜索。
- 很可能需要雇一个 IT 专业人员或托管服务来创建和发布在线调查，以及设计和维护数据库。

A.3.3　最大最昂贵的数据库

如果你的公司或机构有一个企业数据库，那么上面罗列的很多问题就会迎刃而解，但也会遇到新问题。

优点：

- 所有东西都包含在一个包中（数据库、脚本工具、Web 服务器以及管理、监控和优化工具）。

- 版本不是问题。
- 很容易在网上发布调查，并把结果上传到数据库。
- 可以快捷简便地搜索到特定条件的参与者。
- 可以用所选语言（如 Perl、Java、SQL/PLSQL、C++）创建架构，去运行表单，并将内容添加到数据库中。

缺点：

- 昂贵。
- 需要单位的数据库管理员、系统管理员或软件工程师来维护数据库和应用。

> **提示**
>
> 　　不管选择哪种数据库，都需要知道参与者数据是如何处理的。应该对这些信息的保密性负责。跟你的 IT 部门谈一下他们的保密措施，或者让他们检阅你的调研和数据库的保密措施。

A.4　数据库维护要求

不管用哪种数据库，都要保证信息实时更新。这是至关重要的，过期的信息是没用的。数据库的维护包括以下几个方面：

- 删除或更新无效信息的人。
- 删除不再参与活动的人。
- 定期添加新条目。
- 对每个参与者及他们的奖励进行跟踪（参见 6.4.1 节）。
- 活动结束后为特定的参与者添加评论（"非常棒的参与者"，"迟到了"等）。
- 将一些人移入观察名单（参考 6.5.1 节）。

理想情况下，注册到数据库的人可以立刻更新自己的信息并能自己移除自己，而不是不得不将请求递交到其他人那里。一些国家，在个人提出请求后，需要按照法律规定在特定时间内从数据库中移除信息。如果自动从数据库中删除个体信息，而不是要求公司中的某个人手动处理，则要确保这样做遵守法律。

附录 B

报告模板

该部分文档是报告模板，目的是展示完整报告的样例布局和内容。这份特定的模板展示的是卡片分类法报告，但是你可以修改基本部分，用于其他用户调研活动。

B.1 卡片分类法

产品名称（版本号，如果有的话）

<部门名称>

作者：

创建日期：

测试日期： <月/日/年～月/日/年>

版本： <试用版或者最终版>

最后更新日期：<月，年>

报告撰写人

姓　　名	职　　位	角　　色	联系方式
		主持人	
		摄像师	
		设计师	

报告审核人

姓　　名	职　　位

辅助文件

文 件 标 题	所 有 人

用户调研历程

活　　动	发 起 人	调 研 日 期

B.2 行动纲要

简单介绍一下产品以及开展调研活动的动机。提供一份综述，包含参与者人数、日期、调研目的、调研数量以及一份调研结果总结。如果有特定的设计建议，要加上设计的图像。

建议的信息架构或菜单结构 < 可选 >

[如果有的话，请插图]

旅行卡片分类表建议

app 里选项卡的名称	选项卡里面的对象
资源	提示信息 语言 货币 适合家庭的旅游信息
新闻	旅游专区 旅游警示 精选路线 每周旅游调查

（续）

app 里选项卡的名称	选项卡里面的对象
点评	看评价 在 BBS 上发布和查阅问题 与旅行社对话 与旅客对话 目的地评级
产品	旅游游戏 行李箱 预定 旅游机构网站的链接

B.3　背景

提供一份产品及用户要完成的预期任务的简单描述。

说明调研的数量和日期。你可以用下面的段落来描述卡片分类法的目的和目标。也可以描述执行卡片分类的理由（如，为应用程序推导出新的选项卡或菜单结构）。根据自己的特定需求来修改以下段落。

卡片分类法是用于发现符合用户心智模型信息池（如，一个网站、应用、菜单）的一种常规用户研究方法。每一张卡片上标注一条信息，这些信息来自信息池，之后让目标用户按照自己的想法对卡片进行分组。

B.4　方法

参与者

简单描述一下招募的参与者、参与者数量、招募方式（如，内部参与者数据库、客户、招聘机构）以及奖励（如，价值 100 美元的 AMEX 礼品卡或印有公司 Logo 的马克杯）。如果要进行多个小组调研，也介绍一下小组的数量及各小组的成员。同时，要包含招募标准（见附录 B1）。下面是个样例。

招募是基于特定标准的，筛选资料要求用户：

- 不能为竞争对手工作。
- 18 岁以上。
- 精通卡片分类中使用的语言。

详细的用户资料参见附录 B2。参与者均是通过合理招募方式招募而来，并会得到价值 100 美元的礼品卡作为奖励。

B.5　材料

描述卡片。例如，卡片上是否包含描述或替代标签？描述和替代标签是可选的。接下来，展示样本卡片，以下是样例。

每张卡片包含标签、对概念 / 标签的简短描述，并留出空间让参与者填写替代标签。图 B.1 是一张卡片样例。

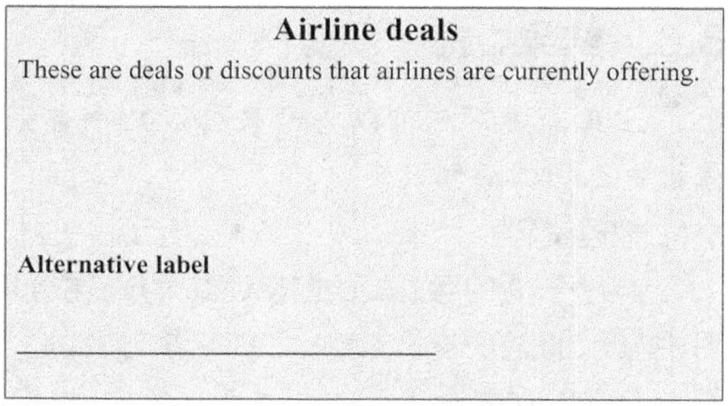

步骤

参与者阅读并签署知情同意书和保密协议。＜如果有热身活动，这里需要提一下。＞
＜插入数字＞用户体验组的成员将作为调研的主持人。主持人回答参与者的问题，并分发和收集卡片分类材料。

Airline deals

These are deals or discounts that airlines are currently offering.

Alternative label

_____

图 B.1　卡片样例

参与者在整个调研过程中是独立工作的。每个参与者会拿到一个信封，里面有＜插入数字＞张随机排序的卡片，代表着＜插入产品名称＞的概念，见附录 B3。

＜可选：下面的文字是定义子任务的程序。根据自己的需要进行修改。＞卡片分类活动包含三个子任务：卡片分类的阅读 / 重命名、卡片初始分组及卡片二次分组。卡片分类的子任务是以单独、离散的方式呈献给参与者的。每个子任务的特定说明也是单独给出的。参与者不知道在之后的步骤里会做什么，避免误导他们的决定。以下是对每个子任务的详细概述。

第一部分：卡片分类的阅读 / 重命名

- 参与者阅读每张卡片，确保他们理解其中的含义。测试引导员引导参与者不要对卡片排序。
- 参与者如发现任何不常见或不恰当的卡片，可以划掉原来的名字并在替代标签处写上新名字。

第二部分：卡片初始分组

首先，参与者根据逻辑性对卡片进行分组。当每个人都阅读完卡片后，这样要求参与者：

　　"按照你的想法对卡片进行分组。分组没有对错之分。请按照你们认为的最具逻辑性和最直观的想法分组，我们对此感兴趣。"

＜可选：通常来讲，对参与者创建分组的数量及大小是没有限制的。如果有限制，在此说明。＞参与者可以创建不超过＜插入数字＞个组，每个组包含最多＜插入数字＞张卡片。

分组之后，参与者为每个分组命名，并写在便利贴上，把便利贴附在分组上。

第三部分：卡片二次分组

- 参与者对卡片进行高级分组，如果明显的话。

- 参与者对每个高级组命名，并写在便利贴上，把便利贴附在分组上。

<可选>详细的参与者指导见附录 B4。

B.6　结果

注意，撰写人可以将结果分成几个部分来处理分类数据、术语和用户评论。以下内容根据自己的需要修改。

整理资料

卡片分类的数据通过 EZCalc 的聚类分析程序进行分析，推导出图 X 所示的整体分组。图中显示的是所有<插入数字>参与者的<插入数字>张卡片的综合排序。在分类图上越相近，它们在概念上就越相关。EZCalc 根据各项间的相关度生成分组。

图 X：分类结果图

- <根据需要，可以选择包含更多图像>。
- <可选：在图像上插入标注说明分组和名字。讨论如何将分类结果转换成用户界面设计>。

图 X 显示的是从卡片分类数据中推导出的菜单及其内容。可以指导确定新菜单结构。

如果你的建议与 EZSort 结果偏离，解释一下原因。在适当的时候，让你的结果尽可能可视化。也可以用其他类型的图像（图表、标签布局等）表达你的设计建议。

B.7　旅行卡分类表建议

这个表提供的是推荐的选项卡中子选项的架构。所提议的架构会被优先考虑。

选项卡名称	选项卡里面的对象	建 议 状 态
资源	提示信息 语言 货币 适合家庭的旅游信息	采纳
新闻	旅游专区 旅游警示 精选路线 每周旅游调查	采纳
点评	看评价 在 BBS 上发布和查阅问题 与旅行社对话 与旅客对话 目的地评级	采纳

（续）

选项卡名称	选项卡里面的对象	建议状态
产品	旅游游戏 行李箱 预定 旅游机构网站的链接	待定。第一版中可能不会添加此功能

术语数据 < 可选部分 >

对卡片分类活动中出现的术语，可视情况加一分段（如，重新标记、参与者问主持人的问题）。如果发生重新标记，要用表格（见下面）来说明哪些概念被重新标记了，有多频繁，以及参与者做的标记是什么。还应该包含对术语的建议。

替代标签的概念 < 可选 >

现在的标签	概念描述	参与者提供的标签	建议
航空交易	这些是目前航空公司提供的交易及折扣信息	航班信息（60% 的参与者）	航班信息
…			
…			
…			

参与者的评论 < 可选 >

如果出声思维法可用，或允许用户在活动末尾发表评论，那需要增加参与者评论的部分。只包含影响你建议的参与者评论即可。

B.8　结论

讨论一下卡片分类数据对产品信息架构的影响。数据能否验证产品当前的方向？如果不能，探讨一下产品组该如何改变设计以更加符合用户心智模型。

< 可选：讨论下未来的可用性活动，作为跟进。>

附录 B1

插入你的筛选问卷。例如，见 6.4.3 节的样本筛选器。

附录 B2

参与者资料

参与者编号	公司	职位	< 其他 >	< 其他 >	< 其他 >

以下是可以考虑放在表格中的信息：
- 公司规模。
- 公司领域。
- 业务范畴。
- 在特定领域、应用或产品的经验。

如果可以，性别、年龄及伤残情况都可以放在表格中。

附录 B3

卡片集

展示调研中使用的整套卡片。将卡片上的名字和定义列成表单。下面是一些样例：

- 旅游新闻

与旅游相关的最新消息

- 旅游专区

旅游网站提供的特价或打折信息

- 儿童促销

旅游网站提供的针对儿童的特价或打折信息

- 旅行套餐

包含交通、住宿及其他服务的旅游套餐

附录 B4

参与者指南

向参与者展示完整的指导，包括重新标记、分组等的规则。以下是样例。

"你面前的卡片包含很多信息，它们有可能包含在同一旅游 App 中。"

1. 查看所有的卡片。

2. 如果有让你疑惑的事情，记录在卡片上。

3. 把你想或希望在一起的卡片分在一组。

4. 尽量将分组减少到四组或更少。

5. 每组不得少于 3 张或多于 11 张卡片。

6. 用一张空卡片为每组命名。

7. 把每组的卡片钉在一起。

8. 在信封上写上参与者编号。然后把钉好的卡片放在信封中。

附录 C

术 语 表

A

A/B test（A/B 测试）——为同一个目标设计两个方案 A 和 B，让一部分用户使用 A，另一部分用户使用 B，通过日志分析了解哪个设计方案更符合使用习惯。A、B 方案可以为正在使用的版本和迭代版本，也可以为两个全新的设计。

Accessibility（可接受性）——又称无障碍设计或通用设计，指产品、设备、服务和环境被尽可能多的人接受的程度。

account manager（客户经理）——在大的公司，客户经理管理本公司与客户的合作关系。例如，IXG 公司是 TravelMyWay.com 的大客户，而 TravelMyWay.com 的客户经理要确保 IXG 公司满意 TravelMyWay.com 提供的服务，并决定他们是否需要更多地服务，保证与客户的长期密切联系。

acknowledgment tokens（认可信号）——诸如"哦""啊哈""恩""好的"和"是的"这些语

气助词，告知参与者你正在聆听，理解他们所讲的内容，并期望听到更多 。

acquiescence bias（默许偏差）——在面试、调查、评估或者焦点小组访谈中，为了迎合调研员的建议，而忽略个人的真实感受。这可能是有意的，因为参与者想取悦调研员，也有可能是无意识的。

Affinity diagram（亲和图）——把大量收集到的调研发现或想法，按其相互关系归纳整理，来辨别出某一主题或趋势。

Analysis of variance ANOVA（方差分析）——一种推论统计学方法，通过观测变量的方差来找出哪些变量对观测变量有显著影响。

Anonymity（匿名）——不收集任何参与者的个人身份信息。因为通常情况下，我们调研的参与者都是经过筛选合格的，我们知道他们的姓名、邮箱等，所以参与者不是匿名的。

Antiprinciples（反常规）——你的产品不能用定

性描述的常理来解释。

antiuser（非目标用户）——在任何情况下不会购买和使用你的产品的用户。

Artifacts（记录项）——一些物件或项目，用户用它们来完成任务，或者是任务的结果。

Artifact notebook（记录项笔记本）——参与者在日记研究中用它来收集所有的记录项信息。

Artifact walkthrough（记录项走查）——这是一个典型的环节，利益相关者通过分析收集上来的记录项来了解用户的日常习惯。

Asynchronous（异步的）——参与者和实验员不需要同时同地地进行沟通或者测试。例如，邮件是一种异步的沟通方法，而电话是一种同步的沟通方法。请见同步的（Synchronous）。

Antitudinal data（态度数据）——参与者或者应答者的感知数据（与行为数据相对立）。

B

Behavioral data（行为数据）——参与者是如何行动的（与如何感觉的相对立）。

benchmarking（基准）——把你的产品（或服务）与竞品或者业内最好的案例进行比较研究。

beneficence（馈赠）——研究伦理学的概念，在你实施任何研究的时候，要给参与者一些福利，并保护他们的利益。

Binary questions（二元问题）——有两种对立选择的问题（例如，是 / 否、真 / 假、同意 / 不同意）。

bipolar constructs（双极结构）——有中间节点和两个极端的变量或度量（例如，非常满意对应非常不满意）。

Brainstorming（头脑风暴）——一群人聚集在一起，针对某个特殊问题或者某个话题，思维发散，自由发表建议。先不评判建议的价值，最后聚集所有的建议，试图找到解决问题的方法，或者针对话题产生新的观点。

Branching logic（分支逻辑）——基于对之前问题的回答来提问问题。

Brand-blind study（去标签研究）——在实验中去掉产品的标签来避免参与者的偏见，或者保护产品的机密性。

Burnout（倦怠）——长时间参与实验，参与者失去参与的热情。

C

Cache（高速缓冲存储器）——信息临时存储的位置。你读取的文件储存在于电脑硬盘的高速缓冲存储器中，该高速缓冲存储器位于浏览器子目录下，当你返回之前访问的页面时，浏览器可以从高速缓冲存储器中直接调用，而非从原始服务器调用。这样节省时间，减轻一些额外的网络负荷。

Cafe study（咖啡馆研究）——在咖啡馆中或者其他聚会场所随机招募参与者进行简短的调研（例如，可用性评估），一般最多 15 分钟。

Card sorting（卡片分类）——参与者根据他们的心智模型对概念和功能进行分组，这是用户研究的一种方法。通过分析很多用户的归类，来完成产品的信息架构。

CDA——见（Confidential disclosure agreement）

Census（人口普查）——一项调查，试图采集全体居民的反馈，而非部分取样。

Central tendency（居中趋势）——一组数的平均值或中间值。居中趋势的常用指标有，平均数、中位数和众数。

Chi-squared（卡方）——一项推论统计学测试，通常用于检验数据的独立性和吻合度。

Click stream（点击流）——指用户在网站上持续访问的轨迹。

Closed sort（封闭式分类）——卡片分类时，给用户固定的类别，然后要求将卡片放入这些已经设定好的类别中。

Closed-ended question（封闭式提问）——答案有唯一性，范围较小，有限制的问题，让参与者在可选的几个答案中进行选择（例如，是 / 否、同意 / 不同意、答案 a/ 答案 b）。

Cluster analysis（聚类分析）——对卡片分类数据进行分析的一种方法。基于两组卡片组合在一起的频率，分析两张卡片之间的关系强度。

Cognitive interference（认知干扰）——一个人的

思维能力受到别人的影响，从而产生新的想法。

Cognitive interview testing（认知测验）——在调查特定的问题或信息时，要求参与者描述所有的想法和感受，并根据需要修改措辞，提供建议。通常用于评估调查之前，以确定被调查者是否理解这些问题，并向他们解释你的目的，评估完成调查需要的时间。

Cognitive pretest（认知测验）——见认知测验（Cognitive interview testing）。

Cognitive walkthrough（认知走查）——一种成型的可用性检查方法。它是基于任务的，人们事先不阅读指导说明书，而是通过尝试完成任务来学习系统。对产品来说，这是一种理想状态（即，无需培训）。

Cohen's Kappa（Kappa 系数）——测量评估者们的可靠性。

Communication speed（交流速度）——无论是说话、写字或打字，一个人用他最快的方式来交流自己的想法。

Competitive analysis（竞品分析）——分析竞品的特点、优势、劣势、用户群和价格。应该包括产品的第一手资料，也包括用户的评论，以及外部专家或商业出版物对它的分析。

Confidence interval（置信区间）——在统计学中，一个概率样本的置信区间是对这个样本的某个总体参数的区间估计。置信区间展现的是这个参数的真实值有一定概率落在测量结果的周围的程度。置信区间给出的是被测量参数的测量值的可信程度。

Confidential disclosure agreement CDA（保密协议）——一种法律协议，由参与者签署，表明参与者在一定的时间内不得向任何第三方披露产品的信息及参与测试的内容。

Confidentiality（保密）——对用户身份进行保密的行为。为了保护参与者的隐私，不把参与者的姓名或其他个人身份信息标记在他的测试资料上（例如，笔记、调查和视频），除非参与者提供了书面同意，要不然，使用参与者编号。

Confound（混淆变量）——一个变量应该保持不变，但偶然地被允许与独立变量 / 预测变量一起发生变化（共变）。

Conjoint analysis（联合分析）——通过假定产品具有某些特征，对现实产品进行模拟，然后让消费者根据自己的喜好对这些虚拟产品进行评价，并采用数理统计方法将这些特性与特征水平的效用分离，从而对每一特征以及特征水平的重要程度作出量化评价的方法。

Consent form（同意书）——一份文件，这份文件告知参与者参与活动的目的，涉及的风险、参与时间、程序、收集信息的用途（例如，设计一个新产品）、参与动机及参与者的权利。参与者签署本文件，表示已被告知这些事情并同意参与活动。

Construct（结构变量）——你想评估的变量。

Context of use（使用情境）——执行任务或者使用产品所处的情形或环境。

Convenience sampling（方便抽样）——使用的人口样本是方便易取（或那些你有机会接触的），不是选择具有真正代表性的人口样本。与其从广大民众中挑选参与者，不如从方便的特定人群中招募参与者。例如，大学教授经常从大学中挑选学生参与调研，而不是从广大民众中挑选。

Correlation（相关性）——两个或者两个以上变量之间的关系或联系。

Cost per complete（完全成本）——完成一个调研所需的所有费用。

Coverage bias（抽样误差）——由于个人原因或抽样方法所引起的抽样偏差。从特定群体中随机地抽取样本时，所抽到的样本不具有代表性（例如，电话调查中不包括没有固定电话的家庭）。

Crowd sourcing（众包）——在数据分析中，被调研的个人不参与这项调研的数据分类。

Customer support comments（客户意见反馈）——客户或用户对您的产品或服务的反馈。

D

Data retention policy（数据保留策略）——由机构

建立的用于保留参与者数据的协议。

Data-logging software（数据记录软件）——在可用性实验中，用于快速记录和自动保存数据的软件。

Data saturation（数据饱和）——数据采集过程中，没有新的相关信息出现。

Debrief（汇总）——参与者完成后，向参与者解释调研的过程。

Deep hanging out（沉浸式观察）——由人类学家克利福德·格尔茨于1998提出，用于人类学研究的一种方法。让研究者非正式地融入到一种文化、群体或社会体验中，从而进行实地调查。

Demand curve analysis（需求曲线分析）——在指定的时间段内，产品的价格与消费者愿意购买的数量或质量之间的关系。

Dendrogram（树状图）——聚类分析的可视化表示。由多个U形线连接对象到树状图上。每一个U高度代表被连接的物体之间的距离。距离越大，两者的关系越小。

Descriptive statistics（描述性统计分析）——是将调研中所得的数据加以整理、归类、简化或绘制成图表，以此描述和归纳数据的特征及变量之间的关系的一种最基本的统计方法。描述统计主要涉及数据的集中趋势、离散程度和相关强度，最常用的指标有平均数、标准差、相关系数等。

Design thinking（设计思维）——以人为中心的设计方法，它整合了人们的需求、技术可能性和成功的商业要求。

Desirability testing（合意性测试）——评估产品是否符合用户的预期情绪反应。让用户使用已发布的产品（或竞争对手的产品），观察参与者感受。

Diary study（日记研究）——纵向研究的方法，让参与者在一天中规定的时间内通过书面或移动应用程序回答问题。

Discussion guide（讨论提纲）——列出访谈中提问的问题、讨论点和需要观察的事情。

Double negatives（双重否定）——一句话中包含两个否定，使调查对象或者参与者很难理解问题的真正含义。

Double-barreled questions（复合问题）——一个问题包含多个争论点。

Drop-off rate（退出率）——在未完成调查之前，调查对象退出调查。

Droplist（下拉框）——一种Web部件，可以扩展显示项目列表，点击展开后可选择。

E

Early adopters（早期使用者）——喜欢使用新产品或者新技术的人。

Ecological validity（生态效度）——一项调查模拟真实环境（例如，在家庭或工作场所观察用户）。

ESOMAR——欧洲民意测验和市场调研协会，它提供了全世界市场研究人员的名单。

Ethnography（民族志）——对习俗、人的行为或文化进行研究和系统记录。

Evaluation apprehension（评价顾虑）——害怕被别人评价。有评价忧虑的人可能不能执行特定的任务或者说实话，因为其担心他人的负面意见。群体越大，评价顾虑的影响越大。

Experience Sampling Methodology ESM（经验取样法）——类似于日记研究，参与者在一天中被数次随机抽到，询问他们的经历或者正在做什么/想什么/现在的感觉怎样，连续几天如此。经验取样法是一个可靠的方法来研究一段时间内发生在意识流中的事件。

Expert review（专家评估）——可用性检查方法，不用实际的最终用户，而用专家（例如，在可用性/用户研究专家、相关领域专家）按照特定的标准评估产品或服务，这种评估贯穿整个产品开发周期，是找到容易或明显的可用性问题的一种快速、经济的方式。

Eye tracking study（眼动追踪研究）——一种可用性测试的方法，利用眼动仪记录参与者眼睛注视点和扫视跳跃点（即眼球快速运动的两个固定点）来创建一个热力图，热力图体现了用户寻找（不寻找）信息或功能的趋向，及用了多长时间。

F

Feasibility analysis（可行性分析）——通过对产品或功能的评价和分析，以确定它是否在估算成本内，是否在技术上可行，能否带来利润。

Feature creep（功能蔓延）——随着时间的推移，开发人员将越来越多的功能添加到产品中，这些功能却没有明确的需求或目的。

Feature-shedding（功能删减）——由于时间限制、资源有限或业务需要，开发人员从产品中删除功能的倾向。

Feedback form（回馈单）——一份调查表单，不是所有的人都有机会提供反馈（例如，只有收到你邮件的人，若表单被放置在网站"联系我们"模块下，只有访问它的人才能看到，并有机会完成反馈），因此，它不一定代表你全部用户的反馈。

Firewall（防火墙）——一种计算机软件，可以防止外部网用户未经授权访问您电脑或者网络。

Focus troupe（焦点团）——小的团队，以戏剧小品的方式向潜在用户展示概念产品，该概念产品只是一个道具，并没有真正开发出来。

Formative evaluation（形成性评估）——在产品开发生命周期的早期完成的调研，旨在发现新的视角和产生设计方向，通常涉及可用性检查方法或用低保真原型进行可用性测试。

Free-listing（自由列表）——参与者写下的每一个字或短语，与特定的主题、环境等有关。

Frequency（频率）——每个响应被选择的次数。

G

Gap analysis（差异分析）——一种竞品分析技术，把产品（或服务）与竞品进行比较，以确定功能上的差距。最终用户给每个功能标出"重要性"和"满意度"的评价。通过从重要性减去满意度的方式给每一个功能评分。这个分数用来帮助确定资源是否应该花在产品的每一个功能上。

Globalization（全球化）——在全球范围内拓展业务、技术或产品的过程。见本土化（Locali-zation）。

Grounded theory（扎根理论）——调查的一种形式，调研者的目标是基于用户（参与者）的视角推导出交互理论。在这种形式的调查中，调研人员不断地比较，对数据进行分类。

Groupthink（群体思维）——在小组决策过程中，群体中各成员试图实现群体共识的趋势。达成共识需要优先考虑动机，以获得准确的信息来作出合适的决定。

Guidelines（指南）——常规的准则、原则或建议。

Guiding principles（指导原则）——对该产品进行定性描述的原则。

H

Hawthorne effect（霍桑效应）——参与者受到调研人员的关注而有不同的行为。他们很可能是想表现最佳行为（例如，走标准操作程序，而不是像往常一样使用捷径）。

HCI（人机交互）——人机交互（Human-computer interaction）首字母缩写词。人机交互是计算机科学与人因工程学交叉研究和实践的学科，理解和设计人机交互界面，让用户成功地、容易地与计算机进行交流。

Heat map（热力图）——眼动跟踪研究形成的可视化图表，显示了参与者注视一个网站、APP、产品等的情况。参与者的目光停留在一个固定的区域时间越长，"热"的程度越高，以红色表示。当很少的参与者注视到一个区域或注视该区域的时间很短，"冷"的程度越高，就会变为蓝色。没有人看的地方是黑色的。

Heuristic（启发式）——一种基于可用性的原则或指南。

Hits（点击）——某特定网站被访问的次数。

Human factors（人因工程学）——对人类在特定环境、使用特定产品或服务时产生的行为和心理的研究。

I

Incentive（礼金）——在一项调查中，为感谢参与者能拿出时间参与并进行反馈，而给参与者提供的礼物。

Incident diary（事件日志）——给参与者提供一个笔记本，笔记本中包含工作表，工作表列出了参与者要完成的工作事项，并要求用户描述他们遇到的问题或事件，如何解决的（如果他们做过），以及它有多麻烦（例如，用利克特量表进行度量）。通过事件日志跟踪用户使用产品时遇到的问题。

Inclusive design（包容性设计）——见通用设计（Universal design）。

Inference（推论）——根据事实或前提进行推理判断事实的因果关系（与观察相对）。

Inferential statistics（推论统计）——能够使我们对目标总体的特征做出推断或预测的测量分析。

Information architecture（信息架构）——对产品的结构、内容、标签和信息分类进行组织，以及对导航和搜索系统进行设计。一个好的架构可以帮助用户找到信息，帮助用户完成相关任务。

Informed consent（知情同意书）——一份说明参与者权利和风险的书面说明。在调研开始之前出示给参与者，参与者一旦签署了该同意书，说明他们基于知情的前提下同意参与这项调研。

Intercept surveys（拦截调查）——通过中断用户在线下（例如，在商场购物）或线上（例如，在一个旅游网站预订机票）正在进行的任务来完成参与者招募的一种方式。在网上进行时，通常会跳出弹窗，询问用户是否愿意完成一项简短的调查。

Internationalization（国际化）——在产品中开发基础框架，以适应不同的语言和地域，每次语言和地域改变时，不需要变更工程。

Internet protocol IP（互联网协议）——一种方法或协议，通过 IP 可以把数据从一台计算机传送到另一台计算机上。

Internet service provider ISP（因特网服务提供者）——为个人或公司接入互联网，并提供相关服务的公司。一些最大的互联网服务供应商包 括 AT&T WorldNet、IBM Global Network、MCI、Netcom、UUNet 和 PSINet。

Interrater agreement（评分者信度）——见评分者信度（Interrater reliability）。

Interrater reliability（评分者信度）——两个或多个观察员对一个行为给出相同评分或标签的程度。在实地调研中，这将是观察员处理相同的用户行为数据时，达成一致的数量。高的评分者信度意味着不同的观察者采用同样的方式处理数据。

Interviewer prestige bias（面试官威望偏见）——面试官会告诉参与者，一个权威人物对某个话题的见解，然后询问参与者对该话题的想法。

IP 地址（IP address）——每一个连接到互联网的计算机都被分配了唯一的数字，该数字被称为 IP（互联网协议）地址。由于这些数字是基于不同国家分配的，因此一台计算机连接到互联网后，可通过 IP 地址来识别不同的国家。

Iterative design（迭代设计）——根据用户反馈或性能指标逐步改变产品，不断地提高用户体验。

Iterative focus group（迭代焦点小组）——焦点小组的一种形式，调研者给焦点小组人员展示原型，并获得反馈。然后让这些参与者参与第二个焦点小组，向他们展示新原型，并收集额外的反馈。

L

Laws（法律）——政府制定的规则，要求每个公民都必须遵守，不管他们在哪里工作。不同的国家会有不同的法律。

leading question（诱导性提问）——对参与者提出有假设性答案的问题，引导参与者获得答案。这些问题会影响参与者的答案。

Likert scale（利克特量表）——它是由美国社会心理学家利克特开发用于测量参与者的态度的量表。该量表由一组陈述和 5~7 分组成，来评价同意 / 不同意或满意 / 不满意的程度。

Live experiments（现场实验）——从人机交互的角度来看，这是一个总结性的评价方法，包括比较两个或更多的设计（现场网站），看哪一个性能更好（例如，更高的点击率，转化率高）。

Live polling（现场投票）——在一项调研中，问参与者一些问题，以便了解大多数人对某事物的想法。该活动收集参与者的回应，并实时地展示结果。

Loaded questions（诱导性问题）——诱导性问题通常给问题提供一个理由。经常发生在政治竞选中，用来表明大多数人在关键问题上有这样和那样的感受。

Localization（本土化）——在国际化过程中使用基础框架，通过添加在本地特有的成分和翻译文本，使您的产品适应特定的语言和 / 或地域。这意味着调整产品以支持不同的语言、区域差异和技术要求。但它不只是简单地翻译内容和进行本地化，如货币、时间、测量、假期、标题、标准（例如，电池大小、能量来源）。你也必须注意与产品 / 该领域有关的任何法规（例如，税收、法律、隐私、可访问性、审查）。

Log files（日志文件）——当从网站上检索文件时，服务器软件会记录下来。服务器以文本文件的形式存储该信息。日志文件中的信息各不相同，但可以通过编译它来捕获所需的信息。

Longitudinal study（纵向研究）——在一段较长时间内对相同的参与者进行研究。

M

Margin of error（误差范围）——在统计分析中可以容忍的错误量。

Markers（关键事件）——你可以从中探知到更丰富信息的参与者的关键事件。

Measures of association（相联度量）——使用统计数据确定两个测量变量之间的关系（例如，进行比较、关联）。

Measures of central tendency（集中趋势的测量）——在统计学中指一组数据向某一中心值靠拢的程度，它反映了一组数据中心点的位置所在（例如，平均、中位数、众数）。

Measures of dispersion（离中趋势测量）——数列中各变量值之间的差距和离散程度（极差、标准差、方差）。离势小，平均数的代表性高；离势大，平均数代表性低。

Median（中位数）——统计学名词，是指将数据按大小顺序排列起来，形成一个数列，居于数列中间位置的那个数据。当变量值的项数 N 为奇数时，处于中间位置的变量值即为中位数；当 N 为偶数时，中位数则为处于中间位置的 2 个变量值的平均数。

Mental model（心智模型）——人的心理表征，或者人内心对信息的组织。

Mixer（混合器）——一个视频混合器 / 多路选择器可以将多个输入信号（来自相机、计算机或其他输入设备）合成为混合视频图像。一些混合器还能产生"画中画"（PIP）效果。视频混合器的输出物可以直接投放到屏幕（例如，在观察室）或录音设备上。

Mobile lab（移动实验室）——见便携式实验室（Portable lab）。

Moderator（主持人）——在调研过程中与参与者进行交流沟通的人。

Multimodal survey（多通道测量）——通过多种方式（例如，线上、纸质问卷、电话、面谈）进行调研，以增加调研对象的响应率和代表性。

Multiple-choice questions（多项选择题）——封闭式问题，提供多个答案，让参与者选择。

Multivariate testing（多元测试）——与 A/B 测试一样，遵循相同的原则，但是操纵多个变量，以检查这些变量的变化是如何相互作用，产生理想组合的。所有版本都必须进行并行测试，以防外部变量影响实验（例如，网站中断，服务的费用发生变化）。

N

N——统计学中 N 表示总体或样本的大小。按照惯例，总体大小用 N 表示，样本大小用 n 表示。

NDA——参考保密协议（Nondisclosure agreement）词条。

Negative user（非目标用户）——参考非目标用户（Antiuser）词条。

Nominal data（定类数据）——可以用数字编码简单标记的值或观察值（例如，男 =1，女 =2）。对定类数据可以进行分类，但不能计算和排序。

Nondisclosure agreement（NDA）（保密协议）——

具有法律约束力的协议，用于保护公司的知识产权。要求参与者对研究中接触到的机密信息保密，并移交他们的创意、建议或反馈的所有权。

Nonmaleficence（不伤害原则）——研究中不使他人受到伤害的伦理原则。不仅仅是开始研究和干预，甚至是终止研究和干预，都可能造成实质性伤害。

Nonprobability sampling（非概率抽样）——根据自己的方便或主观判断抽取样本的方法。样本对象对于目标总体不具有充分的代表性，用户总体中的单个个体被取样的概率（probability）不均等。

Nonresponder bias（无应答偏倚）——调查或研究中的无应答者和应答者具有显著差异。因此，来自无应答者的缺失数据会造成信息收集偏倚，造成信息完整度降低。

O

Observation（观察）——通过五官作用于研究对象获取信息，进而归纳出事实（反之为推理）。

Observation guide（观察研究提纲）——实地研究中指导你进行观察活动的一般注意事项，不包含具体问卷。

Older adult（老年人）——65 岁及以上的人。这个年龄大多伴随心理和生理能力的衰退。在很多发展中国家，这个年龄的人口开始领取退休金和享受社会福利。

Omnibus survey（搭车调查）——大部分大型调查服务提供商普遍会实行搭车调查，将来自多个客户的问题合并成一份问卷。类似于拼车，客户们共享一份问卷。在问题较少且对目标人群无特殊要求的情况下，搭车调查是一种高效、低成本方案。

Open sort（开放式分类）——参与者可以按照自己的意愿将信息条目任意分组并命名的卡片分类方式。

Open-ended question（开放式问题）——无诱导且不限定回答范围的问题（即不提供选项）。

Outlier（离群值）——在数据集中有一个数值与其他数值相比差异较大。

P

Page views（页面浏览量）——用户对同一网页的访问次数。

Paradata（度量值）——描述调查反馈过程的信息。包括：参与者回答每个问题或整个调查的时长，是否更改答案或回到之前的页面，是否中途退出调查，调查完成方式（例如，智能手机应用、Web 浏览器、电话、纸质调查等）。

Participant rights（参与者权利）——研究者在调查研究中对参与者负有的道德义务。

Persona（人物角色）——产品开发过程中引入，用于代表特定类型的用户。

Pilot test（预测试）——用来检测调查、访谈、评测或研究方法是否符合预期，确保使用上述方法能获得期望的测量结果，一般选取与调查对象特征相似的少数几个人参加。这是保证调查成功的重要步骤。

Policies（政策）——公司制订的规章制度，用来确保员工不触犯法律或遵守商业惯例。制度会因公司而异。

Population（总体）——产品或服务的全体用户。

Portable lab（便携式实验室）——一系列可以携带至实地开展研究的设备（例如，笔记本、摄影机）。

Power analysis（功效分析）——一种统计学方法，给定置信度时确定样本规模的方法。

Prestige response bias（威望反应偏倚）——参与者为了给研究人员留下深刻印象，提供提升自我形象的回答。

Price sensitivity model（价格敏感模型）——确定何种产品价格区间会影响消费者的购买行为。

Primacy effect（首因效应）——一种主观倾向，指第一个展示给参与者（例如，列表的第一项、第一个展示的原型）的变量会影响参与者的选择。

Primary users（主要用户）——直接或定期使用产品的人。

Privacy（隐私权）——个体享有的个人信息不被他人知悉的权利。

Probability sampling（概率抽样）——保证调查总体中的每个人都享有同等机会（可能性）被选为调查样本的招募方法。

Procedural knowledge（程序性知识）——办事的操作步骤，关于"怎么办"的知识。

Process analysis（过程分析）——参与者分解说明事情完成的步骤或方法。

Product development life cycle（产品开发生命周期）——产品从创意产生到正式发布的持续过程。

Production blocking（生产抑制）——在头脑风暴中，人们被要求依次发言。等待发言的过程中一些想法有时会被忘记或抑制。注意力也因此会从聆听其他发言者转向努力记住自己的想法。

Progress indicators（进度指示）——在线问卷插件用来提示回答者当前进度以及剩余需完成的问题。

Protocol（研究方案）——列举研究主持人需执行的所有程序。相当于一份步骤清单。

Proxy（代理服务器）——服务器充当用户计算机和互联网之间的中介者，有利于确保公司的数据安全、管理控制权和缓存服务。

Purposive sampling（立意抽样）——又称为选择性抽样或主观抽样。这种非概率抽样法指从总体中选取符合调查目的非概率样本。常用于调查者在调查中有明确的样本取向（例如，小企业主）。

Q

Qualitative data（定性数据）——指通过口头或文字记录获得的数据。这类数据通过焦点小组、访谈、开放性问题选项等方式收集，而不是简单的、结构化的提问回答。

Quantitative data（定量数据）——指可用数字量化的信息，例如，个人收入、时间总量、支持度从 1～5 进行量表评定等。一些看似不属于定量数据的事物，比如感觉，也可以通过设计评定量表来进行测量。

R

Random Digit Dialing（RDD）（随机拨号抽样法）——一种随机抽取家庭拨打电话的调查招募方法。

Random sampling（随机抽样）——总体中每一个成员在调查中被抽取的机会均等。

Range（极差）——最大值减最小值所获得的数据。它表明的是两极值间的波动范围。

Ranking（排序量表）——这类量表问题提供多种选项并要求参与者根据偏好对其进行排序，与评分量表不同，选项之间必须有一个先后的顺序，意味着每个选项的得分不可能相同。

Rating scale（评分量表）——请用户从一组连续数字中选择一个为问卷问题中的问题进行评分。李克特量表（Likert scale）是最为常见的连续评分量表。

Reliable/reliability（信度 / 可靠性）——指在相同条件下反复测试，测试结果总是相同或相似。

Research ethics（研究道德）——研究者有义务确保参与者不受伤害、保护隐私、提供便利和保证知情权。

Response bias（反应偏倚）——如果没有实验作为基础，在需要参与者做出某些反应的研究中（例如，回答指定问题），反应偏差客观存在，参与者主观上会有选择偏好（例如，在选择题中，优先选 A 而不选 B）。

Response distribution（应答分布）——问题的回复结果分布的倾斜程度。

Retrospective interview（回顾式访谈）——活动结束后进行的访谈。

Retrospective think-aloud（回顾式出声思维）——给参与者播放活动视频并要求说出他们当时的所思所想。

S

Sample（样本）——抽取总体中的某一部分用来代表总体进行研究。因为不可能对总体进行数据收集，所以需要选取一个子集。

Sample size（样本大小）——研究参与者的数量。

Sampling bias（抽样偏差）——在总体中选取样

本时，某类成员未被抽取，某些成员又被过度抽取的倾向。

Sampling plan（抽样计划）——观测用户的时间日期计划，包括观察重点事件（例如，感恩节的前一天，机场的恶劣天气）的时间表和日常观察的时间表。

Satisficing（正向陈述效应）——一种决策倾向，指回复者参与问卷调查时，更倾向于选择正向陈述的选项，与之相对的是最优型选择，指在选项中选取最符合题意的。

Scenario（场景）——指对用户使用产品的情境设计。它通常包含角色设定、角色分类、任务目标、操作流程和预期结果。用来说明用户如何使用产品和行为方式。

Screen-capture software（屏幕捕捉软件）——自动录制电脑桌面或数字化输入内容（例如，通过 HDMI 线接入的移动设备）。

Screener（甄别问卷）——通过问卷对潜在参与者进行数据收集，并基于特定标准筛选出研究对象。

Secondary users（次级用户）——较少使用或通过中间人介绍而使用产品的用户。

Selection bias（选择偏倚）——抽样过程中产生的偏差，使得样本不能反映总体的某些特征。无应答偏倚和自我选择偏倚是选择偏倚的两种形式。

Self-report（自我报告）——收集参与者感觉或行为的自我描述数据。自我报告代表参与者的自我认知，但会受到参与者主观因素影响，比如记忆。

Self-selection bias（自我选择偏倚）——某些特定类型的人自愿或"自我选择"成为研究的参与者而导致结果误差（例如，对某类话题有浓厚兴趣，获取激励的主观意愿强烈，有充裕的空余时间等）。这类用户与他人的区别会导致样本误差。

Semi-structured interview（半结构化访谈）——访谈人员从设定的某些问题（封闭式和开放式）开始访谈，但有时可以适当偏离问题，是一种与无结构化访谈不同的谈话方法。

Significance testing（显著性检验）——判断样本与我们对总体所做的假设之间的差异是纯属机会变异，还是由我们所做的假设与总体真实情况之间不一致所引起的统计学方法。

Significant event（重要事件）——参与者过去经历中极其特别或值得一提的事件。

Similarity matrix（相似性矩阵）——说明一系列数据点之间相似性的分数矩阵。相似性矩阵里的每个元素包含两个数据点相似度的计算。

Simplification bias（简化偏倚）——如果研究人员在领域内是新手，在观察用户时可能会倾向于简化专业用户的问题解决策略。这并不是主观故意为之，因为研究人员不具备专业用户的思维模式。

Snowball sampling（滚雪球抽样）——一种非概率抽样方法，指让调查参与者提供一些未来研究可用的调查对象。

Social desirability bias（社会期望偏倚）——相比起事实，参与者倾向于提供他们认为更符合社会期望的回答。

Social loafing（社会惰化）——个人与群体其他成员一起完成某种事情时，个人所付出的努力比单独工作时少。群体规模越大，惰化效应越大。

Social sentiment analysis（社会情感分析）——消费者或用户通过社交媒体、在线论坛、产品评论网站、博客等发表的产品分析文章。

Sponsor-blind study（赞助商匿名研究）——不告知参与者本研究的赞助机构。

Stakeholder（利益相关者）——对用户需求活动及结果有兴趣（或利益关系）的个人或团体。利益相关者通常会影响产品研发方向（例如，产品经理、开发人员、商业分析师等）。

Standard deviation（标准差）——在测量分布程度时使用，用来计算平均值分散程度的一种度量。标准差越大，则参与者间的反馈差别越大。

Statistically significant（统计显著）——检验是否出现了小概率事件，确保"结果的发生并非偶然"。

Storyboards（故事板）——通过绘制特定任务或用代表性的图片来描绘一个任务/场景/故事。通过合并用户数据得到一个通用的、有代表性的用户描述。

Straight-lining（直线模式）——参与者对调查中的所有问题都选择同一选项，而不单独阅读和思考每一选项。

Structured data（结构化数据）——存储在文件固定字段里的数据，也包含存储在关系型数据库和电子表格中的数据。

Subject matter expert（主题专家）——某领域或特定话题的权威或专家。

Summative evaluation（总结性评价）——在产品生命开发周期末期对高保真产品原型或最终产品进行一组指标评估（例如，任务完成时间、成功率）。可以通过可用性测试或现场试验与参与者面对面或远程进行。

Surrogate products（替代产品）——两种产品存在直接或间接的竞争关系。两者具有类似特性，并需要调研对方的优势和劣势。

Surveys（调查）——收集总体样本的自我报告数据，可通过纸质或在线问卷、面对面访谈或电话进行，研究人员也可帮助参与者完成问卷。

Synchronous（同步模式）——研究者和参与者同时一起完成测试或沟通。

Synergy（协同）——一名参与者的观念显著影响另一名参与者，导致参与者在自己原有观念中产生其他观念。

T

Task allocation（任务分配）——对系统中任务进行分工的过程。根据特定情况在人与人之间或人与机器之间划分任务。

Telescoping（压缩效应）——压缩时间的倾向。如果询问过去 6 个月发生的事件，人们会不自觉地回答过去 9 个月发生的事件。导致结果虚报。

Tertiary users（三级用户）——指易受外界或购买决策者影响的用户。

Think-aloud protocol（出声思维）——在可用性测试中使用的技巧。要求参与者说出使用产品时的想法、感受和意见。

Transfer of training（培训迁移）——将一种场景下所学的技能持续运用到下一场景中。用户可以利用已有技能，不需要持续学习产品使用的新知识。

Translation bias（翻译偏倚）——专业用户会向研究者传达他们的知识以帮助研究者更好地理解。专业用户需要传达的内容越多，他们过分简化或歪曲知识/技能/其他的可能性就越大。

Triangulation of data（数据三角验证）——通过整合不同研究方法获取的数据形成用户或领域的整体图景。

Trusted testers（可信任测试者）——请已通过审核的评估人员提前对产品或服务用一组评估指标进行检测，并给予反馈。这种非概率抽样法可能导致样本不具有代表性，但在涉及产品保密问题时可以使用。

t-Test（t 检验）——对两组总体均值进行统计检验。

Two-way mirror（双向玻璃镜）——一面是普通镜子，但可透过另外一面进行观察的玻璃。

U

Unipolar construct（单极结构）——变量或部件从无到多（例如，根本没用到非常有用）。

Universal design（通用化设计）——所有人都能使用的产品或服务。使用产品无需考虑年龄、技能或生活状态。

Unstructured data（非结构化数据）——指不存储在传统行列数据库里的信息。与之相对的是结构化数据，即存储在数据库字段里的数据。

Usability（可用性）——用户使用产品能有效、高效并且满意地完成任务。可用性高的产品具有易学、易记、高效、视觉愉悦及容易使用的特点。用户操作出错少，完成任务不费事。

Usability inspection method（可用性走查方法）——在这种方法中，专家（例如，在可用性/用户研究中具有丰富经验的人和主题专家）而非实际用户基于一系列维度对产品或服务进行评估。这种方法便于在产品开发周期的某些环节（例

如，启发式评估、认知走查）快速低成本地规避明显的可用性问题

Usability lab（可用性实验室）——用来开展可用性研究的区域。通常包括记录设备和测试产品。有时还配备有双向玻璃镜，产品团队可从其他房间观测可用性研究。

Usability testing（可用性测试）——终端用户在有代表性的场景里尝试使用产品完成一个或一系列任务，对上述过程进行系统性观察。

User experience（用户体验）——对用户使用特定产品、系统或服务时的行为、态度和情感进行研究。

User profile（用户画像）——对终端用户的特征和技能的一组描述，特征和技能的范围应该同时涵盖最典型和最普通的终端用户。

User requirements（用户需求）——从用户的角度出发，产品应该具有的功能和特性。

User-centered design（UCD）（以用户为中心的设计）——一种聚焦终端用户的产品开发方法。其宗旨在于产品应当适应用户，而不是用户来适应产品。为了达成这一目标，需要在整个产品生命周期中应用各种聚焦用户需求的技巧、流程和方法。

V

Vague questions（模糊性问题）——包含不精确词汇的问题，例如，"几乎"、"有时"、"经常"、"几乎没有"、"大约"或"基本上"。对这类词汇的不同理解会影响个人的答案和研究结果的分析。

Valid/validity（效度/有效性）——指测量工具或手段能够准确测出所需测量的事物的程度。

Visit summary template（访问总结模板）——应用于实地调查中的标准调查表或工作表。由调查者在调查结束后填写完成。使用该模板能将头脑中的想法整理成书面形式，加快数据分析速度，避免只记录调查中离奇或有趣的轶事。

W

Warm-up activity（热身活动）——让参与者在调查开始前身心放松地活动。

Web analytics（网站分析）——通过分析网站数据来评估网站或服务的有效性。

附录 D

参 考 文 献

第 1 章

Bias, R. G., & Mayhew, D. J. (2005). *Cost-justifying usability: An update for the Internet age* (2nd ed.). San Francisco, CA: Morgan Kaufmann Publishers.

Burns, M., Manning, H., & Petersen, J. (2012). *The business impact of customer experience, 2012. Business case: The experience-driven organization playbook*. Cambridge, MA: Forrester. http://www.forrester.com/The+Business+Impact+Of+Customer+Experience+2012/fulltext/-/E-RES61251.

Farrell, S., & Nielsen, J. (2014). *User experience career advice: How to learn UX and get a job*. Retrieved from, http://www.nngroup.com/reports/user-experience-careers/.

Forrester's North American Technographics Customer Experience Online Survey, Q4, 2011 (US).

Gould, J. D., & Lewis, C. (1985). Designing for usability: key principles and what designers think. *Communications of the ACM, 2*(3), 300–311.

Hackos, J. T., & Redish, J. C. (1998). *User and Task Analysis for Interface Design*. New York: John Wiley & Sons.

IBM. (2001). *Cost justifying ease of use: Complex solutions are problems*. October 9, 2001. Available at www-3.ibm.com/ibm/easy/eou_ext.nsf/Publish/23.

Johnson, J. (2008). *GUI bloopers 2.0: Common user interface design don'ts and dos*. Morgan Kaufmann.

Keeley, L., Walters, H., Pikkel, R., & Quinn, B. (2013). *Ten types of innovation: The discipline of building breakthroughs*. Hoboken, NJ: John Wiley & Sons.

Lederer, A. L., & Prasad, J. (1992). Nine management guidelines for better cost estimating. *Communications of the ACM, 35*(2), 51–59.

Manning, H., & Bodine, K. (2012). *Outside in: The power of putting customers at the center of your business*. New York: Houghton Mifflin Harcourt.

Marcus, A. (2002). *Return on investment for usable UI design, user experience, Winter, 25–31*. Bloomingdale, IL: Usability Professionals' Association.

Nielsen, J. (2000). *Why you only need to test with 5 users*. Retrieved from, http://www.nngroup.com/articles/why-you-only-need-to-test-with-5-users/.

Norman, D. A. (2006). Words matter. Talk about people: not customers, not consumers, not users. *Interactions*, *13*(5), 49–63.

Pressman, R. S. (1992). *Software engineering: A practitioner's approach*. New York: McGraw-Hill.

Rhodes, J. (2000). *Usability can save your company*. [Webpage] Retrieved from, http://webword.com/moving/savecompany.html.

Sharon, T. (2012). *It's Our Research*. Morgan Kaufmann.

Stone, M. (2013). Back to basics. [Blog post] Retrieved from, http://mariastonemashka123.wordpress.com/.

Weigers, K. E. (1999). *Software Requirements*. Redmond, WA: Microsoft Press.

Weinberg, J. (1997). *Quality Software Management. Vol. 4: Anticipating change*. New York: Dorset House.

第 2 章

AARP. (2009). *Beyond 50.09 chronic care: A call to action for health reform*. Retrieved from, http://www.aarp.org/health/medicare-insurance/info-03-2009/beyond_50_hcr.html.

Benedek, J., & Miner, T. (2002). Measuring desirability: New methods for evaluating desirability in a usability lab setting. In *Proceedings of UPA 2002 Conference,* Orlando, FL.

Chavan, A. L., & Munshi, S. (2004). Emotion in a ticket. In *CHI'04 extended abstracts on human factors in computing systems* (pp. 1544–1544). New York, NY, USA: ACM.

Chavan, A. L., & Prabhu, G. V. (Eds.). (2010). *Innovative solutions: What designers need to know for today's emerging markets*. CRC Press.

Costa, T., Dalton, J., Gillett, F. E., Gill, M., Campbell, C., & Silk, D. (2013). *Build seamless experiences now: Experience persistence transforms fragmented interactions into a unified system of engagement*. Forrester. Retrieved from, http://www.forrester.com/Build+Seamless+Experiences+Now/fulltext/-/E-RES97021.

Department of Health and Human Services, Administration on Aging. (2010). *Trends in the older population using Census 2000, Estimates 2001–2009, Census 2010*. Retrieved from: http://www.aoa.gov/AoARoot/Aging_Statistics/Census_Population/census2010/docs/Trends_Older_Pop.xls.

Fisk, A. D., Rogers, W. A., Charness, N., Czaja, S. J., & Sharit, J. (2009). *Designing for older adults: Principles and creative human factors approaches* (2nd ed.). Boca Raton, FL: CRC.

Folstein, M. F., Folstein, S. E., & McHugh, P. R. (1975). Mini-mental state: A practical method for grading the cognitive state of patients for the clinician. *Journal of Psychiatric Research*, *12*(3), 189–198.

Geert, H., & Jan, H. G. (1991). *Cultures and organizations: Software of the mind*. New York: McGraw-Hill.

Hall, E. T. (1989). *Beyond culture*. Random House LLC.

Mace, R. (1985). Universal design: Barrier free environments for everyone. *Designers West*, *33*(1), 147–152.

McInerney, P. (2003). Getting More from UCD Scenarios. Paper for IBM MITE. Available at: http://www-306.ibm.com/ibm/easy/eou_ext.nsf/Publish/50?OpenDocument&../Publish/1111/$File/paper1111.pdf.

Pew Internet Research Project Social Networking Media Fact Sheet. Retrieved from: http://www.pewinternet. org/fact-sheets/social-networking-fact-sheet/ on April 27, 2014.

Plocher, T., & Chavan, A. (2002). User needs research special interest group. In *CHI'02 extended abstracts on human factors in computing systems*. ACM, New York, NY, USA.

Snider, J. G., & Osgood, C. E. (Eds.), (1969). *Semantic differential technique; a sourcebook*. Hawthorne, NY: Aldine Pub. Co.

Story, M., Mace, R., & Mueller, J. (1998). *The universal design file: Designing for people of all ages and abilities*. Raleigh, NC: Center for Universal Design, NC State University.

第 5 章

Bernard, H. R. (2000). *Social research methods*. Thousand Oaks, CA: Sage.

Creswell, J. W. (1998). *Qualitative inquiry and research design: Choosing among five traditions*. Thousand Oaks, CA: Sage Publications.

Fishbein, M., & Ajzen, I. (1975). *Belief, attitude, intention, and behavior: An introduction to theory and research*. Reading, MA: Addison-Wesley.

Food and Drug Administration. (2014). *Draft guidance for industry and Food and Drug Administration staff—Applying human factors and usability engineering to optimize medical device design*. Silver Spring, MD: U.S. Food and Drug Administration.

Green, J., & Thorogood, N. (2009). *Qualitative methods for health research* (2nd ed.). Thousand Oaks, CA: Sage.

Guest, G., Bunce, A., & Johnson, L. (2006). How many interviews are enough? *Field Methods*, *18*(1), 59–82. http://dx.doi.org/10.1177/1525822X05279903, Sage Publications.

Hektner, J. M., Schmidt, J. A., & Csikszentmihalyi, M. (2007). *Experience sampling method: Measuring the quality of everyday life*. Thousand Oaks, CA: Sage.

Hwang, W., & Salvendy, G. (2010). Number of people required for usability evaluation: the 10 ± 2 rule. *Communications of the ACM*, *53*(5), 130–133.

Krueger, R. A., & Casey, M. A. (2000). *Focus groups: A practical guide for applied research*. Thousand Oaks, CA: Sage Publications Inc.

Morse, J. M. (1994). Designing funded qualitative research. In N. K. Denzin, & Y. S. Lincoln (Eds.), *Handbook of qualitative research* (2nd ed., pp. 220–235). Thousand Oaks, CA: Sage.

Nielsen, J. (1994). Estimating the number of subjects needed for a thinking aloud test. *International Journal of Human-Computer Studies*, *41*, 385–397.

Nielsen, J. (2000). Why you only need to test with 5 users. Alertbox. Available at: www.useit.com/alertbox/20000319.html.

Quesenbery, W., & Szuc, D. (2005). *Choosing the right usability tool*. Retrieved from: http://www.wqusability.com/handouts/right-tool.pdf.

Sauro, J., & Lewis, J. R. (2012). *Quantifying the user experience: Practical statistics for user research*. Burlington: Elsevier.

Sears, A., & Jacko, J. (2012). *The human-computer interaction handbook: Fundamentals, evolving technologies*. Boca Raton, FL: CRC Press.

Tullis, T., & Wood, L. (2004). How many users are enough for a card-sorting study? In *Proceedings UPA'2004* (Minneapolis, MN, June 7–11, 2004).

第 6 章

Bohannon, J., 2011. *Science, 334*.

Buhrmester, M., Kwang, T., & Gosling, S. (2011). Amazon's mechanical Turk: a new source of inexpensive, yet high-quality, data? *Perspectives on Psychological Science, 6*, 3.

Casler, K., Bickel, L., & Hackett, E. (2013). Separate but equal? A comparison of participants and data gathered via Amazon's MTurk, social media, and face-to-face behavioral testing. *Journal of Computers in Human Behavior, 29*(6), 2156–2160.

Dray, S., & Mrazek, D. (1996). A day in the life of a family: An international ethnographic study. In D. R. Wixon & J. Ramey (Eds.), *Field methods casebook for software design*. New York: John Wiley & Sons.

Kittur, A., Chi, E., & Suh, B. (2008). *Crowdsourcing user studies with Mechanical Turk*. In *Proceedings of the SIGCHI conference on human factors in computing systems* (pp. 453–456).

第 7 章

Boren, M. T., & Ramey, J. (2000). Thinking aloud: Reconciling theory and practice. *IEEE Transactions on Professional Communication, 43*(3), 261–278.

Dumas, J. S., & Redish, J. C. (1999). *A practical guide to usability testing* (2nd ed.). Exeter, England: Intellect Books.

Nisbett, R. E., & Wilson, T. D. (1977). Telling more than we can know: Verbal reports on mental processes. *Psychological Review, 84*(3), 231–259.

第 8 章

Allport, G. W. (1942). *The use of personal documents in psychological science*. New York: Social Science Research Council.

Engelberger, J. F. (1982). Robotics in practice: Future capabilities. *Electronic Servicing & Technology magazine*.

Hackos, J. T., & Redish, J. C. (1998). *User and task analysis for interface design*. New York: John Wiley & Sons.

Kahneman, D., Krueger, A. B., Schkade, D., Schwarz, N., & Stone, A. A. (2004). A survey method for characterizing daily life experience: The day reconstruction method. *Science, 306*, 1776–1780.

Kahneman, D. (2011). *Thinking, fast and slow*. New York: Farrar, Strauss, Giroux.

Larson, R., & Csikszentmihalyi, M. (1983). The experience sampling method. In H. T. Reis (Ed.), *Naturalistic Approaches to Studying Social Interaction. New Directions for Methodology of Social and Behavioral Science: Vol. 15* (pp. 41–56). San Francisco: Jossey-Bass.

Yue, Z., Litt, E., Cai, C. J., Stern, J., Baxter, K. K., Guan, Z., et al. (2014, April). Photographing information needs: the role of photos in experience sampling method-style research. In *Proceedings of the 32nd annual ACM conference on human factors in computing systems* (pp. 1545–1554). ACM.

第 9 章

Alreck, P. L., & Settle, R. B. (1995). *The survey research handbook* (2nd ed.). Burr Ridge, IL: Irwin Professional Publishing.

Amato, P. R. (2000). The consequences of divorce for adults and children. *Journal of Marriage and the Family, 62*(4), 1269–1287.

Boren, M. T., & Ramey, J. (2000). Thinking aloud: Reconciling theory and practice. *IEEE Transactions on Professional Communication, 43*, 261–278.

Census, U. S. (2006). *Children living apart from parents—Characteristics of children under 18 and designated parents*.

Census, U. S. (2008). *Household relationship and living arrangements of children under 18 years, by age and sex*.

De Swert, K. (2012). Calculating inter-coder reliability in media content analysis using Krippendorff's Alpha, Available online: http://www.polcomm.org/wp-content/uploads/ICR01022012.pdf.

Dumas, J. S., & Redish, J. C. (1999). *A practical guide to usability testing* (2nd ed.). Exeter, England: Intellect Books.

Green, J., & Thorogood, N. (2009). *Qualitative methods for health research* (2nd). Thousand Oaks, CA: Sage.

Guest, G., Bunce, A., & Johnson, L. (2006). How many interviews are enough? An experiment with data saturation and variability. *Field Methods*, *18*, 59–82.

Johnson, T., Hougland, J., & Clayton, R. (1989). Obtaining reports of sensitive behavior: A comparison of substance use reports from telephone and face-to-face interviews. *Social Science Quarterly*, *70*(1), 173–183.

Krosnick, J. A. (1999). Survey research. *Annual Review of Psychology*, *50*, 537–567.

Landis, J. R., & Koch, G. G. (1977). The measurement of observer agreement for categorical. *Biometrics*, *33*, 159–174.

Shefts, K. R. (2002). Virtual visitation: The next generation of options for parent-child communication. *Family Law Quarterly*, *36*(2), 303–327.

Stafford, M. (2004). Communication competencies and sociocultural priorities of middle childhood. In *Handbook of family communication* (pp. 311–332). Mahwah, NJ: Lawrence Erlbaum Associates.

Yarosh, S., Chew, Y. C., & Abowd, G. D. (2009). Supporting parent-child communication in divorced families. *International Journal of Human-Computer Studies*, *67*(2), 192–203.

Yarosh, S., & Abowd, G. D. (2011). Mediated parent-child contact in work-separated families. In *Proc. of CHI* (pp. 1185–1194). ACM.

Yarosh, S. (2014). Conflict in families as an ethical and methodological consideration. In T. K. Judge & C. Neustaedter (Eds.), *Evaluating and designing for domestic life: research methods for human-computer interaction*. Springer Publishers.

第 10 章

Callegaro, M., Baker, R. P., Bethlehem, J., Göritz, A. S., Krosnick, J. A., & Lavrakas, P. J. (Eds.). (2014). *Online panel research: A data quality perspective*. John Wiley & Sons.

Chang, L., & Krosnick, J. A. (2009). National surveys via RDD telephone interviewing versus the Internet comparing sample representativeness and response quality. *Public Opinion Quarterly*, *73*(4), 641–678.

Couper, M. (2008). *Designing effective web surveys*. Cambridge: Cambridge University Press.

Crow, D., Johnson, M., & Hanneman, R. (2011). Benefits—and costs—of a multi-mode survey of recent college graduates. *Survey Practice*, *4*(5).

Dillman, D. A., Smyth, J. D., & Christian, L. M. (2009). *Internet, mail, and mixed-mode surveys: The tailored design method* (3rd ed.). Hoboken, NJ: John Wiley and Sons.

Greenlaw, C., & Brown-Welty, S. (2009). A comparison of web-based and paper-based survey methods testing assumptions of survey mode and response cost. *Evaluation Review*, *33*(5), 464–480.

Groves, R. M., Dilman, D. A., Eltinge, J. L., & Little, R. J. A. (2002). Survey nonresponse in design, data collection, and analysis. In R. M. Groves, D. A. Dilman, J. L. Eltinge, & J.A. Little Roderick (Eds.), *Survey nonresponse*. New York: John Wiley and Sons.

Holbrook, A. L., Green, M. C., & Krosnick, J. A. (2003). Telephone versus face-to-face interviewing of national probability samples with long questionnaires: Comparisons of respondent satisficing and social desirability response bias. *Public Opinion Quarterly*, *67*(1), 79–125.

Holbrook, A. L., Krosnick, J. A., & Pfent, A. (2007). Response rates in surveys by the news media and government contractor survey research firms. In J. Lepkowski, B. Harris-Kojetin, & P. J. Lavrakas (Eds.), *Advances in telephone survey methodology* (pp. 499–528). New York, NY: Wiley.

Krosnick, J. A., Li, F., & Lehman, D. R. (1990). Conversational conventions, order of information acquisition, and the effect of base rates and individuating information on social judgments. *Journal of Personality and Social Psychology*, *59*(6), 1140.

Krosnick, J. (1991). Response strategies for coping with the cognitive demands of attitude measures in surveys. *Applied Cognitive Psychology*, *5*, 213–236.

Krosnick, J., Narayan, S., & Smith, W. (1996). Satisficing in surveys: Initial evidence. *New Directions for Evaluation*, *1996*(70), 29–44.

Krosnick, J., & Fabrigar, L. (1997). Designing rating scales for effective measurement in surveys. In *Survey measurement and process quality* (pp. 141–164).

Krosnick, J. (1999). Survey research. *Annual Review of Psychology*, *50*(1), 537–567.

Krosnick, J. A., & Tahk, A. M. (2008). *The optimal length of rating scales to maximize reliability and validity*. California: Stanford University, Unpublished manuscript.

Krosnick, J., & Presser, S. (2010). Question and questionnaire design. In *Handbook of survey research*. (2nd ed., pp. 263–314). Bingley, UK: Emerald.

Landon, E. (1971). Order bias, the ideal rating, and the semantic differential. *Journal of Marketing Research*, *8*(3), 375–378.

Müller, H., Sedley, A., & Ferrall-Nunge, E. (2014). Survey research in HCI. In *Ways of knowing in HCI* (pp. 229–266). New York: Springer.

Saris, W. E., Revilla, M., Krosnick, J. A., & Shaeffer, E. (2010). Comparing questions with agree/disagree response options to questions with item-specific response options. *Survey Research Methods*, *4*(1).

Sedley, A., & Müller, H. (2013). Minimizing change aversion for the google drive launch. In *CHI'13 extended abstracts on human factors in computing systems* (pp. 2351–2354). ACM.

Schlenker, B., & Weigold, M. (1989). Goals and the self-identification process: Constructing desired identities. In *Goal concepts in personality and social psychology* (pp. 243–290).

Schonlau, M., Zapert, K., Simon, L. P., Sanstad, K. H., Marcus, S. M., Adams, J., et al. (2004). A comparison between responses from a propensity-weighted web survey and an identical RDD survey. *Social Science Computer Review*, *22*(1), 128–138.

Smith, D. (1967). Correcting for social desirability response sets in opinion-attitude survey research. *The Public Opinion Quarterly*, *31*(1), 87–94.

Tourangeau, R. (1984). *Cognitive science and survey methods*. In *Cognitive aspects of survey methodology: Building a bridge between disciplines* (pp. 73–100).

Tourangeau, R., Couper, M. P., & Conrad, F. (2004). Spacing, position, and order interpretive heuristics for visual features of survey questions. *Public Opinion Quarterly*, *68*(3), 368–393.

Vannette, D. L., & Krosnick, J. A. (2014). *A comparison of survey satisficing and mindlessness. The Wiley Blackwell handbook of mindfulness*, *1, 312*. Wiley-Blackwell.

Villar, A., Callegaro, M., & Yang, Y. (2013). Where am I? A meta-analysis of experiments on the effects of progress indicators for web surveys. *Social Science Computer Review, 31*(6), 744–762.

Weisberg, H. F. (2005). *The total survey error approach: A guide to the new science of survey research.* Chicago: The University of Chicago Press.

Wildt, A. R., & Mazis, M. B. (1978). Determinants of scale response: Label versus position. *Journal of Marketing Research, 15*, 261–267.

Yeager, D. S., Krosnick, J. A., Chang, L., Javitz, A. S., Levendusky, M. S., Simpser, A., et al. (2011). Comparing the accuracy of RDD telephone surveys and Internet surveys conducted with probability and non-probability samples. *Public Opinion Quarterly, 75*(4), 709–747.

第 11 章

Nielsen, J., & Sano, D. (1994). SunWeb: User interface design for Sun Microsystem's internal web. In *Proceedings of the 2nd world wide web conference '94: Mosaic and the web,* Chicago, IL, 17-20 October (pp. 547–557). Available at, http://archive.ncsa.uiuc.edu/SDG/IT94/Proceedings/HCI/nielsen/sunweb.html.

Nielsen Norman Group. (2014). Intranet Design Annual: 2013. *Nielsen Norman Group. Web.* 27 March 2014.

Spencer, D. (2009). *Card sorting*: *Designing usable categories.* Brooklyn, New York: Rosenfeld Media, LLC. 82. Print.

Spencer, D. (2010). *A practical guide to information architecture.* Penarth, UK: Five Simple Steps.

Tullis, T. S. (1985). *Designing a menu-based interface to an operating system.* In: *CHI '85 proceedings,* San Francisco, CA (pp. 79–84).

Tullis, T., & Wood, L. (2004). How many users are enough for a card-sorting study? In *Proceedings of the Usability Professionals' Association 2004 conference,* Minneapolis, MN, 7-11 June (CD-ROM).

Zavod, M. J., Rickert, D. E., & Brown, S. H. (2002). The automated card-sort as an interface design tool: A comparison of products. In *Proceedings of the Human Factors and Ergonomics Society 46th annual meeting,* Baltimore, MD, 30 September-4 October (pp. 646–650).

第 12 章

Dolan, W., Wiklund, M., Logan, R., & Augaitis, S. (1995). *Participatory design shapes future of telephone handsets.* In *Proceedings of the Human Factors and Ergonomics Society 39th annual meeting. San Diego, CA, 9–13 October* (pp. 331–335).

Dumas, J. S., & Redish, J. C. (1999). *A practical guide to usability testing* (2nd). Exeter, England: Intellect Books.

Gray, B. G., Barfield, W., Haselkorn, M., Spyridakis, J., & Conquest, L. (1990). *The design of a graphics-based traffic information system based on user requirements.* In *Proceedings of the Human Factors and Ergonomics Society 34th annual meeting. Orlando, FL, 8–12 October* (pp. 603–606).

Hackos, J. T., & Redish, J. C. (1998). *User and task analysis for interface design.* New York: John Wiley & Sons.

Karlin, J. E., & Klemmer, E. T. (1989). An interview. In E. T. Klemmer (Ed.), *Ergonomics: Harness the power of human factors in your business* (pp. 197–201). Norwood, NJ: Ablex.

Kelly, T. (2001). *The art of innovation.* New York: DoubleDay.

Krueger, R. (1998). *Developing questions for focus groups*. Thousand Oaks, CA: Sage Publications.

Krueger, R., & Casey, M. A. (2000). *Focus groups: A practical guide for applied research*. London: Sage Publications.

Root, R. W., & Draper, S. (1983). Questionnaires as a software evaluation tool. In *Proceedings of the ACM CHI conference. Boston, MA, 12–15 December* (pp. 83–87).

Sato, S., & Salvador, T. (1999). Playacting and focus troupe: Theater techniques for creating quick, intense, immersive, and engaging focus groups sessions. *Interactions, 6*(5), 35–41.

Schindler, R. M. (1992). The real lesson of new coke: The value of focus groups for predicting the effects of social influence. *Marketing Research: A Magazine of Management and Applications, 4*, 22–27.

第 13 章

Beyer, H., & Holtzblatt, K. (1998). *Contextual design: Defining customer-centered systems*. San Francisco: Morgan Kaufmann.

Brooke, T., & Burrell, J. (2003). From ethnography to design in a vineyard. In *DUX 2003 Proceedings, San Francisco, CA* (pp. 1–4). http://www.aiga.org/resources/content/9/7/8/documents/brooke.pdf.

Creswell, J. W. (2003). *Research design: Qualitative, quantitative and mixed methods approaches.* (2nd ed.).

Dumas, J. S., & Salzman, M. C. (2006). *Reviews of Human Factors and Ergonomics, 2*, 109.

Hackos, J. T., & Redish, J. C. (1998). *User and task analysis for interface design*. New York: JohnWiley & Sons.

Kirah, A., Fuson, C., Grudin, J., & Feldman, E. (2005). Usability assessment methods. In R. G. Bias, & D. J. Mayhew (Eds.), *Cost-justifying usability: An update for an Internet age*.

Laakso, S. A., Laakso, K., & Page, C. (2001). *DUO: A discount observation method.* Available at: www.cs.helsinki.fi/u/salaakso/papers/DUO.pdf.

Landsberger, H. A. (1958). *Hawthorne Revisited.* Ithaca.

Ramey, J., Rowberg, A. H., & Robinson, C. (1996). Adaptation of an ethnographic method for investigation of the task domain in diagnostic radiology. In D. R. Wixon, & J. Ramey (Eds.), *Field methods casebook for software design* (pp. 1–15). New York: John Wiley & Sons.

Strauss, A. L., & Corbin, J. (1990). *Basics of Qualitative Research: Grounded Theory Procedures and Techniques*. Newbury Park, CA: Sage Publications.

Teague, R., & Bell, G. (2001). Getting Out of the Box. Ethnography meets life: Applying anthropological techniques to experience research. In *Proceedings of the Usability Professionals' Association 2001 Conference, Las Vegas, NV (Tutorial)*.

第 14 章

Benedek, J., & Miner, T. (2002). Measuring desirability: New methods for evaluating desirability in a usability lab setting. In *Proceedings of Usability Professionals Association, 2003* (pp. 8–12).

Borsci, S., Macredie, R. D., Barnett, J., Martin, J., Kuljis, J., & Young, T. (2013). Reviewing and extending the five-user assumption: A grounded procedure for interaction evaluation. *ACM Transactions on Computer-Human Interaction, 20*(5), 29. http://dx.doi.org/10.1145/2506210. 23 pages, http://doi.acm.org/10.1145/2506210.

Jacobsen, N. E., & John, B. E. (2000). *Two case studies in using cognitive walkthrough for interface evaluation*. Pittsburgh, PA: Carnegie Mellon University, School of Computer Science, No. CMU-CS-00-132.

Kim, B., Dong, Y., Kim, S., & Lee, K. P. (2007). Development of integrated analysis system and tool of perception, recognition, and behavior for web usability test: With emphasis on eye-tracking, mousetracking, and retrospective think aloud. In *Usability and internationalization. HCI and culture* (pp. 113–121). Berlin, Heidelberg: Springer.

Lewis, C., Polson, P., Wharton, C., & Rieman, J. (1990). Testing a walkthrough methodology for theory-based design of walk-up-and-use interfaces. In *CHI '90 Proceedings* (pp. 235–242): ACM.

Medlock, M. C., Wixon, D., Terrano, M., Romero, R., & Fulton, B. (2002). *Using the RITE method to improve products: A definition and a case study.* Usability Professionals Association.

Nielsen, J. (1989). Usability engineering at a discount. *Proceedings of the third international conference on human-computer interaction on designing and using human-computer interfaces and knowledge based systems (2nd).* Elsevier Science Inc, pp. 394–401.

Nielsen, J. (1994). Heuristic evaluation. In J. Nielsen, & R. L. Mack (Eds.), *Usability inspection methods.* New York, NY: John Wiley & Sons.

Nielsen, J., & Landauer, T. K. (1993). A mathematical model of the finding of usability problems. In *Proceedings of the INTERACT'93 and CHI'93 conference on human factors in computing systems, ACM* (pp. 206–213).

Nielsen, J., & Molich, R. (1990). Heuristic evaluation of user interfaces. In *Proceedings of the SIGCHI conference on human factors in computing systems, ACM* (pp. 249–256).

Norman, D. A. (2004). *Emotional design: Why we love (or hate) everyday things.* New York: Basic Books.

Polson, P. G., Lewis, C., Rieman, J., & Wharton, C. (1992). Cognitive walkthroughs: A method for theory-based evaluation of user interfaces. *International Journal of Man-Machine Studies, 36*(5), 741–773.

Rayner, K. (1998). Eye movements in reading and information processing: 20 years of research. *Psychological Bulletin, 124*(3), 372.

Russell, D. M., & Chi, E. H. (2014). Looking back: Retrospective study methods for HCI. *Ways of knowing in HCI.* New York: Springer, pp. 373–393.

Sauro, J. (2010). *A brief history of the magic number 5 in usability testing.* Retrieved from, https://www.measuringusability.com/blog/five-history.php.

Tobii Technology. (2009). *Retrospective think aloud and eye tracking: Comparing the value of different cues when using the retrospective think aloud method in web usability testing.* Retrieved from, http://www.tobii.com/Global/Analysis/Training/WhitePapers/Tobii_RTA_and_EyeTracking_WhitePaper.pdf.

第 15 章

Heath, C., & Heath, D. (2007). *Made to stick.* Random House.

McQuaid, H. L. (2002). Developing guidelines for judging the cost and benefit of fixing usability problems. In *Proceedings of the usability professionals' association 2002 conference (CD-ROM).*

推荐阅读

用户体验要素：以用户为中心的产品设计（原书第2版）

书号：978-7-111-61662-7 作者：Jesse James Garrett 译者：范晓燕 定价：79.00元

Ajax之父经典著作，全彩印刷
以用户为中心的设计思想的延展

"Jesse James Garrett 使整个混乱的用户体验设计领域变得明晰。同时，由于他是一个非常聪明的家伙，他的这本书非常地简短，结果就是几乎每一页都有非常有用的见解。"
—— Steve Krug（《Don't make me think》和《Rocket Surgery Made Easy》作者）